U0590877

国防科技图书出版基金

高能固体推进剂性能及配方设计专家系统

The Properties and Formulation Design Expert System of High Energy Solid Propellants

郑 剑 著

国防工业出版社

·北京·

图书在版编目（CIP）数据

高能固体推进剂性能及配方设计专家系统／郑剑著.
—北京：国防工业出版社，2014.6
ISBN 978 – 7 – 118 – 08927 – 1

Ⅰ. ①高… Ⅱ. ①郑… Ⅲ. ①固体推进剂 – 配方 –
设计 Ⅳ. ①V512

中国版本图书馆 CIP 数据核字（2013）第 295026 号

※

*国防工业出版社*出版发行

（北京市海淀区紫竹院南路 23 号　邮政编码 100048）
北京嘉恒彩色印刷有限责任公司
新华书店经售

*

开本 710×1000　1/16　印张 24¾　字数 463 千字
2014 年 6 月第 1 版第 1 次印刷　印数 1—2000 册　定价 98.00 元

（本书如有印装错误，我社负责调换）

国防书店：(010)88540777　　　发行邮购：(010)88540776
发行传真：(010)88540755　　　发行业务：(010)88540717

致 读 者

本书由国防科技图书出版基金资助出版。

国防科技图书出版工作是国防科技事业的一个重要方面。优秀的国防科技图书既是国防科技成果的一部分,又是国防科技水平的重要标志。为了促进国防科技和武器装备建设事业的发展,加强社会主义物质文明和精神文明建设,培养优秀科技人才,确保国防科技优秀图书的出版,原国防科工委于 1988 年初决定每年拨出专款,设立国防科技图书出版基金,成立评审委员会,扶持、审定出版国防科技优秀图书。

国防科技图书出版基金资助的对象是:

1. 在国防科学技术领域中,学术水平高,内容有创见,在学科上居领先地位的基础科学理论图书;在工程技术理论方面有突破的应用科学专著。

2. 学术思想新颖,内容具体、实用,对国防科技和武器装备发展具有较大推动作用的专著;密切结合国防现代化和武器装备现代化需要的高新技术内容的专著。

3. 有重要发展前景和有重大开拓使用价值,密切结合国防现代化和武器装备现代化需要的新工艺、新材料内容的专著。

4. 填补目前我国科技领域空白并具有军事应用前景的薄弱学科和边缘学科的科技图书。

国防科技图书出版基金评审委员会在总装备部的领导下开展工作,负责掌握出版基金的使用方向,评审受理的图书选题,决定资助的图书选题和资助金额,以及决定中断或取消资助等。经评审给予资助的图书,由总装备部国防工业出版社列选出版。

国防科技事业已经取得了举世瞩目的成就。国防科技图书承担着记载和弘扬这些成就,积累和传播科技知识的使命。在改革开放的新形势下,原国防科工委率先设立出版基金,扶持出版科技图书,这是一项具有深远意义的创举。此举势必促使国防科技图书的出版随着国防科技事业的发展更加兴旺。

设立出版基金是一件新生事物，是对出版工作的一项改革。因而，评审工作需要不断地摸索、认真地总结和及时地改进，这样，才能使有限的基金发挥出巨大的效能。评审工作更需要国防科技和武器装备建设战线广大科技工作者、专家、教授，以及社会各界朋友的热情支持。

让我们携起手来，为祖国昌盛、科技腾飞、出版繁荣而共同奋斗！

国防科技图书出版基金
评审委员会

国防科技图书出版基金
第六届评审委员会组成人员

前　言

现代复合固体推进剂自产生到现在广泛应用于固体导弹和航天运载动力系统,已有 70 余年。大体说来,其发展历程经过了聚硫推进剂(PS)、丁羧推进剂(CTPB)、丁羟推进剂(HTPB)和融合复合与双基固体推进剂特点于一体的硝酸酯增塑的聚醚推进剂(NEPE 推进剂,本书一般统称高能推进剂)等四代主要品种。高能固体推进剂由于能量高、综合性能好,基于此平台可以发展高性能的钝感和低特征信号固体推进剂等特点,成为未来相当一段时间内固体推进剂研究和应用的重点。同时,固体推进剂作为一种特种功能材料,在保证高能量性能的同时,为满足动力系统要求,决定了其研究开发必然以提高、改善其他各种性能为主要内容,也就是说同时要关注综合性能。与通常的结构材料和功能材料研究类似,固体推进剂研究方法一直是,而且在相当长的一段时间内还将是以试验尝试法为主。但是,随着复合固体推进剂研究经验和基础研究成果的不断积累,相关材料科学特别是复合材料研究新方法、新技术的不断发展和人工智能技术不断成熟,实现对固体推进剂性能“事先设计”或者更准确地说实现固体推进剂设计方法从试验尝试法(俗称“炒菜法”)到理论设计与实(试)验研究并重的要求越来越强烈,同时也越来越成为可能。

基于上述考虑,本书作者及其研究团队试图以此为研究重点,力求较系统地构建复合固体推进剂配方与性能设计理论和方法。具体而言,从基础研究的角度出发,以高能固体推进剂为研究对象,总结、归纳前人开展的大量的实(试)验、理论研究成果,通过各种研究手段寻求影响高能固体推进剂性能的主要因素,深入揭示高能固体推进剂主要性能的调控规律性,利用化学、物理、材料学等方面的基本理论,建立适用于高能固体推进剂且具有一定工程指导性的物理、数学模型,构建高能固体推进剂单项性能的“唯象”和理论设计方法。考虑到高能推进剂设计的复杂性,引入人工智能特别是专家系统方法整合经验知识、“唯象"模型和具有一定普适性的理论模型,同时解决配方设计中各单项性能设计冲突,最大限度地促进高能固体推进剂设计方法从"试验尝试法"向"事先设计"与试(实)验研究并重的新模式过渡。

本书是作者及其研究团队多年研究成果的总结,项目研究以中国航天科技集团公司湖北航天化学技术研究所为主体。在研究过程中,得到了北京理工大学、南京理工大学、武汉理工大学、复旦大学、深圳大学、华中科技大学、中国科技大学等单位的大力支持,特别是本书部分内容源于他们的研究贡献,能量性能计算中有关部分金属元素热力学函数温度系数计算和优化设计方法、基团裂解模型、有限元细观力学模型、推进剂药浆网络化结构模型、推进剂固化反应动力学超声波方法研究等内容分别引用了深圳大学田德余教授团队、南京理工大学宋鸿昌教授团队、武汉理工大学翟鹏程教授团队、复旦大学许元泽教授团队、华中科技大学解孝林教授团队的部分研究成果,在此表示特别致谢。航天科技集团公司崔国良院士、航天科技集团公司西安航天动力技术研究院叶定友研究员、北京理工大学谭惠民教授、航天科技集团公司上海航天技术研究院杜磊研究员等专家在项目研究过程中给予了悉心指导和帮助。本书初稿完成后,北京理工大学谭惠民教授、湖北航天化学技术研究所唐承志研究员审读了书稿并提出非常有益的建议,在此一并深表感谢。

参加项目研究和本书编写的是一支相对年轻的团队,他们从事固体推进剂研究的时间都不太长,实践经验和理论功底都有相当大的欠缺和不足,加之高能固体推进剂理论设计方法研究的难度的确相当大,因此不可避免会出现错误和不足,唯其勇于创新的精神和较新颖的研究视角尚有可取之处。具体参与本书编写的有郑剑、郭翔、汪越、代志龙、唐根、潘新洲、颜菁等同志。

全书共分六章。第 1 章概述了高能固体推进剂能量性能、燃烧性能、力学性能、工艺性能及其设计方法的最新进展,论述了复合固体推进剂性能与设计方法,构建高能固体推进剂性能设计及专家系统必须解决的问题、整体思路与方案;第 2 章讨论了如何完善固体推进剂能量性能优化设计,特别是推进剂配方涉及少量金属元素时能量性能不能精确计算的问题;第 3 章 ~ 第 5 章依次论述了高能固体推进剂燃烧性能、力学性能、工艺性能的影响因素、变化规律、内在机理和单项性能的数理模型及其设计方法;第 6 章作为能量性能、燃烧性能、力学性能和工艺性能设计方法的综合集成,论述了高能固体推进剂配方设计专家系统必须解决的关键技术,介绍了专家系统的架构和初步应用验证效果。需要说明的是,本书并未全面覆盖高能固体推进剂设计的所有方面,特别是有关安全性能、储存老化性能、燃烧羽烟特性等,尽管也进行了较多研究,但鉴于篇幅和研究结果的深入程度等原因本书未包含这方面的内容,需要以后逐步完善。

但愿本书的出版对提升高能固体推进剂设计水平有所帮助。真诚希望读者批评、指正。

编著者
2013 年 2 月

目　录

Contents

第1章 引 论

固体推进剂是一种具有特定功能的含能材料,是战略导弹、战术导弹、航天运载、空间飞行器动力系统及动能拦截器(KKV)等的动力源。从工程角度而言,固体推进剂技术包括固体推进剂原材料设计及合成、配方设计、制造工艺、绝热层及衬层材料、安全控制、理化分析及性能测试等技术。在固体推进剂研究的全过程中,配方设计具有核心地位,它是连接原材料和最终产品的桥梁,使原材料通过一系列的物理化学反应成为具有特定功能的材料——固体推进剂。而固体推进剂配方设计则是根据固体火箭发动机要求,对固体推进剂各项性能进行设计的过程,一般而言,固体推进剂性能要考虑能量性能、燃烧性能、力学性能、工艺性能、安全性能、储存性能、经济性等,随着应用领域的不同,有特殊要求的还要考虑特征信号、环境友好性等。因此,详细研究并掌握固体推进剂各项性能规律、内在机理和调控方法,进而对其进行预示或仿真计算是固体推进剂性能设计的基础和前提,也是固体推进剂配方研究的关键,具有重要意义。

固体推进剂发展的历史是其性能不断改进、提高的过程,简要分析其发展历史,可以比较清楚地了解其发展的主线和脉络,有利于把握发展方向与趋势。

1.1 固体推进剂技术的发展历史及启示[1-4]

众所周知,火药是我国古代的四大发明之一,早在公元682年,唐朝医药学家、炼丹家孙思邈就制成了黑火药。公元969年,宋朝初期,我国就出现了第一枚火药火箭。13世纪,中国的火药和火箭技术先后传入阿拉伯国家和欧洲。从科技史角度看,现代固体推进剂就是在黑火药基础上发展起来的。

1845年和1846年,意大利化学家舍恩拜茵、索布列罗相继发明了硝化纤维素和硝化甘油,为均质固体推进剂的发展提供了条件。诺贝尔在1890年以硝化甘油增塑硝化纤维素首先制成了双基药。从1890年直到第二次世界大战初期,枪、炮发射药都一直使用这种双基火药。

苏联和美国分别于1935年和1940年开始应用双基推进剂来发展固体火箭。严格意义上的复合固体推进剂产生于20世纪40年代。1942年,美国研制出含高氯酸铵的沥青复合固体推进剂。第二次世界大战后(1947年)美国加利福尼亚工学院喷气推进实验室研制出了聚硫橡胶固体推进剂。20世纪50年代中期,出现了聚氨酯(PU)推进剂,随后,又研制出了聚丁二烯丙烯酸(PBAA)推进剂、聚丁二烯丙烯酸丙烯腈(PBAN)推进剂。同时,在双基和复合推进剂的基础上发展了复合改性双基(CMDB)推进剂。

进入20世纪60年代和70年代以后,随着战略、战术导弹的发展,对固体推进剂不仅要求进一步提高能量,而且提出了综合性能好的要求,先后研制出端羧基聚丁二烯(CTPB)推进剂、端羟基聚丁二烯(HTPB)推进剂、交联双基(XLDB)和复合双基(CDB)推进剂。

20世纪70年代末、80年代初,国外又使用奥克托金(HMX)部分取代高氯酸铵的HTPB推进剂(俗称丁羟四组元)。同时,双基和复合固体推进剂进一步结合产生了硝酸酯增塑的聚醚(NEPE)高能推进剂。苏联在高能物质的开发和应用方面取得突破,先后研制成功含 AlH_3 和二硝酰胺铵(ADN)的高能推进剂。

20世纪80年代末和90年代以后,世界范围内掀起了新型高能物质的研制和应用高潮,美国推出了高能量密度材料这一新概念,合成了一系列高能物质,包括氧化剂、粘合剂、增塑剂和添加剂等。氧化剂代表性的有六硝基氮杂环异伍兹烷(CL-20)、三硝基氮杂环丁烷(TNAZ)、硝仿肼(HNF)等;粘合剂代表性的有聚叠氮缩水甘油醚(GAP)、3,3-双叠氮甲基氧丁环(BAMO)、3-叠氮甲基-3-甲基氧丁环(AMMO)、聚缩水甘油硝酸酯(PGN)、聚硝基甲基氧杂环丁烷(PLN)等;增塑剂有 FEFO、A3、叠氮增塑剂、叠氮硝胺增塑剂等。应用这些高能物质发展起来的具有代表性的推进剂品种有叠氮推进剂和高能量密度材料推进剂等。

A. Davenas[2]总结了发端于19世纪的双基固体推进剂与起源于20世纪的复合固体推进剂相互融合形成现代高能固体推进剂的历程。固体推进剂发展过程如图1-1所示。

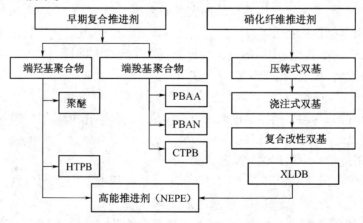

图1-1　固体推进剂发展过程

从上可知,固体推进剂技术发展从无到有、从低级到高级、从产生到可满足各种应用需求,经历了曲折的螺旋式进步过程,有其自身发展的特殊规律。研究、分析和总结固体推进剂的演变和发展过程,可以得到如下结论:

（1）能量始终是推进剂追求的目标。固体推进剂技术的发展,始终以能量为主题,所有有利于提高推进剂能量的技术途径的成功应用,都导致固体推进剂技术的重大进步。

影响固体推进剂能量(比冲)的主要因素是推进剂的原材料生成热、燃气产物平均相对分子质量和燃烧时放热量。因此,推进剂化学家围绕这一目标,一次又一次提高固体推进剂性能水平:利用硝化棉吸收大量高能硝酸酯,产生了双基推进剂,使推进剂能量显著高于黑火药;在固体推进剂中引入含能物质,如奥克托今(HMX)或黑索今(RDX),使推进剂能量进一步提高;在双基或复合固体推进剂中加入大量金属粉(如铝粉、硼粉等)又一次显著提高了推进剂的能量;在推进剂中引入新型高能或高能量密度物质,如叠氮粘合剂、CL – 20、ADN、AlH$_3$ 等,使推进剂的能量再一次显著提高。

（2）粘合剂一直是固体推进剂发展的主线,粘合剂品种是推进剂分类的依据,粘合剂决定着推进剂的主要性能,也决定着相应推进剂的加工工艺。在固体推进剂,尤其是复合固体推进剂的发展历程中,粘合剂品种的每一次更替,都带动固体推进剂的一次进步或创新。正如 A. Davenas 所说的那样,在复合固体推进剂的历史上所发生的重大转折都是由于更高性能的粘合剂的出现引起的。因此,随着化学工业,特别是合成高分子工业的不断创新,新的性能优良的高聚物品种的不断出现,导致推进剂品种随之更替:硝化纤维的出现,产生了双基推进剂,使推进剂能量性能、力学性能等显著优于黑火药;高聚物合成技术的进步,聚硫橡胶、聚氯乙烯聚合物的出现,导致了复合固体推进剂的产生,为提高能量性能和力学性能水平、改进加工性能奠定了基础;高聚物合成技术的进一步发展,尤其是聚氨酯化学工业的进步,导致产生了聚氨酯推进剂、聚丁二烯丙烯酸推进剂、聚丁二烯丙烯酸丙烯腈推进剂、端羧基聚丁二烯推进剂和端羟基聚丁二烯推进剂等,现代固体推进剂性能达到相当高的水平,从而拉开了其广泛应用的序幕;在推进剂的粘合剂中引入含能基团,产生了含能粘合剂推进剂,如叠氮推进剂等。

（3）新的应用需求牵引和不同品种的交叉融合,极大地推动了固体推进剂技术的发展。推进剂与炸药的技术融合,将炸药组分应用于推进剂中,极大提高了其能量水平;将双基与复合推进剂技术融合,产生了 NEPE 推进剂、复合改性双基推进剂;固体推进剂与液体推进剂技术融合,产生了凝胶推进剂、膏体推进剂和固液混合推进剂;富氧推进剂与富燃推进剂技术融合,形成了既可无需外界供氧维持一次燃烧,又通过外界补氧二次燃烧提高能量的特种推进剂。

综上所述,固体推进剂技术发展到现在,综合性能优异的高能固体推进剂逐渐成为当前研究和应用的热点及重点。在固体推进剂研究开发的全部活动中,为满足应用要求而进行的性能改进与提高构成其核心内容。这正是本书以高能复合固体推进剂及其性能为研究对象的根本原因。

1.2　复合固体推进剂性能与配方设计方法

如上所述,复合固体推进剂自20世纪40年代开始,历经70余年的发展,无论是品种、性能水平,还是应用领域都取得了长足的发展。概括起来,其发展除军事应用和航天技术发展强劲的需求牵引外,主要得益于固体推进剂关键原材料的不断进步和推进剂配方设计思想的创新。在性能研究方面,已建立了一整套以试验方法为主、辅之以理论指导的性能调节方法,并成功应用于工程研制的各阶段。例如,为了预示推进剂能量性能,发展了基于热化学、热力学和动力学的能量计算方法,从燃烧化学反应、产物的放热性、化学键的解离特性、化学平衡时体系自由能函数最小等基本原理出发,可以快速计算推进剂的能量水平并达到较高精确度;在力学性能方面,发展了基于交联高聚物黏弹性理论、高填充体系相互作用的力学模型,在一定程度上描述了固体推进剂的力学行为并指导调节力学性能;在燃烧性能方面,对固体推进剂燃烧过程和燃烧行为进行了深入研究,发展了一系列燃烧模型指导燃烧性能调节,有些模型在一定范围内还具有一定预示功能等。

但是整体上,与其他化学、化工及材料研究类似,尽管各种理论方法在不断发展并取得很大进展,固体推进剂配方设计仍然以试验方法为主,除少数性能(如能量性能)可以借助理论方法进行较为准确的事前仿真计算外,其他性能只能通过不断的试验尝试获得满意的配方,或者说固体推进剂技术在很大程度上还是一门经验科学。以美国为例,详细考察复合固体推进剂发展过程(图1-2),有利于加深认识。从最早的沥青推进剂到代表当今固体推进剂最高应用水平的 NEPE 推进剂,经历了较漫长的过程。如从聚硫推进剂到丁羟推进剂

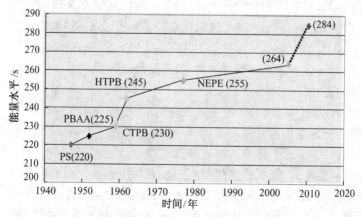

图1-2　美国复合固体推进剂发展历程(以能量为主线)

大约花费了20年,从丁羟推进剂到NEPE推进剂大约经过了15年,从NEPE推进剂到新型高能推进剂已有20余年的时间,但至今尚未有其实际应用的报道。

统计起来看,一个新的固体推进剂配方研究从开始到工程应用需15~20年甚至更长周期,国内外实践都大体相同。具体分析可以发现,在上述品种更替过程中,只有粘合剂属于新的原材料,其他如氧化剂、燃料添加剂等都是发现或使用多年的化合物,并没有引入全新的组分。采用传统的尝试法研究模式,成功研制一个固体推进剂配方,少则进行几百次装药试验,多则要进行几千次的装药试验,需要巨额的研制经费。此外,对于危险性较高的推进剂研制过程,试验次数越多,发生事故的概率越高。从这个意义上分析,固体推进剂配方设计是十分费时、费钱、风险大的一个过程。

究其原因,配方设计方法主要依靠试验尝试法,过度依赖经验、不能事先预示配方性能可能是重要原因之一。由此,固体推进剂技术要满足各种越来越高的需求,其发展面临前所未有的挑战。一方面,新的应用需求对其提出了进一步提高性能尤其是综合性能的要求,固体推进剂技术必须尽快突破发展瓶颈,包括新的原材料的合成与应用,这已成为固体推进剂研究者的共识;另一方面,提高固体推进剂性能及配方设计水平,逐步从试验尝试法过渡到基于系统理论指导的设计方法,提升研发效率、降低风险和研发成本是发展的另一个重要课题。

在配方设计方法与理论方面,国内外均已开展了大量研究工作。国外从20世纪80年代开始,就试图逐渐改变固体推进剂的传统研究模式,朝着计算机辅助设计—模拟计算—试验验证的研究模式转变。随着计算机技术、数值计算方法,尤其是人工智能技术的飞速发展,在自然科学研究、农业、工业、交通的等各个领域涌现出了各种形式的专家系统,并已取得了良好的收益。这使得采用专家系统辅助固体推进剂配方研制成为可能。同时,这也是固体推进剂研制今后发展的必然趋势。

美国、俄罗斯、德国、荷兰等国对固体推进剂配方计算机辅助设计和性能预示高度重视,进行了深入的研究,并取得重要进展,研制的系统在固体推进剂配方的设计、研制和生产中得到广泛应用[5]。

1988年,美国BNL实验室开发成功固体推进剂配方设计专家系统[6]。该专家系统由用户界面、基于用户要求和偏好的预选模块、若干规则库(包括组分筛选、组分组合排除、性能预示等规则库)、配方发生器模块、组分数据库、配方文本文件、配方与性质数据库、外部性能模拟程序这几个模块组成。该系统具有反向推理能力,能够根据用户提出的性能指标反向求出最优配方。整个计算过程各个阶段都允许人工干预。该专家系统可以挂接各种理论模块,实际上是专家系统和理论模拟系统的复合系统。

俄罗斯对固体推进剂性能计算系统进行了细致而全面的研究[7],已形成较完整的理论模拟系统。俄罗斯比斯克的阿尔泰科研生产机构开发的推进剂配方计算机辅助设计系统,不仅能对推进剂配方的热力学性能进行优化计算,还可以对推进剂流变、力学和老化性能进行模拟计算。该系统功能完善,其热力学计算的扩展方案甚至包括爆轰特性和尾烟特性模拟。该机构用于推进剂热力学计算的数据库含有大约1000种推进剂组分和配方、1600余种燃烧产物,是较完备的推进剂组分和配方热力学数据库。

德国弗劳恩霍夫化学工艺研究所(ICT)在固体推进剂单项性能预示系统方面做了大量工作[5],运用动力学方法对热力学能量计算方法的局限性进行了修正,建立了一系列化学动力学模型,可以描述热分解、老化现象和组分相容性。

荷兰 Prins Maurite 实验室开发出基于一组半经验公式的计算机软件系统[8],可以同时预示推进剂多种性能,具体包括能量性能、燃烧性能、力学性能、工艺性能、安全性能、老化性能、特征信号、成本和可靠性等。

国内相关研究则比较分散、不系统,主要工作集中在单项性能模拟计算等方面。如建立和改进力学模型、燃烧模型,利用神经网络和BP遗传算法对固体推进剂燃烧和力学性能进行预示和模拟计算,没有建立一个真正意义上的固体推进剂配方设计系统,对试验数据的统计、数字化保存和挖掘能力不强,二次开发的经验和能力较弱。

1.3　高能固体推进剂配方组成及性能基本特点

从组成来看,高能固体推进剂(NEPE类高能固体推进剂)是一个复杂的多相体系,即由大剂量增塑的粘合剂基体(一般为端羟基聚醚粘合剂、含能硝酸酯增塑剂和异氰酸酯固化剂)构成的连续相和由硝胺炸药(HMX 或 RDX)、高氯酸铵(AP)及金属添加剂等组成的分散相,此外还有燃烧性能调节剂、调节力学性能的键合剂和改善化学稳定性的安定剂等。它是一种高填充、大剂量增塑、多级配的黏弹性复合材料,突破了传统双基和复合推进剂组成上的界限,综合了两类推进剂的优点,在能量特性和低温力学性能方面都优于现有的双基和复合固体推进剂。在性能研究方面,与一般固体推进剂类似,主要关注能量性能、燃烧性能、力学性能和工艺性能,由于能量高,其加工工艺过程及成品的安全性能也是研究的重点。

在高能推进剂能量性能设计方面,计算和设计方法已经较为成熟,并且形成了相关计算标准。结合高能推进剂特点,进一步的研究工作主要集中在能量性能预示方法的优化、提高计算精度,同时解决由于配方中含有多种金属元素而引起的不能计算或计算误差过大等问题。

高能推进剂的燃烧过程复杂,燃烧性能受多种因素的影响,其组分的种类、含量、规格、微观结构和热分解特性以及燃烧性能调节剂的性质影响最大。大量含能组分,如硝胺、硝酸酯的使用,使该类推进剂的压强指数明显提高,燃速可调范围变窄,且燃速和压强指数调节技术途径常常相互制约,燃烧性能调节困难。

在高能推进剂燃烧性能设计方面,国内外研究工作大多集中在高能固体推进剂燃烧规律总结、少数几种组分的燃烧机理研究、基于双基或丁羟推进剂的燃烧模型改进等方面,对高能固体推进剂燃烧性能规律性研究还不够系统和深入,建立的燃烧模型适应性不广、经验参数过多(有的甚至用试验也难以确定)且数学处理复杂、计算准确度有待于进一步改进,远远不能满足具有工程指导性的要求。

高能固体推进剂力学性能的显著特点源于其大剂量增塑的粘合剂体系,在组成上,粘合剂体系占配方含量25%左右,完全不同于传统的双基和复合推进剂。在高能推进剂力学性能设计方面,从国内外研究现状来看,对高能固体推进剂力学性能宏观规律性研究较多,但在揭示规律性变化的本质、组分组成对应力—应变曲线和应力—应变能的影响、组分微观结构及基体网络结构与力学性能相关性、各种界面的力学描述与处理等方面研究不够系统和深入,所建立的力学性能模型大多是宏观经验模型,缺乏从介观到微观层次的理论模型,模型的预示和设计功能与实际需求尚有很大的差距。

高能固体推进剂在加工过程中以药浆的形式存在,是一种包含固体燃料粒子(如金属铝粉,质量含量一般为10%~15%)、氧化剂粒子(如结晶性的高氯酸铵和硝胺,质量含量为50%~70%)与液体高分子粘合剂体系(质量含量一般为20%~25%)等组成的浓悬浮体系。从流变学上看,这种体系是一种较易流动的以黏性为主的黏弹性流体,因在加工中涉及众多物理和化学反应等因素而复杂化。在高能固体推进剂工艺性能(流变学)研究方面,国内外对药浆流变性能的重要性和复杂性、药浆黏度与组分体积分数相关的经验模型、填充物颗粒级配理论等研究较多。近年来,人们认识到必须从宏观、介观以至微观的多尺度来研究流变特性,进而形成描述高能推进剂工艺性能的模型,指导推进剂研究。

1.4 构建高能固体推进剂性能设计及专家系统需解决的问题

如前所述,要构建高能固体推进剂性能设计和专家系统,难度较大,既涉及构造设计系统的总体思路和一系列基础理论问题,又要结合工程应用需求解决设计系统的实用性问题。概括起来,重点考虑了以下几个主要问题。

(1)普遍意义上的方法论问题。长期以来,化学、材料科学一直被科学界公认为一门纯试验科学,其理由要追溯到人类认识自然的两种科学方法:一是归纳法(F. Bacon,1561—1626),依据试(实)验事实,用较为简单的数学方法得到经验公式和规律(即唯象理论)。该方法简单、易用,在一定范围内具有指导作用,缺点是容易忽略现象背后的本质联系和规律,普适性受到限制。二是演绎法(R. Decartes,1596—1650),依据正确普适的公理和假设,应用较高级和复杂的数学工具得到形式理论。上述两种方法的特点如图1-3所示。正如马克思所

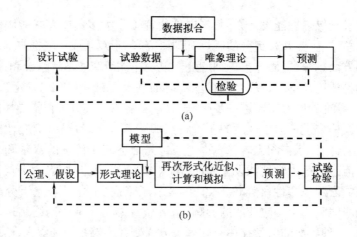

图 1 - 3　归纳法(a)与演绎法(b)的比较

指出的"运用数学的多少是一门科学成熟程度的标志",任何学科的发展从方法论角度来看都试图从完全的归纳法过渡到演绎法。以化学学科为例,物理化学在 20 世纪初形成,旨在揭示化学反应的普遍规律——反应进行的方向、程度和速率等,使化学科学开始拥有了理论,标志就是高等数学(如一阶常、偏微分方程、概率论等)首次得到应用,但经典物理化学的理论是唯象的,也就是说是有限的地球空间内宏观化学反应规律的经验总结。直至 20 世纪 30 年代量子化学的形成才使化学科学开始走向演绎法,因为量子化学的建立未依据任何试验事实或经验规律,只从少数几条基本假定出发,通过严格的逻辑演绎,建成一个自洽、完备、严密的理论体系。经历近 80 年,量子化学经受物质世界不同领域(原子、分子、各种凝聚态、基本粒子、宇宙物质等)试验事实的检验,其正确性无一例外,这是任何唯象理论无法与之比拟的。

(2) 固体推进剂性能设计方法问题。对固体推进剂而言,必须承认其研究与设计方法到目前为止尚在初级阶段,远远没有过渡到完全基于演绎法的程度,更主要的是试验尝试法,用归纳法来获得"唯象理论",进而引进化学、物理学、材料学等相关领域的一些普适理论来描述固体推进剂的性能和行为。由此,对其研究往往一方面是基于大量试验研究结果,总结固体推进剂宏观规律,提炼描述固体推进剂各性能的物理和数学模型,获得必要的模型参数,试图对固体推进剂性能在一定范围内进行定量描述。另一方面基于某些假设和公理,考虑固体推进剂的特点,演绎推理出一些形式理论,试图对其进行理论的、定量的描述,并通过试验来检验、完善。事实上,一个具有一定实用价值的固体推进剂性能设计方法(理论)一般是上述两种方法的结合。

(3) 专家系统构建问题。固体推进剂作为一种特种功能材料,是非常复杂的体系,要实现对其性能设计的目标,必须一方面要重视唯象理论和形式理论的研究,即在一定程度上可解析表达的知识的获取,在此称为显性知识。另一方面更要充分利用和挖掘经验知识,即难以解析表达或定量表达的知识,在此称为隐性知识。此外,固体推进剂要满足应用要求,最终关注的是其综合性能,因此,必须研究和解决各单项性能之间的矛盾与冲突,将各单项性能的设计整合成面向综合性能的设计系统。要解决上述问题,构建一个有应用价值的设计系统,将人工智能的成熟技术和最新进展与固体推进剂性能设计方法有效结合起来必将是最重要的解决途径。

1.5 高能固体推进剂性能与设计体系

高能固体推进剂设计体系的核心和重点是配方性能设计,它由各单项性能(能量、燃烧、力学、工艺等)的影响因素、影响规律、单项性能预示物理数学模型、性能优化及各单项性能之间矛盾的解决方法构成,最终形成综合集成设计方法,达到高能固体推进剂性能设计的目的。体系的整体框架如图1-4所示。

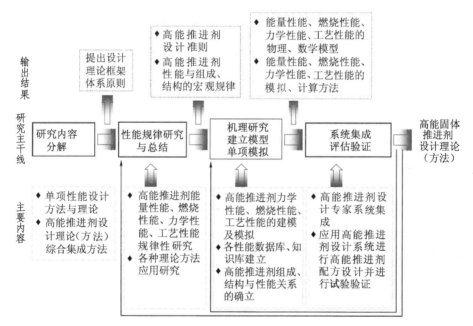

图1-4 高能固体推进剂性能与设计体系整体框架

参 考 文 献

[1] 侯林法.复合固体推进剂[M].北京:宇航出版社,1994.

[2] Davenas A. Development of Modern Solid Propellants[J]. J. Propulsion and Power, 2003, 19(6):1108.

［3］ 郑剑,庞爱民.固体推进剂技术未来发展展望［J］.固体火箭技术,2005(增刊):1－5.

［4］ 郑剑,庞爱民.固体推进剂技术未来发展展望［J］.固体火箭技术,2005(增刊):6－9.

［5］ 李一彤,等.数值计算技术在固体推进剂研制生产中的应用［J］固体火箭技术, 2003, 26(2): 38－41.

［6］ Shaw F J,et al . A preliminary report on developing an expert system for computer aided formulation of propellants［ R ］. BNL-TR－2895,AD-A198088:1－26.

［7］ Sakovich C V . Design principle of advanced solid propellant［ J］. Propul. Power, 1995, 11 （4）: 830－937.

［8］ Kerzers H L J. Modeling of Composite Propellant Properties［R］. AIAA2000－3323:1－9.

第2章 高能固体推进剂能量性能计算与优化

影响固体推进剂能量性能的最重要参数(比冲)的主要因素是燃烧室压强和温度、燃气平均相对分子质量和燃烧产物平均比热比。要提高推进剂比冲,应提高燃烧室压强和温度,降低燃气平均相对分子质量和燃烧产物平均比热比,除燃烧室压强取决于发动机设计外,其他影响因素直接与推进剂相关,即要求推进剂的原材料生成热高、燃气产物平均相对分子质量低或燃烧时放热量大。推进剂研究人员根据这一原理,合成了一系列的含能化合物并引入固体推进剂配方体系中,使固体推进剂能量性能水平产生了一次次的飞跃。

在一定的假设条件下,利用热力学定律和动力学基本原理,可以比较方便地计算固体推进剂能量性能各表征参数。能量计算的方法和技术目前已经较为成熟,详细的计算原理和方法可以参见文献[1,2]。本章将在简单介绍能量计算基本概念和计算原理的基础上,着重介绍能量性能计算方法的改进和优化设计方法,解决高能固体推进剂中因存在部分金属元素而不能计算能量性能等问题。

2.1 固体推进剂能量性能计算的基本原理

固体发动机实际上是一个能量转换系统。在该系统中,推进剂通过燃烧产生的高温高压气体作为发动机的工质,在喷管中进行绝热膨胀,并把气体具有的化学能(热能)转化为动能,使系统获得一个反作用力,形成推力。固体发动机的能量转换过程可表示为

固体推进剂 $\xrightarrow[\text{燃烧}]{\text{燃烧室}}$ 高温高压燃气 $\xrightarrow[\text{压缩、膨胀}]{\text{喷管}}$ 高速气流

(化学能) (热能) (动能)

显然,推进剂在固体发动机中的工作过程由两个能量转换过程构成。首先,含有较高化学能的固体推进剂在发动机中燃烧生成具有较高热能的高温高压气态燃烧产物;其次,这些高温高压气态燃烧产物经过喷管的绝热压缩和膨胀,将热能转化为动能,高速燃气喷出发动机,使固体发动机获得反向作用力,即推力。

11

2.1.1 固体推进剂能量性能表征参数

固体推进剂能量性能表征通常会涉及以下几个主要表征参数：比冲、密度和密度比冲、特征速度、爆温和爆热。

1. 比冲（I_{sp}）

比冲 I_{sp} 是指单位质量推进剂在固体发动机中产生的冲量，即

$$I_{sp} = \frac{I}{M_p} = \frac{\int_0^{t_b} F \mathrm{d}t}{\int_0^{t_b} \dot{m}_t \mathrm{d}t} \qquad (2-1)$$

式中　F——推力；

　　　M_p——排出的推进剂燃气的质量。

　　　$\dot{m}_t$——燃气质量流速。

根据热力学理论和燃气在喷管中为绝热流动等假设，可以进一步导出比冲的表达式：

$$I_{sp} = \sqrt{\frac{2k}{k-1} \frac{R_0}{\overline{M}_g} T_c \left[1 - \left(\frac{p_e}{p_c} \right)^{\frac{k-1}{k}} \right]} \qquad (2-2)$$

式中　k——燃烧产物的平均比热比；

　　　$\overline{M}_g$——气态燃烧产物的平均相对分子质量；

　　　T_c——燃烧室温度；

　　　p_c——燃烧室压强；

　　　p_e——燃气在喷管出口处压强；

　　　R_0——普适气体常数。

由式（2-2）可以看出，比冲不仅与推进剂本身特性（T_c、$\overline{M}_g$、k）有关，而且与发动机设计参数（p_c、p_e）有关，因此比冲实际上是固体发动机能量特性的综合评价参数。

通常把根据推进剂热力学性质计算出的比冲称为理论比冲。由于理论比冲计算值随某些初始条件如燃烧室压强 p_c、环境压强 p_a、推进剂初温 T_0 选择的不同而变化，这对于不同的推进剂系统就难以比较。因此将比冲作为推进剂能量特性的表征参数，必须固定发动机的结构特性，即需要一个统一的发动机初始工作条件。实际计算中，一般规定标准条件如下：

（1）燃烧室压强 p_c 为 6.86MPa；

（2）环境压强 p_a 为 0.101MPa；

（3）发动机工作最佳膨胀状态，即喷管出口压强 p_e 与环境压强 p_a 相等；

（4）推进剂初温为 298K；

（5）喷管内燃气流动为化学平衡流动。

根据上述条件计算出的比冲称为推进剂的标准理论比冲,一般记做 I_{sp}^0,通常将它作为比较不同推进剂比冲的统一标准。

2. 密度和密度比冲

固体推进剂在实际应用中是将其直接装填在固体发动机燃烧室内。为了提高火箭射程,要尽可能降低发动机结构质量,在推进剂比冲和装药体积一定时,希望推进剂密度越大越好。固体推进剂理论密度可按式(2-3)预估:

$$\rho = \sum \frac{V_i}{V} \rho_i = \frac{1}{\sum \omega_i / \rho_i} \qquad (2-3)$$

式中 V_i——单位质量推进剂中 i 组分所占体积;

  V——单位质量推进剂所占体积;

  ω_i——i 组分质量百分含量;

  ρ_i——i 组分密度。

根据齐奥柯夫斯基公式,火箭发动机中推进剂全部燃烧完毕整个火箭系统的最大速度(主动段末速)为

$$v_k = I_{sp} \ln\left(1 + \frac{W_p}{W_k}\right) \qquad (2-4)$$

式中 W_p——发动机中推进剂质量;

  W_k——推进剂燃烧完毕火箭系统的质量(消极质量)。

由式(2-4)可以导出

$$v_k \propto I_{sp} \rho^\alpha \qquad (2-5)$$

式中 α——密度指数,则

$$\alpha = \frac{W_p / W_0}{\ln(W_0 / W_k)} \qquad (2-6)$$

其中 W_0——火箭系统总质量($W_0 = W_p + W_k$)。

由式(2-5)可看出,增加推进剂比冲或提高推进剂密度均可提高火箭最大主动段末速,从而提高其射程。因此,在推进剂中用密度比冲(推进剂密度和比冲的积)来直观地表示推进剂比冲和密度两者的重要性,即

$$I_\rho = I_{sp} \rho \qquad (2-7)$$

密度比冲的单位为 $kg/m^2 \cdot s$。

3. 特征速度

特征速度是与通过喷管的质量流速有关的表征推进剂能量特性的重要参数。特征速度为

$$C^* = \frac{A_t p_c}{\dot{m}_t} \qquad (2-8)$$

其中 A_t——发动机喷管的喉部面积；

p_c——燃烧室压强。

利用流体力学中连续性方程,以及气体动力学有关理论可导出:

$$C^* = \frac{\sqrt{gR_c T_c}}{\Gamma} \qquad (2-9)$$

式中

$$R_c = \frac{R_0}{\overline{M}_{gc}} \qquad (2-10)$$

$$\Gamma = \sqrt{k\left(\frac{2}{k+1}\right)^{\frac{k+1}{k-1}}} \qquad (2-11)$$

其中 R_c——燃烧室中燃气的平均气体常数；

$\overline{M}_{gc}$——燃烧室中气态燃烧产物的平均相对分子质量；

Γ——平均比热比函数。

由式(2-9)可看出,推进剂的特征速度仅与燃烧室温度 T_c、燃气的平均相对分子质量 $\overline{M}_g$ 和比热比 k 有关,它是反映推进剂能量高低及燃烧过程质量的性能参数,与喷管膨胀过程无关。因此,特征速度也是表征推进剂能量性能较好的参数。

4. 爆温和爆热

固体推进剂在绝热条件下燃烧所能达到的最高温度称为推进剂的爆温或燃烧温度,有时也称为火焰温度。按照燃烧反应条件的不同,推进剂的爆温又可分为定容爆温(T_v)和定压爆温(T_p)。

固体推进剂的爆热是指在298K 或其他温度下,单位质量(1kg)推进剂变成相同温度下的燃烧产物所放出的热量。根据该定义,爆热实际上是处于298K 或其他温度下单位质量的推进剂在真空或惰性气体存在下进行燃烧反应,并使其燃烧产物由爆温降低到298K 或其他温度的过程中所放出的全部热量。同样,根据燃烧反应条件的不同,爆热也可分为定容爆热(Q_v)和定压爆热(Q_p)两种。

固体推进剂的定压爆热是指具在定压爆温(T_p)条件下单位质量推进剂燃气,在无化学反应和无相变的情况下冷却至298K 或其他温度过程中放出的热量。根据热力学原理,在定压、绝热系统中,定压爆热实际上是1kg 推进剂燃气在温度 T_p 和298K 之间的热焓差,即

$$Q_p = \int_{T_p}^{298} X\overline{C}_p dT = -X\overline{C}_p(T_p - 298) = -\Delta H \qquad (2-12)$$

式中 X——1kg 推进剂燃气具有的总摩尔数；

$\bar{C_p}$——燃气的平均比定压热容。

假设推进剂燃气由 n 种燃烧产物组成,1kg 燃气中第 i 种燃烧产物的摩尔数为 x_i,下标 c 表示燃烧室,f 表示生成焓,则更精确的定压爆热计算方法为

$$Q_p = \sum_{i=1}^{n} x_{ci} H_{ci} - \sum_{i=1}^{n} x_{ci} \Delta H_{fi}^{298} = H_c - \sum_{i=1}^{n} x_{ci} \Delta H_{fi}^{298} \qquad (2-13)$$

在推进剂的能量性能理论计算中,定压爆热由式(2-13)求得。

2.1.2 固体推进剂能量性能的计算原理

应用能量守恒方程和质量守恒方程,固体推进剂能量性能计算的核心问题可归结到如何求解恒定温度和恒定压强条件下固体推进剂燃烧产物的平衡组成问题。根据该问题求解方法的不同,衍生出两类主要的推进剂能量性能计算方法,即平衡常数法和最小自由能法。

2.1.2.1 基本假设和基本方程

1. 基本假设

在计算固体推进剂能量性能时,为了反映固体推进剂能量转换过程的本质,抓住主要矛盾,需要忽略某些次要因素,采用如下四点基本假设:

(1) 在燃烧室中,推进剂的燃烧反应达到化学平衡,且燃烧过程为等压绝热过程,即热力学中的等焓过程,并且燃烧产物的分布是均匀的,此即流体动力学中的零维假设。

(2) 燃气为理想气体,凝聚相产物的体积忽略不计。

(3) 喷管中燃烧气体的流动过程为绝热可逆过程,即为等熵流动过程;燃气在喷管中的流动为一维定常流,即在喷管的任一横截面上,燃气的组成及各性能参数的分布是均匀的。

(4) 不考虑凝聚相燃烧产物的两相流损失。

2. 基本方程

能量性能计算过程中主要用到两个基本方程,即质量守恒方程和能量守恒方程。质量守恒即指推进剂燃烧前后某元素的摩尔数相等。据此,对 j 元素的质量守恒方程为

$$\sum_{i=1}^{n} a_{ij} x_i = b_j \qquad (j = 1, 2, \cdots, l) \qquad (2-14)$$

式中 a_{ij}——混合物体系中第 i 种燃烧产物含 j 种元素的原子摩尔数,它由 i 燃烧产物的分子式得到;

x_i——单位质量燃烧产物中第 i 种产物的摩尔数;

b_j——单位质量推进剂中含第 j 种元素的原子摩尔数,它由推进剂的假想化学式得到。

能量守恒指的是推进剂的化学能在转变为燃气的动能过程中能量保持不变。根据上述第 1 点假设，燃烧室内燃烧为等焓过程，则有

$$H_p = H_c \qquad (2-15)$$

在燃烧室热力学计算中，根据式(2-15)确定火焰温度，进而计算出在定温(T_c)和定压(燃烧室工作压强 p_c)条件下单位质量推进剂燃烧产物的平衡组成分布 $\{x_{ci}\}(i=1,2,\cdots,n)$，进而可求出平衡燃烧产物在 T_c 下具有的总熵 S_c。

根据上述第 3 点假设，喷管中燃气的流动为等熵过程，则有

$$S_c = S_e \qquad (2-16)$$

式中　S_c——单位质量推进剂燃烧产物在 T_c 下的总熵；

　　　S_e——单位质量推进剂燃烧产物在喷管出口处温度 T_e 下的总熵。

在喷管热力学计算中，根据式(2-16)确定燃烧产物在喷管出口截面处的平衡温度 T_e，进而计算出在定温(T_e)和定压(p_e)条件下单位质量推进剂燃烧产物在喷管出口处的平衡燃烧产物的总焓 H_e。当发动机处于最佳膨胀条件下工作时，有

$$I_{sp} = \sqrt{2(H_p - H_e)} \qquad (2-17)$$

由式(2-17)，即可求出推进剂的比冲。再根据式(2-7)、式(2-9)和式(2-13)就可求出推进剂的其他各项性能参数。

2.1.2.2　固体推进剂能量性能计算方法

固体推进剂能量性能计算包括推进剂在燃烧室中的等焓过程热力学计算和燃气在喷管中的等熵过程热力学计算，计算原理框图如图 2-1 所示。可以将计算流程分为四个部分：推进剂总焓和化学式计算、燃烧室热力学计算、喷管热力学计算和能量性能参数计算。

1. 推进剂总焓和化学式计算

以 1kg 推进剂为计算单位，推进剂总焓为

$$H_p = \sum_{i=1}^{N} \frac{1000\omega_i}{M_i} H_i \qquad (2-18)$$

$$H_i = (\Delta H_f^{298})_i + \int_{298}^{T_0} C_{pi} \mathrm{d}T \qquad (2-19)$$

式中　N——推进剂组分数；

　　　ω_i——推进剂中第 i 种组分的质量百分含量；

　　　M_i——推进剂中第 i 种组分的相对分子质量；

　　　H_i——推进剂中第 i 种组分在初温 T_0 下的焓值；

$(\Delta H_f^{298})_i$——推进剂中第 i 种组分的标准生成焓；

16

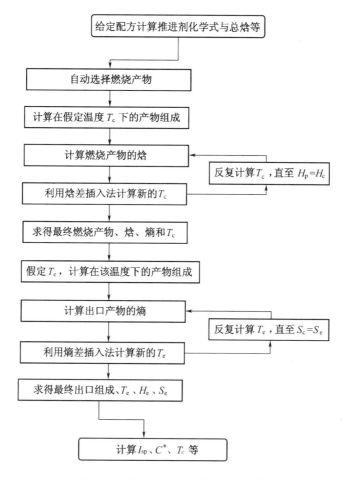

给定配方计算推进剂化学式与总焓等

自动选择燃烧产物

计算在假定温度 T_c 下的产物组成

计算燃烧产物的焓

利用焓差插入法计算新的 T_c

反复计算 T_c，直至 $H_p = H_c$

求得最终燃烧产物、焓、熵和 T_c

假定 T_e，计算在该温度下的产物组成

计算出口产物的熵

利用熵差插入法计算新的 T_e

反复计算 T_e，直至 $S_c = S_e$

求得最终出口组成、T_e、H_e、S_e

计算 I_{sp}、C^*、T_c 等

图 2-1　能量特性计算简要原理框图

C_{pi}——推进剂中第 i 种组分的比定压热容。

推进剂化学式的计算是将推进剂混合物看成一个假想的分子，并确定该假想分子中各元素的原子摩尔数的计算过程。计算推进剂化学式的目的是求出单位质量推进剂中各元素的原子摩尔数，以满足使用质量守恒方程的需要。

假设某推进剂由 C、H、O、N、Cl、Al 六种元素组成，$A_i, B_i, \cdots, F_i$ 分别为推进剂中第 i 组分含 C，H，$\cdots$，Al 等元素的原子摩尔数，则对于推进剂第 i 种组分，其分子式为 $C_{Ai}H_{Bi}O_{Ci}N_{Di}Cl_{Ei}Al_{Fi}$，则该组分的相对分子质量为

$$M_i = A_i m_C + B_i m_H + C_i m_O + D_i m_N + E_i m_{Cl} + F_i m_{Al} \qquad (2-20)$$

式中　$m_C, m_H, \cdots, m_{Al}$——C，H，$\cdots$，Al 的原子量。

假设 1kg 该组分的化学式为 $C_{ai}H_{bi}O_{ci}N_{di}Cl_{ei}Al_{fi}$，则存在如下关系：

$$
\left.
\begin{aligned}
a_i &= 1000 \cdot A_i/M_i \\
b_i &= 1000 \cdot B_i/M_i \\
d_i &= 1000 \cdot D_i/M_i \\
e_i &= 1000 \cdot E_i/M_i \\
f_i &= 1000 \cdot F_i/M_i
\end{aligned}
\right\}
\quad c_i = 1000 C_i/M_i \qquad (2-21)
$$

假设推进剂配方中各组分的质量百分含量为 ω_i，以 1kg 为单位的推进剂假想化学式为 $C_{b1} H_{b2} O_{b3} N_{b4} Cl_{b5} Al_{b6}$，则有

$$
\left\{
\begin{aligned}
b_1 &= \sum_{i=1}^{N} \omega_i \cdot a_i \\
b_2 &= \sum_{i=1}^{N} \omega_i \cdot b_i \\
b_3 &= \sum_{i=1}^{N} \omega_i \cdot c_i \\
b_4 &= \sum_{i=1}^{N} \omega_i \cdot d_i \\
b_5 &= \sum_{i=1}^{N} \omega_i \cdot e_i \\
b_6 &= \sum_{i=1}^{N} \omega_i \cdot f_i
\end{aligned}
\right.
\qquad (2-22)
$$

由此，就可以计算得到推进剂的假想化学式。

2. 燃烧室热力学计算

燃烧室热力学计算的目的在于求出燃烧室工作压强下的平衡火焰温度 T_c 及该温度和压强下燃烧产物的平衡组成。燃烧室热力学计算常用的方法是尝试法，其基本原理是：首先假设一个燃烧温度 T_c，进而求出该温度和燃烧室工作压强下的燃烧产物平衡组成，再根据燃烧产物组成求出 1kg 燃烧产物在燃烧室的总焓。燃烧产物的总焓为

$$
H = \sum_{i=1}^{n} x_i H_i \qquad (2-23)
$$

式中 x_i——定温(T)和定压(p)条件下 1kg 推进剂燃烧产物中第 i 种燃烧产物的摩尔数；

H_i——温度 T 时第 i 种燃烧产物的焓。

通常 H_i 通过下式计算得到：

$$
H_i = R_0 (d_{i1} T + d_{i2} T^2/2 + d_{i3} T^3/3 + d_{i4} T^4/4 + d_{i5} T^5/5 + d_{i6}) \qquad (2-24)
$$

18

式中　　　R_0——普适气体常数；

　　　　　T——温度；

$d_{i1},d_{i2},\cdots,d_{i6}$——第 i 种物质的温度系数。

　　计算出燃烧产物总焓后就可以进一步利用等焓方程来判断 T_c 是否等于平衡火焰温度 T_c^*。判断原理是基于燃烧产物总焓 H_c 与温度 T 呈线性正比关系的假设。即若 $|H_c| < |H_p|$，则 $T_c < T_c^*$，反之则 $T_c > T_c^*$。根据 T_c 与平衡火焰温度的差距，按照设定的调节步长 ε 反复调节 T_c 直至达到两个温度点 T_{c1}、T_{c2}，满足关系式：$T_{c1} < T_c^* < T_{c2}$，则平衡温度为

$$T_c^* = T_{c1} + \frac{|H_{c1}| - |H_p|}{|H_{c1}| - |H_{c2}|}(T_{c2} - T_{c1}) \tag{2-25}$$

　　求出平衡温度后，该温度下的燃烧产物的平衡组成为

$$x_{ci} = x_{1i} + \frac{T_p - T_{c1}}{T_{c2} - T_{c1}}(x_{2i} - x_{1i}) \tag{2-26}$$

式中　x_{1i}、x_{2i}——T_{c1} 和 T_{c2} 下的平衡组成。

燃烧室的热力学计算流程可如图 2-2 所示。

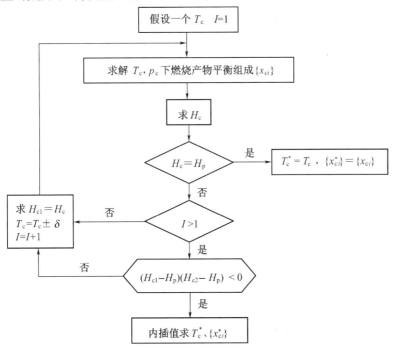

图 2-2　尝试法燃烧室热力学计算流程示意图

单位质量燃烧产物的总熵为

$$S = \sum_{i=1}^{n} x_i S_i^0 - R_0 \sum_{i=1}^{m} x_{ig} (\ln p_c^* + \ln x_{ig} - \ln X_g) \qquad (2-27)$$

式中　x_i——单位质量推进剂燃烧产物中 i 的摩尔数；

$\quad\quad x_{ig}$——单位质量推进剂燃烧产物中气态产物 i 的摩尔数；

$\quad\quad X_g$——单位质量推进剂燃烧产物中 m 种气态产物的总摩尔数；

$\quad\quad S_i^0$——第 i 种燃烧产物的摩尔熵；

$\quad\quad R_0$——普适气体常数；

$\quad\quad p_c^*$——燃烧室压强。

式(2-27)中燃烧产物的摩尔熵可通过每种燃烧产物的温度系数进行计算,即

$$S_i^0 = R_0 (d_{i1} \ln T + d_{i2} T + d_{i3} T^2/2 + d_{i4} T^3/3 + d_{i5} T^4/4 + d_{i7}) \qquad (2-28)$$

式中　$d_{i1}, d_{i2}, \cdots, d_{i7}$——第 i 种物质的温度系数。

从上面对 H_i 和 S_i^0 的计算可以看出,物质的温度系数是计算推进剂能量性能必不可少的重要参数之一,所以物质温度系数数据库的完善程度决定了能量性能计算程序的适用范围。随着新型含能物质不断出现和燃烧条件的大范围拓展,物质温度系数数据库也需要不断更新和完善,这方面的内容将在 2.3.3 节介绍。

燃烧室燃烧产物平均气体常数的值 R_c 是反映特征速度的重要参数,在获得了燃烧产物的平衡组成后,通过先计算凝聚相产物的质量百分数 ε,进而计算 R_c。ε 可通过下式计算得到:

$$\varepsilon = \frac{\sum\limits_{i=m+1}^{n} x_i M_i}{1000} \qquad (2-29)$$

式中　M_i——第 i 种凝聚相燃烧产物的相对分子质量。

气相燃烧产物的平均相对分子质量为

$$\overline{M}_g = \frac{1000(1-\varepsilon)}{X_g} \qquad (2-30)$$

燃烧产物的平均气体常数 R_c 为

$$R_c = (1-\varepsilon) \frac{R_0}{\overline{M}_g} \qquad (2-31)$$

3. 喷管热力学计算

喷管热力学计算的目的是求解推进剂燃烧产物在喷管膨胀加速后喷管出口截面上的各性能参数。喷管中各截面上单位质量推进剂燃烧产物的总焓和总熵

20

仍可利用式(2-24)和式(2-27)求得。喷管出口处燃烧产物的热力学参数则需要根据等熵流动过程的假设前提进行计算。

喷管热力学计算可分为冻结流计算和平衡流计算。固体推进剂研究通常关注的是推进剂的最终能量,因而,只需要进行平衡流计算即可。

进行平衡流计算时,先假设一个喷管出口温度 T_e,计算出在 T_e 和 p_e 条件下燃烧产物的平衡组成 $\{x_{ei}\}$,然后根据式(2-27)计算燃烧产物的总熵 S_e,然后将 S_e 和 S_c 比较,决定 T_e 的修正方向。判断原理是假设燃烧产物总熵 S_e 与温度 T 呈线性正比关系,即若 $|S_e| < |S_c|$,则 $T_e < T_e^*$,反之则 $T_e > T_e^*$。根据设定的温度调节步长对假设的平衡温度进行反复迭代调整,直至达到两个温度点 T_{e1}、T_{e2},满足关系式: $T_{e1} < T_e^* < T_{e2}$,则平衡温度为

$$T_e^* = T_{e1} + \frac{S_c - S_{e1}}{S_{e2} - S_{e1}}(T_{e2} - T_{e1}) \tag{2-32}$$

根据解出的 T_e 和 $\{x_{ei}\}$,利用式(2-23)求出喷管出口处燃烧产物的总焓 H_e。

4. 能量性能参数计算

在燃烧室热力学计算和喷管热力学计算完成后,由式(2-17)计算出推进剂的理论比冲 I_{sp},利用式(2-7)、式(2-9)、式(2-13)计算出其他推进剂能量参数。

5. 燃烧产物定温定压平衡组成计算方法

恒定温度和压强条件下反应平衡组成的计算方法主要有两类:一类是平衡常数法;另一类是最小自由能法。广泛采用的是最小自由能法。

最小自由能法计算燃烧产物平衡组成的大致过程如下:

(1)建立体系自由能与产物自由能及化学位的关系,即求出系统自由能与各产物焓、熵的关系,而焓、熵又是温度的函数,这样,系统自由能就与其温度、压强和体系中各组分含量建立了联系。

(2)假定一组燃烧产物 $\{y_i\}$,列出系统自由能函数,用泰勒级数展开式中前三项作为系统自由能函数 $G(x)$ 在 y 点的近似值。

(3)建立拉格朗日函数,即用拉格朗日函数将体系自由能函数与元素质量守恒方程联系起来。利用极值条件,建立一个 $l+1$ 元一次线性方程组。

(4)求解该方程组,得一组平衡组成 $\{x_i\}$。

(5)对 $\{x_i\}$ 进行检验,若有负值,需进行负值修正。修正计算流程如图2-3所示。将负值修正后的解作为下次迭代的初值,重新从"2"开始进行下一次迭代。

(6)若 $\{x_i\}$ 均为正值,将本次迭代解与上次迭代解比较,是否满足精度要求。若不满足,则将本次解作为下次迭代的初值,从"2"开始进行下一次迭代过程;若满足要求,则本次解即为所求的平衡组成。

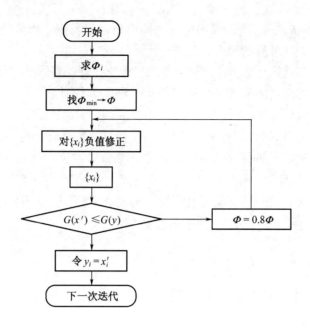

图 2 - 3   负值修正计算流程

图 2 - 4 显示了最小自由能法求解燃烧产物平衡组成的流程。

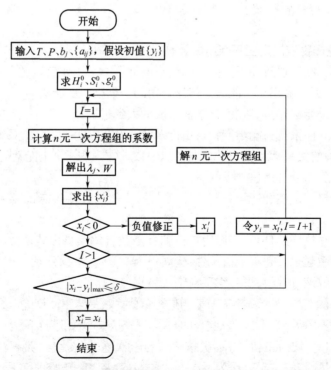

图 2 - 4   最小自由能法求解 T、P 一定时燃烧产物平衡组成流程

从固体推进剂能量计算过程可以看出,影响其计算适用范围、计算精度和计算效率的因素主要来自三方面:一是原材料理化性能数据的完备性。其中包括原材料的化学组成、状态、密度、生成焓等数据。二是原材料燃烧产物的热力学函数的完备性。燃烧产物的温度系数数据是能量计算过程中必需的数据,不同温度下燃烧产物的热力学函数可通过其温度系数计算得到。三是求解燃烧室平衡温度 T_c^* 和喷口处平衡温度 T_e^* 过程中采用的计算方法。决定能量计算效率的主要步骤在于燃烧平衡温度的求解,而求解燃烧室平衡温度 T_c^* 和喷口处平衡温度 T_e^* 的过程实际上是分别以等焓和等熵为约束条件的单因素(平衡温度)优化过程,所以优化方法直接影响到计算效率。

2.2 能量性能计算中存在的问题及解决方法

2.2.1 能量性能计算中存在的问题

在现有能量计算程序使用过程中,主要存在三个方面的问题:

(1)一些引入新型推进剂组分的配方能量性能无法计算。分析发现,程序不能计算的主要原因是缺少这些新组分的理化性能数据及相应的热力学数据。

(2)配方中含有某些金属元素(如 Pb、Cu、Ni、Cr 等)时,能量性能计算误差异常偏大或不收敛,如在丁羟推进剂中加入 0.5% 的 Pb 盐催化剂,则理论比冲与不加催化剂时相比高 3~5s,显然计算结果存在较大误差。从能量计算程序的运行过程分析发现,造成以上问题的主要原因是程序数据库中缺少这些元素的燃烧产物热力学数据或燃烧产物组分数据不全。

(3)能量计算程序的计算效率不高,尤其是在进行批量配方计算且配方组成较为复杂时表现尤为明显。由 2.1 节介绍的计算原理可知,燃烧室平衡温度 T_c^* 和喷口处平衡温度 T_e^* 的求解过程实际上是分别以等焓和等熵为目标的单因素(平衡温度)优化过程,而目前能量计算程序采用的优化方法还只是简单的梯度下降法,在应用过程中发现,该方法在逼近平衡温度值时容易在平衡点附近发生振荡,这也是有时计算不收敛的原因之一。另外,该方法的优化效率较低,当最初假设的平衡温度与实际平衡温度相差较大或调整的步长设置不合适时,达到平衡点将需要更多的时间。这个效率瓶颈问题在配方组分种类较多的情况下表现得尤为突出,因为当组分种类较多时,计算指定温度和压强下的燃烧产物的平衡组成所需的时间较长,所以此时逼近平衡温度所需要的计算次数就决定了整个能量计算的效率,好的优化方法能够在较少的次数内达到优化目标。所以提高能量计算效率的一个有效措施就是改善平衡温度的优化计算方法。

上述问题可以通过完善原材料理化性能数据库和燃烧产物的热力学数据、改进平衡温度的优化算法来解决。

2.2.2 原材料理化性能数据库的扩充

原材料理化性能数据主要来自三个途径：

（1）对新引入推进剂配方的组分，主要通过搜集、整理和甄别文献报道数据来获得。

（2）对新合成的含能物质的理化性能数据则需要通过试验测试得到。

（3）对通过上述方法获取有困难的推进剂组分，也可利用理论和经验方法估算得到。

作者团队搜集、整理完善了固体推进剂原材料理化性能数据，化合物种类从原有的100种左右增加到150多种，基本满足推进剂能量性能计算需求，鉴于篇幅等原因不一一列出。

2.2.3 热力学函数的收集和热力学函数温度系数的计算

现有能量计算程序中的燃烧产物数据库，包含了大多数的 C、H、O、N、Cl、Al 元素的燃烧产物热力学数据，而对于一些用量较少的金属元素（如 Fe、Pb、Co、Cr 等）的燃烧产物热力学数据收录较少。现在，越来越多的含有这些金属元素的化合物作为有效的功能助剂用于固体推进剂中，在计算此类配方能量性能时，由于缺少相应的热力学数据，计算常常不能完成或误差偏大。

不同温度下的固体推进剂燃烧产物热力学函数通常可以根据每种物质的温度系数来计算得到，只需要一组推进剂各燃烧产物的温度系数数据即可方便地求得各温度下燃烧产物的热力学函数值。利用热容、熵、焓与温度的关系方程，通过有限的几个温度下的热力学函数值，联立方程组为

$$
\begin{cases}
c_p/R = a_1 + a_2 T + a_3 T^2 + a_4 T^3 + a_5 T^4 \\
S_t/R = a_1 lnT + a_2 T + (a_3/2)T^2 + (a_4/3)T^3 + (a_5/4)T^4 + a_7 \\
H_t/(RT) = a_1 + (a_2/2)T + (a_3/3)T^2 + (a_4/4)T^3 + (a_5/5)T^4 + a_6/T
\end{cases}
$$

$$(2-33)$$

通过解方程组（2-33）可计算各热力学参数的温度系数。为了提高计算精度，把每个燃烧产物分成两个或多个温度区间，如分为 300~1000K、1000~3000K 两个温度区间，分别求出各自的温度系数。计算时要保证在 300~1000K 与 1000~3000K 条件下的热力学函数的温度系数在 1000K 时用两种拟合公式得到同样的结果，即要求在两个区间交接处的函数值相等且平滑（一阶导数相等），采用最小二乘法联立方程组，结合拉格朗日乘子法解出温度系数 a_1、a_2、a_3、a_4、a_5、a_6、a_7；b_1、b_2、b_3、b_4、b_5、b_6、b_7。

根据以上原理编制了计算程序，程序界面如图 2-5 所示，可算出各种物质热力学函数温度系数，函数曲线绘制输出界面如图 2-6 所示，其中的实线为拟

合曲线,实心点为试验数据。可以看出,试验数据与计算结果非常接近,偏差小、精度高。温度系数计算程序界面如图2-7所示。

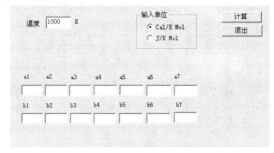

图2-5　热力学函数温度系数程序界面

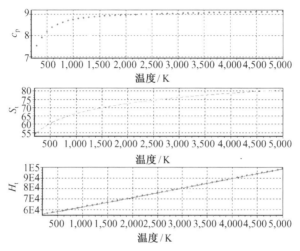

图2-6　函数曲线绘制输出界面

为了满足应用需求,通过查阅各种文献资料,收集了几十种金属元素化合物的燃烧产物热力学函数,如Fe、Pb、Co、Cr等氧化物、氯化物的热力学函数,计算了约50种金属元素的热力学函数温度系数,部分示例如下。

表2-1和表2-2分别给出了$FeCl_2(g)$的温度系数和根据其计算出的热力学函数(300~2000K)结果。

表2-1　$FeCl_2(g)$的温度系数

300~1000K 的温度系数	1000~2000K 的温度系数
$a_1 = 21.1996833962136$	$b_1 = 30.3137166200369$
$a_2 = 4.52012963838557 \times 10^{-2}$	$b_2 = 6.72186487097414 \times 10^{-4}$
$a_3 = -8.30041558759716 \times 10^{-5}$	$b_3 = -8.65872935136091 \times 10^{-8}$
$a_4 = 6.99404506137154 \times 10^{-8}$	$b_4 = 7.2773507780044 \times 10^{-10}$
$a_5 = -2.19584635244442 \times 10^{-11}$	$b_5 = -2.48239898052362 \times 10^{-13}$
$a_6 = -78685.3600546829$	$b_6 = -80212.8936989127$
$a_7 = 19.4646362295901$	$b_7 = -22.7792000075248$

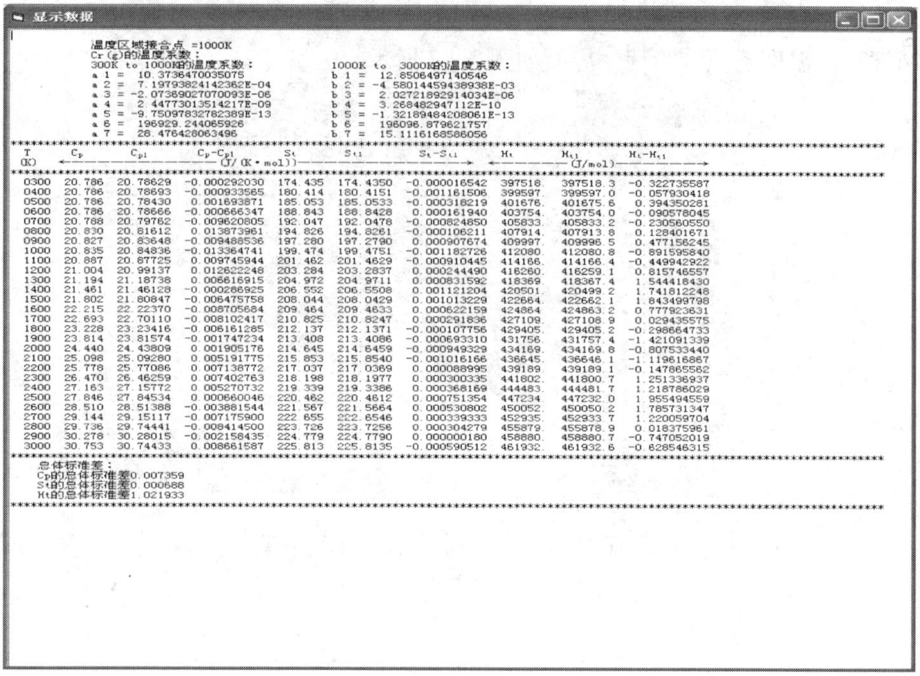

```
温度区域接合点 =1000K
Cr(g)的温度系数:
300K to 1000K的温度系数:              1000K to 3000K的温度系数:
a 1 =  10.3736470035075              b 1 =  18.8506497140546
a 2 =  7.19793824142362E-04         b 2 = -4.58014459438938E-03
a 3 = -2.07369027070093E-06         b 3 =  2.02721892914034E-06
a 4 =  2.44773013514217E-09         b 4 = -3.26848294711E-10
a 5 = -9.75097832782389E-13         b 5 =  1.32189484208061E-13
a 6 =  196929.244065926             b 6 =  196096.879621757
a 7 =  28.476428063496              b 7 =  15.1116168586056
*************************************************************************
  T      Cp      Cp1     Cp-Cp1        St      St1      St-St1        Ht        Ht1        Ht-Ht1
 (K)                  /(J/(K·mol))                                            /(J/mol)
*************************************************************************
0300  20.786  20.78629  -0.000292030  174.435  174.4350  -0.000016542  397518  397518.3  -0.322735587
0400  20.786  20.78693  -0.000933565  180.414  180.4151  -0.001161506  399597  399597.0  -0.057930418
0500  20.786  20.78430   0.001693871  185.053  185.0533  -0.000318219  401676  401675.6   0.394350281
0600  20.786  20.78666  -0.006665347  188.843  188.8428   0.000161940  403754  403754.0  -0.090578045
0700  20.788  20.79762  -0.009620805  192.047  192.0478  -0.000824850  405833  405833.2  -0.230560550
0800  20.830  20.81612   0.013873961  194.826  194.8261  -0.000106211  407914  407913.8   0.128401671
0900  20.827  20.83648  -0.009488536  197.280  197.2790   0.000070674  409997  409998.5  -0.477156245
1000  20.835  20.84836  -0.013364740  199.474  199.4751  -0.001182726  412080  412080.0  -0.891598640
1100  20.887  20.87725   0.009745944  201.462  201.4629  -0.000910445  414166  414166.4  -0.449942922
1200  21.004  20.99137   0.012622248  203.284  203.2837   0.000442800  416250  416259.1   0.815746557
1300  21.194  21.18738   0.006616915  204.972  204.9711   0.000831592  418369  418367.4   1.544418430
1400  21.461  21.46128  -0.000286925  206.552  206.5508   0.001121204  420499  420499.2   1.741812248
1500  21.802  21.80847  -0.006475758  208.044  208.0429   0.001013229  422664  422662.1   1.843499798
1600  22.215  22.22370  -0.008705684  209.464  209.4633   0.000622159  424864  424863.2   0.777923631
1700  22.693  22.70110  -0.008102417  210.825  210.8247   0.000291836  427108  427108.9   0.029435575
1800  23.228  23.23416  -0.006161085  212.137  212.1371  -0.000107756  429405  429405.2  -0.298664733
1900  23.814  23.81574  -0.001747234  213.408  214.4086  -0.000693310  431757  431757.4  -1.421091339
2000  24.440  24.43809   0.001905176  214.645  214.6459  -0.000943029  434166  434166.4  -0.807533440
2100  25.098  25.09280   0.005191775  215.853  215.8540  -0.001016166  436645  436646.1  -1.119616867
2200  25.776  25.77086   0.007138772  217.037  217.0371   0.000170845  439189  439189.1  -0.147865582
2300  26.470  26.46259   0.007402763  218.198  218.1977   0.000300535  441800  441800.7   1.251336937
2400  27.163  27.15772   0.0052707322 219.339  219.3386   0.000368169  444483  444481.7   1.218786029
2500  27.846  27.84534   0.006600146  220.462  220.4612   0.000751354  447230  447232.0   1.955494559
2600  28.510  28.51388  -0.003881544  221.567  221.5664   0.000580828  450052  450050.2   1.785731347
2700  29.144  29.15117  -0.007175900  222.655  222.6546   0.000339333  452935  452933.7   1.220059704
2800  29.736  29.74441  -0.007048500  223.729  223.7256  -0.000342779  455878  455878.9   0.018375961
2900  30.278  30.28015  -0.002158435  224.779  224.7790   0.000040000  458880  458880.7  -0.747052019
3000  30.753  30.74433   0.008661587  225.813  225.8135  -0.000590512  461932  461932.6  -0.628540315

总体标准差:
  Cp的总体标准差0.007359
  S的总体标准差0.000688
  H的总体标准差1.021933
*************************************************************************
```

图 2-7　热力学函数温度系数计算程序界面

表 2-2　$FeCl_2(g)$ 热力学函数计算结果

T /K	c_p	c_{p1}	$c_p - c_{p1}$	S_t	S_{t1}	$S_t - S_{t1}$	H_t	H_{t1}	$H_t - H_{t1}$
			/(J/(K·mol))					/(J/mol)	
0300	57.616	57.62345	-0.007450839	299.622	299.6261	-0.004125995	-140894	-140893.0	-0.844190110
0400	59.459	59.43830	0.020698294	316.479	316.4764	0.002550390	-135030	-135031.0	1.533345743
0500	60.425	60.44343	-0.018437166	329.861	329.8590	0.001964446	-129031	-129032.0	1.369631654
0600	60.991	61.00146	-0.010467429	340.932	340.9330	-0.001051754	-122959	-122957.0	-1.366931548
0700	61.385	61.37028	0.014712817	350.365	350.3653	-0.000370496	-116839	-116838.0	-0.733187828
0800	61.715	61.70307	0.011924407	358.583	358.5818	0.001126151	-110684	-110684.0	0.660326143
0900	62.030	62.04829	-0.018296304	365.870	365.8693	0.000654493	-104496	-104497.0	1.120933070
1000	62.355	62.34969	0.005302556	372.423	372.4233	-0.000305136	-98277.0	-98276.3	-0.654632879
1100	62.699	62.69684	0.002158771	378.382	378.3819	0.000031243	-92025.0	-92024.2	-0.795143994
1200	63.064	63.06426	-0.000261728	383.853	383.8529	0.000070371	-85737.0	-85736.2	-0.700084470
1300	63.446	63.44702	-0.001021227	388.916	388.9157	0.000205269	-79411.0	-79410.8	-0.160105066
1400	63.839	63.83899	0.000001796	393.632	393.6320	-0.000033988	-73047.0	-73046.5	-0.412894595
1500	64.233	64.23288	0.000112674	398.050	398.0499	0.000086568	-66643.0	-66642.9	-0.024799271
1600	64.621	64.62019	0.000800540	402.208	402.2078	0.000167011	-60201.0	-60200.2	-0.772442076
1700	64.992	64.99126	0.000738337	406.136	406.1366	-0.000650609	-53720.0	-53719.4	-0.524342110
1800	65.335	65.33521	-0.000217186	409.861	409.8613	-0.000341061	-47203.0	-47202.8	-0.122533953
1900	65.639	65.64002	-0.001025477	413.402	413.4022	-0.000205646	-40654.0	-40653.7	-0.264187020
2000	65.893	65.89246	0.000537827	416.776	416.7757	0.000228742	-34077.0	-34076.6	-0.383224920

总体标准差：c_p 的总体标准差为 0.009892；S_t 的总体标准差为 0.001353；H_t 的总体标准差为 0.836280。

表 2-3 和表 2-4 分别给出了 PbO(g) 的温度系数和根据其计算出的热力学函数（300~2500K）计算结果。

表 2-3　PbO(g) 的温度系数计算结果

300~1000K 的温度系数	1000~2000K 的温度系数
$a_1 = 11.0992467385614$	$b_1 = 16.6728787958351$
$a_2 = 2.79222683421143 \times 10^{-2}$	$b_2 = 3.68338778424244 \times 10^{-3}$
$a_3 = -4.32031438643604 \times 10^{-5}$	$b_3 = -2.3543913394518 \times 10^{-6}$
$a_4 = 3.2085718044848 \times 10^{-8}$	$b_4 = 7.23270181900091 \times 10^{-10}$
$a_5 = -9.26244762499288 \times 10^{-12}$	$b_5 = -8.35037863554307 \times 10^{-14}$
$a_6 = 31147.7099088985$	$b_6 = 30082.0904869339$
$a_7 = 50.895375201392$	$b_7 = 24.3680065580626$

表 2-4　PbO(g) 的热力学函数计算结果

T /K	c_p	c_{p1}	$c_p - c_{p1}$ /(J/(K·mol))	S_t	S_{t1}	$S_t - S_{t1}$	H_t	H_{t1} /(J/mol)	$H_t - H_{t1}$
0300	32.544	32.54494	-0.000939582	240.240	240.2394	0.000536506	70351.0	70350.98	0.013705471
0400	34.124	34.12080	0.003199533	249.833	249.8334	-0.000438162	73690.0	73689.68	0.312516695
0500	35.152	35.15282	-0.000825157	257.567	257.5663	0.000606471	77157.0	77157.06	-0.067593425
0600	35.821	35.82477	-0.003771164	264.039	264.0391	-0.000195228	80708.0	80708.29	-0.298970672
0700	36.279	36.27622	0.002774763	269.597	269.5976	-0.000627428	84314.0	84314.72	-0.721173765
0800	36.606	36.60260	0.003396637	274.464	274.4639	0.000034416	87960.0	87959.42	0.576101667
0900	36.851	36.85515	-0.004150770	278.791	278.7903	0.000677354	91633.0	91632.82	0.170099105
1000	37.040	37.04094	-0.000941931	282.683	282.6836	-0.000693077	95328.0	95328.27	-0.277922838
1100	37.192	37.18910	0.002897572	286.221	286.2212	-0.000218816	99040.0	99039.98	0.011648691
1200	37.316	37.31442	0.001574552	289.463	289.4626	0.000382557	102765.0	102765.3	-0.337601563
1300	37.421	37.42095	0.000045628	292.454	292.4536	0.000315622	106502.0	106502.2	-0.247413421
1400	37.511	37.51233	-0.001334365	295.230	295.2303	-0.000302685	110249.0	110249.0	-0.023953983
1500	37.590	37.59181	-0.001812382	297.821	297.8211	-0.000156363	114004.0	114004.3	-0.317996348
1600	37.661	37.66223	-0.001237163	300.249	300.2495	-0.000566170	117767.0	117767.0	-0.085098328
1700	37.726	37.72605	-0.000059236	302.535	302.5347	0.000232085	121536.0	121536.5	-0.545781160
1800	37.786	37.78533	0.000669084	304.693	304.6928	0.000175184	125312.0	125312.1	-0.145708223
1900	37.843	37.84170	0.001293695	306.737	306.7372	-0.000292855	129094.0	129093.5	0.484136250
2000	37.898	37.89644	0.001558708	308.680	308.6797	0.000284724	132881.0	132880.4	0.567268458
2100	37.951	37.95039	0.000606446	310.530	310.5299	0.000003712	136673.0	136672.7	0.221526314
2200	38.003	38.00402	-0.001022553	312.297	312.2966	0.000312219	140471.0	140470.5	0.498890732
2300	38.056	38.05739	-0.001389542	313.987	313.9872	-0.000212232	144274.0	144273.5	0.425306917
2400	38.109	38.11015	-0.001157557	315.608	315.6080	-0.000038152	148082.0	148081.9	0.040505644
2500	38.163	38.16159	0.001408575	317.165	317.1648	0.000180315	151895.0	151895.5	-0.562175451

总体标准差：c_p 的总体标准差为 0.002046；S_t 的总体标准差为 0.000392；H_t 的总体标准差为 0.375745。

利用上述结果改进固体推进剂能量性能计算程序，实现了 Fe、Cu 等元素的能量特性计算，解决了含少量催化剂和键合剂等组分的固体推进剂能量特性的计算问题。

2.3　固体推进剂能量性能计算方法的优化设计

高能量始终是固体推进剂配方设计不断追求的目标，如何在配方组分一定的情况下得到能量性能最高的配方是设计人员关心的重要问题。但是当配方组分种类较多时，单靠穷举的方式对所有可能的配方进行能量计算，工作量无疑十分庞大，为了能够高效地实现配方优化的目的，需要借助合适的优化方法在尽量少的计算工作量下，寻求到能量性能最优的配方组成。本书介绍了混合离散变量直接搜索法(Mixed Discrete Optimization Direct, MDOD)作为优化搜索算法。

混合离散变量直接搜索法，就是在综合非线性的"爬山"策略和组合优化中的"查点"策略的基础上提出的一种约束非线性混合离散度量优化设计方法。这种方法能够在设计空间中直接搜索离散点，它由"爬山"搜索和"查点"搜索两部分组成。其主要思路如下：首先从一个可行的离散点出发，沿相对混合次梯度方向进行离散一维搜索，从而得到一个使目标函数值减小同时又满足约束条件的新离散点。然后由此点继续重复，直至得不到这样一个新点时，就开始在离散子空间 E^c 内进行轮变搜索。若轮变搜索后能得到一个新的可行离散点，则返回到第 1 步的搜索过程；否则，即可根据停留的离散点的目标函数和约束函数所提供的信息，按确定的规则在单位领域内查点。如果查到了新的离散点，则返回到第 1 步的搜索过程，否则根据最优解的基本性质，此点即为局部离散最优解。

2.3.1　混合离散变量优化设计的数学模型

该数学模型的建立与一般的优化方法完全一样，其数学表达式为

$$
\begin{cases}
\min f[x] \quad x \in E^n \quad \text{St} \\
g_j[x] \leqslant 0 \quad (j = 1, 2, \cdots, m) \\
X = \begin{bmatrix} x^D \\ x^C \end{bmatrix} \\
X^D = [x_1, x_2, \cdots, x_n]^T \in E^D \\
X^C = [x_{p+1}, x_{p+2}, \cdots, x_n]^T \in E^C \\
E^n = E^D \times E^C = \{(x^D \cdot x^C); x^D \in E^D, x^C \in E^C\}
\end{cases}
\tag{2 - 34}
$$

式中　p——离散变量的个数；

　　　n——设计变量的个数；

　　　m——约束条件的个数。

当 x^D 为空集时，$x = x^C$，即为全连续问题；当 x^C 为空集时，$x = x^D$，即为全离散问题；若两者均为空集时，即为混合型问题。在数学模型表达式中，目标函数 $f[x]$ 和约束函数 $g_j[x](j=1,2,\cdots,m)$ 必须是可计算函数，无论在离散点上还是在非离散点上都是有数学意义的。按 MDOD 算法构造的基本思想及数学模型可用逻辑结构流程图描述，其计算过程如图 2 – 8 所示。

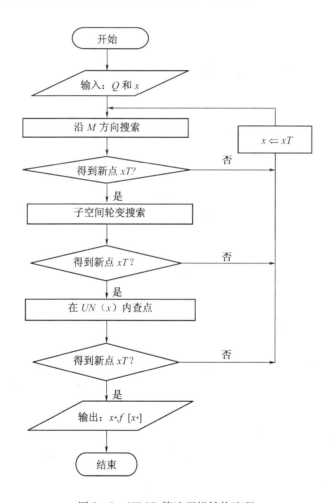

图 2 – 8　MDOD 算法逻辑结构流程

研究中，分别用改进型约束尺度法（CVM01）和混合离散变量直接搜索法（MDOD）程序与通过调试的精确计算能量特性的程序相结合，对丁羟推进剂的能量特性(比冲)进行了优化设计,任意设定丁羟推进剂中三种组分(HTPB、AP、Al);优化结果表明:HTPB、AP、Al 三种主成分组成的复合固体推进剂输入起始组分含量为任意值,CVM01 的优化结果是比冲在 2603~2616N·s/kg 的范围内变化。组分优化结果的变化范围也较大,HTPB 为 8.23%~11.37%,AP 为 65.00%~72.24%,Al 为 19.04%~25.29%。MDOD 的优化结果是比冲为一定值(即最高值),而组分优化结果也为一定值。由此可以清楚地看出:尽管起始组分含量相差很大,但是用 MDOD 法优化结果几乎完全一致,丁羟推进剂的最高比冲为 2615N·s/kg,其最佳配比为 HTPB:10.98%、AP:68.07%、Al:20.95%。其他优化方法得不到完全一致的最高比冲值,由此可见 MDOD 是较好的一种优化方法。

2.3.2　配方能量性能可视化程序设计

将图形处理软件与能量特性计算程序相结合,可迅速方便地绘制出等性能三角图和三维立体图,为推进剂配方设计提供了极大的方便。

利用改进的能量计算程序计算出配方的理论比冲 I_{sp}、特征速度 C^* 和推力系数 C_F 等一系列性能参数,将此计算结果用回归分析方法,求得配方组分与推进剂性能关系的回归方程。现以硝化棉(含氮量为 12.6%)、硝化甘油溶液(内含20% 三乙二醇二硝酸酯 TEGDN)和 RDX 三组分为例,可建立固体推进剂各能量性能参数与组分关系的回归方程:

$$Y = 2223.865x_1 + 2596.324x_2 + 2655.284x_3 + 131.802x_1x_2 + 42.953x_1x_3 +$$

$$30.009x_2x_3 - 34.422x_1x_2x_3 \qquad\qquad (2-35)$$

式中　Y——推进剂的性能值;

　　　x_1——推进剂的第 1 种组分即 NC(含氮量12.6%)的含量(按百分数计);

　　　x_2——推进剂的第 2 种组分即 NGSOL(其中含 TEGN20%)的含量;

　　　x_3——推进剂的第 3 种组分 RDX 的含量。

根据这些回归方程算出等比冲(I_{sp})、等燃烧温度(T_c)、等氧平衡、等密度比冲、等特征速度 C^*、等比热比及等燃气成分的一系列配方,进而逐步描绘出各种等性能三角图或立体图。图 2-9~图 2-12 给出了 GAP/CL-20/Al 体系性能三角图,由此可以直观地看出推进剂各种能量性能参数和配方组成之间的定量关系,能够有效地指导配方的设计。

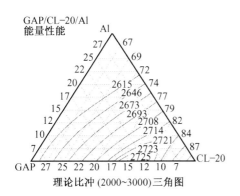

图 2-9　GAP/CL-20/Al 推进剂

成分—比冲三角图

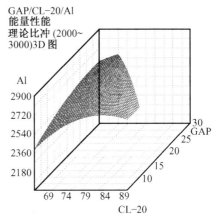

图 2-10　GAP/CL-20/Al 推进剂

成分—比冲立体图

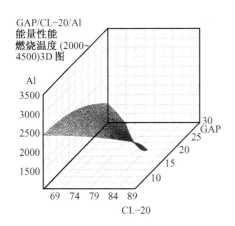

图 2-11　GAP/CL-20/Al 推进剂

成分—燃烧温度立体图

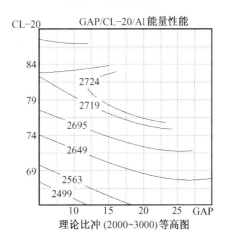

图 2-12　GAP/CL-20/Al 推进剂

能量性能等高图

参 考 文 献

[1]　张炜，朱慧.固体推进剂性能计算原理[M].长沙：国防科技大学出版社,1996.

[2]　田德余.化学推进剂能量学[M].长沙：国防科技大学出版社,1988.

第3章　高能推进剂燃烧性能设计方法

3.1　概　述

在高能固体推进剂燃烧性能设计中,准确把握燃烧规律、详细了解燃烧机理、形成有效的燃烧性能调节方法是研究核心。由于高能固体推进剂配方涉及多种先进含能材料和其他添加剂,从传统的高氯酸铵、硝酸酯、铝粉,以 PEG、PET、GAP 等为代表的新型粘合剂,直至 HMX、CL－20 等高能硝胺氧化剂,其组成、结构十分复杂。要掌握高能固体推进剂燃烧性能的设计方法,必须在充分认识高能固体推进剂配方组成、结构与宏观燃烧性能参数联系的基础上,分析、掌握配方组成及其结构与燃烧过程主要传热、传质平衡机制的关系,揭示燃烧内在机理,从而概括、抽象出燃烧模型并进行模型参数表征。同时,根据工程研制的需要,分析、辨识各因素对宏观燃烧性能的影响程度,确定性能调节的优先顺序,提炼燃烧性能设计准则,为燃烧性能设计系统提供充分的理论及试验基础,最终实现性能预示(计算)。

本章系统介绍高能固体推进剂的燃烧性能及燃烧机理,在探索高能推进剂的组成与宏观性能及微观机理相互联系、总结燃烧性能调控方法的基础上,重点讨论含能物质种类及其组成、结构对高能推进剂燃烧性能的影响,根据配方性能设计的通用需求建立了相应燃烧计算模型,初步构建了具有相应理论基础和工程应用价值的高能固体推进剂燃烧性能设计方法。

特别需要指出的是,高能固体推进剂燃烧性能调节与传统的双基推进剂及HTPB复合推进剂有很大的不同:一方面,燃烧性能调节难度大,缺乏行之有效的高效催化燃烧调节手段;另一方面,燃烧催化剂的引入,使燃烧区域的物理—化学机理更加复杂,难于辨析,不利于突出重点。因此,关于高能推进剂催化燃烧方面的内容仅做概括性介绍。

3.2　高能固体推进剂燃烧研究进展

3.2.1　高能固体推进剂燃烧性能及机理研究概述

高能固体推进剂的稳态燃烧,包括对表观燃烧性能与燃烧机理的认识,是其应用于固体火箭发动机并稳定工作的基础,受到国内外相关学者及科技人员的广泛重视,开展了大量的研究。概括起来,国内外高能固体推进剂性能及燃烧机理研究表现出以下五个特点:

(1) 高度重视高能固体推进剂燃烧理论研究,积极探索新型含能物质组成、结构对燃烧性能、燃烧机理的影响,试图凝练出本质和共性特征,为形成高能固体推进剂燃烧性能计算及模拟系统奠定理论基础。

Brill[1, 2]长期、系统地开展基础研究,探讨各种含能物质结构与热分解及燃烧特性的相关关系,试图建立并预测含能组分的分子结构(如分子元素组成、构型、化学键特性)与宏观性能间(如燃烧性能及冲击波、撞击敏感性)的内在联系;Roos 与 Brill[3]通过热分解特性试验和理论计算方法,研究了脂肪族硝酸酯气相燃烧产物与结构的相互关联;Sinditskii 等人[4]研究了多氮含能材料分子结构对燃烧的影响等。

在热分解和燃烧反应动力学研究方面, Lin 等人[5-7],利用分子轨道和过渡态理论方法研究了 HONO 反应与 AP 和 ADN 燃烧的联系,预测了基元反应途径,得到反应活化能和指前因子。利用量子化学计算方法研究了 $CH_2O + N_2O$ 等燃烧基元反应的速率常数和产物比率。Kracutle 等人[8]研究了斜方晶型 AP 粒径尺寸对分解动力学的影响,还研究了大粒度 TCP—包覆立方晶型 AP 粒子的绝热分解和升华过程,得到凝聚相分解反应和升华的动力学参数,用于计算立方晶型 AP 粒子在恒升温速率条件下 AP 分解和升华的速率。Rocco 等人[9]在 N_2 气氛、不同升温速率条件下研究了 AP/HTPB 及 AP/HTPB 复合推进剂的热分解,通过示差扫描量热仪(DSC)研究了放热反应动力学。Wight[10]研究了从热分析数据中获取化学反应活化能的方法。Behrens[11]讨论了受热损伤含能材料燃烧的化学动力学问题。

在燃烧特性及燃烧机理方面,国外对新型高能推进剂体系开展了广泛的探索研究。Atwood 等人[12]通过视窗弹方法研究了 BTATZ、DAAT 及 HNF 的燃速特性;对具有一维预混层流火焰结构的推进剂,Zenin[13-15]比较了 HMX 和 RDX 的燃烧特性,包括燃速、温度敏感系数及燃烧固相/界面层/气相的物理特征和性质,提出了 CL -20(HNIW)/硝酸酯增塑聚醚粘合剂(PUNE)的稳态燃烧机理,以及(BAMO/AMMO)/CL - 20 体系燃烧特性的部分结果;Hanson - Parr 等人[16-18]应用非干扰技术,对 BTTN、GAP/RDX、HMX/GAP/BTTN 自爆燃表面上方的物种和温度分布开展了大量的研究工作;对扩散火焰结构推进剂,Fitzgerald 等人[19, 20]研究了 AP/HTPB 压片推进剂的火焰和燃烧表面(简称燃面)结构;Knott[21]研究了一种复合推进剂的二维燃烧过程特性,提出了稳态燃烧模型,通过分离自由表面边界层,求解每一相的能量和物种;Lee[22]研究了 GAP/RDX 推进剂的热分解性能,测量了初始物种和温度;Brill[23]研究了 GAP/RDX/BTTN 推进剂及胶片、简单体系等的快速裂解化学过程,为完善气相基元反应模型提供了大量理论依据。

在推进剂燃烧性能计算及模拟系统方面,国外以全过程动力学模拟整个燃烧区域的反应过程为主要思路,精细划分动力学及燃烧模型处理对象,模拟的动力学过程涉及凝聚相/界面层/气相各个区域。Wight[24]探讨了燃烧凝聚相反应的模拟问题。Washburn 和 Beckstead[25]研究了硝胺凝聚相动力学和物理性质的模型化及对燃速温度敏感系数的影响,建立了 HMX 分解的凝聚相模型。Liau 等人[26]在详细的化学动力学模拟方法方面开展了长期的探索,研究对象涉及诱导点火和稳态燃烧过程,包括固相、表面两相区和气相区,在充分考虑到了相转变的热动力学和辐射吸收能量的基础上发展出了综合模型。Sausa 和 Venizoles[27]也开展了稳态燃烧火焰的质谱、激光诱导荧光及模型化研究。Beckstead 等人[28]发展了一种三相稳态一维数学模型,包括 3 步凝聚相反应和 378 步气相基元反应动力学机理,用于模拟 GAP 的燃烧过程。Kim 及 Yang[29]在 HMX/GAP 模拟推进剂燃烧建模方面开展了系统的工作。Parr[30]研究了 AP 气相扩散火焰化学及物理结构,发展模型进行 AP 扩散火焰凝聚相反应热的测量。J. Spinti 等人[31]完成了气态 HMX 化学动力学的自动简化方法。Chen 等人[32]研究了异质固体推进剂燃烧中的均相问题,以及多相推进剂的三维燃烧模型处理方法。

(2)高能固体推进剂燃烧研究较为系统、深入,各方面的研究工作都与其长期的模型研究思路和燃烧理论体系密切相关。可以看出,试图建立燃烧性能设计系统始终是研究目标和主线。

从基元反应的量子化学计算、凝聚相动力学参数测量及模拟、热分解及裂解性能研究,到燃烧区域的温度和物种浓度分布分析、火焰及燃烧表面结构测定等研究结果,是燃烧模型的理论和试验基础,都为构建燃烧模型提供直接支持,并为最终燃烧模型的改进、验证服务。

(3)理论和试验研究思路、燃烧机理研究深度、燃烧诊断技术条件等决定着对燃烧区域物理化学过程特征的理解,决定着燃烧模型的总体思路与实现途径,各个阶段燃烧性能及模型研究呈现出不同的特点。

自 20 世纪 70 年代以来,国内外在固体推进剂燃烧区域特征和质量能量守恒方程的研究基础上,发展了一系列经典的固体推进剂燃烧模型,其主要特征是对固体推进剂传热、传质物理特征进行精确模拟和描述,而在化学反应方面大量简化,以燃烧过程中决定性化学反应步骤的动力学参数为主进行高度概括。20 世纪 90 年代,随着燃烧区域物种浓度及化学反应特征诊断技术的进步,国外开始基于燃烧区域详细的化学反应动力学机理,以一维层流预混火焰代码 PREMIX(或 CHEMIK2)为基础进行燃烧模型的改建,能够处理从 NC、NG 到 GAP、CL - 20 等多种高能物质的单元推进剂,以及 CMDB、HTPB、NEPE、GAP/BTTN/CL - 20 等多种高能推进剂体系的燃烧性能模拟计算问题,不仅能够计算相应组分或推进剂的燃速,还能够进行燃烧区域温度分布和物种浓度分布的计算。模拟计算所涉及的因素非常复杂,需处理燃烧气相区域数十种物种、数百种基元反应的计算与模拟,但同时模型的输出信息非常丰富。近十余年来,国外各研究机构及学者围绕此方面的研究工作,总体思路相对稳定,工作核心平台始终是 PREMIX(或 CHEMIK2),改进、完善和深化研究则主要体现在凝聚相反应途径的假设、界面层的处理、具体物种气相基元反应类型等方面[33, 34]。

需要指出的是,国内在试验研究、基础理论研究、模拟计算能力等方面存在一定差距,近十几年来,固体推进剂燃烧性能计算方面进展相对缓慢,研究工作以对经典燃烧模型的局部改进、解决具体物种的性能模拟计算为主,而在燃烧模型的构建中很少或基本没有考虑和融合各燃烧区域的化学反应过程。在模型简化中大量使用工程拟合或半经验修正方法,目标是在目前的试验基础上建立基本符合主要燃烧特征的模型,以得到对燃烧特性较为精确的计算结果。

(4)国外各高校、研究机构的相关研究团队相互间联系紧密、分工明确,有利于在各自的优势领域和方向取得技术突破后综合集成,体现出较强的系统性和协同性。

美国各研究机构和大学在反应动力学、燃烧区域物理特征、热解特性、燃烧区域化学反应辨析、模型计算等方面各有专长,长期有研究团队侧重于各自优势领域开展深入探索与研究,而又有统一的总体框架和研究思路指导,相互协作,围绕共同的目标取得技术突破。例如:洛斯阿拉莫斯国家实验室、宾夕法尼亚州立大学、犹他大学在化学动力学研究、推进剂预混模型计算等方面优势明显,取得了一系列成果;埃默里大学擅长于燃烧基元反应量子化学计算;桑迪亚国家实验室燃烧研究中心在化学动力学研究方面也有雄厚的技术积累;中国湖海军空战中心武器分部研究范围广泛且长于应用研究,从新型高能推进剂的燃速表征、燃烧区域物理化学反应特征试验研究到预混火焰模型计算都广泛涉及;特拉华大学在含能材料的结构特性与热分解研究方面成果显著;杨百翰大学在模型计算方面传统优势明显;处理扩散火焰模型则是伊利诺斯大学的强项。

(5)目前,国外高能固体推进剂燃烧性能设计系统在整合、处理多组分复杂反应的差异性等方面仍存在一定困难,主要表现在三个方面:① PREMIX 等系统在处理真实推进剂复杂体系方面的能力尚未完全满足实际要求;② 不同含能物质结构共性特征提取问题还未完全解决,导致模型输入参数要求较高,不同推进剂品种需输入过多的个性化参数体系;③ 扩散火焰结构与预混火焰结构的结合处理问题尚未得到有效解决。对硝胺、硝酸酯、叠氮等类别的含能物质,包括氧化剂及粘合剂体系,其燃烧特征都是层流预混火焰结构,PREMIX 可以直接处理。对 AP 类扩散火焰结构,涉及扩散、湍流等物理过程,处理方法有所不同,假设参数与迭代计算处理较多,尚未见到在一种平台中有效处理两种火焰结构基元反应动力学问题的报道。由于以上三个问题的存在,导致目前国外燃烧模型直接用于复杂高能固体推进剂燃烧性能的设计时尚存在一定困难,即在工程实用性方面尚有差距。

3.2.2　复合固体推进剂燃烧模型

复合固体推进剂稳态燃烧的研究早在 20 世纪 50 年代前就已开始,但当时主要是进行试验研究,即将实测的燃速与压强结果绘制成函数关系曲线或归纳出经验公式,用于发动机的设计计算。到了 20 世纪 50 年代后期,美国的 M. 萨默菲尔德及其同事在大量试验的基础上,提出了粒状扩散火焰模型(GDF 模型),才使得这方面的研究工作从试验为主发展到理论研究与试验研究相结合的阶段。到 20 世纪 70 年代,已出现了试图定量预测推进剂燃烧性能结果的比较完善的稳态燃烧模型。在已发表的模型中,受到较多关注的有:萨默菲尔德粒状扩散火焰模型、非均相模型、BDP 多火焰模型、小粒子集合模型(PEM)、M. K. 金的双火焰模型、徐温干等人的统一模型、Kubota 模型、赵银等人的价电子模型等。

1. 粒状扩散火焰模型(GDF 模型)

M.萨默菲尔德等人提出的 GDF 模型[35],其最关键性的假设是:

(1)火焰是一维的;

(2)燃烧表面呈干态,粘合剂和氧化剂仅在气相中互相渗透,氧化剂蒸发与粘合剂热解是高温火焰向推进剂反馈热量的结果;

(3)粘合剂的热解产物以具有一定质量的气袋形式从推进剂表面逸出;

(4)气相反应区温度分布呈线性。

模型能预估氧/燃比、氧化剂粒度以及催化剂对推进剂燃速的影响;模型仅适用于不易熔化粘合剂的推进剂,忽略凝聚相反应在推进剂燃烧中的作用与实际不相符。

2. 非均相模型

试图建立能预测推进剂配方变化对其燃速影响的模型,最早的是 Hermance 非均相模型[36]。Hermance 以固体燃料和氧化剂分解产物之间的放热、多相反应为前提,并假设:

(1)气相火焰位置是涉及扩散混合和化学反应长度的加和,把这些过程引入一维能量平衡方程;

(2)复合固体推进剂的稳态燃烧发生在三个部位,即推进剂表面、气相火焰区和表面与火焰区之间的区域。

模型首次考虑固体填料颗粒尺寸的随机分布对推进剂的影响,在 20MPa 以上,模型能定量预测出氧化剂粒子尺寸对推进剂的影响。但是,该模型不能预测推进剂燃速温度敏感系数,其计算出的表面温度随压强增加几乎是常数,这显然不合理。

3. 多火焰结构模型(BDP)

在 20 世纪 70 年代前后,美国海军武器中心(NMC)的 T. L. 博格斯等人[37]曾用扫描电子显微镜观察到熄火后的推进剂表面有以下特征:

(1) AP – PU 推进剂的燃烧表面结构与压强有关;

(2) 在 AP 与 PU 的交界处,粘合剂表面有"坎口",说明燃烧表面的不平整和燃烧的非一维性;

(3) 燃烧表面光滑是粘合剂熔化的结果。

基于上述情况,M. W. Beckstead 等人提出了多火焰结构燃烧模型[38]。该模型是基于气相反应释放的热量可以由环绕各个氧化剂晶体的多火焰来描述。从火焰到表面的距离在模型中是一个重要的考虑。该模型所考虑的三个火焰为初焰、AP 单元推进剂火焰和最终扩散火焰。AP 焰的投射距离仅取决于化学动力学;初焰高度取决于扩散混合和动力学;终焰高度只取决于扩散混合。原始 BDP 模型只适用于球形、单分散氧化剂的推进剂,随后多次被修改,最后可适合于三级配 AP 推进剂。

模型对扩散火焰投射距离的计算做了近似处理,在实际复合推进剂所含氧化剂质量分数大大低于化学计量的氧化剂质量分数时,这种近似可能存在相当大的偏差。关于氧化剂粒子装填结构的假设,该模型把复合推进剂的无序装填结构用有序装填方程来描述,也与实际有差别。

4. 小粒子集合模型(PEM 模型)

1974 年,Glick 和 Condon[39] 首先发表了类似于 BDP 模型与 Glick 的统计形式相结合的模型(PEM 模型)。该模型把复合推进剂燃烧表面以上的宏观火焰结构处理成不同的、无相互作用的、拟一维的聚集,并把燃烧表面处理成燃料平面点缀着凸或凹的氧化剂表面。该模型的基本特点可以概括如下:

(1) 认为推进剂是由一系列子推进剂组成,而每一种子推进剂仅有一种氧化剂;

(2) 子推进剂的燃烧可按单一形氧化剂理论处理,各子推进剂之间无影响;

(3) 子推进剂燃烧质量流的总和,即为推进剂的质量流量,于是可求出平均燃速。

模型对燃速和压强指数的模拟都有较好的一致性,并且能说明氧化剂粒子尺寸对多分散推进剂燃烧速度和压强指数的影响。但是,因为推进剂燃烧是一个整体,燃面上各 AP 粒子的分解,以及它们形成的 AP 焰都是互相影响、不可分割的,而 PEM 所依赖的统计方法正是建立在割裂这种联系的基础上,分别描述单个 AP 粒子的燃烧过程,然后求和以求得整个推进剂的燃烧特性,这显然与实际情况有较大差异。

5. 第 2 代双火焰结构

M. K. King 于 1977 年—1979 年,在第一代双火焰结构理论观点的基础上,

为了更确切地解释试验现象,提出了第二代双火焰结构理论[40,41],与其他复合推进剂燃烧理论相比,其主要特点如下:

(1)假设气相区放热的火焰由 AP 火焰与扩散火焰组成。与 BDP 模型相比,把初扩散火焰与终扩散火焰连接起来作为一个柱状扩散火焰处理。

(2)氧化剂的燃烧表面不是平面,燃烧过程的平均表面积可作为推进剂的燃烧表面积。

(3)除两个火焰在气相区放热外,在固相中也因凝聚相反应(亚表面区反应)而放热,固相区的放热不是定值,它随燃速(或压强)而变化。

(4)粘合剂—氧化剂表面积之比随晶粒燃烧表面积而变化,因而气相中燃—氧组分质量也随之而变。

模型对含小粒径氧化剂的推进剂燃速预估在较宽的压强(1~10MPa)范围内准确度很高,但对含 200μm 以上粒径氧化剂的推进剂计算误差大。

6. 统一模型

早在 20 世纪 50 年代就发现了固体推进剂燃烧存在平台效应和麦撒效应,即燃速按维也里(Vielie)公式($r = aP^n$)呈现零压强指数和负压强指数的现象,但是一直未开展过系统、深入的研究。由于固体发动机推力调节、燃气发生器流量调节等方面的需要,这一现象开始受到重视。此外,人们还认识到,只有对复合固体推进剂的正常、平台和麦撒燃烧行为做出统一的理论解释,才有可能深入地揭示复合固体推进剂燃烧过程的本质和规律,从而更加有效地指导配方设计和性能预示,为深入研究某些特殊燃烧现象(如侵蚀燃烧和不稳定燃烧)提供必要的理论基础。

复合推进剂的平台效应和麦撒效应多发生在较高压强下,且范围较窄。GDF 模型、BDP 模型、PEM 模型等均无法解释这一现象。对此曾有三种不同的看法:反向气化说(反向气化指的是从固体放出的气体组分通过逆反应返回表面的过程);缺氧局部熄火说;局部覆盖熄火说。徐温干等人对聚氨酯(AP/PU)型复合固体推进剂的平台和麦撒效应做了较全面系统的研究,并于 1983 年提出了一个综合考虑粘合剂对 AP 颗粒表面的覆盖情况下的凝聚相反应和反相气化的理论模型[42](双区模型)。此后,徐温干、吴心平等人在大量的试验研究基础上,于 1991 年提出了一个新的"统一模型"[43](UM),该模型的基本假设如下:

(1)将复合固体推进剂的燃烧表面假想为一个多分散的氧化剂/燃烧单元"表面配对"的随机组合,这一假设类似于 PEM 模型。

(2)氧化剂表面被熔化粘合剂覆盖的情况共有完全覆盖、局部覆盖和无覆盖三种,但最多、最具有代表性的仍是局部覆盖的情况。为了处理方便,按氧化剂被熔化的粘合剂覆盖的有无,将各子推进剂的燃烧表面划分为两个区:被覆盖的为 I 区,未被覆盖的为 II 区,它们在各自的燃烧条件下进行着不同规律的燃烧;而它们在总的燃烧中所占的地位将取决于氧化剂被覆盖的面积分数(γ),这是一个综合参数。

（3）γ 取决于粘合剂的流动性、燃烧表面的结构、铝粉含量、氧化剂粒度和燃速调节剂的性质及含量等。

模型除能说明燃速对压强的依赖关系外，还可通过初温对燃面温度的影响计算出燃速的温度敏感系数。从该模型发展出来的不稳定燃烧模型也对负压强指数固体推进剂给出了较为满意的结果。该模型存在的不足主要表现在所涉及的推进剂种类少，未给出覆盖分数 γ 和凝聚相反应分数 G 与影响它们的各因素的定量关系。

7. 改进 BDP 模型

Beckstead 等人于 1980 年在 BDP 模型的体系下发展了一种新模型，其基本假设如下：

（1）氧化剂和粘合剂具有不同的表面温度。

（2）总燃速按时间平均，这种时间平均法主要考虑了氧化剂着火延迟时间。

（3）基于改进的 Burke - Schumann 扩散火焰模型导出了通用火焰投射距离。

模型具有一定的先进性和合理性。但它未考虑固相内氧化剂和粘合剂之间的传热和硝胺推进剂的燃烧特征，即燃速—压强的 Z 字形曲线及表面结构，因而存在一定的缺陷。

8. Kubota 燃烧模型

Kubota 于 1980 年发现硝胺推进剂的燃烧特性可用与双基推进剂相同的燃烧模型来描述。他观察到，发光火焰区在离开燃烧表面某一距离处才形成，且存在与双基推进剂燃烧波类似的暗区和火焰区。因此，尽管这类推进剂的物理结构是非均相的，但其燃烧波结构却是均一的，且可用与双基推进剂相同的一维燃烧模型来描述。

模型考虑了 HMX 化学反应机理的影响及粘合剂对燃速的影响，求解燃速时采用了时间平均方法。但其对 HMX 和粘合剂在气相中所具有各自的反应温度，即假设气相靠近燃面的初始分解反应区中 HMX 分解产物和粘合剂分解产物之间不反应，与真实情形有一定的差距，因此燃速计算值与实测值有一定的出入。

9. 价电子模型

1985 年，国防科技大学赵银等人[44]提出价电子模型，从分析讨论绝热体系中燃烧化学反应特点和描述这类反应的动力学理论问题入手，提出了一整套推进剂燃烧性能模拟计算方法。该模型的基本假设如下：

（1）推进剂燃烧波结构中包含初焰、AP 预混焰和最终预混焰。

（2）燃面上 AP 只接受 AP 预混焰的热传导；HTPB 部分主要接受终焰的热传导，AP 焰对该部分无贡献；AP、HTPB 界面还接受初焰的少量传热；整个燃面接受终焰的热辐射。

（3）整个推进剂的线性燃速由连续相（HTPB）的分解速度控制。

模型对 AP/HTPB、AP/HTPB/Al 推进剂燃烧性能进行模拟,计算结果与试验有着良好的一致性,但该模型并不能解释推进剂的呈负压强指数的燃烧特性。

上述燃烧模型大致可分为三类[45]:① 微观化学动力学模型。从燃烧动力学入手,着重考虑硝胺反应动力学对燃速的影响,如 Kubota 模型等。② 半微观化学动力学模型。也是从燃烧动力学入手,着重于考虑燃面结构对燃速的影响,如 M. 萨默菲尔德提出的 GDF 模型。③ 简化模型。在处理过程中忽略了燃烧化学反应动力学的影响,通过找出影响燃速和压强指数的一系列参量,归纳出这些参量与燃速和压强指数的定量关系,给定配方可以计算出燃速和压强指数。这三类方法各有千秋,前两种侧重于燃烧理论,后一种更侧重于工程实用。但所有的这些模型由于在分析中大量简化且涉及过多难以测定的物理化学参数,在工程应用中作用有限,一些难以解释的非线性效应(如燃烧催化剂的作用)是理论研究遇到的主要障碍。近年来,燃烧理论的视点转向燃烧的化学反应过程研究,并积累了丰富的实测数据,但由于推进剂燃烧的化学过程极为复杂,大部分反应机理尚不明了,建立完全基于微观化学反应的燃烧模型的时机尚不成熟。因而,一些建立在大量信息基础上的系统分析方法无疑是比较现实有效的研究手段。

从以上简要介绍可以看出,各模型在物理描述方面侧重点有所不同,从燃烧性能的计算结果来看,BDP 模型和在其基础上引进统计方法而发展起来的 PEM 模型是目前比较好的模型,在一定压强范围内可用于定量计算,特别是 PEM 模型在处理氧化剂级配、粒度分布对燃速、压强指数的影响方面是比较成功的。但是这些模型和模拟计算结果带有过多的浮动参数,有的甚至用试验也难以确定,而且数学处理复杂,计算准确度有待于进一步改进。徐温干等人提出的"统一模型"是一个考虑了熔化粘合剂的覆盖,在覆盖下存在反向气化的凝聚相反应的理论模型,该模型可以用来解释平台、麦撒效应是一大突破,但该模型的适用范围太窄,且有些结果还只是定性的。

此外,比较分析上述模型还可以看出,推进剂组分是影响其燃烧性能的主要因素。大多数燃烧模型都关心推进剂燃面状况,对影响燃面状况的填料粒度和粒度分布比较重视,这说明填料粒度和粒度分布是影响推进剂燃烧性能的又一个重要因素。

3.2.3 高能固体推进剂性能设计方法对燃烧研究的要求

从上述国内外在固体推进剂燃烧性能、燃烧机理及燃烧性能模拟计算等方面的研究情况可以看出:要建立能够准确反映组分组成特征对高能固体推进剂燃烧性能影响的设计方法或设计系统,必须在总结该类配方组成结构与燃烧性能内在联系的基础上,从燃烧区结构的角度探索并定量表达高能推进剂燃烧性能的微观控制因素,进行适当的概括与简化,形成燃烧模型框架;总结各类高能物质与高能推进剂组成、结构的相关性,探索高能物质种类和结构影响推进剂燃烧区结构的共性特点,对模型进行适当的修改,形成具有一定普适性的高能推进剂燃烧数理模型,用于高能固体推进剂燃烧性能计算和设计。

燃烧过程虽然是一个包含化学反应、传热、传质和流体流动及其相互作用的复杂的物理和化学过程,但燃烧性能计算所采用的燃烧过程的控制方程组仍然是连续性方程、动量守恒方程、能量守恒方程和组分守恒方程;在此基础上,建立固体推进剂燃烧数理模型,从而能够对燃烧现象和实际燃烧过程进行计算模拟。由于燃烧过程的复杂性及时间平均量微分方程的不封闭性,形成能够完全反映燃烧过程的四个燃烧方程是不可能和不可解的,因此必须进行适当的简化。根据对燃烧性能控制的主次影响因素分析,以燃烧方程能够反映燃烧过程的主要特征或主要控制因素即可,其他次要因素进行必要的假设简化。因此,研究高能物质对燃烧区域影响的共性特征就成为一个重要的研究任务。

根据四个方程中具体假设对象的不同,构建的燃烧模型可以分为几种类型:

(1)偏重于处理能量和质量传输的燃烧模型。例如,萨默菲尔德、BDP、PEM、Cohen 等人经典燃烧模型。该类模型对凝聚相或气相反应过程,只是确定出影响燃烧过程的主要控制因素,根据其影响燃烧的方式,以阿累尼乌斯方程的适当形式表达(差异主要在表达的对象和方程的反应级数上),从而以化学反应动力学的近似表达,简化和概括了燃烧的化学反应过程。

(2)基于气相化学反应及传热传质模拟计算的方法。近 20 年来,随着一维预混层流火焰代码(PREMIX 代码)的发表,在同时处理含能材料燃烧过程的动力学和物质传递方面取得了重大进展,可以利用详细的气相基元反应,对气相化学反应过程和能量/物质输送进行精确计算和模拟;但对凝聚相反应仍难以解决。由于固体推进剂及其气相反应区构成的复杂性,目前这种模拟方法主要适用于单元推进剂(NG、RDX 等),应用于真实推进剂还存在较大困难;此外,对于每种单独的高能物质,其基元反应众多并且差异性较大,气相初始产物、中间产物构成的测定与判断也存在很大困难,难以分析不同高能物质气相基元反应的共同点,因此目前该方法要很好地与工程应用结合起来尚有较大困难。

(3)基于经验的工程方法。利用工程方法直接归纳总结推进剂构成与燃烧性能之间的相关性,该方法实质上跳出了四大方程,是一种唯象或经验方法,与燃烧过程和机理研究关系不大,要求试验的配方范围足够广,需要涵盖燃烧性能预测对象范围。由此可见,此类方法应用的针对性极强,适用范围窄,普适性差,难以扩展应用。

由以上分析可见,在高能固体推进剂燃烧性能计算系统的研究与构建过程中,必须在总结出高能物质与推进剂宏观燃烧性能的构效关系、内在主导机理及其与高能物质结构特性间相互联系的基础上,科学归纳、合理简化、总结提炼出高能推进剂燃烧的典型特征,并围绕这些共性和典型特征完成燃烧模型构建与修正。

为了实现对燃烧性能设计的目标,设计方法必须在基础性或普适性和实用性或选择性之间寻求平衡。因此,加强燃烧机理研究,在保证模型试验和理论依据扎实的同时,燃烧物理数学模型的针对性不能太强,必须在某一控制燃烧性能的关键环节能够根据高能物质的结构共性做出适当分类、合理归纳与科学假设。在形成燃烧数学模型的具体过程中,Kubota 的 AP－CMDB 推进剂双区燃烧模型、张炜—朱慧改进 BDP 模型或 Cohen－Price 混合氧化剂燃烧模型等具有重要的借鉴价值,而且这三种模型对燃烧过程的数学处理,都是从 BDP 模型发展来的。

概括起来,构建高能推进剂燃烧性能计算与设计方法的思路简示如图 3－1所示。

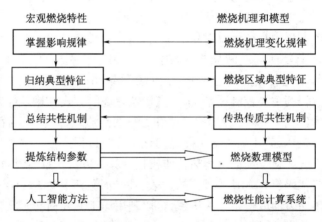

图 3 - 1　构建高能推进剂燃烧性能计算与设计方法的思路

3.3　高能固体推进剂的燃烧性能

3.3.1　高能固体推进剂的典型燃速特性

为了准确分析高能固体推进剂的燃速特性,面向燃烧性能设计系统应用需求,充分反映各种高能固体推进剂燃速特性的典型性,在大范围内变化氧化剂(AP、HMX、RDX)、粘合剂(PET、PEG、GAP)、增塑剂(NG、TEGDN、BTTN 及其混合硝酸酯)、金属燃料(Al)的种类、含量及规格,研究结果表明,高能推进剂的典型燃速特性如图 3－2 所示。

42

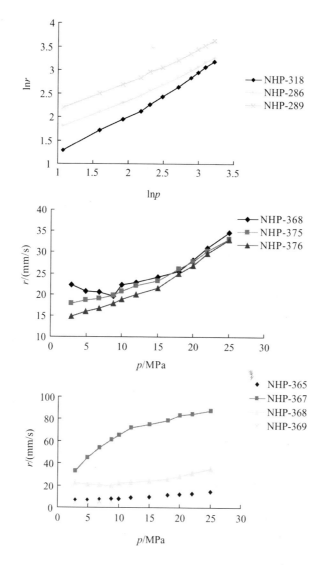

图 3 - 2　高能固体推进剂的典型燃速特性

　　高能推进剂由于含有大量硝酸酯、硝胺和 AP，因此同时具有双基和 AP 两种差异较大的燃烧火焰结构，两者在燃烧区域的分布及权重直接决定了高能推进剂的燃烧特征。在宏观上的表现，就是高能固体推进剂燃速特性的典型特征，在宽配方组成范围内，高能固体推进剂可分别呈现出类似 AP 复合推进剂和类似 CMDB 推进剂的燃速特征。

　　依硝酸酯、硝胺等含能物质的相对含量不同，可将高能推进剂划分为四类典型燃烧特征：AP 聚醚复合推进剂、硝胺复合推进剂、AP - CMDB 和硝胺 - CMDB 推进剂特征。四类燃烧特征在宏观上的表现，是在硝酸酯和硝胺等的含量处于一定边界条件下时,高能推进剂的燃速和压强指数分别接近四类典型特征的燃烧行为,如 AP - CMDB 的较低压强指数和较高燃速,AP 聚醚推进剂的低燃速—低压强指数(甚至出现平台或麦撒燃烧现象);HMX - CMDB 的中等燃速—高压强指数,以及硝胺复合推进剂的低燃速—中等压强指数水平。

尽管在硝酸酯、硝胺或粘合剂的种类等方面存在一定差异,各种高能推进剂仍具有相近的特征:含有两类氧化剂(高能硝胺和 AP)、含能增塑粘合剂体系、具有双基和复合两类燃烧特征。影响其燃烧机理的因素主要包括 AP 的氯原子还原历程、含能粘合剂和硝胺的氮原子还原历程。扩散火焰作用不会削弱,一定程度上仍居于主导地位。因此,各种高能推进剂配方的燃速特性都属于以上四类燃烧特征范围之内,总结配方组成和结构因素对燃烧性能的共性影响,可以从以上四类特征入手。

3.3.2　高能固体推进剂固体组分粒度及分布的表征

固体填料粒度及粒度分布对推进剂的性能有显著的影响。通常对固体填料大小的表征采用各种名义平均粒度或粒度中位值(如 d_{50}、$d_{4,3}$ 等),而这些参数并不能全面地反映出颗粒的粒径分布,从而表现出同样平均粒径的固体填料体系,推进剂性能存在明显差异的现象。为了能够更加有效地反映固体填料的粒度和粒度分布,尝试采用分形理论,引入分形维数这个参数表征颗粒粒度的质量分布。结果表明,对于所研究的 RDX、AP、Al 固体颗粒,在一定的尺度范围内,其粒度分布具有分形特征。

3.3.2.1　颗粒分布分形的测试原理

通常粒度分布是由一定粒子尺寸间隔的颗粒质量分数表示的。如果粉体材料的粒度分布具有分形特征,即满足:

$$y_n(x) \propto -x^{-D} \tag{3-1}$$

式中　$y_n(x)$——小于尺寸 x 的粒子总数/系统总粒子数;

　　　　D——粒度分布的分形维数。

则有

$$\mathrm{d}y_n(x) \propto x^{-1-D}\mathrm{d}x \tag{3-2}$$

尺度在 $x \sim x + \mathrm{d}x$ 之间的粒子数目表示为

$$\mathrm{d}N = N\mathrm{d}y_n(x) \tag{3-3}$$

式中　N——系统的总粒子数。

若忽略各粒级间粉体密度 ρ 的差异,尺寸在 $x \sim x + \mathrm{d}x$ 之间的粒子质量 $\mathrm{d}w$ 可写成

$$\mathrm{d}w = \rho K_V x^3 N\mathrm{d}y_n(x) \tag{3-4}$$

44

式中 K_V——体积形状因子。

另外,$\mathrm{d}w$ 还可直接写成

$$\mathrm{d}w = w\mathrm{d}y_w(x) \qquad (3-5)$$

式中 w——系统粒子总质量;

$y_w(x)$——小于尺寸 x 的粒子总质量/系统粒子总质量。

由式(3-4)式(3-5),有

$$\mathrm{d}y_w(x) = \rho N(K_V/w)x^3N\mathrm{d}y_n(x) \qquad (3-6)$$

将式(3-2)代入式(3-6),可得

$$\mathrm{d}y_w(x) \propto x^{2-D}\mathrm{d}x \qquad (3-7)$$

对式(3-7)积分得到

$$y_w(x) \propto x^{3-D} \qquad (3-8)$$

即粉体的粒度分布满足

$$y_w(x) \propto x^b \qquad (3-9)$$

就表明粉体的粒度分布具有分形结构。

由式(3-9),在双对数坐标下 $y_w(x) \sim x$ 存在直线段,就表明粉体的粒度分布具有分形结构,根据其斜率 b,就可求得粒度分布的分维值为

$$D = 3 - b \qquad (3-10)$$

在固体推进剂固体颗粒的粒度分析中,一般采用筛分、激光沉降等方法测试固体颗粒的粒度分布,给出的是粒级间隔的颗粒的质量相对百分含量和粒子尺寸小于 x 的颗粒累积百分含量,而 $y_w(x)$ 实际上就是粒子尺寸小于 x 的颗粒累积百分含量,因此直接可由上述粒度分析结果求得相应的分维值。

3.3.2.2 AP、Al、RDX 的粒度分维

采用 COULTER LS230 激光粒度测试仪,测试了几种不同粒度的 RDX、AP、Al 粒度分布,测试和处理结果见表 3-1 ~ 表 3-3。

表 3-1 AP 的粒度分布与分形维数

	$d_i/\mu m$	<340	<380	<420	<460	<500	<540	<580	<620
AP_I $d_{50}=425\mu m$ $d_{4,3}=435\mu m$	$\sum m_i/\%$	17.9	32.6	48.2	62.6	74.9	84.0	90.7	95.0
	$d_i/\mu m$	<640	—	—	—	相关系数 R: 0.952			
	$\sum m_i/\%$	96.6	—	—	—	分形维数 D: 0.520			

AP_Ⅱ $d_{50}=280\mu m$ $d_{4,3}=286\mu m$	$d_i/\mu m$	<220	<240	<260	<280	<300	<320	<340	<360
	$\sum m_i/\%$	17.4	27.3	38.5	49.8	60.6	70.1	78.6	84.9
	$d_i/\mu m$	<380	<400	<420	—	—	相关系数 R：0.967 分形维数 D：0.467		
	$\sum m_i/\%$	90.1	93.8	96.4	—	—			
AP_Ⅲ $d_{50}=143\mu m$ $d_{4,3}=147\mu m$	$d_i/\mu m$	<40	<60	<80	<100	<120	<140	<160	<180
	$\sum m_i/\%$	2.5	3.4	5.0	8.8	21.3	45.7	70.1	85.2
	$d_i/\mu m$	<200	<220	<240	<260	<280	相关系数 R：0.964 分形维数 D：0.704		
	$\sum m_i/\%$	92.0	94.2	95.6	96.4	97.2			
AP_Ⅳ $d_{50}=7.56\mu m$ $d_{4,3}=8.18\mu m$	$d_i/\mu m$	<3	<4	<5	<6	<7	<8	<9	<10
	$\sum m_i/\%$	4.2	11.0	20.9	32.3	43.9	54.7	64.2	72.3
	$d_i/\mu m$	<11	<12	<13	<14	<15	相关系数 R：0.964 分形维数 D：1.17		
	$\sum m_i/\%$	79.0	84.3	88.5	91.6	94.0			

表 3-2　RDX 的粒度分布与分形维数

RDX_1 $d_{50}=12.8\mu m$ $d_{4,3}=14.2\mu m$	$d_i/\mu m$	<5	<10	<15	<20	<25	<30	<35	<40
	$\sum m_i/\%$	17.2	37.7	59.5	76.1	86.6	92.8	96.4	98.6
	$d_i/\mu m$	<45	—	—	—	—	相关系数 R：0.968 分形维数 D：2.20		
	$\sum m_i/\%$	99.5	—	—	—	—			
RDX_2 $d_{50}=17.8\mu m$ $d_{4,3}=19.6\mu m$	$d_i/\mu m$	<5	<10	<15	<20	<25	<30	<35	<40
	$\sum m_i/\%$	11.0	20.4	38.9	58.3	72.5	82.2	89.2	94.0
	$d_i/\mu m$	<45	<50	<55	—	—	相关系数 R：0.975 分形维数 D：2.04		
	$\sum m_i/\%$	96.6	97.9	98.5	—	—			

	$d_i/\mu m$	<10	<20	<30	<40	<50	<60	<70	<80
RDX_3 $d_{50}=41.9\mu m$ $d_{4,3}=63.3\mu m$	$\sum m_i/\%$	12.8	27.7	39.4	48.5	55.7	61.7	66.9	71.6
	$d_i/\mu m$	<90	<100	<140	<180	—	相关系数 R：0.973 分形维数 D：2.32		
	$\sum m_i/\%$	75.8	79.5	89.5	94.7	—			
	$d_i/\mu m$	<10	<20	<30	<40	<50	<60	<70	<80
RDX_4 $d_{50}=54.8\mu m$ $d_{4,3}=72.7\mu m$	$\sum m_i/\%$	6.9	14.8	25.6	36.4	45.9	54.2	61.4	67.6
	$d_i/\mu m$	<90	<100	<130	<160	<190	相关系数 R：0.975 分形维数 D：2.09		
	$\sum m_i/\%$	72.9	77.3	86.0	91.2	94.2			
	$d_i/\mu m$	<10	<20	<30	<40	<50	<60	<70	<80
RDX_5 $d_{50}=83.5\mu m$ $d_{4,3}=92.4\mu m$	$\sum m_i/\%$	5.9	10.6	16.2	22.2	28.5	35.0	41.4	47.9
	$d_i/\mu m$	<90	<120	<150	<180	<210	相关系数 R：0.995 分形维数 D：2.03		
	$\sum m_i/\%$	59.8	70.0	81.6	90.2	95.2			
	$d_i/\mu m$	<10	<30	<50	<70	<90	<110	<150	<190
RDX_6 $d_{50}=120.1\mu m$ $d_{4,3}=146.8\mu m$	$\sum m_i/\%$	4.0	10.4	18.1	26.7	36.2	45.4	61.8	74.2
	$d_i/\mu m$	<230	<270	<310	<350	<390	相关系数 R：0.990 分形维数 D：2.09		
	$\sum m_i/\%$	82.3	88.2	92.1	94.7	96.1			
	$d_i/\mu m$	<50	<100	<150	<200	<250	<300	<350	<400
	$\sum m_i/\%$	5.0	10.7	16.4	21.4	25.3	29.1	32.5	38.9
RDX_7 $d_{50}=489.4\mu m$ $d_{4,3}=508.1\mu m$	$d_i/\mu m$	<450	<500	<550	<600	<650	<700	<750	<800
	$\sum m_i/\%$	44.9	51.4	57.9	64.0	69.6	74.5	78.8	82.5
	$d_i/\mu m$	<850	<900	<950	<1000	—	相关系数 R：0.998 分形维数 D：2.01		
	$\sum m_i/\%$	85.6	88.2	90.5	92.2	—			

表 3 – 3 Al 的粒度分布与分形维数

	$d_i/\mu m$	<5	<10	<15	<20	<25	<30	<35	<40
Al_1 $d_{50}=25.7\mu m$ $d_{4,3}=28.3\mu m$	$\sum m_i/\%$	2.5	5.6	13.9	30.0	47.8	63.0	74.5	82.7
	$d_i/\mu m$	<45	<50	<55	<60	—	相关系数 R：0.980		
	$\sum m_i/\%$	88.2	91.9	94.4	96.1	—	分形维数 D：1.40		
Al_2 $d_{50}=26.3\mu m$ $d_{4,3}=29.9\mu m$	$d_i/\mu m$	<5	<10	<15	<20	<25	<30	<35	<40
	$\sum m_i/\%$	1.2	4.8	14.8	30.3	46.3	60.2	71.3	79.6
	$d_i/\mu m$	<45	<50	<55	<60	—	相关系数 R：0.975		
	$\sum m_i/\%$	85.2	89.1	91.8	93.7	—	分形维数 D：1.21		
Al_3 $d_{50}=2.27\mu m$ $d_{4,3}=2.50\mu m$	$d_i/\mu m$	<0.6	<0.8	<1.0	<1.5	<2.0	<2.5	<3.0	<3.5
	$\sum m_i/\%$	4.1	9.6	15.1	28.8	42.8	56.0	67.4	76.8
	$d_i/\mu m$	<4.0	<4.5	<5.0	<5.5	<6.0	相关系数 R：0.971		
	$\sum m_i/\%$	84.0	89.5	93.6	96.4	98.2	分形维数 D：1.70		

分析以上结果,可以得出以下几点结论:

(1)固体推进剂中固体填料的粒度分布,在一定的尺度范围内具有明显的分形特征,分维 $D \in (0,3)$。

(2)固体推进剂中固体填料的粒度分布越宽,分维 D 越大;一定范围内,细粒度颗粒越多,分维 D 越大。反映出同体积条件下,占据空间的粒子越多,空隙越少。

(3)不同品种固体填料分维取值范围不同,相同品种固体颗粒分维取值范围相同。即使同样为 AP,Ⅳ类 AP 由粗粒度粉碎制得,分维值高于其他类 AP,反映出生产方法对固体填料分维有影响。

3.3.2.3 分维表征填料级配的特点

过去人们大多是采用各种粒度级别的固体组分相对比例来表征推进剂中固体填料的级配关系,相对比例数是一个较为模糊和粗糙的表征参数,不能很好地反映出固体组分中粒子分布的细微差别,因此对准确预估固体推进剂燃速及其他相关性能造成了一定的困难。另外,这种粒度级配表征方法也不利于配方设计时固体填料级配的科学准确设计,而分形维数能够较好地解决这个问题。采用分形维数来表征固体组分的级配关系,计算结果列于表 3 – 4 ~ 表 3 – 6。

48

表 3-4 AP 粒度分布及分形计算结果

组分名称	平均粒径/μm	级配比例	分形维数	相关系数
AP_Ⅰ:AP_Ⅱ[①]	435.3:285.7	70:30	0.034	0.94
		60:40	0.361	0.93
		50:50	0.621	0.91
		40:60	0.838	0.90
AP_Ⅰ:AP_Ⅲ	435.3:146.7	90:10	0.232	0.98
		80:20	0.640	0.96
		70:30	0.871	0.94
		50:50	1.150	0.90
AP_Ⅱ:AP_Ⅳ	285.7:8.182	90:10	2.262	0.92
		90:15	2.344	0.90
AP_Ⅰ:AP_Ⅳ	435.3:8.182	90:10	2.345	0.91
		90:15	2.418	0.90
① AP_Ⅰ,AP_Ⅱ,AP_Ⅲ,AP_Ⅳ分别表示不同粒度规格 AP,下文同				

表 3-5 Al 粒度分布及分形计算结果

组分名称	平均粒径/μm	级配比例	分形维数	相关系数
Al_1:Al_4[①]	28.34:6.029	90:10	1.596	0.99
		60:40	2.211	0.95
		50:50	2.310	0.92
		40:60	2.391	0.90
Al_2:Al_5	29.91:2.500	90:10	1.945	0.99
		80:20	2.158	0.97
		60:40	2.364	0.92
		50:50	2.428	0.90
① Al_1,Al_2,Al_4,Al_5 分别表示不同粒度规格 Al,下文同				

表 3-6 RDX 粒度分布及分形计算结果

组分名称	平均粒径/μm	级配比例	分形维数	相关系数
RDX_5:RDX_7[①]	19.61:72.70	10:90	2.111	0.91
		15:90	2.154	0.91
		20:90	2.190	0.90
		25:90	2.220	0.90

组分名称	平均粒径/μm	级配比例	分形维数	相关系数
RDX_5：RDX_K1	19.61：18.44	90：10	1.099	0.93
		50：50	1.577	0.96
		10：90	1.758	0.96
RDX_7：RDX_K1	72.70：18.44	90：10	1.846	0.94
		70：30	2.098	0.93
		50：50	2.240	0.90
① RDX_5，RDX_7，RDX_K1 分别表示不同粒度规格 RDX，下文同				

从表中结果可以看出，随着细组分比例的增加，级配体系的分维值增加。Ⅳ类 AP 使 AP 体系的分维值明显提高。

3.3.2.4 固体推进剂中固体填料分维与燃速的关系

固体推进剂组分的级配对燃速有很大的影响，因而在研究推进剂以上三种主要固体填料的分形特征后，进一步通过试验探索了高能推进剂中固体填料分维与推进剂燃速的关系，其结果如图 3-3~图 3-5 所示。

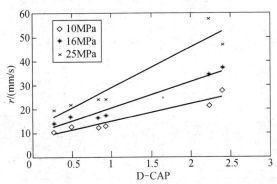

图 3-3 AP 分维与燃速关系

从图 3-3~3-5 中可以看出：

（1）高能推进剂燃速与填料粒度分布分维具有明显的线性相关性。

（2）高能推进剂燃速随 AP 和 Al 粉的粒度分布分维增大而增大，随 RDX 的粒度分布分维增大而减小。

（3）压强越高，直线越陡，填料粒度分布分维对燃速的影响越大，这也说明燃速压强指数与填料粒度分布分维也有明显的相关性。

目前，不同领域的学者都在努力发展分形理论和应用分形理论，以期加深对各自研究领域的变化规律的认识。对固体推进剂填料粒度测试结果的分析表

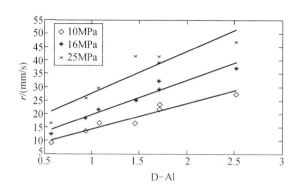

图 3 – 4 Al 分维与燃速关系

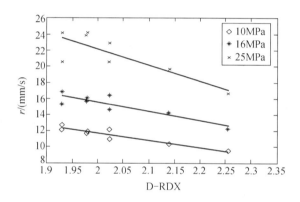

图 3 – 5 RDX 分维与燃速关系

明：固体填料在一定的尺度范围内具有明显的分形特征,采用分维可以定量描述固体填料的分布对推进剂燃速的影响。

3.3.3 固体组分对高能固体推进剂燃烧性能的影响

3.3.3.1 AP 的影响

1. AP 含量的影响

AP 含量对推进剂燃烧性能的影响分为两种情况：

（1）固定 Al 粉和 RDX 含量不变,通过改变推进剂的固体含量来改变 AP 的含量,推进剂的组成如表 3 – 7 所列,对燃烧燃速的影响见图 3 – 6。固体含量大于 75%,在 14MPa 以下推进剂燃速随 AP 含量增加而升高,14MPa 以上燃速随 AP 含量增加而降低。固体含量小于 75%,燃速随 AP 含量增加而降低。燃速压强指数则随 AP 含量的增加而降低。这个结果从侧面说明,推进剂中硝酸酯含量对推进剂燃烧性能的影响比 AP 明显。

表 3-7　AP 含量变化的高能推进剂配方

Al 含量/%	RDX 含量/%	AP 含量/%	固含量/%
18	30	22 ~ 37	70 ~ 85

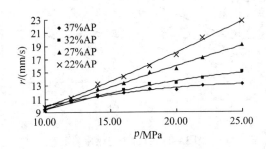

图 3-6　AP 含量对推进剂燃速的影响

（2）固定固体含量和 Al 粉含量不变，改变 AP 与 RDX 的相对含量来实现。当 Al 含量为 15%，固体含量为 76% 时，推进剂燃速随 AP 含量变化规律如图 3-7 所示。当 AP 含量从 25% 增加到 60%（RDX 含量相应从 36% 降低到 1%）时，推进剂燃速随 AP 含量增加而升高，燃速压强指数则随 AP 含量增加而降低。

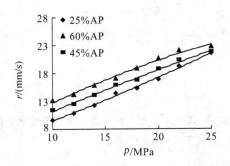

图 3-7　AP 含量变化对推进剂燃速的影响

2. AP 粒度及粒度分布的影响

AP 粒度及粒度分布对推进剂燃烧性能的影响如图 3-8 所示。

3.3.3.2　Al 粉的影响

1. Al 粉含量的影响

固定 AP 和 RDX 含量不变，通过改变推进剂的固体含量来改变 Al 粉的含量。Al 粉含量增加，推进剂燃速降低，燃速压强指数升高，如图 3-9 所示。

2. Al 粉粒度及粒度分布的影响

Al 粉粒度增大，推进剂燃速稍微下降，如图 3-10 所示。Al 粉粒度分布分维增大，推进剂燃速升高，燃速压强指数降低，如图 3-11 所示。

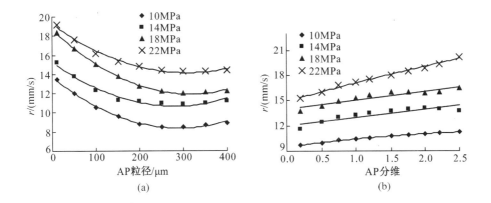

图 3 - 8　AP 粒度对推进剂燃速的影响

（a）AP 粒度对燃速的影响；（b）AP 分维对燃速的影响。

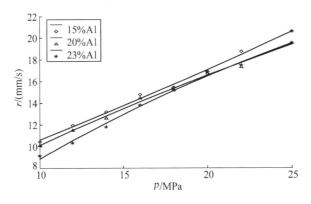

图 3 - 9　Al 含量对推进剂燃速的影响

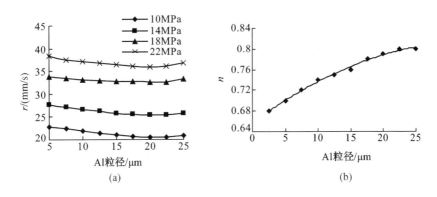

图 3 - 10　Al 粒度对推进剂燃烧性能的影响

（a）Al 粒度对燃速的影响；（b）Al 粒度对燃速压强指数的影响。

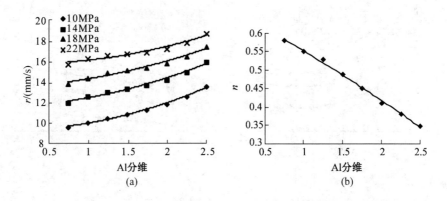

图 3 – 11　Al 分维对推进剂燃烧性能的影响

（a）Al 分维对燃速的影响；（b）Al 分维对燃速压强指数的影响。

3.3.3.3　硝胺的影响

1. RDX 含量的影响

固体推进剂中的 AP 和 Al 粉含量不变,通过调整配方中总固体含量(70% ~ 85%)来改变 RDX 含量。随着 RDX 含量的增加(从 27% ~ 42%),高能推进剂的燃速降低,燃速压强指数升高,如图 3 – 12 所示。

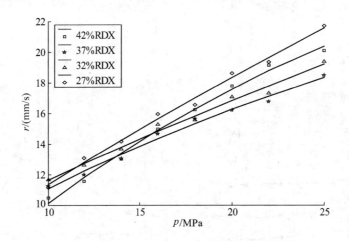

图 3 – 12　RDX 含量对推进剂燃速的影响

2. RDX 粒度及粒度分布的影响

当粒度为 0 ~ 300μm 时,燃速随着 RDX 粒度的增大而升高;当粒度大于 300μm 时,推进剂燃速则随着 RDX 粒度的增大而降低,燃速压强指数随粒度增大而降低(图 3 – 13)。RDX 分维增大,推进剂燃速降低,压强指数升高。

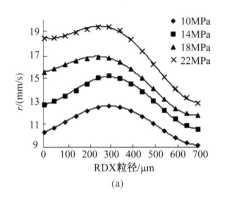
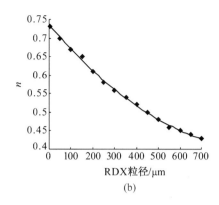

(a)　　　　　　　　　　　　　　　(b)

图 3 – 13　RDX 粒度对推进剂燃烧性能的影响

（a）RDX 粒度对燃速的影响；（b）RDX 粒度对燃速压强指数的影响。

3.3.4　粘合剂体系能量特性对高能固体推进剂燃烧性能的影响

高能固体推进剂的显著特点是采用了大剂量硝酸酯（NG、BTTN、TEGDN 等及其一定比例的混合物）增塑的粘合剂（PEG、PET、GAP、BAMO 等）体系。该类推进剂的燃烧性能在很大程度上受粘合剂体系控制。因此，分析高能固体推进剂的燃速特性与机理，必须充分考虑含能粘合剂体系的影响。

3.3.4.1　粘合剂种类的影响

固定配方其他参数，研究了 GAP、PEG 和 PET 三种粘合剂对推进剂燃烧性能的影响，结果如图 3 – 14 和图 3 – 15 所示。采用不同粘合剂的高能推进剂的燃烧性能存在显著差异。在同一压强下，采用三种不同粘合剂的推进剂燃速大小依次为 GAP、PEG、PET，随着压强升高，燃速增长的速率也依次增大，推进剂的压强指数升高。

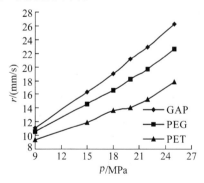
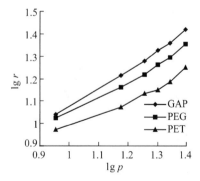

图 3 – 14　不同粘合剂配方的 r – p 曲线　　　图 3 – 15　不同粘合剂配方的 $\lg p$ – $\lg r$ 曲线

对于三种不同粘合剂的推进剂，其 $\lg p$ – $\lg r$ 曲线的斜率大小依次为 GAP、PEG、PET。含有硝酸酯的上述三种粘合剂体系，本身具有双基类推进剂的燃烧特征,其能量特性排序(以生成焓为依据)为 GAP > PEG > PET。以上结果表明,随着粘合剂体系生成焓的增大,高能推进剂的燃速升高,燃速随压强变化的敏感性也依次增加,导致燃速压强指数升高。

3.3.4.2 含能增塑剂的影响

为了分析含能增塑剂对高能推进剂高压燃烧性能的影响,固定配方其他参数,研究了 TEGDN、NG/TEGDN(质量配比为 1∶1)、BTTN 和 NG 四种硝酸酯增塑剂对高能推进剂高压燃烧性能的影响。四种增塑剂的硝酸酯基含量依次升高,分别为 0.833mmol/100g、1.078mmol/100g、1.245mmol/100g 和 1.322mmol/100g。试验结果如图 3 – 16、图 3 – 17 所示。

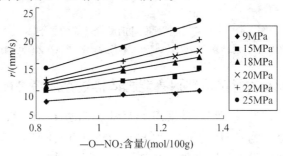

图 3 – 16   高能推进剂中硝酸酯基含量与燃速的相关性

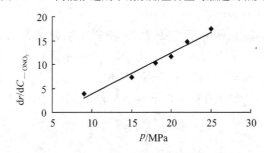

图 3 – 17 $\mathrm{d}r/\mathrm{d}C_{-\mathrm{ONO_2}}$ 与压强的相关性

由图 3 – 16 可知,推进剂各压强点下的燃速与配方中硝酸酯基含量呈线性关系;随着硝酸酯基含量的增加,高能推进剂在同一压强下的燃速依次升高。

以图 3 – 16 中各条直线的斜率(即 $\mathrm{d}r/\mathrm{d}C_{-\mathrm{ONO_2}}$)对压强作图,表示随压强升高,硝酸酯基含量变化对配方燃速的影响,结果如图 3 – 17 所示。

随着硝酸酯基含量升高,推进剂燃速随压强增长的速度依次加快,燃速增长速度与压强近似呈线性关系。硝酸酯基含量高的配方,燃速随压强增长更快,因此压强指数更高。推进剂中的硝酸酯基含量,即高能粘合剂体系的含能程度是影响推进剂燃烧性能的关键因素。

从图 3 – 18 硝酸酯增塑剂对推进剂燃烧性能的影响也可看出,以 PEG 和 PET 为粘合剂的高能推进剂的燃速及压强指数均随增塑比的增大而升高。以 PEG 为粘合剂的推进剂燃烧性能受增塑比的影响大于以 PET 为粘合剂的推进剂。

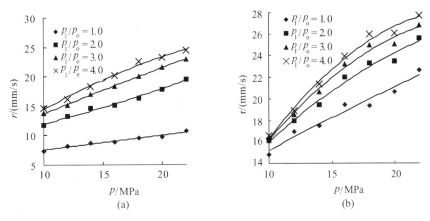

图 3-18 增塑比对燃烧性能的影响

(a) 增塑比对 PET 体系燃烧性能的影响；(b) 增塑比对 PEG 体系燃烧性能的影响。

3.3.5 高能固体推进剂燃速特性小结

归纳起来,组分特性对高能固体推进剂燃速特性的影响规律总结如下:

(1) 影响高能推进剂燃速的主要因素按重要性大小依次为: 粘合剂及增塑剂的生成焓、AP 粒度、AP 含量。

(2) 影响高能推进剂燃速压强指数的主要因素按重要性大小依次为: 粘合剂及增塑剂的生成焓(包括硝酸酯基含量、粘合剂种类)、硝胺含量、AP 粒度和 Al 粒度。

(3) 粘合剂体系生成焓的影响反映在影响燃烧表面区域和嘶嘶区的热平衡;硝胺的影响,表现为影响硝胺单元预混火焰的放热作用;AP 的影响综合反映在影响 AP 单元预混火焰和扩散火焰作用;Al 的影响主要来自于在燃面处的吸热效应及对凝聚相热传导的影响。

(4) 配方主要特征在燃烧机理上决定了燃烧区域的主要结构及传热特征。高活性氧化基团、含能粘合剂体系富燃基团及含能基团的相对数量是影响传热进而控制燃速的主要化学结构因素。

(5) 要研究清楚高能固体推进剂组分对其燃烧性能影响的内在机理及共性影响行为,必须结合燃烧机理研究,综合燃烧过程中组分对传热传质过程的影响机理方可得出合适的结论。

3.4 高能固体推进剂的燃烧特性及机理

高能推进剂的燃烧问题,除燃速外,也包括不同配方体系组成下配方燃速对压强的敏感性。这种敏感性来源于两个方面[46-48]：① 燃烧表面形貌特征随压强的变化；② 凝聚相和气相各种化学反应对压强的敏感性，即反应级数。可通过不同组成的典型配方的燃速特性、火焰结构、燃烧波结构、热分解特性的对比，为高能推进剂燃烧机理的合理推断提供理论和试验依据。

同时，为了充分掌握各种含能物质对高能固体推进剂燃烧性能的影响，掌握不同配方体系及含能物质在燃烧特性上存在的共性特征和含能物质结构与高能固体推进剂燃烧性能的构效关系，分别研究了以 NG/BTTN/PEG、NG/TEGDN/PET、NG/BTTN/GAP 等为代表的不同含能粘合剂体系高能推进剂配方的燃烧特性与机理。其中以 NG/BTTN/PEG/RDX/AP/Al 配方体系为重点，详细分析高能固体推进剂燃烧过程中各组分对燃烧机理的影响。

3.4.1 NG/BTTN/PEG 体系高能推进剂的燃烧特性及机理

进一步研究高能推进剂的燃烧特征，特别关注并探讨了燃速压强指数拐点的影响因素；分析高能推进剂宽压强范围内的燃烧性能，并与其他种类推进剂的燃速特性进行对比，尤其是国内外 AP/CMDB、硝胺/CMDB 及硝胺/HTPB 等具有与高能推进剂燃烧特征类似的各种推进剂的燃速特性研究结果[49-62]，为高能推进剂燃烧机理的合理推断提供基础。

3.4.1.1 NG/BTTN/PEG 体系高能推进剂的燃烧特性

为了分析高能推进剂燃烧区域的主要特征，确定该类推进剂燃烧性能的主导机理，设计了 8 个典型配方，含能粘合剂体系均采用 NG/BTTN/PEG，其固体组成见表 3－8。

表 3－8　高能推进剂的典型配方组成

配方编号	AP 含量/%	AP 规格	Al_1 含量/%	硝酸酯含量/%	固体含量/%
HN－1	0	／	0	18～22	70～75
HN－2	12	Ⅲ	0	18～22	70～75
HN－3	27	Ⅲ	0	18～22	70～75
HN－4	27	Ⅲ	17～20	18～22	70～75
HN－5	12	Ⅲ	17～20	18～22	70～75
HN－6	55	Ⅲ	17～20	18～22	70～75
HN－7	27	Ⅲ/Ⅳ＝1/1	17～20	18～22	70～75
HN－8	12	Ⅳ	17～20	18～22	70～75

图 3－19、图 3－20 是表 3－8 中高能推进剂典型配方的 $\ln r - \ln p$ 曲线。

从图中结果可以看出：

（1）高能推进剂的燃速压强指数均存在拐点，硝酸酯含量是影响燃速及燃速压强指数拐点的关键因素。粘合剂体系的单位生成焓变化时，配方的燃烧特征变化较为明显。高硝酸酯含量时，高能推进剂的燃速变化显著，燃速压强指数升高。即使配方中 AP 粒度更细、含量更高，高能推进剂高压方向燃速增加的幅度也非常有限。

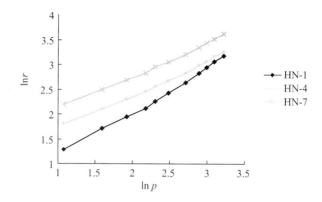

图 3-19　高能推进剂典型配方的 $\ln r - \ln p$ 曲线(1)

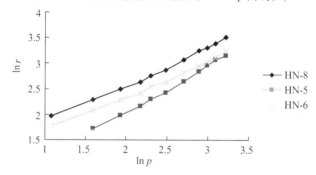

图 3-20　高能推进剂典型配方的 $\ln r - \ln p$ 曲线(2)

（2）固体组分含量和粒度是影响燃速压强指数的重要因素,降低 AP 粒度或提高 RDX 含量使燃速压强指数转折更为明显,燃速压强指数更高。

在此值得注意的是,HN-2、HN-6、HN-8 配方反映的高能推进剂燃烧特性:HN-6 中无硝胺,低压燃速升高而燃速压强指数降低,但燃速压强指数拐点仍然存在;HN-8、HN-2 配方中 AP 含量低,高压燃速压强指数趋近于 1;尤其是 HN-2,由于硝胺含量增大,其高压燃速甚至高于 AP 含量更高的 HN-3 配方,说明此时硝胺单元推进剂对高能推进剂高压燃烧性能的影响比 AP 更显著。

（3）在 AP 含量较高或含有一定细粒度 AP(Ⅳ类)的情况下,推进剂的燃速大幅度增加,低压下的相对增长幅度比高压下要大,导致配方压强指数降低。

（4）在硝酸酯含量一定的情况下,综合调节 AP、RDX 的含量和粒度,可以使高能推进剂的燃速压强指数变化趋于平缓,在试验压强范围内降低燃速压强指数,从而消除燃速压强指数的拐点。

3.4.1.2　组分的热分解特性及单元推进剂的燃烧特性

热分解是固体推进剂燃烧的第一步,因此各组分的热分解特性将直接影响推进剂的燃烧性能。常压、高压 DSC 等手段对高能推进剂主要组分热分解特性的研究结果,可以为燃面热平衡及反应过程分析提供基础。此外,分析 AP、硝胺、含能粘合剂体系三种单元推进剂的燃烧特性,能够为确定高能推进剂的燃烧特性和机理提供依据。

1. 硝酸酯增塑的粘合剂体系燃烧特性

不同压强下高能粘合剂体系(PEG + NG + BTTN)的热分解特性如表 3 - 9 所列。高能粘合剂的分解反应动力学数据为低温分解峰的数据,主要反映硝酸酯增塑剂的影响。随着压强升高,高能粘合剂的分解放热量急剧增加,但反应活化能和指前因子无明显变化。硝酸酯急剧增大的放热量是提高高能推进剂燃面净释放热量进而提高燃速的主要原因。

表 3 - 9　高能粘合剂的热分解特性

压强	E_a/(J/mol)	指前因子	反应热/(J/g)	分解峰温/℃
0.1MPa	136182	1.21×10^{16}	856	197.66
2MPa	144300	6.14×10^{16}	1910	202.49
6MPa	139433	1.69×10^{16}	3084	206

2. AP 燃烧特性

1) AP 的爆燃特性

Boggs 和 Kracuthe[63]曾采用扫描电子显微镜和高速照相技术研究了 AP 的爆燃过程,得出如下结论:① AP 晶体爆燃时,爆燃表面存在熔化的液相并阻止了分解产物的逸散。② AP 的爆燃特性可以分为四个压强区。AP 的爆燃过程是极其复杂的:低压与高压下具有不同的爆燃机理;爆燃过程中,能量的传递是三维的而不是一维的[19]。

格拉兹阔娃[64]研究了 AP 在 4 ~ 30MPa 下爆燃区温度分布的特征。在 4 ~ 15MPa 压强范围内,AP 表面的燃烧温度随压强的提高而降低,其火焰的最高温度随压强的增大而增大,凝聚相的放热则随着压强的升高而降低;在 15 ~ 30MPa 压强范围内,随着压强增大,其火焰的最高温度降低。

2) AP 热分解特性

表 3 - 10、表 3 - 11 为 AP 的热分解特性,不同粒度 AP 的分解反应动力学参数存在一定差异。压强对 AP 分解反应的动力学参数存在一定影响,主要是由于 AP 的分解不仅包括 NH_4ClO_4 分解为 NH_3 和 $HClO_4$ 的凝聚相反应过程,也包括 AP 燃面上方初始分解产物 NH_3 和 $HClO_4$ 进一步发生氧化还原反应的过程,该过程受压强控制,不是零级反应,导致其反应动力学参数和热效应受压强的影响较为显著。

表 3 - 10　Ⅰ 类、Ⅱ 类 AP 的热分解特性

压强	E_a/(J/mol)		指前因子		分解峰温/℃(10℃/min)	
	AP_Ⅰ	AP_Ⅱ	AP_Ⅰ	AP_Ⅱ	AP_Ⅰ	AP_Ⅱ
0.1MPa	139391.209	130347.641	4.69×10^{13}	2.72×10^{12}	301.38	320.65
2MPa	133902.8282	106304.7908	1.28×10^{13}	2.02×10^{10}	304.33	323.68
6MPa	160330.4543	129762.761	3.49×10^{15}	7.66×10^{11}	303.35	327.77

表 3 - 11　Ⅲ类、Ⅳ类 AP 的热分解特性

压强	$E_a/(J/mol)$		指前因子		分解峰温/℃(10℃/min)	
	AP_Ⅲ	AP_Ⅳ	AP_Ⅲ	AP_Ⅳ	AP_Ⅲ	AP_Ⅳ
0.1MPa	126611.404	—	1.07×10^{12}	—	305.85	—
2MPa	138866.31	115081.8139	1.51×10^{11}	7.12×10^{10}	306.53	336.62
6MPa	112418.614	88934.30146	1.95×10^{11}	3.14×10^{8}	313.41	336.01

除Ⅰ类 AP 的热分解规律略有些复杂外,随着压强升高,其他三类 AP 均表现出分解峰温略有升高、反应活化能有所降低以及指前因子显著下降的趋势。

3. 硝胺单元推进剂的热分解及燃烧特性[65-70]

多数硝胺(包括 HMX 和 RDX)的凝聚相分解产物都强烈依赖于压强的大小。当压强大于 1.38MPa 时,分解产物则以热力学稳定的产物为主,如 CO、CO_2、H_2O 和 N_2 等。HMX 的分解热熔与压强近似呈线性关系[71];RDX 的热分解特性见表 3 - 12。RDX 的分解放热量虽然也随着压强升高而增大,但反应活化能和指前因子也增大,说明压强升高对硝胺的分解有抑制作用。

表 3 - 12　RDX 的热分解特性

压强	$E_a/(J/mol)$	指前因子	反应热/(J/g)	分解峰温/℃
0.1MPa	140264	1.71×10^{15}	477.1	242.0
2MPa	184090	5.76×10^{19}	2229	237.6
6MPa	169019	1.83×10^{18}	2514	238.2

硝胺单元推进剂的爆燃特性在不同压强区域表现出不同特征。硝胺具有较低的熔点,在分解过程中首先在凝聚相发生液化,然后进行热分解反应。在低压区,燃速较低,燃面上的硝胺颗粒发生大量熔化现象,形成较厚的液层,因此其燃面较为平坦;在高压区(>7MPa),化学反应速度大大加快,甚至超过硝胺的熔化速度;硝胺颗粒表面的液层逐渐变薄甚至消失,呈现硝胺固相分解的特征。硝胺单元推进剂在 7MPa 以下的低压区燃速压强指数较低,而高压区拐点以后燃速压强指数升高,趋近于 1。

4. AP/RDX 及高能推进剂的热分解特性

图 3 - 21 为Ⅲ类 AP 常压下的 DSC 曲线。AP 的热分解主要分为以下几个阶段:温度达到 244.34℃时,发生晶型转变;温度达到 304.43℃时,发生部分分解放热,为 AP 的低温分解;温度达到 371.21℃时,发生完全分解,为 AP 的高温分解。

图 3 - 22 为 RDX 的常压 DSC 曲线。温度达到 206.11℃时,RDX 吸热熔化,随后紧接着发生液相分解,到 240.38℃左右分解最为剧烈。

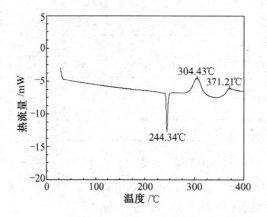

图 3 – 21　AP 的 DSC 曲线

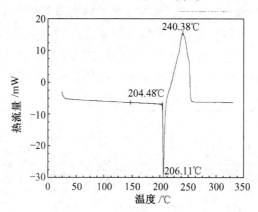

图 3 – 22　RDX 的 DSC 曲线

图 3 – 23 为 AP(Ⅲ类)/RDX 混合物(1∶1) 的 DSC 曲线。RDX 分解峰温从 240.38℃提前到 207.00℃,说明 AP 对 RDX 的热分解有较强的催化作用。分析

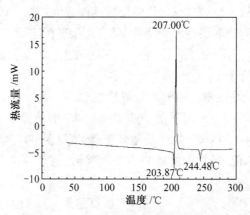

图 3 – 23　AP/RDX 混合物的 DSC 曲线

认为是由于 AP 分解产生的 NH_3 与 RDX 分解生成的 NO_2 发生反应,从而加速了 RDX 的分解。

图 3 - 24 是 HN - 4 配方的 DSC 曲线,当温度达到 193.27℃ 时,推进剂发生爆燃。222.77℃ 时的放热峰为 RDX 的分解峰,245.71℃ 时的吸热峰为 AP 晶格转变的吸热峰。

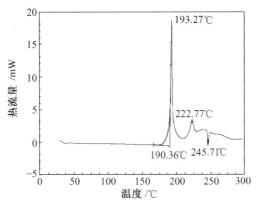

图 3 - 24 HN - 4 配方的 DSC 曲线

在 10℃/min 升温速率条件下,压强对高能推进剂(HN - 4)分解放热峰温(T)及放热量(Q)的影响如表 3 - 13 所列。

表 3 - 13 压强对 HN - 4 配方热分解行为的影响

压强	0.1MPa			
	T_1/ ℃	Q_1/(J/g)	T_2/ ℃	Q_2/(J/g)
0.1MPa	169.83	494.8	213.92	404.3
2MPa	169.63	1539	215.05	372.4
6MPa	169.13	2155		

对于高能推进剂空白配方 HN - 4,随着压强升高,第一分解峰温不变,分解放热量随着压强升高显著增加,第二分解峰随着压强升高逐渐减弱直至消失。第一分解峰放热量的变化趋势与高能粘合剂的分解特征相似,说明硝酸酯粘合剂在燃烧表面及近燃面气相区域的放热反应是影响燃面热量平衡的首要因素,进而控制着整个凝聚相初始分解反应的进程。

3.4.1.3 高能固体推进剂的火焰结构[50,72]

1. 硝胺与 NG/BTTN/PEG 体系(NE)混合物的火焰结构

图 3 - 25 是硝胺与 NG/BTTN/PEG 含能粘合剂体系混合物(HN - 1 配方)的燃烧火焰结构,该种结构类似于 HMX/CMDB,属于典型的双基类预混火焰结构,两种单元推进剂间无明显扩散火焰。1MPa 下火焰细长,双基类的预混火焰稳定均匀,有清晰的暗区及熔融层;5MPa 下火焰变短,反应更为剧烈,仍有较厚

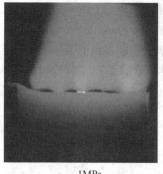
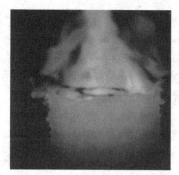

1MPa   5MPa

图 3 – 25　硝胺 + NE 混合物的燃烧火焰结构

的熔融层和暗区存在。

2. AP 对高能推进剂火焰结构的影响

高能推进剂(不含 Al 粉)在不同压强下的火焰结构如图 3 – 26、图 3 – 27 所示。高能推进剂的火焰结构属于典型的扩散火焰,各组分拥有各自独立的火焰。综合看来具有如下特点:

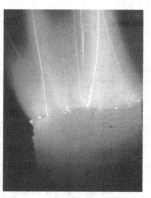

1MPa   3MPa

图 3 – 26　HN – 3 配方的火焰结构

(1)无论配方中 AP 的含量和粒度如何,高能推进剂在 3MPa 以上均不存在暗区。AP 含量较低时,在较低压强(1MPa 时)下可观察到暗区的存在,同时暗区内有许多来自于燃烧表面的发光火焰流束,如图 3 – 27 中所标示的区域。AP含量较高(>10%)时,AP 的火焰流束占主导地位,暗区消失。

(2)在试验压强范围内,高能推进剂的燃烧表面可明显观察到较厚的熔融层存在,熔融层主要为硝胺与含能粘合剂的熔融共混物。二者的化学组成及燃烧火焰都属于同一类结构,结合后形成预混火焰。

(3)随着 AP 含量及压强的升高,气相区火焰更均匀,并具有明显的 AP 复

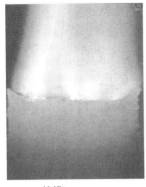
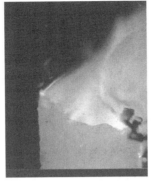
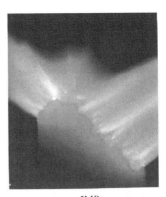

1MPa   3MPa   5MPa

图 3 - 27   HN - 2 配方的火焰结构

合推进剂的燃烧特征。

（4）在图 3 - 26、图 3 - 27 中接近燃烧表面的局部区域，均可以观察到低亮度的浅蓝色火焰的存在，其外围是黄色的发光火焰流。一般认为[73]，浅蓝色火焰是 AP 的分解产物 NH_3 与 $HClO_4$ 反应所形成的，它的燃烧产物富氧，火焰温度较低（约1300K）；周围的黄色发光火焰为 AP 的富氧产物与预混火焰中的富燃气相产物形成的扩散火焰；随着压强的升高，单元推进剂的燃烧特征更为明显。

3. Al 对高能推进剂火焰结构的影响

图 3 - 28 ~ 图 3 - 30 分别为 HN - 4、HN - 5、HN - 6 配方的火焰结构。在高能推进剂中引入 Al 粉后，燃烧表面上分布着一些白色的小亮球，这是 Al 粉熔化和初级燃烧的状态；气相火焰为一团很亮的发光火焰，这是 Al 粉充分燃烧的结果。随着压强的升高，反应区域热量的释放更为剧烈，反应速度增大，Al 粉的火焰更加均匀和明亮。根据图 3 - 28 可以判断，Al 粉的点火和燃烧发生在远离燃面的气相区，其热反馈对燃面的热量平衡贡献应较小；Al 粉在燃面和亚燃面主要是吸热过程，发生预热—氧化膜破裂—熔联等物理变化，Al 粒子的吸热量可

1MPa   3MPa   5MPa

图 3 - 28   HN - 4 配方的火焰结构

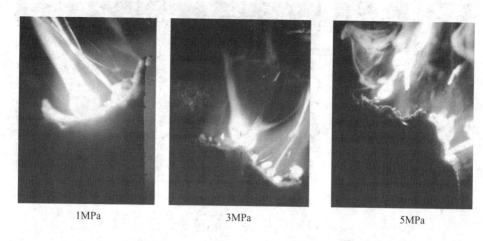

1MPa   3MPa   5MPa

图 3 – 29　HN – 5 配方的火焰结构

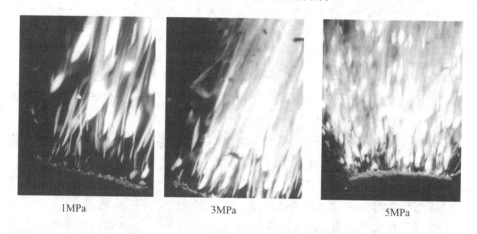

1MPa   3MPa   5MPa

图 3 – 30　HN – 6 配方的火焰结构

能会给燃面温度带来一定影响。

对比配方 HN – 4、HN – 5 和 HN – 6 同样可以发现,AP 含量低而硝胺含量高时,由于硝胺本身不能提供剩余的氧化性产物参与反应,导致气相区 Al 粉的燃烧很不充分(HN – 5 配方),使得高能推进剂的燃速压强指数特征接近于 HMX 单元推进剂(7MPa 以下为 0.7 左右,7 MPa 以上达到 1.0 左右);配方中 AP 含量较高时,火焰结构发生改变,AP 的扩散火焰对燃烧性能的作用开始增强,气相区充足的氧化性产物保证了 Al 粒子燃烧充分,使得火焰明亮而均匀(HN – 6 配方),相应的燃速压强指数也较低,接近于 AP 复合推进剂的水平。

3.4.1.4　高能推进剂的燃烧波结构

通过热电偶获得了高能推进剂在 5 MPa 下的燃烧波结构,计算的燃烧波结构参数见表 3 – 14。表面温度 T_s、凝聚相加热层厚度 L_s、凝聚相温度梯度

$\left(\dfrac{\mathrm{d}T}{\mathrm{d}X}\right)_{S-}$、气相温度梯度$\left(\dfrac{\mathrm{d}T}{\mathrm{d}X}\right)_{S+}$等的计算方法见参考文献[50,74,75]。配方 NHP - 297 中氧化剂全为 RDX,无 AP 存在;配方 NHP - 313 的增塑剂为 BTTN,配方 NHP - 316 的增塑比为 2.0。

表 3 - 14　高能推进剂在 5MPa 下的燃烧波结构参数

配方编号	$L_s / \mu m$	表面等温区厚度/μm	$T_s / ℃$	$T_f / ℃$	$\left(\dfrac{\mathrm{d}T}{\mathrm{d}X}\right)_{S-}$/（℃/$\mu m$）	$\left(\dfrac{\mathrm{d}T}{\mathrm{d}X}\right)_{S+}$/（℃/$\mu m$）
NHP - 297	120	——	564		4.5	——
NHP - 313	91.5	——	439		4.5	24.4
NHP - 316	84.5	52.1	445		5.03	——
HN - 3	53.4	6.7	493	2265	8.86	24.06
HN - 2	66.8	39	505	2271	7.6	10.93

从表 3 - 14 可见:

（1）除 NHP - 297 配方无法判断以外,其他试验结果表明高能推进剂在 5MPa 以上的燃烧波结构中无暗区结构存在。

（2）高能推进剂燃烧波结构中存在两个等温区,第一等温区温度在 450 ~ 600℃左右,为燃烧表面;第二等温区温度大于 2200℃,为发光火焰区。

（3）凝聚相温度梯度受粘合剂体系中硝酸酯种类及其含量和 AP 含量的共同控制,受前者的影响更大（NHP - 313、NHP - 316）;粘合剂体系硝酸酯含量是影响高能推进剂燃烧表面温度和燃面热平衡的首要因素。

（4）由 NHP - 313 和 NHP - 316 可以看出,随着粘合剂体系硝酸酯含量下降,燃烧表面区和加热区厚度增加,表面反应区放热量降低,燃烧表面温度和凝聚相温度梯度下降;气相区温度梯度无明显变化;这两个配方的燃速压强指数和燃速均显著降低,燃速降低的幅度甚至大于 AP 变化时的幅度;可以认为硝酸酯在燃面附近的反应是控制高能推进剂燃速的首要因素。

不同高能推进剂配方在 5MPa 下的燃烧波结构特征见表 3 - 15。

表 3 - 15　不同高能推进剂配方在 5MPa 下的燃烧波结构特征

配方编号	燃烧性能特点	燃烧波结构特征
HN - 4	燃速较高、压强指数较低	反应剧烈,凝聚相/气相温度梯度均较大,加热层和燃烧表面厚度较薄
NHP - 297	燃速低、燃速压强指数高	凝聚相反应相对平缓,加热层厚度较大,凝聚相温度梯度低;燃面温度较高,气相反应剧烈
NHP - 313	燃速低、燃速压强指数低	凝聚相温度梯度较低,燃面温度最低,气相温度梯度低于 HN - 4 配方;凝聚相/气相梯度差异较小

配方编号	燃烧性能特点	燃烧波结构特征
NHP－316	燃速及燃速压强指数均较低	与HN－4配方相比,加热区较厚,凝聚相温度梯度较低;燃面温度较低,气相反应温度梯度仍较大
HN－3	燃速及燃速压强指数较高	加热区和表面区厚度较薄,凝聚相温度梯度较高;燃面温度较高,气相反应剧烈,气相温度梯度高
HN－2	高燃速高压强指数	加热区和表面区厚度较大,表面温度较高,凝聚相温度梯度较高,而气相温度梯度较低

从表3－15可归纳出高能推进剂以下特征:

（1）随着AP含量升高,第一等温区转化为缓慢升温段甚至消失,气相(尤其是近燃面气相区域)升温区及温度梯度受AP含量影响较大,因而在很大程度上影响了近燃面气相区域向燃面的热反馈,进而影响燃烧表面温度和燃速;这表明AP对高能推进剂燃烧性能的影响主要通过近燃面处气相火焰的扩散作用而体现。

（2）由HN－3与HN－2的对比可以看出,由配方组成特性所决定,两个配方在燃面温度和气相火焰温度等方面无明显差别;但AP扩散火焰的作用导致HN－3气相反应更为剧烈、反馈回的热量更多,燃面和凝聚相加热区厚度明显变小;压强对扩散过程的影响,导致HN－3低压燃速较高而高压燃速较低,燃速压强指数较低;HN－2扩散火焰作用弱,低压燃速低而高压燃速接近硝胺单元推进剂的燃速,导致燃速压强指数接近于1.0。

（3）高能推进剂中AP含量低(HN－2)或无AP(NHP－297)时,AP火焰及AP分解放热对反应区温度梯度的影响降低,凝聚相和气相温度梯度均降低,燃烧表面区厚度增加,对应于高能推进剂的燃烧特征接近HMX或普通双基推进剂,燃速压强指数趋近于1.0。

3.4.1.5 高能推进剂的熄火表面特征

采用燃烧熄火表面SEM,研究了高能推进剂几类典型配方的熄火表面特征(5MPa),如图3－31～图3－33所示。

燃烧表面的熔融层特性是几类典型配方燃烧特征的主要区别所在:AP－CMDB及HMX－CMDB类特征配方的燃烧熄火表面均存在泡沫类熔融层结构;聚醚复合燃烧特征配方在燃烧表面熔融层结构平坦,由于缺乏硝基及硝胺基化合物热解气态产物,无泡沫区结构。

具有泡沫区结构的燃烧表面,熄火表面呈板结群,板结群间有裂纹,许多固体粒子粘结在熔融的表面里。具体形貌在放大1000倍下观察,熄火表面呈现珊瑚状,有许多孔洞。

聚醚复合燃烧特征配方放大500倍的熄火表面平整,能够看到熔化层,熔化

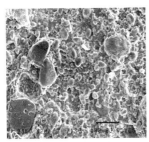 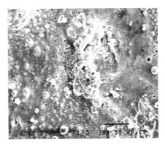 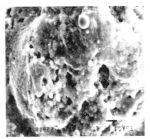

| 燃烧前 SEM 照片 | 燃烧后 250 倍 SEM 照片 | 燃烧后 1000 倍 SEM 照片 |

图 3 – 31　AP – CMDB 特征配方（HN – 7）燃烧前及熄火表面 SEM 照片

×200　　　　　　　　　　　　　　　×800

图 3 – 32　HMX – CMDB 特征配方熄火表面 SEM 照片

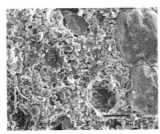 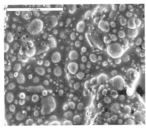 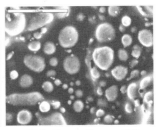

| 燃烧前 SEM 照片 | 燃烧后 250 倍 SEM 照片 | 燃烧后 1000 倍 SEM 照片 |

图 3 – 33　聚醚 – AP 复合燃烧特征配方 SEM 照片

层上附着密集的固体颗粒。具体形貌在放大 1000 倍下观察，熄火表面未发现有裂纹，表面平整。

从熄火照片来判断，CMDB 特征推进剂燃烧时存在类似于双基推进剂泡沫区的厚度较大的熔融层，主要由硝胺和含能粘合剂的熔化液、初始分解反应碎片所构成；区域内部发生显著的分解反应，产生的气态产物从熔融区逐步逸出，导致熔融区内部存在气孔和裂纹。同时，较厚的熔融层覆盖在燃面上方，可阻止

AP 和硝胺粒子直接暴露于气相,确保燃烧表面的平整性和燃烧表面温度的均一。此时,可认为燃烧表面上氧化剂与粘合剂的面积比仅受氧化剂的含量和粒度控制,不受压强影响。当压强升高到一定程度以后,硝胺直接固相分解,粘合剂熔化液流动困难,压强对熔融层的影响可能导致氧化剂暴露于燃面中的表面积发生变化。

具有聚醚复合类燃烧特征的配方,燃烧表面光滑无缺陷,固体颗粒均匀散布在推进剂的表面,燃面不会由于异常燃烧而增加,因此燃速增加平稳。

3.4.1.6 NG/BTTN/PEG 体系高能推进剂燃烧特性与机理小结

(1) 在 3MPa 以上的压强区域,高能推进剂燃烧波结构中无暗区存在;随着配方中 AP 含量的提高(15% 以上),高能推进剂的火焰及燃烧结构特征向 AP - CMDB 类推进剂转化,AP/硝胺的相对含量对高能推进剂的燃烧特征有重要影响。

(2) 在宽压强范围内,硝酸酯含量是影响燃烧表面热量平衡的决定性因素,因此其也是影响高能推进剂燃烧性能的首要因素。

(3) 由 AP 所产生的扩散火焰对高能推进剂的燃速压强指数具有重要影响。燃烧表面熔融层的状态变化,是影响高能推进剂高压燃烧行为的另一个因素。

3.4.2 NG/TEGDN/PET 体系高能推进剂的燃烧特性与机理

3.4.2.1 含能组分对 PET 热分解特性的影响

环氧乙烷/四氢呋喃共聚醚(代号 P(E - CO - T))简称 PET,作为高能固体推进剂粘合剂,应用在高能推进剂中显示出十分优良的力学性能。

增塑剂硝酸酯(如 NG、BTTN 或 TEGDN 等)在高能推进剂中的含量高(为15% ~ 25%),由于其分解温度较低,且分解时产生自由基,可能引发高分子粘合剂的降解。单纯硝酸酯的热分解已经研究得比较透彻,在热分解过程中 O—N 和 C—C 键相继断裂,产生·NO_2 等自由基和醛类;·NO_2 自由基再和其他物质进行一系列氧化反应。

图 3 - 34 是 PET、PET + N - 100 和 PET/NG/TEGDN 胶片分解的热重曲线。PET 分解分为两步:第一步发生在 170 ~ 292℃之间,热失重较大,约失重89%。第二步发生在 292 ~ 547℃之间,缓慢失重。DTA 曲线(图 3 - 35)172 ~ 292℃温度范围内有一个放热峰,这可能是由于 PET 的解聚反应、环化反应和交联反应所致。292 ~ 303℃温度范围内有一个吸热峰,归于 PET 的热分解反应。

PET 中加入 N - 100 后,154℃ 开始失重,259℃ 第一阶段失重结束,约有32% 的重量损失;第二阶段从 259 ~ 373℃,失重约37%;最后从 373 ~ 491℃失重约30%。从 DTA 曲线来看,152 ~ 249℃有一个放热过程,放热峰出现在 180℃,而且在此峰的后面还有一个小肩峰,表明此过程反应比较复杂。278 ~ 363℃温度范围内有一个小的放热峰,表明 PET + N - 100 虽然在第二阶段失重相对较

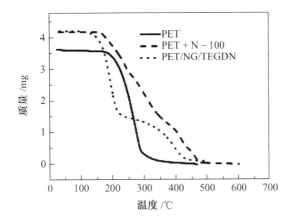

图 3 – 34　PET、PET + N – 100 和 PET/NG/TEGDN 胶片的 TG 曲线

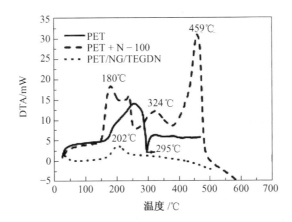

图 3 – 35　PET、PET + N – 100 和 PET/NG/TEGDN 胶片的 DTA 曲线

大,但是放热量却相对较少。421 ~ 459℃温度范围内有一个大的放热峰,此过程失重和放热量都较大。

PET 和 PET + N – 100 最明显的变化为 DTA 曲线,纯 PET 的 DTA 试验结果表明,PET 的分解是先放热后吸热。加入 N – 100 后,DTA 的曲线发生了很大的变化,表现为三个放热峰,而吸热峰消失。

PET/NG/TEGDN 胶片的失重过程表现为两步,这可能是一些物质的失重过程重叠。PET/NG/TEGDN 从85℃开始失重到260℃结束,这个过程有66%的质量损失。而第二阶段从260 ~ 492℃有32%的物质生成了气相产物。值得注意的是,只有在170 ~ 238℃温度范围内有一个放热峰,第二阶段缓慢失重无热量生成。从峰的变化来看,NG/TEGDN 对 PET 热分解的影响比较大。

TG – DTA 和原位升温 FTIR 的试验结果表明,PET 的分解分为两步:第一步是 PET 的解聚反应,此过程为放热过程,而第二步是 PET 的分解反应,是吸热过程。加入 N - 100 后,PET + N - 100 反应分为三个阶段。DTA 的结果表明,加入 N - 100 后 PET 的吸热峰消失,这是解聚反应的温度延后所致。原位升温 FT-IR 试验结果发现,硝酸酯 NG/TEGDN 使 PET 分解反应完全的温度提前,这与 TG 试验结果吻合。

3.4.2.2 氧化剂和增塑剂对 PET 体系推进剂燃烧特性的影响

1. 推进剂组成及燃速特性

推进剂组成如表 3 - 16 所列。

表 3 - 16　推进剂组成

编 号	粘合剂体系	氧化剂	氧化剂含量/%
E - 1	PET/NG/TEGDN(1:0.25:0.25)	HMX	70
E - 2	PET/NG/TEGDN (1:1:1)	HMX	70
E - 3	PET/NG/TEGDN(1:0.25:0.25)	AP	70
E - 4	PET/NG/TEGDN(1:1:1)	AP	70

表 3 - 17 给出了 E - 1 ~ E - 4 推进剂在不同压强下的燃速。

表 3 - 17　推进剂 E - 1 ~ E - 4 在不同压强下的燃速

编 号	燃速/(mm/s)		
	1MPa	2MPa	3MPa
E - 1	熄火	1.025	1.529
E - 2	熄火	1.065	1.442
E - 3	3.505	5.682	5.034
E - 4	12.097	14.808	18.138

2. 硝酸酯含量对 PET/HMX 体系推进剂燃烧特性的影响

以 PET/HMX 为基的推进剂体系在低压下很容易熄火。试验结果表明:无论是硝酸酯含量低的 E - 1 推进剂还是硝酸酯含量高的 E - 2 推进剂,在 1MPa 下均熄火;在 2MPa 下,E - 1 推进剂和 E - 2 推进剂的燃速基本相同;3MPa 时,E - 1 推进剂的燃速反而比 E - 2 推进剂的燃速稍高一点,但是差别不是很大。由此可以看出,硝酸酯的含量对以 PET/HMX 为基的推进剂的燃速影响不大,从硝酸酯对 PET 热分解的特征也可以得出,硝酸酯只是使 PET 完全分解的温度提前。E - 1 和 E - 2 推进剂随压强增加,燃速稍有增加,但增加幅度不明显,可见压强对 PET/HMX 为基的推进剂在低压段的影响也不大。HMX 总的初始分解反应为

$$3(CH_2NNO_2)_4 \longrightarrow 4NO_2 + 4N_2O + 6N_2 + 12CH_2O \qquad (R - 1)$$

因为二氧化氮很快与甲醛反应,则气相反应为

$$7NO_2 + 5CH_2O \longrightarrow 7NO + 3CO + 2CO_2 + 5H_2O \qquad (R-2)$$

NO_2 和 CH_2O 反应放出大量热,并且反应速率比其他物质快得多,而硝酸酯的分解反应为

$$RNO_2 \longrightarrow NO_2 + 有机分子(主要是醛) \qquad (R-3)$$

然后

$$NO_2 + 第一阶段的有机产物 \longrightarrow NO + H_2, CO, CO_2, H_2O 等 \qquad (R-4)$$

由此可以看出,HMX 和硝酸酯分解物质基本相同,硝酸酯的分解只是使体系活性物质的浓度增大,没有对 HMX 的反应起到很大的促进作用,因此硝酸酯含量的变化对 PET/HMX 体系的推进剂燃速影响较小。另外,由于 HMX 含氧量低,因此在燃面附近没有进一步的反应。HMX 燃烧时火焰温度高达 3200K,而硝酸酯的火焰温度远低于此温度,其中 BTTN 燃烧的火焰温度只有 1200K,燃面温度只有 530K,这导致硝酸酯的燃烧对燃速影响相对较小,因此 E-1 和 E-2 推进剂的燃速相差不是很大。

3. 硝酸酯含量对 PET/AP 体系推进剂燃烧特性的影响

硝酸酯含量对 PET/AP 体系推进剂的燃速影响比较大,由 E-3 和 E-4 的燃速发现,在同一压强下推进剂 E-4 的燃速比推进剂 E-3 的燃速高 2~3 倍。

Tanaka 等人提出了如下的 AP 凝聚相机理:

$$AP(s) \longrightarrow AP(l) \longrightarrow NH_3 + HClO_4 \qquad (R-5)$$

该反应的活化能为 117.2 kJ/mol。在稍高温度下,三个活化能为 92 kJ/mol 的凝聚相平行的反应亦存在:

$$AP(l) \longrightarrow H_2O + O_2 + HCl + HNO \qquad (R-6)$$

$$AP(l) \longrightarrow 2H_2O + Cl + NO_2 \qquad (R-7)$$

$$AP(l) \longrightarrow NH_3 + OH + ClO_3 \qquad (R-8)$$

在较低温度的分散相中,NH_x 可与 NO 有效反应,在燃面附近放热并释放出活性氧化物 OH 基,它会与 CH_2O 和 HCN 发生放热反应。NH_x 亦可与 NO_2 反应生成 NO_x 而大量消耗 NO_2。下面列出几个代表性的反应:

$$NH_3 + OH \longrightarrow NH_2 + H_2O \qquad (R-9)$$

$$NH_2 + OH \longrightarrow NH + H_2O \qquad (R-10)$$

$$NH + NO \longrightarrow N_2 + OH \qquad (R-11)$$

$$NH_2 + NO_2 \longrightarrow N_2O + H_2O \qquad (R-12)$$

$$NH_2 + NO \longrightarrow N_2 + H + OH \qquad (R-13)$$

$$H + NO_2 \longrightarrow OH + NO \qquad\qquad (R-14)$$

对于氨火焰的激光诊断表明，NH 与 NO 的反应会生成振动激发的"热" OH 基（反应 R-11），它与 HCN 的氧化直接相关。尽管气体热传递与质量传递确实起一些作用，但热解产物出现的时间主要还是与所处气体环境的加速或阻滞效应相关。试验结果很明显，相比惰性的 Ar 气氛，NH₃ 或 NO₂ 气氛会使 HMX 热解产物出现的时间提前约 200ms。由于硝酸酯分解也产生 NO₂、NO 等物质，所以气氛对硝酸酯的分解必定有影响。

另外，AP 的分解产物 NH₃ 与硝酸酯的分解产物 NO₂ 会在气相火焰区内发生如下的氧化—还原发应：

$$2NO_2 + 2NH_3 \longrightarrow N_2O + N_2 + 3H_2O \qquad\qquad (R-15)$$

上述因素导致硝酸酯对 PET/AP 体系的燃速影响比较大，而且越是随硝酸酯含量的增加，影响越明显。

4. 不同氧化剂对 PET/NG/TEGDN 体系推进剂燃烧特性的影响

不同氧化剂 HMX 和 AP 对 PET/NG/TEGDN 体系的燃速影响差别比较明显。E-1 和 E-3 推进剂以及 E-2 和 E-4 推进剂的燃速数据充分说明了这一点。在同一压强下，含 AP 的 PET/NG/TEGDN 推进剂比含 HMX 的 PET/NG/TEGDN 推进剂的燃速高。这是因为 HMX 和硝酸酯分解的产物之间相互作用比较少，同时要经过一个吸热熔融的过程，吸收大量热，而 AP 的分解产物和硝酸酯的分解产物发生了大量化学反应，放出了大量热，综合作用结果使含 AP 的 PET/NG/TEGDN 推进剂的燃速相对较高。

3.4.2.3　NG/TEGDN/PET 体系推进剂的火焰结构

1. 硝酸酯含量对 PET/HMX 体系推进剂燃烧火焰特征的影响

图 3-36 是推进剂 E-1 在不同压强下的火焰形貌。E-1 推进剂在 1MPa 时，火焰非常弱，且燃烧时有大量烟产生。随压强增加火焰亮度增加，暗区的厚度变薄。在 2MPa 和 3MPa 时，可以看到燃面上有发光颗粒物存在。这可能是粘

| 1MPa | 2MPa | 3MPa |

图 3-36　E-1 推进剂在不同压强下的火焰形貌

合剂分解产生碳的颗粒发生第二次燃烧所致。

在 PET/HMX 体系中增加硝酸酯 NG/TEGDN 的含量,在 1MPa 时 E-2 推进剂火焰亮度比 E-1 推进剂火焰亮度明显增加(图 3-37)。由图 3-37 可以看出,E-2 推进剂在 1MPa 时火焰的暗区特别明显,而且燃面平整,随压强增加暗区厚度变薄,这个变化在 1MPa 和 2MPa 之间变化尤为显著。

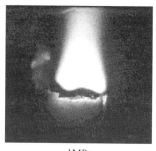

| 1MPa | 2MPa | 3MPa |

图 3-37　E-2 推进剂在不同压强下的火焰形貌

由上述 E-1 和 E-2 推进剂在不同压强下的火焰形貌特征可以发现,在 PET/HMX 体系中加入硝酸酯并没有改变火焰的结构,只是使火焰的亮度有所增加。

2. 硝酸酯含量对 PET/AP 体系推进剂燃烧火焰特征的影响

图 3-38 是推进剂 E-3 在不同压强下的火焰形貌。由图 3-38 可以看出,E-3 推进剂在 1MPa 时可以明显看到 AP 颗粒在燃烧表面以发光的形式出现,自燃面向气相区"喷射"出柱状的火焰。2MPa、3MPa 下推进剂燃烧剧烈,火焰聚集成亮团,已看不清楚 AP 颗粒的柱状火焰,团状火焰向四周喷射,使火焰宽度较燃面宽度要宽。

| 1MPa | 2MPa | 3MPa |

图 3-38　E-3 推进剂在不同压强下的火焰形貌

图 3-39 是推进剂 E-4 在不同压强下的火焰形貌。E-4 推进剂比 E-3 推进剂燃烧更剧烈,在 1MPa 时,火焰分成几束向外射出。2MPa、3MPa 时,可以

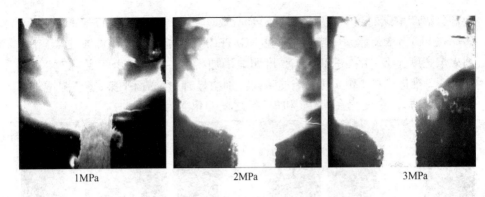

1MPa 2MPa 3MPa

图 3 - 39　E - 4 推进剂在不同压强下的火焰形貌

看出推进剂燃烧非常剧烈,火焰聚集成大的亮团。火焰的宽度远远大于燃面的宽度。

由 E - 3 和 E - 4 燃烧的火焰形貌可以看出,硝酸酯含量的增加使 PET/AP 推进剂燃烧变得十分剧烈。

综合分析 E - 1 ~ E - 4 配方的燃烧火焰特性可以看出,燃烧温度依次递增,燃烧温度越高,火焰亮度越大,同时向燃面反馈的热量越大,由此相应的燃速也越高,与上述配方燃速的实际测试结果吻合。

3. 不同氧化剂对 PET/NG/TEGDN 体系推进剂燃烧火焰特征的影响

不同氧化剂,如 HMX 和 AP,对 PET/NG/TEGDN 体系推进剂燃烧火焰特征的影响比较大。压强对含 HMX 的 PET/NG/TEGDN 体系推进剂火焰结构影响比较明显,尤其是对火焰中暗区的影响;而对含 AP 的 PET/NG/TEGDN 体系推进剂的火焰结构影响较小。从图 3 - 38 和图 3 - 39 可以看出,含 AP 的 PET/NG/TEGDN 推进剂燃烧火焰没有暗区,发光火焰布满整个气相区,这种火焰的形成与 AP 可提供多余氧的强氧化性有关,AP 分解出的氧除能产生 AP 自身火焰外,还可与粘合剂体系在表面产生的可燃化合物形成柱状扩散火焰。由于这种火焰在低压下就出现,因此压强对这种火焰的影响不像对 PET/NG/TEGDN/HMX 体系的火焰那样大,这也是含 AP 的推进剂燃速较高且压强指数较低的原因。由 E - 1 ~ E - 4 的火焰结构可以看出,PET/NG/TEGDN/HMX 体系,无论硝酸酯含量多少,其火焰结构属于 HMX - CMDB 型,而 PET/NG/TEGDN/AP 火焰结构则属于 AP - CMDB 型。

3.4.2.4　PET 体系推进剂的熄火表面形貌特征

为了了解推进剂燃烧表面发生的变化以及反应层的厚度,对推进剂熄火表面及熄火表面纵切面进行了分析研究。

1. 硝酸酯含量对 PET/HMX 体系推进剂熄火表面的影响

图 3 - 40 是 E - 1 推进剂在不同放大倍率下未燃烧样品的表面。可以看到 HMX 的颗粒比较均匀地分布在推进剂中。

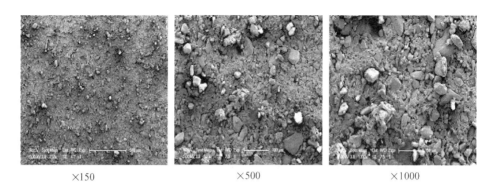

| ×150 | ×500 | ×1000 |

图 3 - 40　E - 1 推进剂未燃烧样品表面

E - 1 推进剂熄火后(图 3 - 41),整个燃面总体比较平坦,上面比较均匀地分布着很多气孔,气孔直径有 9 ~ 20μm。这是由于推进剂燃烧时,粘合剂先熔化后分解,而其中的氧化剂 HMX 在推进剂燃烧表面气化(升华或分解),HMX 从燃面进入气相,所以在燃烧表面形成大量的气孔。在气孔附近的区域比较粗糙,有大量"针状"物存在。

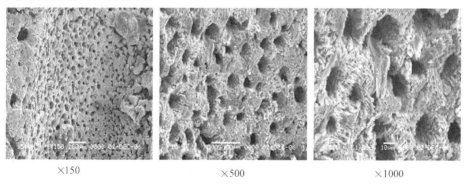

| ×150 | ×500 | ×1000 |

图 3 - 41　E - 1 推进剂熄火表面

图 3 - 42 是 E - 1 推进剂熄火表面的纵切面。从纵切面的角度看,E - 1 推进剂的熄火表面有明显的熔融现象发生,熔融层由 HMX 和残余粘合剂所组成。反应层厚度为 120 ~ 190μm。可以看出,气孔附近的"针状"物是凝聚相中产生的气体冲出燃面,带动燃面上没有分解的粘合剂而留下的痕迹。

E - 2 推进剂熄火后(图 3 - 43),燃面较平坦,其上面密集分布着一些气孔,气孔直径为 11 ~ 34μm。气孔的周围不像 E - 1 推进剂那样粗糙,而是形成比较光滑的"蜂窝"状物质。一些气孔的周围有类似"球状"的物质。

比较 E - 1 和 E - 2 推进剂熄火表面可以发现,它们的相似点是燃面相对平坦,燃面上都分布着大量气孔。不同的是 E - 1 推进剂熄火表面在气孔周围比较粗糙,而 E - 2 推进剂熄火表面气孔周围相对比较光滑。这可能因为 E - 2 推

×150   ×500   ×1000

图 3 - 42   E - 1 推进剂熄火表面纵切面

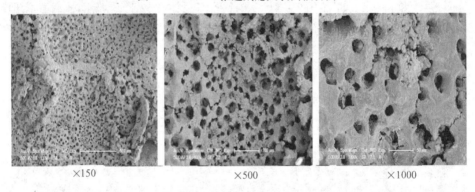

×150   ×500   ×1000

图 3 - 43   E - 2 推进剂熄火表面

进剂中硝酸酯含量增加,加强了气相区向凝聚相的传热,增加了燃烧表面的比表面积和燃烧表面的温度,加剧了粘合剂扩散和分解速度,从而使凝聚相中分解的气体冲出燃面带出的粘合剂随即分解,所以气孔周围相对比较光滑。

图 3 - 44 是 E - 2 推进剂熄火表面的纵切面。从侧面看,燃面凹凸不平,非常粗糙,反应层的厚度为 170 ~ 253μm。

×150   ×500   ×1000

图 3 - 44   E - 2 推进剂熄火表面纵切面

2. 硝酸酯对 PET/AP 体系推进剂熄火表面的影响

推进剂 E-3 未燃烧前样品表面均匀镶嵌着一些粒度级配的 AP 颗粒,颗粒与颗粒之间被粘合剂包围。

E-3 推进剂燃烧后(图 3-45),熄火表面比较粗糙。在燃面上分布着大量 AP 的颗粒。可以看出 AP 颗粒的形状发现了变化,这可能是 AP 在燃烧过程中发生了晶型转变。在 AP 颗粒表面分布着一些类似"网状"的物质,可能是粘合剂分解所产生的残留物质。

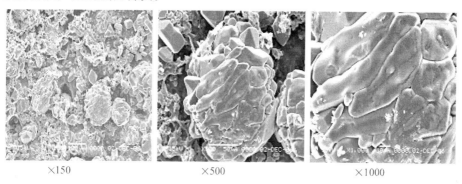

| ×150 | ×500 | ×1000 |

图 3-45　E-3 推进剂熄火表面

E-3 推进剂熄火表面纵切面如图 3-46 所示。从 E-3 推进剂熄火表面纵切面能够看到完整"网状"结构的存在,这些"网状"物质分布在没有分解的氧化剂表面。一些氧化剂凸出在"网状"物外面。反应层的厚度较薄。

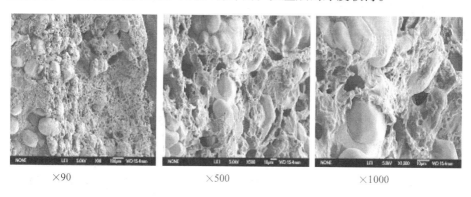

| ×90 | ×500 | ×1000 |

图 3-46　E-3 推进剂熄火表面纵切面

E-4 推进剂熄火后(图 3-47),表面比较粗糙,部分 AP 颗粒分布在燃烧表面,而且在 AP 表面局部地方分布着类似"珊瑚礁"状的物质。

比较 E-3 和 E-4 推进剂的熄火表面,可以看出它们的熄火表面差别不是很大,只是 E-4 推进剂的熄火表面 AP 颗粒稍大,而且 AP 表面的"珊瑚礁"状的物质较少。

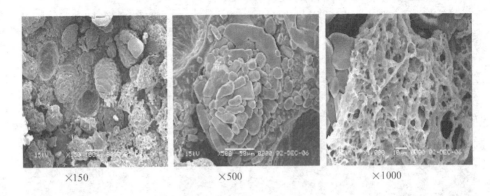

×150 ×500 ×1000

图 3-47　E-4 推进剂熄火表面

　　图 3-48 是 E-4 推进剂熄火表面的纵切面。从纵切面来看,E-4 推进剂反应层的厚度较薄,燃烧表面相对平整。在一些大的凹坑附近有熔融痕迹,而且燃面分布着类似"珊瑚礁"状的物质。

×150 ×500 ×1000

图 3-48　E-4 推进剂熄火表面纵切面

　　综合分析 E-1~E-4 推进剂熄火表面的形貌可以发现,不同氧化剂对 PET/NG/TEGDN 体系推进剂熄火表面的影响比较大。PET/NG/TEGDN/HMX 体系推进剂燃面有明显的熔融现象,而且表面有大量气孔分布。PET/NG/ TEGDN/AP 体系推进剂燃面上没有气孔存在,但有一部分 AP 颗粒裸露在燃面。从推进剂熄火表面纵切面发现,含 HMX 的 PET/NG/TEGDN 体系推进剂较含 AP 的 PET/NG/TEGDN 体系推进剂反应层厚。氧化剂 HMX 和 AP 对熄火表面影响的不同,充分体现了 N 原子反应历程和 Cl 原子反应历程的不同,正是由于它们反应活性的不同,导致燃烧表面的差别比较大。

3.4.2.5　NG/TEGDN/PET 体系高能推进剂的燃烧特性小结

　　通过对 PET/NG/TEGDN/HMX 体系和 PET/NG/TEGDN/AP 体系推进剂燃速测试,火焰形貌特征观测以及熄火表面形貌特征的分析发现:

（1）硝酸酯含量对 PET/NG/TEGDN/HMX 体系推进剂的燃速影响不是很大，但是对 PET/NG/TEGDN/AP 体系推进剂的燃速影响比较大，这是因为 AP 的分解产物与硝酸酯的分解产物发生反应，它们之间存在"互相促进"的反应机理。

（2）从熄火表面纵切面发现，随硝酸酯含量增加，PET/NG/TEGDN 体系推进剂反应层的厚度增加，而且，含氧化剂 HMX 的反应层的厚度大于含氧化剂 AP 反应层的厚度。

（3）从推进剂火焰结构的测试发现，氧化剂的类型对 PET/NG/TEGDN 体系推进剂火焰结构影响比较大，其中 PET/NG/TEGDN/HMX 体系推进剂火焰结构属于 HMX – CMDB 型，而 PET/NG/TEGDN/AP 体系推进剂火焰结构属于 AP – CMDB 型。

3.4.3　NG/BTTN/GAP 体系高能推进剂的燃烧特性与机理

3.4.3.1　硝酸酯对 GAP 热分解机理的影响

叠氮基缩水甘油聚合物（GAP）是一种侧链上含有叠氮甲基基团的含能聚合物。由于叠氮基团分解时会放出大量的热，因此 GAP 的生成热高于其他的粘合剂品种。GAP 密度大（$1.3g/cm^3$）、生成焓高（+154.6 kJ/mol），具有能量高、热稳定性较好、机械感度较低的优点，是高能推进剂的一种含能粘合剂。有关纯 GAP 的研究很广泛，但是硝酸酯对 GAP 热分解特性影响的研究很少见诸报道。

通过研究硝酸酯 NG/BTTN 对 GAP 热分解机理的影响，掌握固体推进剂热分解与燃烧特性间的关系，可为进一步研究高性能固体推进剂提供一定的试验依据。试验样品采用 GAP/NG/BTTN（质量比分别为 1:1:1,1:0.5:0.5,1:0.25:0.25）胶片。

1. GAP 胶片和 GAP/NG/BTTN 胶片热分解特征

图 3-49 和图 3-50 分别给出了 GAP 胶片和三种不同比例的 GAP/NG/BTTN 胶片典型的 TG 和 DTA 曲线。

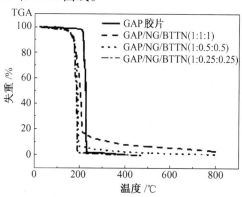

图 3-49　GAP 胶片和不同比例的 GAP/NG/BTTN 胶片的热重曲线

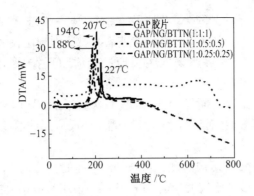

图 3-50 GAP 胶片和不同比例的 GAP/NG/BTTN 胶片的差热曲线

由图 3-49 可以看出,GAP 胶片表现为一步失重。失重温度范围为 200～277℃,且有约 98% 的失重。而 GAP/NG/BTTN(1:1:1)胶片有两步失重过程:第一步发生在 92～234℃ 温度范围、对应 84.6% 的质量损失,第二步失重发生在 234～795℃,对应 12.3% 的质量损失。GAP/NG/BTTN(1:0.5:0.5)胶片也表现为两个失重阶段:第一步失重开始于 85℃,表明此时物质开始气化和分解,在此失重阶段有约 95% 的质量损失,第二步失重从 199～575℃,约有 5% 的质量损失。值得注意的是,GAP/NG/BTTN(1:0.25:0.25)胶片类似 GAP 胶片仅仅表现为一步失重过程,这个过程发生在 65～201℃ 温度范围内并伴随 97% 的质量损失。

通过比较 GAP 胶片和不同比例的 GAP/NG/BTTN 胶片的热分解,发现增塑剂硝酸酯 NG/BTTN 可以使 GAP 起始热分解温度降低。

从图 3-50 可以看出,不同含量的 NG/BTTN 均使 GAP 的分解峰温降低。GAP/NG/BTTN(1:1:1)、GAP/NG/BTTN(1:0.5:0.5)胶片以及 GAP/NG/BTTN(1:0.25:0.25)胶片分别使 GAP 胶片的分解峰温降低 20℃、33℃ 和 39℃。这表明增塑剂 NG/BTTN 促进了 GAP 的分解,而且 GAP/NG/BTTN(1:0.25:0.25)胶片的效果最为明显。

表 3-18 给出了 GAP 胶片以及不同比例的 GAP/NG/BTTN 胶片 DTA 试验的放热量。从表 3-18 中可以发现,GAP/NG/BTTN 胶片的分解放热量大于 GAP 胶片的分解放热量,而且随着 NG/BTTN 含量的增加,胶片的分解放热量增加。

表 3-18 DTA 试验中 GAP 胶片和 GAP/NG/BTTN 胶片的放热量

样品	$\Delta H_{\mathrm{exo}}/(\mathrm{kJ/kg})$
GAP	223
GAP/NG/BTTN(1:1:1)	898
GAP/NG/BTTN(1:0.5:0.5)	438
GAP/NG/BTN(1:0.25:0.25)	356

2. GAP 胶片的原位红外光谱分析

图 3-50 给出了 GAP 胶片在 25~450℃热分解的 FTIR 吸收光谱。25℃时，在 2939cm^{-1}和 2871cm^{-1}处分别对应于 C—H 和—CH$_2$—不对称伸缩振动和对称伸缩振动的吸收峰。2100cm^{-1}处对应于—N$_3$不对称伸缩振动的特征吸收峰。C $=$ O 吸收峰位于 1698cm^{-1}。1522cm^{-1}和 1451cm^{-1}对应于 $-NH\overset{\overset{O}{\|}}{-C}-O-$ 中 N—H 弯曲振动和—CH$_2$—变形振动吸收峰。1283cm^{-1}和 1124cm^{-1}分别对应于—C—N—H 和 C—O—C 伸缩振动吸收峰。

从图 3-51 可以看出，200℃时红外吸收峰的强度和 25℃时基本一致，表明当加热到 200℃时，GAP 胶片没有分解。226℃时，GAP 胶片的红外吸收峰发生了变化，与 25℃时比较所有的吸收峰强度减弱，表明分解反应发生。温度为 280℃时，GAP 主要分解反应基本完成。同时可以看出，—N$_3$基团分解的速度比 GAP 骨架分解的速度快，当温度升高至 350℃时，1283cm^{-1}处的吸收峰消失，其他吸收峰的强度继续减弱。而且，在 1602cm^{-1}处出现了芳香环的特征吸收峰，400℃时 1124cm^{-1}处的吸收峰消失，温度升至 450℃，只剩下芳香环在 1602cm^{-1}处的特征吸收峰。

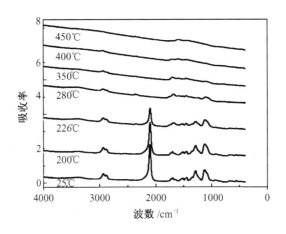

图 3-51　GAP 胶片在不同温度下的原位红外光谱

由上述讨论可以得出 GAP 胶片吸收峰消失的先后顺序：

—N$_3$ 和 N—H $\longrightarrow$ C—N—H $\longrightarrow$ C—O—C $\longrightarrow$ CH$_2$ 和 C—H $\rightarrow$ C $=$ O

GAP 胶片是通过异氰酸基团（—NCO）和羟基聚合反应而得到，具体反应如下：

$$R-N=C=O + HO\text{---}[CH_2-\underset{\underset{CH_2N_3}{|}}{CH}-O]_n R' \longrightarrow R-\overset{\overset{H}{|}}{N}-\overset{\overset{O}{\|}}{C}-O\text{---}[CH_2-\underset{\underset{CH_2N_3}{|}}{CH}-O]_n R'$$

通过吸收峰消失的顺序可以看出,GAP 胶片中—N_3 基团最先分解。虽然 GAP 胶片中单体骨架也开始部分分解,但是其分解显然是迟于—N_3 基团的分解。从图 3-51 可以明显看出,—N_3 基团的吸收峰在 280℃已完全消失,而 C—O—C 在高于 280℃后才消失。随着温度升高,GAP 骨架开始分解,部分产物聚合生成芳香性化合物。当温度继续升高时,该化合物才完全分解。

根据上述结果可以很明显地看出,GAP 胶片最初的分解始于—N_3 基团的分解,之后是特征链 $\left[\overset{\overset{H}{|}}{N}-\overset{\overset{O}{\|}}{C}-O\right]$ 的分解,最后才是 GAP 单体骨架的分解。这与用异氰酸酯固化剂固化的 GAP 热分解的气相分解机理相一致,R. I Wagner 等人发现,除了来自 GAP 气相的产物,大部分的 N-100 交联剂以六次甲基二异氰酸酯(HMDI)的形式释放出来。而且,最初检测的气相产物是形成的异氰酸酯化合物和整个气化的异氰酸酯分子。

3. 硝酸酯对胶片原位红外光谱的影响

图 3-52 表明了不同温度下 GAP/NG/BTTN(1:1:1)胶片的 FTIR 吸收光谱。

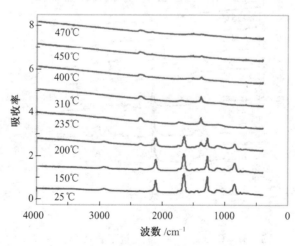

图 3-52　GAP/NG/BTTN (1:1:1)胶片在不同温度下的原位红外光谱

GAP/NG/BTTN(1:1:1)胶片的 FTIR 吸收谱从 25～470℃表现出强度的逐渐减弱。在 25℃时的吸收峰几乎与 150℃时的吸收峰一样,没有出现新的吸收峰,仅仅强度减弱,表明一些化合物(如 BTTN)开始分解。当温度达到 235℃时,红外吸收峰发生了明显的变化。在此温度下只有 C—H 和—CH$_2$—反对称伸缩振动和对称伸缩振动吸收峰、NO$_3^-$ 伸缩振动吸收峰、C—O—C 伸缩振动与 C =O 伸缩振动吸收峰，其他吸收峰已完全消失。这说明在 150 ~ 230℃ 温度范围内，GAP/NG/BTTN(1:1:1)胶片发生了快速的分解反应。可以看出，GAP/NG/BTTN(1:1:1)胶片主要的热分解反应发生在此温度范围内。当温度达到 310℃ 时，1389cm^{-1} 和 1733cm^{-1} 处的吸收峰强度降低并且 C—O—C 基团已基本消失。温度升至 400℃ 时，C—O—C 和 C =O 吸收峰已经完全消失，NO$_3^-$ 吸收峰强度继续减弱。温度达 470℃ 时，NO$_3^-$ 吸收峰强度已非常微弱。由 FTIR 的结果可以得出，对比 TGA 试验结果，GAP/NG/BTTN(1:1:1)胶片第一阶段失重主要发生了 O—NO$_2$ 和—N$_3$ 基团的分解，第二失重阶段主要是第一阶段反应产物的分解和残余聚合物的继续分解。

比较图 3 - 51 和图 3 - 52 可以很明显地得出，在 GAP 胶片中加入硝酸酯加快了 —NH—C—O— 基团中的 N—H 弯曲振动吸收峰和—CH$_2$—变形振动吸收峰的消失速度，使它们分别在 200℃ 和 235℃ 消失。GAP 胶片中不添加硝酸酯，—NH—C—O— 基团中的 N—H 弯曲振动吸收峰和—CH$_2$—变形振动吸收峰分别在 280℃ 和 400℃ 消失。GAP/NG/BTTN(1:1:1)胶片中的—N$_3$ 基团在 235℃ 时消失，但是 GAP 胶片中的—N$_3$ 基团在 280℃ 时才消失。GAP/NG/BTTN(1:1:1)胶片和 GAP 胶片中 GAP 的骨架 C—O—C 基团分别在 310℃ 和 350℃ 时基本消失。因此，硝酸酯在 GAP 胶片中不但加速了—N$_3$ 基团和氨基甲酸酯特征链 $\left(\begin{array}{c} \text{H} \quad \text{O} \\ | \quad \| \\ \text{N—C—O} \end{array}\right)$ 的分解，而且还加速了 GAP 基本骨架 C—O—C 基团的分解。

因此，从以上结果可以综合判断，在 GAP 胶片中添加不同含量的 NG/BTTN 使 GAP 热分解温度降低。GAP/NG/BTTN(1:1:1、1:0.5:0.5、1:0.25:0.25)胶片的分解峰温分别比 GAP 胶片的分解峰温降低了 20℃、33℃ 和 39℃。增塑剂 NG/BTTN 对 GAP 胶片的热分解有很好的促进作用。加入 NG/BTTN，GAP 的分解放热量增加，而且随 NG/BTTN 含量的增加，胶片的分解放热量增加。原位 FTIR 表明硝酸酯 NG/BTTN 加速了—N$_3$ 基团、氨基甲酸酯特征链 $\left(\begin{array}{c} \text{H} \quad \text{O} \\ | \quad \| \\ \text{N—C—O} \end{array}\right)$ 以及 C—O—C 基团的分解。

3.4.3.2 NG/BTTN/GAP 体系配方的燃烧特性

为了充分掌握高能推进剂的燃烧行为,试验研究了各种主导条件作用下 GAP 体系推进剂燃烧特性的变化情况,为构建能够全面反映燃烧主导机理变化的数理模型奠定基础。试验用推进剂配方组成见表 3-19。

表 3-19 H 系列燃烧机理研究配方组成

编号	粘合剂体系	氧化剂	氧化剂含量/%
H-1	GAP	HMX	70
H-2	GAP/NG/BTTN(1:0.5:0.5)	HMX	70
H-3	GAP/ NG/BTTN (1:1:1)	HMX	70
H-4	GAP	AP	60
H-5	GAP/NG/BTTN (1:1:1)	AP	70

1. 燃速及压强指数特征

图 3-53 给出了在不同压强(p)下 H-2～H-5 推进剂燃速(r)测试结果。H-2～H-5 推进剂的压强指数分别为:0.837、0.738、0.108 和 0.482。可以看出,含 HMX 的 GAP 推进剂的燃速压强指数明显高于含 AP 的 GAP 推进剂的压强指数。不含硝酸酯的 GAP/AP 推进剂的压强指数较低。

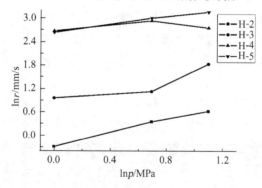

图 3-53 不同压强下 H-2～H-5 推进剂的燃速

2. 硝酸酯含量对 GAP/HMX 体系推进剂燃烧特性的影响

推进剂 H-1 不含硝酸酯,在 1MPa 和 2MPa 压强下难以自持燃烧而无法测试燃速。在 3MPa 下的燃速为 2.34mm/s。可见,对 GAP/HMX 体系,在低压下当 HMX 含量达到 70% 时且不添加硝酸酯,推进剂正常燃烧存在一定的困难。

针对这种情况,又分别试验研究了 HMX 含量分别为 30% 和 50% 两个样品,这两个样品在 1MPa 和 2MPa 也很难持续燃烧,而且燃烧后有大量残渣。通过靶线法试验测其在 3MPa、5MPa、7MPa、9MPa 下的燃速分别为 2.93mm/s、5.18mm/s、7.88mm/s、11.21mm/s 和 2.26mm/s、3.56mm/s、5.29mm/s、6.97mm/s。Kubota 的研究结果也表明,GAP/HMX 的燃速特征取决于 HMX 在 GAP 中的质量分数。

从上述结果来看,含30%的HMX的GAP/HMX推进剂的燃速比较高。

图3-53给出了H-2和H-3推进剂的燃速,可以看出,在测试压强范围内,随硝酸酯含量的增加,推进剂的燃速增加。相同的硝酸酯含量的推进剂,随压强升高,推进剂的燃速增加。NG/BTTN对GAP的热分解有一定的促进作用,而且NG/BTTN含量增加,使体系的放热量增加,推进剂的燃速取决于气相到燃烧表面的热反馈及燃烧表面产生的热。燃面的热平衡方程式如下:

$$\rho_p C_p r(T_s - T_0) = \lambda_g \left(\frac{dT}{dx}\right)g + \rho_p r Q_s \tag{3-11}$$

可简化为

$$r = \frac{\lambda_g \left(\frac{dT}{dx}\right)g}{\rho_p \{C_p r(T_s - T_0) - Q_s\}} \tag{3-12}$$

式中　ρ_p——推进剂密度;

　　　C_p——气、固相的平均比热容;

　　　T_s——推进剂燃面温度;

　　　T_0——推进剂初温;

　　　λ_g——气相导热系数;

　　　Q_s——凝聚相反应热(燃烧表面释放热量)。

由式(3-12)可知,燃速的高低是由燃烧表面放出的热量大小造成的。硝酸酯急剧增大的放热量是影响推进剂反应过程、提高燃面净释放热量进而提高燃速的主要原因,所以随硝酸酯含量的增加,GAP/HMX体系推进剂的燃速增加。

由上述讨论可以发现,硝酸酯及其含量在GAP体系推进剂中的作用类似于PEG和PET体系配方,具有举足轻重的地位。

3. 硝酸酯对GAP/AP体系推进剂燃烧特性的影响

如图3-53所示,在压强小于2MPa时,不含硝酸酯的H-4推进剂燃速与加入硝酸酯的H-5推进剂燃速几乎相同,但是随压强升高,两种推进剂样品的燃速差别增大,表明低压下硝酸酯对GAP/AP体系燃速影响较小。

4. 不同氧化剂对GAP/NG/BTTN体系推进剂燃烧特性的影响

对比H-3和H-5推进剂可以看出,H-5推进剂的燃速明显高于H-3推进剂的燃速,这充分体现了AP的氯原子还原历程和硝胺中的氮原子还原历程的不同,就AP和HMX的单元推进剂而言,它们的火焰温度相差很大,HMX的火焰温度比AP的火焰温度高很多(分别为3200K和1400K),而燃速则非常接近。H-5推进剂的燃速比H-3推进剂的燃速高,显然是由于氯氧化物的反应活性高于含氮化合物的反应活性,大量的富氧产物与粘合剂、增塑剂等分解的富燃产物(C_mH_n、醛类等)反应产生大量的热,从而燃速增加。

3.4.3.3　NG/BTTN/GAP 体系推进剂的燃烧火焰特征

图 3 – 54 ~ 图 3 – 58 分别给出了 H – 1 ~ H – 5 推进剂在不同压强下某一时刻的火焰特征照片。

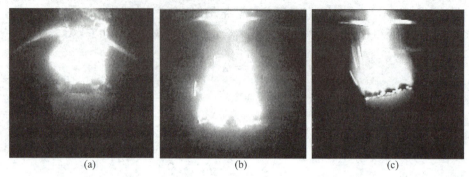

(a)　　　　　　　　　(b)　　　　　　　　　(c)

图 3 – 54　H – 1 推进剂在不同压强下的火焰特征

(a) 1MPa；(b) 2MPa；(c) 3MPa。

1. 硝酸酯含量对 GAP/HMX 体系推进剂燃烧火焰特征的影响

虽然 H – 1 推进剂在 1MPa 和 2MPa 下难以自持燃烧而无法测试燃速,但是可以得到它在某一时刻的火焰形貌。图 3 – 54 给出了 H – 1 推进剂在不同压强下的火焰特征。可以清楚地看出,GAP/HMX 推进剂的火焰存在明显的暗区。压强 1MPa 时,火焰的暗区最为明显。随压强的升高,火焰慢慢接近燃面,暗区厚度变薄。Kubota 对 GAP/HMX 体系的研究结果表明,GAP/HMX 推进剂的气相反应出现两个阶段的反应区:第一阶段反应区,在燃面和燃面上方温度急剧上升;第二阶段反应区,在离燃面一定距离,温度上升也很快。在第一阶段和第二阶段之间的准备区内温度升高非常缓慢。在第二阶段产生了发光的火焰。H – 1 推进剂的火焰特征,可以充分说明这两个阶段的存在,尤其是低压时更为明显。

由图 3 – 54(a)发现,在 1MPa 下推进剂火焰周围存在大量的烟雾,这表明推进剂燃烧不充分。随压强升高,火焰的亮度增加。2MPa 和 3MPa 时推进剂的燃面上存在一些亮点,这可能是由于燃面上 GAP 骨架分解形成的碳继续燃烧产生的亮点,这些聚集的碳有时从火焰中喷射而出,在火焰中产生一些明亮的线状轨迹。GAP/HMX 推进剂燃烧后产生大量残渣,而且残渣的形状类似开始点燃前推进剂样品的形状。

从不同压强下的火焰特征可以得出,GAP/HMX 推进剂燃烧火焰最为明显的特征是火焰中存在暗区,燃面上有很多碳的亮点存在。

图 3 – 55 是 H – 2 推进剂样品在不同压强下的火焰特征。从图 3 – 55 中可以看出,在不同压强下 H – 2 推进剂的火焰形貌变化不是很大。在 1MPa

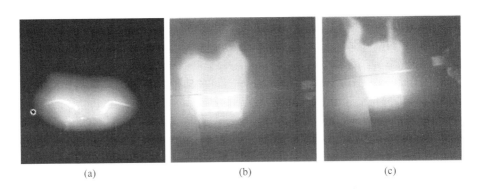

(a)　　　　　　　　　(b)　　　　　　　　　(c)

图 3 – 55　H – 2 推进剂在不同压强下的火焰特征

(a) 1MPa；(b) 2MPa；(c) 3MPa。

时,火焰比较小,从 2MPa 到 3MPa 火焰的形貌基本上没有发生变化。H – 2 推进剂的火焰形状具有一定的特点,燃面的宽度和火焰的宽度相当,火焰紧贴燃面,燃面比较平整,没有发现明显的暗区存在。燃面处有一些束状的黄色火焰。

　　图 3 – 56 是 H – 3 推进剂样品在不同压强下的火焰特征。1MPa 时,火焰的颜色为橙红色,当压强增大时,近燃面处火焰变为橙黄色。从不同压强下的火焰形状来看,H – 3 推进剂的火焰成扇形,火焰宽度明显比燃面宽度要宽,而且火焰分叉,在靠近推进剂燃面处,黄色火焰比较集中,推进剂燃面不平整,基本上呈凸型燃烧,这与 H – 2 推进剂有一定的不同。

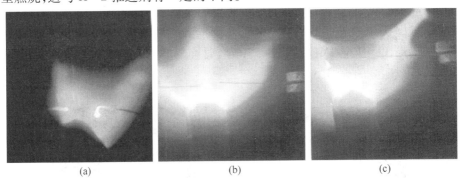

(a)　　　　　　　　　(b)　　　　　　　　　(c)

图 3 – 56　H – 3 推进剂在不同压强下的火焰特征

(a) 1MPa；(b) 2MPa；(c) 3MPa。

　　通过上述试验比较,可以发现 H – 1 推进剂的火焰结构和 H – 2、H – 3 推进剂的火焰结构有明显的区别,随硝酸酯含量的增加,推进剂发生不规则燃烧,燃烧变剧烈,推进剂燃烧火焰的形状发生了变化,燃面由比较平整型变成凸型。不含硝酸酯增塑剂 NG/BTTN 的 H – 1 推进剂火焰存在一定的暗区,而含有 NG/BTTN 的 H – 2、H – 3 推进剂的火焰中没有明显的暗区存在,火焰紧贴燃面燃烧,可见硝酸酯的加入对推进剂的火焰结构起重要的作用,火焰结构的变化引起推进剂燃速的变化,由此可以得出,火焰结构的不同表明推进剂燃烧控制步骤的不同,从而导致推进剂燃速的不同。

2. 硝酸酯对 GAP/AP 体系推进剂燃烧火焰特征的影响

图 3 – 57 是 H – 4 推进剂不同压强下的火焰特征。由图 3 – 57 可以发现,随压强增加推进剂火焰亮度增加,尤其是在近燃面区,燃烧剧烈。由燃面的形状可以看出,推进剂燃面呈明显的 Λ 形,燃烧火焰呈现 V 形。

 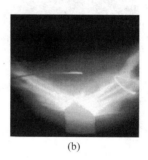

(a)   (b)

图 3 – 57　H – 4 推进剂在不同压强下的火焰特征

(a) 1MPa; (b) 2MPa。

从图 3 – 58(a)推进剂火焰形貌可以看出,H – 5 推进剂在 1MPa 时,AP 粒子与作为基体包围在其周围的 GAP 粘合剂相互作用,在推进剂燃烧表面,从 AP 粒子中产生大量火焰,蓝紫色的火焰从推进剂的燃烧表面喷射而出,推进剂的燃面非常粗糙。从 CCD 记录的燃烧全过程来看,燃烧过程好像是火焰直接冲破推进剂表面而喷出。压强 2MPa(图 3 – 58(b))时推进剂的火焰特别明亮,火焰已经由束状变成明亮的火焰团。

 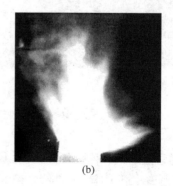

(a)   (b)

图 3 – 58　H – 5 推进剂在不同压强下的火焰特征

(a) 1MPa; (b) 2MPa。

对比图 3-57 和图 3-58 推进剂燃烧的火焰形貌可以发现,在 1MPa 时,H-4 推进剂的火焰成团,而 H-5 推进剂的火焰不密集,火焰在燃面成独立的单元燃烧,为明显的 AP 扩散火焰,并且 H-5 推进剂火焰中 AP 颗粒燃烧火焰的颜色比较明显,而 H-4 推进剂中看不到 AP 颗粒燃烧的颜色。

3. 不同氧化剂对 GAP/NG/BTTN 体系推进剂燃烧火焰特征的影响

由 H-1 和 H-4 不含硝酸酯 NG/BTTN 的 GAP 体系推进剂燃烧的火焰可以得出,GAP/HMX 体系推进剂和 GAP/AP 体系推进剂不仅火焰的结构不同,而且火焰的形状也差别很大。这是由于 HMX 的燃烧波分为固相区、表面反应区和气相区,它燃烧时的暗区厚度随压强升高而减薄,作为多层燃烧反应的特征现象,这意味着 HMX 在燃面附近区域内进行的化学反应主导燃烧过程,其产物将在火焰区进一步反应形成最终气相产物。虽然 AP 的爆热、爆速,或说能量特性较 HMX 为低,但由于 AP(氧平衡为 +34.0%)的分解产物都是活泼的易发生反应的气体,在燃面附近就剧烈反应而大量放热,该热量反馈回来促进剩余 AP 分解,故 AP 的火焰结构无暗区,亮焰直接由燃面而生。HMX 与 AP 燃烧机理的最大不同也体现在:HMX 的表面蒸发是优先步骤,而 AP 的显著放热反应发生在凝聚相之中。通过比较不同压强下 H-3 和 H-5 推进剂的燃烧火焰可以发现,H-3 推进剂火焰亮度不如 H-5 推进剂火焰亮,H-5 推进剂扩散火焰比较明显。

3.4.3.4 熄火表面形貌特征

分析熄火后燃烧表面结构及其纵切面结构,可以获得表面熔融层、氧化剂凸凹情况以及反应层的厚度,从而判断粘合剂和氧化剂退缩速率对燃烧主导情况的影响。

1. 硝酸酯含量对 GAP/HMX 体系推进剂熄火表面的影响

图 3-59 显示了 H-1 推进剂在不同放大倍率下的未燃烧样品的表面形貌。可以看出 H-1 推进剂未燃烧表面比较粗糙,有大量 HMX 颗粒存在。

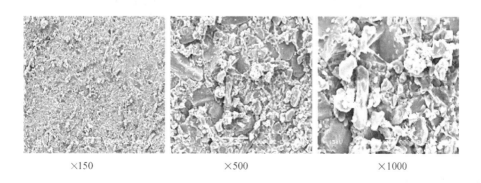

| ×150 | ×500 | ×1000 |

图 3-59　H-1 推进剂未燃烧样品表面形貌

图 3 - 60 是推进剂 H - 1 熄火表面的形貌特征。可以看出推进剂熄火后表面变得相对平坦,HMX 的颗粒已不复存在。但表面存在很多密集的气孔,气孔的直径为 3 ~ 25μm,在气孔附近熔融痕迹很明显。通过 1000 倍和 5000 倍放大倍率可清楚地看到熄火表面分布了很多密集的小颗粒,这些小颗粒可能是 GAP 分解(或未完全分解)的碳或其他分解产物的小颗粒。这是因为 GAP/HMX 推进剂的燃烧表面温度比纯 GAP 的表面温度低,GAP 在 GAP/HMX 的推进剂中不能完全分解为气体,它在凝聚相中持续分解,这样在燃烧过程中会有很多碳的颗粒在燃烧表面形成。图 3 - 60(a) 是 1000 倍图中气孔内表面的 5000 倍放大图,可以看出,气孔内也有很多小颗粒,这些气孔可能是由于熔融层中的气泡(粘合剂脱叠氮基、HMX 颗粒蒸发或 HMX 分解)破裂产生。在孔内熔融的痕迹也比较明显。图 3 - 60(b) 是推进剂熄火表面局部 5000 倍放大的形貌。

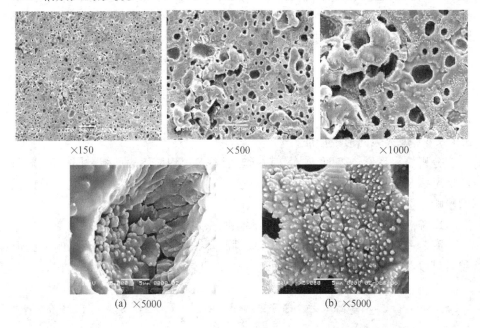

×150 ×500 ×1000

(a) ×5000 (b) ×5000

图 3 - 60 H - 1 推进剂熄火表面形貌

为了能清楚地了解推进剂熄火表面层的特征,对推进剂熄火表面的纵切面做了 SEM 分析。图 3 - 61 是 H - 1 推进剂熄火表面纵切面的形貌,推进剂熄火表面的反应层厚度较薄,约 20μm。另外,从这个角度看推进剂 H - 1 熔融现象也比较明显。

结合上述火焰特征,可以得出 H - 1 推进剂燃烧波结构分为三区域:固相区、亚表面多相区、暗区和二次火焰区。在固相区是 GAP 和 HMX 的机械混合物;亚表面多相区包括含气泡的 HMX 液化层和其他凝聚相物质;暗区和二次火

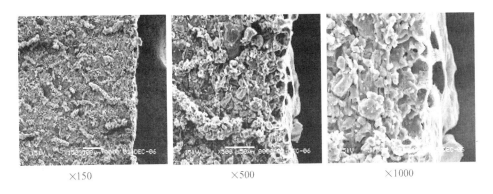

| ×150 | ×500 | ×1000 |

图 3 - 61　H - 1 推进剂熄火表面纵切面形貌

焰区包括蒸发的 HMX、HMX 和 GAP 的分解产物以及未反应的 GAP 等。由此可以推测,GAP/HMX 的燃烧波结构类似硝胺改性双基的燃烧波结构。

图 3 - 62 是推进剂 H - 2 熄火后的表面形貌。其表面比较平坦,但有很多气孔,直径为 6 ~ 67μm。熄火表面有类似双基推进剂的"泡沫层",并有硝胺颗粒熔化的痕迹。硝酸酯的分解放热促进燃烧比较充分,燃面上碳颗粒减少。

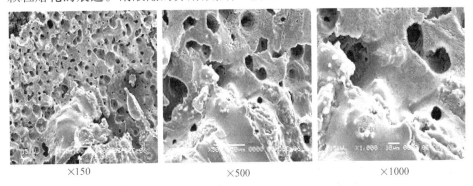

| ×150 | ×500 | ×1000 |

图 3 - 62　H - 2 推进剂熄火表面形貌

从图 3 - 63 中 H - 2 推进剂熄火表面的纵切面看,反应层的厚度较厚,与

| ×150 | ×500 | ×1000 |

图 3 - 63　H - 2 推进剂熄火表面纵切面形貌

H-1 有明显的不同，其厚度有 165～265μm，反应层有明显的类似"泡沫"的物质，"泡沫"层的形成可能是由于 HMX 的热分解和相变发生在凝聚相区而形成的。

图 3-64 是 H-3 推进剂的熄火表面形貌。其表面平坦，但有类似块状的板结层，板结层分布有大量气孔，这可能是由于 HMX 蒸气或分解产物以及粘合剂的分解产物从燃面上喷射而形成的。熄火表面有一些细小的晶状物，可能是因为推进剂的燃烧比较快，凝聚相中熔化了大量的 HMX，熄火后来不及反应的 HMX 重新结晶形成的产物。根据推进剂熄火表面的板结层形状的表面分裂呈块的现象，可推知在燃面附近发生了剧烈的反应。

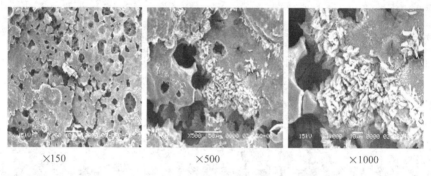

| ×150 | ×500 | ×1000 |

图 3-64　H-3 推进剂熄火表面形貌

图 3-65 是 H-3 推进剂熄火表面的纵切面。其反应层厚度为 200～280μm。熄火表面气孔很大，气孔的周围相对比较平滑，形成类似"蜂窝"状物质。可见，在反应过程中氧化剂和粘合剂中混合比较均匀。

| ×150 | ×500 | ×1000 |

图 3-65　H-3 推进剂熄火表面纵切面

对比图 3-60、图 3-62 和图 3-64 可以发现，不同硝酸酯含量的推进剂的熄火表面都比较平坦，而且表面都有大量气孔，但硝酸酯含量高的 H-3 推进剂的表面形成板结层状的物质，这可能由于 H-3 推进剂燃烧相对剧烈造成的。然而，比较 H-1 推进剂和 H-2、H-3 推进剂，虽然表面都比较平坦，但 H-1

推进剂燃面气孔较小,同时燃面含有大量碳的颗粒,就反应层的厚度而言,H-1推进剂反应层的厚度比H-2推进剂薄很多,而且随硝酸酯含量的增加,反应层厚度增加。

对熄火表面都有大量气孔存在这一现象,Bethrens Richard 曾发现,HMX单质固相分解的气体产物会以气泡形式在固相HMX中保留很长时间,分解后期的气泡比早期处于逃逸状态的气泡要大,气体产物释放的速度主要由气体产物之间的相互作用以及溢出的通道来控制。对于HMX、硝酸酯以及粘合剂燃烧过程中形成多相而言,在液相内部微气泡周围的温度更高,这将导致气泡周围气—液界面上的液体分子分解反应更加剧烈、充分。

2. 硝酸酯对 GAP/AP 体系推进剂熄火表面的影响

图 3-66 是 H-4 推进剂的熄火表面形貌。推进剂熄火表面非常平坦,有粘合剂熔融现象,同时燃面上还有一些未反应的 AP 颗粒出现;在 AP 颗粒与粘合剂的交界处分布着一些"珊瑚状"物质,这可能是燃烧产生的炭残渣。

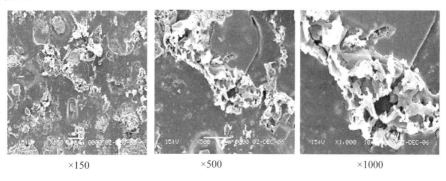

×150　　　　　　　×500　　　　　　　×1000

图 3-66　H-4 推进剂熄火表面形貌

图 3-67 是 H-4 推进剂熄火表面的纵切面。其表面反应区厚度为 45 ~ 100μm。推进剂的氧化剂表面被比较厚的"珊瑚状"物质所覆盖,"珊瑚状"物质很有特色,像"网"一样上面有很多孔。

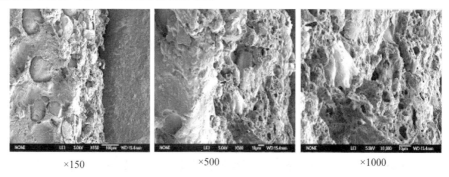

×150　　　　　　　×500　　　　　　　×1000

图 3-67　H-4 推进剂熄火表面纵切面

图 3-68 是 H-5 推进剂熄火后的表面形貌,表面粗糙。氧化剂表面所覆盖的粘合剂被烧掉,燃烧产生的炭残渣残留在氧化剂的上方。可以发现,含有硝酸酯的 H-5 推进剂的熄火表面大部分 AP 颗粒表面都残留有炭的残渣。

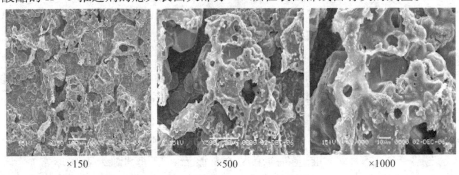

×150　　　　　　　　×500　　　　　　　　×1000

图 3-68　H-5 推进剂熄火表面形貌

图 3-69 是 H-5 推进剂熄火表面的纵切面。从纵切面来看表面反应层的厚度为 75~135μm。未燃烧的推进剂表面好像覆盖一层粘合剂的膜,而熄火后的推进剂表面反应区,膜被破坏,形成一些燃烧后的杂乱无章的"网状"残留物质。

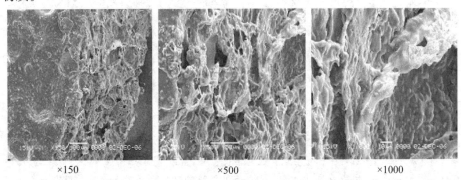

×150　　　　　　　　×500　　　　　　　　×1000

图 3-69　H-5 推进剂熄火表面纵切面

由上述 H-4 和 H-5 推进剂的熄火表面及熄火表面纵切面可以发现,加入硝酸酯后,推进剂的燃烧反应层变厚,这可能是由于加入硝酸酯后产生的热量增加,燃烧表面温度增加,从而导致反应层变厚。H-4 推进剂的燃烧表面比 H-5 推进剂的燃烧表面平坦,熔融现象显著。而且 H-4 和 H-5 推进剂明显不同的地方是 AP 粒子的表面,H-4 推进剂中 AP 粒子裸露在表面或表面有被熔融物质覆盖的痕迹,而 H-5 推进剂中 AP 粒子表面基本上都残留着粘合剂降解的产物。

3. 不同氧化剂对 GAP/NG/BTTN 体系推进剂熄火表面的影响

通过对 H-1 和 H-4 以及 H-3 和 H-5 推进剂的熄火表面及熄火表面纵

切面进行比较,可以总结不同氧化剂对推进剂燃烧特性的影响。

由图 3-60 和图 3-66 可以明显地发现,H-1 推进剂和 H-4 推进剂完全以两种不同的方式燃烧。H-1 推进剂表面有很多气孔,表明气体产生的速度比粘合剂分解的速度快,因此在凝聚相中产生的气体进入气相后留下很多小孔。而 H-4 推进剂没有发现孔状物的存在,粘合剂有明显的熔融现象。这说明 H-1 和 H-4 推进剂燃烧时,燃烧控制性反应发生的区域不同,对氧化剂为 HMX 的 H-1 推进剂控制性反应发生在凝聚相区,而氧化剂为 AP 的 H-4 推进剂的控制性反应发生在气相区。同样,H-3 推进剂控制性反应发生在凝聚相区,H-5 推进剂的控制性反应发生在气相区。

3.4.3.5 GAP 体系高能推进剂燃烧特性与机理研究小结

(1) NG/BTTN 混合硝酸酯是影响 GAP 体系高能推进剂宏观燃速规律性的首要因素,其在表面反应区的反应特征(剧烈放热反应、距离燃面近)是导致这一现象的主要原因。

(2) AP 在 GAP 体系推进剂中的作用,是扩散火焰作用的集中反映,这种扩散火焰的影响具有相对独立性,不受硝酸酯/硝胺含量的影响,所以 AP 是控制燃速压强指数的关键因素。

(3) 硝胺含量影响暗区厚度等特征,对含硝酸酯增塑剂的粘合剂/硝胺预混火焰结构影响显著。

(4) GAP 的热分解及燃烧具有一定特殊性,GAP/硝酸酯含能粘合剂体系的性质与 PEG 和 PET 体系存在较大差异。硝酸酯含量增加到一定程度后,将改变燃面结构、削弱暗区的影响(暗区厚度减小或消失,分解温度滞后);GAP 的催化热分解特性明显;有可能根据 GAP/硝酸酯粘合剂体系的特征探寻新的有针对性的催化燃烧方法。

(5) 硝酸酯分解放出的热量可加速 GAP 分解。加入 BTTN/NG,不但加速了 GAP 中—N_3 基和特征链 $\left[\begin{array}{c}H\ O\\ |\ \ ||\\ -N-C-O-\end{array}\right]$ 的分解,而且还加速了 C—O—C 基团的分解。

3.4.4 CL-20 在高能推进剂中的燃烧特性[15]

Anatoli A. Zenin 研究了 CL-20(HNIW)与硝酸酯增塑的粘合剂(PUNE) 70:30 混合物的燃烧机理,并与 HMX/PUNE 体系 70:30 混合物进行了对比。在 0.1~10MPa 及样品温度为 20℃、90℃、100℃条件下,测量了混合物燃烧波的温度分布和表面温度,得到了燃速、固相的热释放、气相对固相的热反馈、气相的热释放速率、燃烧区域的温度及尺寸等,得到了汽化的宏观动力学参数(表 3-20 ~ 表 3-22),确定了燃烧的主导阶段,推断得到了这种混合物的燃烧机理。其相关研究结果为进一步分析 CL-20 对高能固体推进剂燃烧机理的影响提供了重要参考。

表 3-20　HNIW/PUNE(70:30)在 $T_0 = 20℃$ 的燃烧波参数

p/MPa	0.1	0.5	1.0	2.0	5.0	8.0	10.0
$m/(g/(cm^2 \cdot s))$	0.22	0.43	0.62	0.92	1.58	2.06	2.34
$T_s/℃$	235	257	268	285	304	314	318
$\varphi \cdot 10^{-4}/(K/cm)$	3.0	5.5	7.5	9	12.5	15	17
$q/(cal/g)$	27	26	24	18	16	15	16
$q_r/(cal/g)$	0.8	0.5	3.1	3.3	4.3	4.8	4.8
$Q/(cal/g)$	47	57	59	72	79	83	90
$l/\mu m$	78	50	40	35	25	22	22
$\chi \cdot 10^3/(cm^2/s)$	1.0	1.3	1.5	2.0	2.4	2.6	2.8
$\lambda_s \cdot 10^4 /(cal/(cm \cdot K \cdot s))$	5.8	7.5	8.7	11.6	14	15	16
$T_1/℃$	900	950	1000	1050	—	—	—
$T_f/℃$	—	1600	2300	2500	2860	2860	2860
L_1/mm	2.0	1.2	0.6	0.4	—	—	—
L/mm	—	2.5	3.0	2.0	2.5	2.0	1.5
$\vartheta/\mu m$	32	17	12	9.5	5.4	4.4	4.0
Ω	63	70	50	42	460	450	375
$\Phi_0/(kcal/(cm^3 \cdot s))$	2.4	8.8	17.2	30.6	70.3	114	147

注:1kcal = 4.18kJ

表 3-21　HMX/PUNE(70:30)在 $T_0 = 20℃$ 的燃烧波参数

p/MPa	0.25	0.5	1.0	2.0	5.0	8.0	10.0
$m/(g/(cm^2 \cdot s))$	0.05	0.084	0.16	0.29	0.57	0.76	0.87
$T_s/℃$	308	322	242	382	435	460	470
$\varphi \cdot 10^{-4}/(K/cm)$	1.4	2.1	3.0	5.0	10	14	16
$q/(cal/g)$	50	45	34	30	32	32	34

$q_r/(\text{cal/g})$	0.5	4.4	3.9	3.7	3.3	2.5	2.6
$Q/(\text{cal/g})$	62	67	86	102	122	128	128
$l/\mu\text{m}$	270	220	140	90	60	50	50
$l_m/\mu\text{m}$	40	35	30	25	25	22	20
$\chi\cdot10^3/(\text{cm}^2/\text{s})$	0.8	1.1	1.3	1.6	2.0	2.3	2.5
$\lambda_s\cdot10^4/(\text{cal}/(\text{cm}\cdot\text{K}\cdot\text{s}))$	4.5	6.2	7.3	9.0	11	13	14
$T_1/\text{℃}$	850	1000	1050	1100	—	—	—
$T_f/\text{℃}$	—	2200	2250	2400	2435	2435	2435
L_1/mm	1.3	0.9	0.5	0.25			
L/mm	—	2.8	1.8	2.0	1.3	1.0	0.7
$\vartheta/\mu\text{m}$	102	68	37	21	12	9	8
Ω	13	13	14	12	108	110	88
$\Phi_0/(\text{kcal}/(\text{cm}^3\cdot\text{s}))$	0.28	0.7	1.9	5.8	22.8	42.6	56

表 3-22 气相的热传导系数 λ_g 和比定压热容 c_p

混合物	$T/\text{℃}$	300	500	800	1000	1500
HNIW /PUNE (70:30)	$\lambda_g\cdot10^4/(\text{cal}/(\text{cm}\cdot\text{K}\cdot\text{c}))$	1.5	2.0	3.0	3.7	5.1
	$c_p/(\text{cal}/(\text{g}\cdot\text{K}))$	0.31	0.37	0.45	0.49	0.62
HMX /PUNE (70:30)	$\lambda_g\cdot10^4/(\text{cal}/(\text{cm}\cdot\text{K}\cdot\text{c}))$	1.4	1.6	2.0	2.4	3.8
	$c_p/(\text{cal}/(\text{g}\cdot\text{K}))$	0.38	0.40	0.415	0.42	0.45

比较 HNIW/PUNE 与 PHMX/PUNE 的燃烧特性，可以看出：

（1）当压强达到约 2MPa 时，前者燃烧表面存在明显的炭残余物，而 HMX/PUNE 没有炭残余物。

（2）HNIW/PUNE 比 HMX/PUNE 具有更高的燃速，前者具有较低的燃速压强敏感性及较高的燃速温度敏感性。

（3）HNIW/PUNE 比 HMX/PUNE 具有更低的燃烧表面温度，表面温度对压强和初始温度的敏感性也低于 HMX/PUNE（当 $p>2\text{MPa}$ 时）。

（4）HNIW/PUNE 的凝聚相释放热量显著低于 HMX/PUNE，HNIW/PUNE

在近燃面气相区的热释放速率显著高于 HMX/PUNE。

（5）HNIW/PUNE 燃烧波中固相气化的活化能为 34kcal/mol（在研究的压强区间内 HMX/PUNE 的相应活化能为 24kcal/mol）。

（6）HNIW/PUNE 和 HMX/PUNE 两种体系燃烧平稳，气相区都具有双区结构（当压强达到 3~5MPa 时），燃速控制区都是燃烧表面处薄的固相反应层，以及接近燃面处的低温气相层。

此外，可以根据以上结果得出该类推进剂的燃速控制区域：

根据 $q + q_r$ 的测量结果以及气相区域行为的研究，HNIW/PUNE、HMX/PUNE 的燃速主要受固相（或燃烧表面上）的释放热量控制，在较小的程度上，受来自接近燃面处气相层的反馈热量影响。这些事实表明固相（或燃面上）的释放热量是控制 HNIW/PUNE、HMX/PUNE 燃速的主要因素。气相到固相的热反馈只是次要因素，并且该因素对 m 值的影响随压强增加而下降（当 $p \ll 10MPa$ 时）。因此，可以得出一个重要的推论：燃烧波的高温区对燃速的影响程度有限。气相释放热量对燃速的影响，作为热传导方程的一个解，可以通过如下方程获得：

$$mq = \int_0^\infty \Phi(x)\exp(-x/\vartheta)\mathrm{d}x \qquad (3-13)$$

上述方程显示气相释放热量（这里 $\Phi(x)$ 是气相的热释放速率分布）对 m 的影响，当 $x > \vartheta$ 时下降非常迅速。表 3-20 和表 3-21 中数据显示 ϑ 值很小，并且它们明显小于气相区的尺寸 L 和 L_1。这解释了燃烧波的高温区对燃速的影响不显著的现象。

因此，获得的结果表明，在所研究的条件范围内，燃烧波中燃速的控制区域是燃烧表面附近的固相热释放区域，以及接近燃烧表面的低温气相层（当 $x \approx \vartheta$ 时）。事实上，高温气相区域不会显著影响到燃速，因为从气相到混合物燃面的热阻非常大。

3.4.5 高能固体推进剂燃烧机理研究总结

高能固体推进剂燃烧特性与机理的主要特征如下：

（1）包括了双基和复合两种燃烧特征。

（2）燃面平坦，存在双基类"泡沫区"结构。

（3）假设凝聚相仅发生初始分解反应，且该反应是燃速的控制步骤，则燃烧速率主要受燃烧表面传热平衡的影响。

（4）近燃面气相区预混火焰（包括双基类嘶嘶区 NO_2 还原反应、AP 等氧化剂单元预混火焰的氧化还原反应）是燃面主要热量来源，是燃面传热平衡的首要影响因素；扩散火焰对燃面传热也有重要影响，将改变整个燃烧区的控制机理（气相反应级数主导）而显著影响压强指数。

（5）Al 燃烧仅发生在远离燃面区域,在凝聚相和表面无化学反应,基本上仅通过熔融、聚集等物理作用影响燃面热平衡。

（6）从传热平衡的角度,高能推进剂燃烧机制的控制因素由三种单元推进剂、两类原子的还原反应历程、一类扩散作用所综合组成。

（7）分析、总结了各区域的化学反应类型及其特征参数。

综上所述,无论采用何种含能物质,高能固体推进剂燃烧区域结构共性的、主要的特征可概括如下:

（1）火焰结构:AP 扩散火焰特征、双基类二次火焰特征和过渡特征三者的竞争。

（2）燃烧波结构:AP 复合推进剂特征、双基类暗区结构特征和过渡态的竞争。

（3）燃烧表面结构:聚醚平坦燃面、双基类泡沫区特征。

（4）由其组成结构决定的硝基、硝胺基、叠氮基等含能基团的种类与数量。

（5）主要反应历程相同(氮/氯还原历程),火焰区的化学反应类型、反应级数、反应热效应等传热平衡的关键影响因素类似。

（6）火焰结构及燃面特征类似;扩散火焰作用的主导地位也不会削弱。

（7）燃面热平衡及传热机理相同。

以上是形成高能推进剂燃烧性能计算和设计方法的核心基础。因此,可针对高能物质在单元预混火焰、扩散过程、燃烧表面状况等的共性特征,完成普适性较强的高能燃烧模型的构建。通过含能物质凝聚相化学反应动力学参数的积累及应用,可完成模型应用范围拓展。

3.5　高能推进剂燃烧模型研究

3.5.1　模型构建方法选择

为了实现燃烧性能设计方法的普适性,必须能够在其控制燃烧性能的关键环节根据高能物质的结构共性特征做出科学分类、合理归纳与假设。

BDP 的基本方法主要考虑燃烧过程中传热、传质的影响机理,该处理方法不考虑气相火焰详细的基元反应机理,只考虑其热效应(可通过理论计算得到),利用各类高能物质可直接测量参数(如凝聚相反应热、动力学参数、传热机制上的共性特征等),完成模型构建和计算。因此,以 BDP 方法为基础,可形成普适性较强的高能推进剂燃烧数学模型。

此外,还参考了 PEM 的氧化剂粒度处理方法、Cohen 模型的多氧化剂处理方法、张炜改进双区模型的简化方法(以上三种模型的核心处理方法都是

BDP），对模型进行改进完善。

3.5.2　高能推进剂的燃烧模型[76-81]

对于高能推进剂体系，从组成方面而言，影响其燃烧机理的因素主要来自于三个方面：燃烧过程和机理类似于普通双基推进剂的粘合剂[82-84]、硝胺单元推进剂和 AP 单元推进剂。

在硝酸酯增塑的粘合剂体系中，硝酸酯种类、含量的差异导致其能量特性的不同，其理论比冲、火焰温度、燃速主要受硝酸酯中—NO_2 基团含量的影响；粘合剂体系中—NO_2 基团的含量直接影响燃烧表面和初始火焰反应区中 NO_2 与醛类的放热反应，从而影响燃面热量平衡和燃面平均温度，这一点对高压燃烧性能尤为重要。

HMX 单元推进剂的火焰结构与双基推进剂类似，在燃烧时通过熔融层以预混火焰方式燃烧，HMX 与粘合剂体系分解产物之间无明显的扩散作用；发光火焰温度虽显著提高，但由于距离燃面较远，对燃面的热反馈几乎没有贡献，因而对燃速无明显影响；HMX 单元推进剂火焰主要通过嘶嘶区中 NO_2 的还原放热反应影响热平衡，因此 HMX/含能粘合剂体系的燃速仅为两种单元推进剂在燃面上的平均加权值，其高压燃速特性与双基推进剂类似[85,86]。

AP 单元推进剂中高活性的氯氧化物基团的存在导致高能推进剂的反应历程发生显著改变。由于 AP 的分解和初始燃烧产物氧化性强，与双基类还原性分解产物能够发生强烈的反应，进一步释放更多的热量，其所产生的扩散火焰温度比 AP 及双基类单元推进剂的火焰温度要高得多，而且能量特性也显著增加，提高了近燃面气相区的温度和反应剧烈程度[20,87]，扩散火焰集中释放的热量将显著影响燃烧表面温度，从而对高能推进剂的燃速特性产生显著影响。

3.5.2.1　高能推进剂稳态燃烧的物理模型

高能推进剂的燃速特性受凝聚相分解放热、单元推进剂燃速特性、表面熔融层状态和扩散火焰作用的共同控制，是各因素综合作用的反映。一定压强下，高能推进剂的火焰和燃烧波结构由硝胺和硝酸酯增塑的粘合剂体系的预混火焰、AP 单元推进剂火焰及 AP 扩散火焰三部分组成，如图 3-70 所示。

当压强升高时，随着燃烧表面熔融层的逐步消失以及扩散过程逐步变得更为困难，高能推进剂的燃烧过程将逐渐被单元推进剂火焰中的反应放热所直接控制。由于单元推进剂火焰本身都是预混火焰，其中的化学反应为二级反应，导致燃速压强指数升高至 1 左右。即高压下高能推进剂的燃速受单元推进剂预混火焰的控制是其高压燃速压强指数趋近于 1 的主要原因；改变凝聚相产物组成或拓展扩散火焰发挥作用的压强区间，可控制燃速压强指数转折区域进而降低燃速压强指数，或在特定压强区域内消除燃速压强指数拐点。

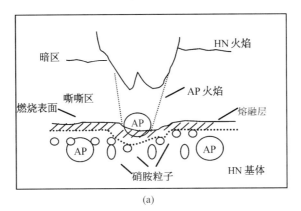

(a)

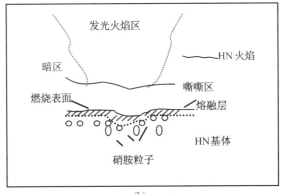

(b)

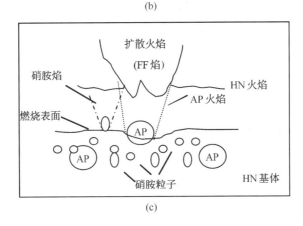

(c)

图 3 - 70 高能推进剂的燃烧物理模型

在 AP 含量较高而硝胺含量较低的情况下,由于强烈的氧化还原作用,AP 扩散火焰的能量比 AP 单元推进剂火焰的能量高得多(温度 2800K 以上,AP 单元火焰 1400K),从而导致推进剂的燃速也比较高。从试验结果可以看出,AP 明显提高高能推进剂的燃速,粒度效应更加明显,较小粒度的 AP 可以使燃速增加,增加 AP 的含量也可以使燃速相对增加,但这种来自扩散作用的效果,在高压区逐步减弱,导致高压燃速相对降低进而压强指数降低。

上述模型描述了随高能推进剂组成和压强变化时其燃烧特征的转化,其要点为:

(1) AP 含量降低,火焰结构由图 3 - 70(a)向图 3 - 70(b)转化;压强升高,火焰结构由图 3 - 70(a)向图 3 - 70(c)转化。

(2) 模型中无初始扩散火焰(PF 焰):一方面压强高,无明显影响;另一方面表面熔融层的存在将粘合剂体系和硝胺熔为一体,形成统一的预混火焰。

(3) AP 含量逐步升高后,由火焰单幅摄影可观察到 AP 单元推进剂火焰流束密布暗区,到一定程度后导致暗区消失,近燃面区域由 AP 单元火焰控制。

(4) 高能推进剂由三种火焰构成:AP 焰、HN(硝胺/硝酸酯增塑的粘合剂体系)焰、AP 分解产物与硝胺/硝酸酯增塑的粘合剂体系分解产物组成的扩散终焰(FF 焰)。Al 在燃烧表面主要发生受热、氧化膜破裂、熔联等物理变化,不影响燃面化学组成,仅对燃面热平衡产生影响,其点火和燃烧发生在远离燃烧表面的气相区。燃烧表面反应放热和近气相反馈热是燃烧表面热量的来源及燃面平均温度的直接影响因素,是高能推进剂燃速的主导因素。压强升高,火焰反应距离缩短,反应剧烈,单位时间内释放的热量大,是维持燃面退缩速率的主要因素。

3.5.2.2 高能推进剂稳态燃烧的数学模型

根据高能固体推进剂的燃烧物理模型,应用高能固体推进剂燃烧机理、燃烧性能规律等试验和分析结果,着眼于燃烧性能与高能推进剂组成、结构的相关关系,构建稳态燃烧的数学模型。

1. 推进剂燃烧传质传热过程分析

推进剂燃烧过程虽然是一个包含流体流动、传热、传质和化学反应以及它们之间相互作用的复杂的物理和化学过程,但推进剂燃烧遵循连续性方程、动量守恒方程、能量守恒方程和质量守恒方程,且能量和质量守恒方程是各种燃烧数学模型的核心,是对推进剂燃烧性能进行推断、分析、模拟的基础。

根据质量守恒方程,可以得到推进剂的质量燃速表达式,即

$$\dot{m} = \rho_p r_p = \frac{m_{ox}}{a} \frac{S_{ox}}{S_0} = \frac{\dot{m}_f}{1-a} \frac{S_f}{S_0} \qquad (3-14)$$

式中 $\dot{m}$ ——推进剂质量燃速;

    ρ_p ——推进剂密度;

    r_p ——推进剂线燃速;

    a ——推进剂中氧化剂的质量分数;

    $\dot{m}_{ox}$ ——氧化剂(AP 和硝胺)的质量分解速率;

    $\dot{m}_f$ ——粘合剂的质量分解速率;

S_0、S_f、S_{ox}——总燃面、燃面上粘合剂和氧化剂的燃烧表面积。

BDP 多火焰燃烧模型认为,在推进剂的整个燃烧过程中,速度控制步骤是凝聚相反应中的氧化剂表面分解反应速度。因此 BDP 模型的理论燃速表达式通常用氧化剂的分解速度来表示,即

$$\dot{m} = \rho_p r_p = \frac{\dot{m}_{ox}}{a} \frac{S_{ox}}{S_0} \qquad (3-15)$$

对于硝酸酯增塑的粘合剂体系,推进剂的质量燃速为

$$\dot{m} = \sum (\dot{m}_{ox} S_{ox})_i / S_0 + \left(1 - \sum (S_{oxi}/S_0)\right)\rho_f r_f \qquad (3-16)$$

式中　ρ_f——硝酸酯增塑粘合剂的密度;

　　　r_f——硝酸酯增塑粘合剂的线燃速。

由式(3-16)可以看出,燃面上氧化剂(AP 和硝胺)的分解速度(m_{ox})和燃烧表面氧化剂及粘合剂的状态(面积比 S_{ox}/S_0),是推进剂燃烧性能的直接影响因素。

M. W. Beckstead 等人认为,相对气相反应速率而言,凝聚相反应速率低得多,因而凝聚相中组分的热分解反应为整个燃烧过程的速率控制步骤,即推进剂的燃速用燃面上的质量流量来表示。在燃面上氧化剂和粘合剂以各自的热分解速度发生反应,并假设其为零级反应,不受压强影响,仅受反应温度控制,即氧化剂和粘合剂的分解速度可用阿累尼乌斯方程表示。燃面上进行凝聚相反应所需的热量主要来自气相反应放热至燃面的反馈是,即

$$\dot{m}_{ox} = r_{ox}\rho_{ox} = A_{ox}\exp(-E_{ox}/R_0 T_s) \qquad (3-17)$$

$$\dot{m}_f = r_f\rho_f = A_f\exp(-E_f/R_0 T_s) \qquad (3-18)$$

式中　E、A——组分表面分解反应的活化能和指前因子;

　　　T_s——燃面的平均温度。

式(3-18)说明,氧化剂和燃料的质量分解速度是燃烧表面温度的单值函数。因此,研究含能组分对燃烧性能的影响机理,确定燃烧性能的主导因素,必须从分析 T_s 和燃烧表面状况入手,研究它们的变化趋势,分析压强是如何通过对凝聚相、气相反应及燃烧区域结构的影响,来实现对 T_s 和 S_{ox}/S_0 的影响分析。

高能推进剂由于含有大量硝酸酯、硝胺和 AP,因此同时具有双基和 AP 两种差异较大的燃烧火焰结构,即一维层流预混火焰结构和三维扩散火焰结构。两者在燃烧区域的分布及权重直接决定了高能推进剂的燃烧特征。这两种情况下,T_s 的影响因素存在一定差异。分析组分含量及结构在燃烧机理层面的影响,必须了解其对燃烧区域传热传质机制的影响,从火焰结构、燃面几何学等角度,分析其对 T_s 和燃烧表面状况的影响机制。

2. 单元推进剂燃烧特性分析

（1）在粘合剂种类固定的情况下，高能推进剂中含能粘合剂体系的能量特性、绝热火焰温度与推进剂燃速间存在较好的线性关系，含能粘合剂体系的能量特性是影响推进剂高压燃速的首要因素。硝酸酯种类、含量的差异导致其能量特性的不同，其理论比冲、火焰温度、燃速均主要受硝酸酯中—NO$_2$基团含量的影响，且直接影响燃烧表面和初次火焰反应区中 NO$_2$ 与醛类的显著放热反应，从而影响燃面热量平衡和 T_s，这一点对燃烧性能有特别重要的影响。

（2）不同粘合剂种类对火焰温度、燃速的影响主要来自于其自身热分解特性和能量特性（生成焓，决定反应时的释放热量）。

（3）在单元推进剂中，HMX 具有较高的比冲、火焰温度（3200K 以上），AP最低（1400K 左右），但 AP/含有硝酸酯增塑剂的粘合剂体系火焰温度及燃速均显著高于 HMX/含能粘合剂体系，说明在 NEPE/AP/HMX 推进剂体系中，AP 扩散火焰是影响推进剂燃速的重要因素之一。同时，扩散过程受压强的影响显著，因此 AP 扩散火焰将会对高能推进剂燃烧行为产生重要影响。另外，由于硝酸酯的分解温度远低于 AP，且放热量很大，因而对凝聚相的反应影响较为显著，该反应是影响燃烧行为的又一个重要因素。

HMX 单元推进剂的火焰结构与双基体系类似，在燃烧时通过熔融层以预混火焰方式燃烧，HMX 与粘合剂体系分解产物之间无明显的扩散作用；发光火焰温度虽然显著提高，但由于距离燃面较远，对向燃烧表面的热反馈几乎没有贡献，对燃速无明显影响；HMX 单元推进剂火焰主要通过嘶嘶区中 NO$_2$ 的还原放热反应影响热平衡。因此 HMX/含能粘合剂体系的燃速仅为两种单元推进剂在燃面上的平均加权值，燃速特性与双基类似。

AP 单元推进剂中活性高的氯氧化物基团的存在导致高能推进剂的反应历程发生显著改变。由于 AP 的分解和初始燃烧产物氧化性强，与双基类还原性分解产物能够发生强烈的反应，进一步释放更多的热量，其所产生的扩散火焰温度比 AP 及双基类单元推进剂的火焰温度和能量特性要高得多，提高了近表面气相区的温度和反应剧烈程度，扩散火焰所集中释放的热量将显著影响燃烧表面温度，而对推进剂燃速特性产生重大影响。分析 AP/硝胺/NEPE 推进剂燃烧特性，另一个关键问题就是分析 AP 扩散火焰对燃烧控制作用随压强升高而产生的作用变化。

3. 组分特征对燃烧性能影响的反应动力学分析

受推进剂组成的影响，高能推进剂燃面上方由多种单元火焰组成。由以上相关分析可知，燃烧表面的热平衡主要受燃烧表面区域反应热和近燃面气相火焰反馈热所控制，因此分析不同压强区域下燃烧表面和单元火焰中的反应特征，是进行高能固体推进剂燃烧机理分析的基础。

1）硝酸酯增塑的粘合剂体系（硝酸酯/叠氮等基团种类及含量）的影响

硝酸酯增塑聚醚粘合剂体系（NEPE）与双基推进剂具有几乎相同的爆热，

在很大压强范围内,燃速也很接近。反应产物分析等试验结果表明,两者的燃烧机理非常相似。因此,可利用双基推进剂火焰结构中涉及的机理对含能粘合剂的燃烧行为进行分析。

无添加剂的普通双基推进剂 10MPa 下压强指数约为 0.7,燃速与燃烧表面区释放的热量 Q_s 存在很好的对应关系。双基推进剂燃速和能量之间存在非常明确的关系,对于具有相同主链结构的给定系列组分而言,可以预测其火焰温度与燃速的相关性。

双基推进剂是氮原子还原历程的典型代表,内外层火焰温度随压强和能量的不同而变化,内外层火焰之间是暗区。来自火焰区的热传递对燃速的影响受内层火焰控制,在高压下,两个反应区合并在一起,导致双基推进剂低压压强指数在 0.7 左右,高压时接近于 1。二次火焰充分发展时,最终火焰温度取决于爆热(同样受硝基含量控制)。

对于含能粘合剂体系,来自气相区火焰的热流使推进剂加热和分解,一定程度上部分—NO_2 在凝聚相中就已开始放热反应,燃烧表面处接受的热流控制着燃速,表面一次火焰温度随压强增大大幅度提高。

在超速降解区(泡沫区),反应主要以硝基的断裂为主:

$$\cdots C\!-\!O\!-\! + \!-\!NO_2 \longrightarrow 0.467NO_2 + 0.364\,CH_2O +$$

$$0.1(CHO)_2 + 0.06\ 碳氢化合物 \qquad (R-16)$$

该反应为零级反应,不受压强影响,只受温度控制。

燃烧表面区主要反应为

$$NO_2 + CH_2O \longrightarrow NO + 1/2CO + 1/2H_2 + 1/2H_2O + 1/2CO_2 \quad (R-17)$$

该反应为一级反应,分解放热并随压强升高而放热量增大,说明在表面区中反应的—NO_2 的量随压强升高而增多,导致 Q_s、r 增大。由于 Q_s 必定受—NO_2 存在量的影响,在高压 DSC 试验中,含能粘合剂热分解反应热随压强升高而增大,说明在 DSC 慢升温速率条件下,$NO_2 \longrightarrow NO$(上述反应(R-16))转化量随压强升高不断增大。

一次火焰区主要进行(R-16)反应,—NO_2 全部反应完全,同时进行醛类等的反应:

$$CH_2O + CH_2O \longrightarrow CO + 1/2C_2H_4 + H_2O \qquad (R-18)$$

$$(CHO)_2 + (CHO)_2 \longrightarrow 4CO + 2H_2 \qquad (R-19)$$

另外,部分 NO 同附着在表面的炭层反应并放出大量的热量(约 1600cal/g),炭层随燃烧表面而后退:$NO + C \longrightarrow 1/2N_2 + CO$

压强增大,NO/C 反应越来越重要,n 接近于 0.7,根据推进剂的质量和能量守恒方程,可推导出:

$$\dot{m} = \rho_{\mathrm{p}} r_{\mathrm{b}} = [3\langle\omega_{\mathrm{g}}\rangle\lambda_{\mathrm{g,s}}(T_{\mathrm{f}} - T_{\mathrm{s}})/Q_{\mathrm{c}}]^{1/2} \qquad (3-19)$$

式中 $\langle\omega_{\mathrm{g}}\rangle$——气相区主导化学反应的反应速率；

$\qquad T_{\mathrm{f}}$——绝热火焰温度。

由于 NO_2/CH_2O 及 NO/C 的反应为气相火焰区的速率控制步骤，所以有

$$\dot{m} \equiv \rho_{\mathrm{p}} r_{\mathrm{b}} \propto [P\exp(-E_{NO_2}/RT_{\mathrm{fp}}) +$$
$$P\exp(-E_{NO/C}/RT_{\mathrm{fp}})]^{1/2} \qquad (3-20)$$

当压强达到 15MPa 后，以二级反应为特征的二次火焰(与 p 有关且有 NO 参与的反应，主要是 NO 与 CO 等还原为 N_2 的过程)进入一次火焰并逐渐起主导作用(即暗区完全消失)，此时：

$$\dot{m} \equiv \rho_{\mathrm{p}} r_{\mathrm{b}} = [3\langle\omega_{\mathrm{g}}\rangle\lambda_{\mathrm{g,s}}(T_{\mathrm{f}} - T_{\mathrm{s}})/Q_{\mathrm{c}}]^{1/2} \propto$$
$$(\langle\omega_{NO}\rangle)^{1/2} \propto P\exp(-E_{NO}/RT_{\mathrm{fp}}) \qquad (3-21)$$

对具有一维层流预混火焰结构的单元推进剂(包括含能粘合剂体系)，式(3-19)~式(3-21)给出了硝酸酯基、硝基、氨基初始分解产物浓度以及燃烧过程中对 NO、N_2O 浓度的影响，可直接体现组成结构对燃速的影响规律。

2) AP 单元推进剂

AP 自身燃烧的火焰区发生了 14 种不同的反应，约 70% 分解放热产生燃烧气体，30% 升华产生 NH_3、$HClO_4$，在非常接近表面处的预混火焰(对压强敏感)发生放热反应。总反应式为

$$NH_3 + HClO_4 \longrightarrow 0.265N_2 + 0.12N_2O + 0.23NO + 1.62H_2O +$$
$$0.76HCl + 0.12Cl_2 + 1.015O_2 \qquad (R-20)$$

反应产物的浓度受压强影响会有所不同。

凝聚相 AP 初始分解所需的能量来自于单元推进剂火焰中的反应放热，因此燃烧表面温度及燃速受反应(R-20)控制，单元推进剂燃烧模型结构为

$$\dot{m}_{AP} = [3\langle\omega_{\mathrm{g}}\rangle\lambda_{\mathrm{g,s}}(T_{\mathrm{f,AP}}^{\mathrm{ad}} - T_{\mathrm{s,AP}})/Q_{\mathrm{c}}]^{1/2} \qquad (3-22)$$

AP 焰为预混火焰，火焰中反应(R-5)的平均反应速率为

$$3\langle\omega_{\mathrm{g}}\rangle = p^2 A_{\mathrm{g,AP}}\exp(-E_{\mathrm{g,AP}}/RT_{\mathrm{f,AP}}^{\mathrm{ad}}) \qquad (3-23)$$

3) 硝胺单元推进剂(硝胺种类、含量及粒度)的影响

硝胺单元推进剂和双基推进剂的燃速非常接近，反映出 HMX/RDX 与双基推进剂在燃烧反应历程、反应产物和能量释放等方面是类似的。硝胺的燃烧受凝聚相和气相共同影响，在凝聚相 HMX 键断裂吸收能量，NO_2 与 CH_2O 的反应可能是主要的表面放热反应。

初始降解　$HMX \longrightarrow NO_2 + N_2O + CH_2O + HCN$

$\qquad NO_2 + CH_2O \longrightarrow NO + CO + H_2 + H_2O + CO_2$

一次火焰涉及 NO,约在 2MPa,单元推进剂的压强指数达到 1.0 左右,说明分段火焰区已消失。与双基推进剂的燃烧近似,低压下一次火焰(涉及 NO_2 的一级反应)控制燃速,随压强升高,暗区消失,二次火焰与燃面距离接近,作用将逐渐增强。按照式(3-20),由于初始分解所需的热量主要来自靠近燃面上方的预混火焰,对压强非常敏感,且与扩散过程无关,燃速受火焰区反应速率控制,随后 NO 与 N_2O 的二级反应最终控制燃烧,导致 n 接近于 1。

另外,由于 HMX 或 RDX 的熔点较低,所以细颗粒能够大量地在燃烧表面附近熔化,使燃面平坦。随着压强的增加,熔化层变薄并不易流动,直至出现固相分解的特征,熔融过程的存在,使硝胺的粒度对燃速的影响不显著。

4)扩散火焰结构(AP 粒度及含量)的影响

由于硝胺与硝酸酯增塑粘合剂体系化学组成相近,两者间无明显扩散火焰(统称为 HN 火焰)。高能推进剂的扩散火焰结构,主要是 AP 焰富氧产物与硝胺和粘合剂富燃产物的反应。

$$HN 焰富燃产物 + AP 焰的富氧产物 \longrightarrow 最终燃烧产物$$

反应近似为 2 级气相反应。由于高压下气相反应速率很快,而扩散过程受压强影响显著,因此该火焰的反应速率主要受扩散过程控制,与气相反应速率无关。

AP 单元火焰为预混火焰,其过程受反应动力学过程所支配,若 AP 焰的反应级数为 δ_{AP},k_{AP} 为 AP 焰反应速率常数,则

$$k_{AP} = A_{AP} \exp(-E_{AP}/R_0 T_{AP})$$

令

$$K_{AP} = k_{AP} \left(\frac{\overline{M}}{R_0 T_{AP}} \right)^{\delta_{AP}} \tag{3-24}$$

则有

$$x_{AP} = \frac{\dot{m}_{ox}}{K_{AP} p^{\delta_{AP}}} \tag{3-25}$$

由于 AP 预混火焰的反应级数近似于 2,即 AP 火焰高度与 p^2 成反比。

FF 焰为扩散火焰,x_{FF} 由扩散混合距离来确定:

$$x_{FF} = x_{AP} + \bar{x}_{Fd} \tag{3-26}$$

式中 $\bar{x}_{Fd}$——FF 焰有效扩散混合距离。

由于扩散系数 D 是温度和压强的函数,则

$$D = D_a \frac{T^{1.75}}{P} \tag{3-27}$$

式中 D_a——参考温度 T_a 和参考压强 p_a 下的扩散系数。

取特征物理尺寸 $l = D_0/2$（D_0 为 AP 粒度），则

$$x_{Fd} = \frac{R\dot{m}_{ox}D_0^2}{4D_aT^{0.75}} \qquad (3-28)$$

由式（3-24）~式（3-28）可知，AP 扩散火焰高度是温度及 AP 粒度的函数，与 AP 单元火焰高度有关，因而受压强影响。火焰反应距离是决定火焰向燃面反馈热量的重要因素，由于推进剂的燃速与 AP 扩散火焰的扩散混合距离存在紧密联系，扩散火焰高度受压强影响不如 AP 预混火焰高度显著，因此当体系中存在扩散火焰结构时，有利于降低推进剂的压强指数。

式（3-24）~式（3-28）反映 AP 含量及粒度影响燃速规律性的主要机理，结合 AP 含量及粒度对推进剂燃烧表面状况的影响，就可得到 AP 含量、粒度影响扩散火焰结构及宏观燃速规律性的综合公式。由 AP 含量及粒度对燃速规律性影响的试验结果，以及不同配方体系的燃烧机理，可以看出，无论对何种原始的一维层流预混火焰结构（产生于硝酸酯/硝胺含能体系）及其产物，AP 扩散火焰结构对其燃速的影响都是相对独立的，式（3-24）~式（3-28）在较宽的配方组成范围内具有普适性。

5）两种火焰结构的综合处理

如前所述，高能固体推进剂燃烧火焰结构的传热机制取决于两种结构：一种是一维层流预混火焰结构；另一种是相对独立的 AP 扩散火焰结构。各种含能粘合剂、增塑剂、硝胺类高氮化合物等，包括未来新型高能固体推进剂的目标含能化合物，其自身及相互组合体系的燃烧区域结构，都是一维层流预混火焰结构，在数学处理上具有共通性。

在忽略热辐射和一维定常流假设前提下，由能量守恒方程可得

$$T_s = T_0 + \frac{Q_g}{C_s}\exp\left(-\frac{\rho_g r_g C_g}{\lambda_g}x_f\right) + \frac{Q_s}{C_s} \qquad (3-29)$$

式中　x_f——预混火焰的反应距离，强烈依赖于压强：

$$x_f = \frac{\rho_g r_g}{kP^m} \qquad (3-30)$$

式中　m——预混火焰中的化学反应级数。

所以一维层流预混火焰中的化学反应级数，是影响近燃面气相区对燃面热反馈的关键因素。

对于 AP 推进剂扩散火焰结构，能量守恒方程为

$$\dot{m}C_s(T_s - T_0) + a\dot{m}Q_L + (1-a)\dot{m}Q_f =$$
$$\dot{m}\beta_F Q_{PF}e^{-\psi_{PF}} + (1-\beta_F)\dot{m}(aQ_{AP}e^{-\xi_{AP}} + Q_{FF}e^{-\psi_{FF}}) \qquad (3-31)$$

因此

$$T_s = T_0 - aQ_L/C_s - (1-a)Q_f/C_s + \beta_F(Q_{PF}/C_s)\exp(-\psi_{PF}) +$$
$$(1-\beta_F)(a/C_s)[Q_{AP}\exp(-\xi_{AP}) + Q_{FF}\exp(-\xi_{FF})] \qquad (3-32)$$

式中　　C_s——推进剂气相和固相的平均比热容；

Q_L、Q_f——氧化剂和粘合剂凝聚相反应热；

Q_{AP}、Q_{PF}、Q_{FF}——AP 焰、PF 焰和 FF 焰的反应热；

ξ_{AP}、ψ_{PF}、ξ_{FF}——上述三个火焰的无因次火焰投射距离；

β_F——初始火焰中与粘合剂反应的氧化剂气体占全部氧化剂气体的质量分数。

其中

$$Q_{AP} = C_s(T_{AP} - T_0) + Q_L \qquad (3-33)$$

式中　　T_{AP}——AP 单元推进剂的绝热燃烧温度。

$$Q_{FF} = C_s(T_f - T_0) - aC_s(T_{AP} - T_0) + (1-a)Q_f \qquad (3-34)$$

式中　　T_f——推进剂绝热火焰温度，并认为 $T_{FF} = T_f$，T_f 可由能量计算得到。

$$Q_{PF} = C_s(T_f - T_0) + aQ_L + (1-a)Q_f \qquad (3-35)$$

由式（3-31）~式（3-35）可以看出，T_s 的影响因素首先是燃烧区域特征；其次无论何种燃烧区域特征，T_s 最终都取决于燃面附近区域的热量平衡，包括凝聚相反应热和近燃面气相火焰区的热反馈。对于一维层流预混火焰结构，热反馈主要来自于嘶嘶区，由一次火焰的预混反应距离和反应类型所决定，直接受压强控制。对于 AP 扩散火焰结构，热反馈大小受燃面上方火焰结构及各火焰距燃面的距离（反映气相剧烈放热反应的反应距离）、火焰中的反应类型（决定释放热量和火焰温度）的综合控制。化学反应速率受压强的同样影响，但扩散距离与压强的 m（火焰中的化学反应级数）次方成正比，压强越高，扩散火焰释放热量处距离燃面越远。因而总体上具有扩散火焰结构的推进剂，其燃速对压强的敏感性要低于由单一预混火焰结构主导燃烧的推进剂（如各类单元推进剂）。燃面上方预混和扩散火焰结合的形式及程度不同，将对燃烧性能产生根本影响。

式（3-15）~式（3-35）形成了高能推进剂燃烧数学模型的基础，可以根据这些公式对高能固体推进剂的燃烧性能进行基本的计算，以及进行推进剂燃烧性能影响因素的定性分析。然而，要拓展燃烧数学模型的应用范围，提高计算精度，必须针对高能固体推进剂所涉及的各类含能物质，完善模型相关参数表征；同时，根据各种含能物质在组成结构上的内在联系，对模型进行相关改进。

3.5.2.3　高能推进剂燃烧性能影响因素的机理分析与解释[88-93]

根据高能推进剂的燃烧模型可以推断，在燃烧反应区域，随着压强升高到一定程度，由于化学反应速率加快，各火焰热反馈距离显著降低，高能推进剂燃面热平衡的主要贡献因素将是气相热反馈(包括近燃面区域的单元预混火焰以及距离稍远的扩散火焰),燃烧表面反应及气相火焰结构是影响高能推进剂燃烧性能的关键因素。

高能推进剂中存在三种单元推进剂火焰,即使在无 AP 存在的条件下,3MPa以上火焰暗区已不存在。随着体系中 AP 含量的逐步提高,高能推进剂的燃烧结构由 HMX/CMDB 向 AP/CMDB 转化。

体系中组分的含能程度一方面直接影响火焰温度、气相反馈热,另一方面通过影响初始分解放热而直接影响燃烧表面净放热量。硝酸酯含量、硝胺/AP 相对含量不同,将直接改变凝聚相释放热量和燃面热反馈,影响扩散火焰在燃烧中的地位;含能程度降低,其分解产物中 C、H 类富燃产物增加,将增强扩散火焰的影响程度。此外,随着压强升高,扩散过程变得困难,大颗粒主要以接近单元推进剂燃速的方式进行燃烧,小颗粒则以预混或扩散火焰的方式燃烧,扩散火焰距离增大,其效应将逐步削弱,从而对高能推进剂的高压燃烧特征发生影响。

由以上分析可知,在高硝酸酯含量、较高硝胺含量的高能推进剂中,硝酸酯增塑含能粘合剂的热分解特性及单元预混火焰对燃面的热反馈是影响高能推进剂燃烧性能的首要因素;AP 扩散火焰在中低压下增加燃速的作用对高能推进剂的压强指数存在重要影响。

1. AP 对高能推进剂高压燃烧性能的影响

1)AP 粒度的影响

由于扩散系数和压强成反比,随着压强增大,气体扩散和混合更为困难,并且高压下化学反应速率比低压下更快,火焰的反应速率由扩散过程控制,所以由扩散火焰控制的燃速与颗粒尺寸的关系较为密切。AP 的粒度增大,AP 单元推进剂火焰的作用增强;AP 的粒度变小,有利于 AP 富氧产物与双基系富燃产物之间的相互扩散,动力学方面的作用增强,因此降低 AP 粒度可以提高推进剂的燃速。压强升高,扩散距离增大,AP 单元推进剂的火焰高度增大,扩散火焰距离燃面更远,因此扩散火焰的高燃温对燃面净放热量的贡献减小,AP 的粒度效应随压强的增高而相对减弱,高压下高能推进剂燃速的增益减小,导致燃速压强指数随 AP 粒度减小而下降。

2)AP 含量的影响

AP 含量持续升高,高能推进剂的燃烧波结构进一步向 AP – CMDB 推进剂转化。AP 富氧产物浓度的增大使扩散火焰的主导作用进一步增强,AP 单元推进剂火焰的作用下降,同样表现为中低压强下推进剂的燃速增益显著,导致燃速压强指数下降。

2. 硝胺对高能推进剂高压燃烧性能的影响

1)硝胺含量的影响

硝胺含量增加,AP 含量相应降低,削弱了扩散火焰对燃烧过程的影响,这个变化累积到一定程度,高能推进剂的火焰结构逐步向硝胺 – CMDB 推进剂转化,导致推进剂的燃速降低,燃速压强指数升高。高能推进剂高压下的燃速受二次火焰的影响显著,燃速随压强升高而出现转折,燃速压强指数出现拐点。

2)硝胺粒度的影响

在低压下,硝胺的燃烧受其熔融层所控制,燃速较低,熔融层的燃速低是由于扩散火焰的温度低所致;在足够高的压强下,大颗粒硝胺的熔化不明显,可以连续的方式燃烧,导致高能推进剂的燃速接近于单元推进剂的燃速。因此,大粒度 HMX 在高压下的燃速更高,燃速压强指数也较高。

3. 粘合剂体系的影响

在高能推进剂中,硝酸酯的凝聚相分解主要是 O—NO_2 键断裂,区别于硝胺的 C—NO_2 键断裂,因此净放热量较大,而且随着压强的升高,放热量急剧增大,对燃烧表面温度和燃速的贡献占主导作用;硝酸酯的凝聚相分解也是一次火焰区 NO_2 的主要来源,对醛的氧化反应放热也非常显著。凝聚相释放的热量主要受 NO_2 含量的影响,凝聚相中 NO_2 的浓度随着压强的升高而增多,因而导致燃烧表面的净放热量也升高,这在前述硝酸酯的热分解特征中已得到证实。随着压强的升高,燃烧表面净放热量增大的幅度更高,其温度也显著增高,厚度降低,导致高能推进剂的高压燃速提高更为显著,燃速压强指数增大。若硝酸酯含量显著降低,含能粘合剂体系的能量降低,表面熔融层的特性改变,同时硝胺与低能量粘合剂的扩散作用增强,降低了初始火焰温度,导致高能推进剂的燃速相对下降,尤其是随压强升高这一特征更为明显,使得高能推进剂的高压燃速压强指数降低。

高能推进剂燃速压强指数拐点产生的范围主要取决于粘合剂体系的能量(硝酸酯基含量、聚醚粘合剂生成热)及粘合剂熔化特性等。粘合剂熔化特性影响表面熔融层消失的压强区间,硝胺熔融层的消失是其自身熔化速度与气相反应速度竞争的结果,发生在固定的压强区间内;硝酸酯种类、含量及粘合剂生成热决定含能粘合剂体系的能量和燃烧速度,粘合剂体系的能量越低,高能推进剂的高压燃速越低。

4. 铝粉的影响

在高能推进剂体系中引入 Al 粉,最终火焰温度可提高 1000℃。Al 粉在远离燃烧表面处燃烧,对高能推进剂的燃速影响较小,但细粒度的 Al 粉在燃烧表面更容易吸收热量而降低燃面温度;在高压区,细粒度的 Al 粉粒子更容易发生点火燃烧,相对较大粒子的燃烧火焰更接近燃面而对高压燃速有一定的增益。综合作用结果是,细粒度 Al 粉会导致高能推进剂的高压燃速压强指数增大。

对于硝酸酯含量较低的配方,Al 粉的存在与否将对高能推进剂的燃速产生较为明显的影响。因为硝酸酯含量较低时,近气相表面的热量释放相对不足,Al 粉粒子在表面反应区预热而吸收热量,同粘合剂分解及氧化剂熔化等过程存在热量竞争,并影响到预热区的传热及凝聚相/气相热量的吸收,进而影响燃面的热量平衡和燃面温度。无 Al 粉存在时,低压下高能推进剂的燃速相对较高,高压下可能出现燃烧中断现象。Al 粉含量是影响高能推进剂出现平台和麦撒效应的重要因素。

总之,高能推进剂的燃烧特性与其组成结构特征存在密切的联系,主要反映在预混火焰能量(取决于含能物质的能量特性,如生成焓、反应热等)和初始分解产物氧化—还原活性(取决于含能物质的元素组成、主要基团等)。通过进一步的分析与探索,充分掌握这种联系,是实现高能推进剂燃烧性能准确模拟与设计的基础。

3.6 高能推进剂燃烧性能计算系统

高能固体推进剂燃烧性能模型是燃烧性能计算与设计系统的核心,是实现该类推进剂燃烧性能设计的基础。利用 3.5.5 节的燃烧模型,在详细研究高能推进剂组分与燃烧特征内在联系的基础上,完善相关模型参数表征,改进模型部分数学表达方式,以拓展模型的适用范围,初步形成了适用于高能推进剂体系(PEG、PET、GAP 及各类硝酸酯和硝胺)、能够在较宽的组成范围内指导配方性能设计的燃烧性能计算系统。

3.6.1 计算模型的核心公式

对含能粘合剂体系,推进剂的质量燃速为

$$\dot{m} = \sum (\dot{m}_{ox} S_{ox})_i / S_0 + \left(1 - \sum (S_{ox})_i / S_0 \right) \rho_f r_f \qquad (3-36)$$

推进剂的质量守恒方程为

$$\dot{m}_{ox} S_{ox} = r_{ox} \rho_{ox} = A_{ox} \exp(-E_{ox}/R_0 T_s) \qquad (3-37)$$

$$\dot{m}_{ox} S_{ox} = r_f \rho_f = A_f \exp(-E_f/R_0 T_s) \qquad (3-38)$$

由 3.5 节中单元火焰的反应动力学分析,可得到燃面的能量守恒方程,对某一种氧化剂(AP 或硝胺),有

$$\frac{(\dot{m}_{ox} S_{ox})_i}{\sum (\dot{m}_{ox} S_{ox})_i} \dot{m} C_s (T_{si} - T_0) + \frac{(\dot{m}_{ox} S_{ox})_i}{S_0} Q_{Li} +$$

$$\left[\dot{m} - \frac{\sum (\dot{m}_{ox} S_{ox})_i}{S_0} \right] \frac{(\dot{m}_{ox} S_{ox})_i}{\sum (\dot{m}_{ox} S_{ox})_i} Q_F =$$

$$\frac{(\dot{m}_{ox} S_{ox})_i}{S_0} \left[Q_{oxi} \exp(-\xi_{oxi}) + Q_{FFi} \exp(-\xi_{FFi}) \right] \qquad (3-39)$$

114

式中

$$Q_{oxi} = C_s(T_{oxi} - T_0) + Q_{Li} \tag{3-40}$$

$$Q_{FFi} = \frac{C_s}{\alpha_{Ts}}[(T_f - T_0) - \alpha_T(T_{oxi} - T_0) + (1 - \alpha_T)Q_F/C_s] \tag{3-41}$$

式中　Q_L、Q_F——氧化剂和粘合剂的凝聚相分解热量；

　　　T_{ox}、T_f——氧化剂和粘合剂的绝热火焰温度。

由式(3-39)~式(3-41)可知,燃烧表面温度的主要控制因素是气相反馈热量,单元推进剂的绝热火焰温度、氧化剂单元火焰和扩散火焰高度是影响燃烧表面温度的直接因素。绝热火焰温度为定值,仅由配方组成结构决定。燃烧表面热平衡及温度的影响因素及行为主要表现为各火焰高度对高压燃速和燃速压强指数的影响。

AP 扩散火焰高度的计算可参阅式(3-24)~式(3-28)。

同样,对由硝胺及含能粘合剂体系构成的层流预混火焰,其火焰高度 x_f 是预混火焰的反应距离,强烈依赖于压强,均有

$$x_f = \frac{\rho_g r_g}{k p^m} \tag{3-42}$$

式中　m——预混火焰中的化学反应级数。

考虑到 Al 粉对燃面热平衡的影响,则有

$$\dot{m}_p c_p(T_s - T_0) + a_f Q_f\left(\frac{\dot{m}_A}{1 - a_{RDX}} + \frac{\dot{m}_R}{1 - a_{AP}}\right) + a_{Al} Q_{Al}\left(\frac{\dot{m}_A}{1 - a_{RDX}} + \frac{\dot{m}_R}{1 - a_{AP}}\right) +$$

$$a_{Al} c_{pAl}(T_f - T_s) \times \left(\frac{\dot{m}_A}{1 - a_{RDX}} + \frac{\dot{m}_R}{1 - a_{AP}}\right) = \beta_{FA} a_1 \dot{m}_A Q_{PFA} \exp(-\xi_{PFA}^*) +$$

$$(1 - \beta_{FA}) \frac{a_{AP} \dot{m}_A}{1 - a_{RDX}}[Q_{AP} \exp(-\xi_{AP}^*) + Q_{FF} \exp(-\xi_{FF}^*)] +$$

$$\beta_{FR} a_2 \dot{m}_R Q_{PFR} \exp(-\xi_{PFR}^*) + (1 - \beta_{FR}) \frac{a_{RDX} \dot{m}_R}{1 - a_{AP}} \times Q_{RDX} \exp(-\xi_{RDX}^*) +$$

$$\frac{a_{AP} \dot{m}_A}{1 - a_{RDX}} Q_{LA} + \frac{a_{RDX} \dot{m}_R}{1 - a_{AP}} Q_{LR} \tag{3-43}$$

根据燃面几何学方法,有

$$\frac{S_{ox}}{S_0} = \frac{\zeta\left[6\left(\dfrac{h}{D_0}\right)^2 + 1\right]}{1 + 6\zeta\left(\dfrac{h}{D_0}\right)^2} \tag{3-44}$$

其中燃面平坦,有熔融层则有

$$\frac{S_{ox}}{S_0} = \xi(KD_0^a) \tag{3-45}$$

氧化剂凹陷于燃面,则

$$\frac{h}{D_0} = \frac{1}{2}\left(1 - \frac{1}{\sqrt{3}}\right)\left(1 - \frac{r_{ox}}{r_f}\right) + r_{ox}\frac{t_{ign}}{D_0} \tag{3-46}$$

氧化剂出现深度穿透,则

$$(h/D_0)_N = D_0 \bigg/ \left[r_f\left(t_{ign} + \frac{D_0}{r_{ox}}\right)\right] \tag{3-47}$$

通过 BDP 的燃面温度迭代方法,利用以上核心计算公式,可以完成高能类推进剂燃烧性能模拟计算。

3.6.2　高能推进剂组分含量和结构的表征

高能推进剂含能组分与结构的表征,能够为探索其含量、结构与燃烧性能、燃烧机理的相关性,确定计算模型参数提供基础。高能固体推进剂燃烧过程中维持燃面退缩(形成燃速)的主要热量来源是含能物质的分解放热及分解产物的氧化—还原反应放热。国内外相关研究结果表明,各类硝胺类物质由于与含能粘合剂体系分解产物相近,没有显著的扩散火焰形成,因此可以通过含能物质的生成焓及燃烧反应热对其化学反应进行表征;通过氧系数表征氧化—还原反应中的作用程度;绝热火焰温度、产物平均相对分子质量能适当反映对单元推进剂预混火焰中的能量特性及气相对燃烧表面的热反馈。

采用上述参数对高能固体推进剂的组成与结构参数进行了表征,结果见表 3-23、表 3-24。其中,不同含能增塑体系的增塑比均为 2/1,以便于研究不同种类粘合剂和增塑剂对燃烧影响的共性特征。通过对单元推进剂性能参数与燃速对比分析可以发现:

表 3-23　不同单元推进剂(含能物质)性能表征参数

项 目	NG/PEG	NG/PET	NG/GAP	AP	HMX	NG/PET/AP	NG/PET/HMX
$I_{sp}6.86/N \cdot s/kg$	2078.2	2025.3	2413	1532.7	2598.6	2413.1	2301.7
热力学火焰温度/K	1753	1485	2769	1402.8	3276	2882.8	2378.6
氧系数	1.41	1.23	1.576	—	2.00	2.583	1.515
总焓/(J/g)	-2390	-2301	-892		252.8	-2409	-1025
燃烧热/(J/g)	2502	2337	3113		3376	3070	2869
Mn	21.31	20.13	24.04		24.28	26.06	22.14

（1）单元推进剂中，HMX 具有最高的比冲、火焰温度，AP 最低，而 AP/含能粘合剂体系火焰温度、燃速均显著高于 HMX/含能粘合剂体系，说明 AP 扩散火焰是影响推进剂燃速的重要因素。

（2）粘合剂种类固定的情况下，含能粘合剂体系的能量特性（体现在硝基含量上）与其热力学火焰温度及推进剂相应燃速间存在较好的线性对应关系。

表 3 - 24 硝酸酯对粘合剂体系性能表征参数的影响

项 目	NG/PET	BG/PET	BTTN/PET	NT/PET	TEGDN/PET
$I_{sp}6.86/N \cdot s/kg$	2025.3	1997.7	1976.5	1933.7	1850.1
热力学火焰温度/K	1485	1390	1341.8	1299.7	1234.7
氧系数	1.23	1.178	1.103	1.022	0.839
总焓/（J/g）	-2301	-2322	-2342	-2631	-2960
燃烧热/（J/g）	2337	2191	2088	1966	1790
Mn	20.13	19.21	18.48	18.49	19.48

（3）不同粘合剂种类对火焰温度、燃速的影响主要来自于自身热分解特性和能量特性（尤其是燃烧热）。

（4）由此，可建立燃速—燃烧热—特征反应的反应热—特征基团间的相互联系，为高能固体推进剂燃烧计算模型的建立和改进提供基础。高能推进剂组分的模型计算参数如表 3 - 25 所列。

表 3 - 25 高能推进剂组分的模型计算参数

	NG/BTTN/PEG	HMX	AP	CL - 20	DB
$c_p/(cal/(g \cdot K))$	0.46	0.33	0.31	0.24	0.40
$\rho/(g/cm^3)$	1.42	1.90	1.95	1.98/2.04	1.6
$dp/(m^2/s)$	0.6×10^{-7}	1.0×10^{-7}	4.55×10^{-6}	4.57×10^{-6}	0.8×10^{-7}
$\Lambda/(J/(m \cdot K \cdot s))$	0.163	0.015		0.068	0.213
$E_a/(kJ/mol)$		209		224	
A/s^{-1}		1.45×10^{17}		5×10^{19}	
$T_f/℃$	2000	3280	1400	3590	
$T_s/℃$			925		
$E_s/(kcal/mol)$			20		
$A_s/(g/(cm^2 \cdot s))$			96000		

	NG/BTTN/PEG	HMX	AP	CL-20	DB
E_g/(kcal/mol)			15		
A_g/((g·cm^{-2}·s))			700		
c_g/(cal/(g·K))			0.3		0.35
Λ_g/(J/(m·K·s))			0.079		0.052
爆热/(cal/g)	850				

3.6.3　燃烧计算模型的改进与修正

针对各类含能物质的特点,拓展燃烧模型的适用范围,围绕主要燃烧特征,在 3.5.3 节的基础上进行了改进与修正:

(1) 以经典 BDP 的方法为核心,进行预混火焰结构模型处理。

(2) 借鉴张炜改进双区模型,改进扩散火焰的处理表达方式。

(3) 增加了体系氧平衡、物质凝聚相分解热量、填料的密度、增塑聚醚粘合剂体系的爆热等参数,初步建立了模型特征参数与含能物质结构的联系。

① 硝胺类物质的凝聚相分解热量、熔融热等作为直接参数输入模型。

② 增塑聚醚粘合剂体系的爆热与硝酸酯基含量直接相关。

③ 粘合剂体系生成热是影响其能量特性的重要因素。

因为高能推进剂燃烧时的主要传热机制是预混火焰与扩散火焰的相互竞争,为了准确把握各类含能物质的结构特征对燃烧性能的影响,必须全面考虑其在主要传热过程中的作用机理。从 3.4 节中各种高能推进剂的燃烧机理研究结果可以看出,硝酸酯类物质的影响机理主要是单纯提高了层流预混火焰的能量特征,因此其含能基团的数量与配方燃烧性能直接相关。硝胺类物质与含能粘合剂体系熔融预混在一起,主要也是提高了熔融预混物的能量特征,并且其熔融行为对燃烧性能具有一定影响。PEG、PET、GAP 等粘合剂的影响机理比较复杂,一方面,它与硝酸酯混合在一起,其能量特性直接影响 NE 预混火焰的强度;另一方面,随粘合剂体系增塑比的变化,NE 体系的氧平衡处于一个动态变化过程,总体上是比较富燃的,因此必将在燃烧区域影响扩散过程及扩散火焰的强度。因此,粘合剂种类对燃烧的影响是以上两者的综合作用。

根据以上考虑,为了提高模型对各种硝酸酯、粘合剂及硝胺的适用性,对 3.5 节中计算模型进行了适当修改,集中在两个方面:一是各类硝酸酯、硝胺等含能物质对气相火焰温度即预混火焰强度的影响;二是引入反应层厚度的概念,主要反映粘合剂种类、增塑比、还原性基团含量等对扩散火焰强度的影响。具体如下:

（1）硝酸酯增塑的粘合剂体系对预混火焰强度的影响。

预混火焰的气相火焰温度为

$$T_g = 825 + 80\ln p + 0.425 H_{ex_0} \tag{3-48}$$

凝聚相释放热量为

$$Q_s = Q_{SH}\phi_H + Q_{SN}(1 - \phi_H) \tag{3-49}$$

预混火焰的气相释放热量为

$$Q_g = Q_{gH}\phi_H + Q_{gN}(1 - \phi_H) \tag{3-50}$$

式中　Q_{SH}——硝胺的凝聚相释放热量,DSC 测定;

　　　Q_{SN}——硝酸酯粘合剂的凝聚相释放热量,不同规格含能粘合剂的 QSN 计算见式(3-51);

　　　ϕ_H——硝胺的质量分数。

其中

$$Q_{SN} = (65.7 + 0.013 H_{ex})(p/6)^{0.08} \tag{3-51}$$

式中　H_{ex}——粘合剂体系的爆热,对 $P_L/P_0 = 2.8$、NG/BTTN = 1/1、PEG 为粘合剂的高能体系的 H_{ex} 为 H_{ex_0},取值为 3707cal/g。对其他粘合剂种类及组成,其 H_{ex} 取值为

$$H_{ex} = C_1 C_2 H_{ex_0} \tag{3-52}$$

式中　C_1——粘合剂种类的常数,根据各种粘合剂的生成热和氧平衡的对比,不同粘合剂取值分别为 PEG = 1,PET = 0.88,GAP = 1.15;

　　　C_2——增塑剂种类及含量的变量,则

$$C_2 = \frac{\overline{C}_{NO_2} M_p / M_0}{1.284 \times 2.8/3.8} \tag{3-53}$$

　　　M_p——含能增塑剂的质量分数;

　　　M_0——含能增塑剂 + 粘合剂的质量分数;

　　　$\overline{C}_{NO_2}$——每 100g 增塑剂中含能基团的平均摩尔数量(TEGDN:0.833;NG:1.322;BTTN:1.245)。

（2）反应层厚度 ξ_{DA} 的确定

设 AP 和 HN 的氧平衡分别为 B_{AP} 和 B_{HN},AP/HMX/NEPE 理想燃烧时的氧平衡为 B_0,则在 AP 颗粒附近燃烧的 HN 的质量分数为

$$\alpha_{DA} = (B_0 - \alpha_{AP} B_{AP})/B_{HN}$$

氧平衡的计算以氧化性物质的化学计量比,即

$$\alpha_{AP} \text{ 为 AP 的质量分数}, \alpha_{AP} = \frac{M_{AP}}{M_{AP} + M_{HMX} + M_{NEPE}}$$

AP 的体积分数 $\xi_{AP} = \alpha_{AP}\rho_{P2}/\rho_{AP}$

ρ_{P2} 为 NEPE 体系的计算平均密度,根据下式可求出 η_A:

$$[(D_0 + 2\eta_A)^3 - D_0^3]\xi_{AP}/D_0^3 = (1 - \xi_{AP})\alpha_{DA} \qquad (3-54)$$

$$\xi_{DA} = \rho_{P1}(D_0 + 2\eta_A)^3 \Big/ \Big[\Big(\frac{\rho_{AP}}{\alpha_{AP}} + \rho_{P1} - \rho_{AP}\Big)D_0^3 \Big] \qquad (3-55)$$

由式(3-55),根据各种粒径 AP 的粒度 $D_{0,i}$ 和质量分数 $\alpha_{AP,i}$,分别计算出 $\xi_{DA,i}$;求和相加得到最终的 ξ_{DA}。

计算模型通用的参数如下:

$c_p = c_g = 0.35(\text{cal}/(\text{g} \cdot \text{K}))$;

$E_s = 17000(\text{cal/mol})$;

$A_s = 500000(\text{cal/s})$;

$E_g = 17000(\text{cal/mol})$;

$E_{ZG} = Y_{ox}Y_F A_g = 1.43 \times 10^8(\text{cm}^3/(\text{g} \cdot \text{s}))$;

$\lambda_g = 0.0002(\text{cal/g})$;

$Q_{SH} = 225.3(\text{cal/g})$;

$Q_g = \quad 330(\text{cal/g})$;

$R_g = 3000(\text{g} \cdot \text{cm}/(\text{g} \cdot \text{K}))$。

3.6.4 模型的计算验证

通过实测燃速数据验证计算结果,检验燃烧模型及模型参数的合理性。

对系列高能推进剂配方体系,计算模型在一定范围内的计算结果与实测数据相互吻合,能够反映高能固体推进剂燃烧性能的主要影响规律,为实现燃烧性能的可设计性提供了初步的基础。模型计算验证结果见图 3-71~图 3-75 及表 3-26~表 3-28。

表 3-26 硝酸酯种类对燃速影响的精度验证

硝酸酯种类	—O—NO$_2$ 含量	计算值	实测值	相对偏差/%
TEGDN	0.833	8.479	7.99	6.12
NG/TEGDN	1.078	9.164	9.35	-1.99
BTTN	1.245	9.605	9.53	0.79
NG/BTTN	1.284	10.13	10.01	1.20
NG	1.322	10.22	10.02	2.00

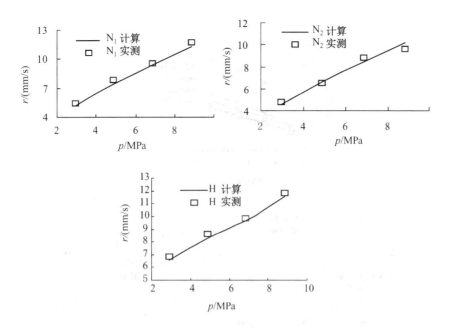

图 3 - 71 实际配方模型计算结果验证

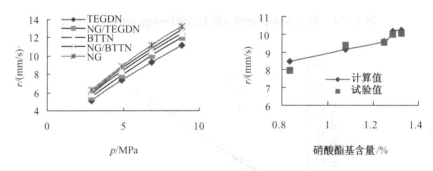

图 3 - 72 硝酸酯种类对燃烧性能影响的计算验证

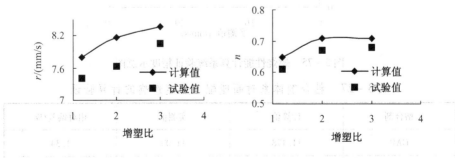

图 3 - 73 增塑比对高能固体推进剂燃烧性能影响的计算验证

以上计算结果及预示规律与实测结果吻合良好,证实关于硝酸酯基团对模型参数影响的处理是合理的。

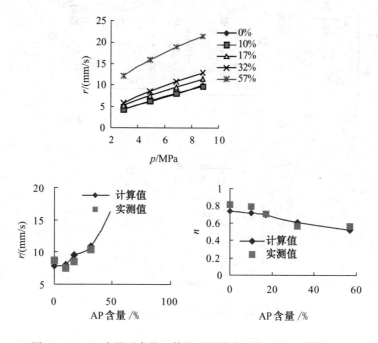

图 3-74 AP 含量对高能固体推进剂燃烧性能影响的计算验证

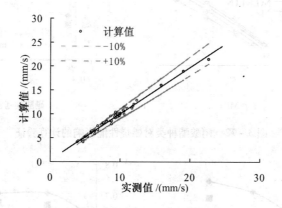

图 3-75 燃烧性能计算系统验证精度示意图

表 3-27 粘合剂体系对高能配方燃速影响的计算验证

粘合剂	计算值	实测值	相对偏差/%
GAP	11.178	11.03	1.34
PEG	10.649	10.61	0.37
PET	10.366	9.35	10.87

表 3 – 28　高能固体推进剂燃烧计算模型精度验证结果

配方特点	2.94MPa			4.90MPa			6.86MPa			8.83MPa			n		
AP/%	计算	实测	偏差/%	计算	实测	偏差/%	计算	实测	偏差/%	计算	实测	偏差/%	计算	实测	偏差/%
0	4.256	3.85	10.55	6.157	6.01	2.45	7.941	8.74	−9.14	9.961	10.57	−5.76	0.74	0.81	−8.64
10	4.375	4.07	7.49	6.294	5.79	8.70	8.061	7.48	7.77	9.722	9.3	4.54	0.72	0.79	−8.86
17	5.271	4.99	5.63	7.519	6.81	10.41	9.539	8.59	11.05	11.41	10.49	8.75	0.7	0.71	−1.41
32	5.88	6.44	−8.70	8.558	8.66	−1.18	10.86	10.39	4.52	12.91	12.3	4.96	0.61	0.57	7.02
57	12.14	12.01	1.08	15.95	15.85	0.63	18.94	18.99	−0.28	21.43	22.62	−5.26	0.52	0.57	−8.77
$P_1/P_o = 3.0$	4.561	4.73	−3.57	6.543	5.95	9.97	8.366	8.05	3.93	10.07	9.95	1.21	0.71	0.68	4.41
$P_1/P_o = 2.0$	4.436	4.62	−3.98	6.388	6.45	−0.96	8.17	7.63	7.08	9.85	9.93	−0.81	0.71	0.67	5.97
$P_1/P_o = 1.2$	4.187	4.68	−10.53	6.094	5.86	3.99	7.799	7.41	5.25	9.423	9.22	2.20	0.65	0.61	6.56
高能 1	6.593	6.821	−3.34	8.26	8.605	−4.01	9.656	9.831	−1.78	11.57	11.86	−2.45	0.71	0.68	4.41
高能 2	5.186	5.463	−5.07	7.424	7.831	−5.20	9.435	9.594	−1.66	11.3	11.71	−3.50	0.71	0.68	4.41
高能 3	4.578	4.791	−4.45	6.602	6.557	0.69	8.447	8.74	−3.35	10.19	9.637	5.74	0.72	0.65	10.77

计算模型验证结果表明,本计算模型具有以下特点:

（1）处理方法较为简单有效,便于应用范围拓展。

（2）在常用配方组成范围内计算结果较为准确,能够反映主要影响规律。

（3）可灵活计算含能粘合剂体系在内的从单元推进剂到任意简单/复杂体系配方的燃速。

3.7　其他预示方法——基团裂解燃烧模型及其计算验证

非催化双基推进剂燃速预估方法[94]是基于几个特征基团决定推进剂燃速假设的一种经验方法。在此基础上,结合高能推进剂的组成、结构特点,以燃烧初始产物的五类特征基团表征组分结构,形成了适用于高能推进剂的燃烧性能预示模型,计算了高能推进剂中固体组分含量和粒度对推进剂燃烧性能的影响。

计算结果能很好地符合试验结果,显示出较好的"预估"能力。

3.7.1 基团裂解燃烧模型

3.7.1.1 模型建立的理论基础

大多数含能物质是由 C、H、O、N 等四种元素组成(如 NG、HMX、ADN、CL-20 等),按照化学性质及其在燃烧主导反应中的作用,固体推进剂燃速预估模型将燃烧初期单质推进剂的气相分解产物分为[NO_2]、[CH_2O]、[CHO]、[CH]、[CO]等五大类,它们分别代表氧化性基团、还原性基团、可裂解自由基以及后两类中性自由基。高能推进剂燃烧表面区域的气相物种(包括近表面气相燃烧物种)必然也包含在这 5 类基团范围内,这是该模型能够在高能推进剂及未来新型高能推进剂燃烧性能预测和配方设计中应用的基础。

对双基、含能粘合剂体系(如硝酸酯增塑 PEG 和 GAP 等)和氧化剂单元推进剂(HMX、RDX、CL-20)而言,它们均具有均相火焰结构的特点,预混火焰是控制燃烧的主要因素。而对均相的预混火焰来说,可以认为预混火焰中的气相化学反应主导燃烧,它们具有相同的火焰结构和主导因素,所以这种方法对高能推进剂可以适用。同时在近表面区,气相物种之间的反应中,放热量主要来自 NO_2 与甲醛、烯烃、自由基等的反应[73],所以用五种基团(或碎片)来概括和描述燃烧表面初期分解产物,并进而描述燃烧反应,具有一定的合理性。

对于氧化剂的含量和粒度等因素在燃烧中作用和影响做了深入的分析研究,而后进行适当的数值化与归一化处理,该模型中分别引入了 HMX(RDX)、AP 含量和粒度的处理公式。

3.7.1.2 燃速和压强指数公式

分析高能推进剂中固体组分和含量对燃烧性能的影响,分别引进固体组分的影响因子 f_{Al}、f_{HMX}、f_{AP},得到高能推进剂的燃速公式如下:

$$u(p) = 1.709p\theta_0^2(p)/\rho_p f_{Al} f_{HMX} f_{AP} \tag{3-56}$$

$$\theta_0 = \frac{1 + \alpha_H \xi(p)}{\alpha + \beta + q\eta(p) + \gamma + 1} \tag{3-57}$$

$$\xi(p) = (1 - e^{-p/p^{**}} g_H) a_{HMX} \tag{3-58}$$

$$\eta(p) = 2.0 - \exp(0.6931(1 - p/p^*) g_{AP} g_{Al} \tag{3-59}$$

$$\alpha_H = a_{HMX}/\delta \tag{3-60}$$

$$g_H = f_{HMX}^{1.2} \tag{3-61}$$

式中 $\theta_0(p)$——燃烧表面附近区域氧化性气体的摩尔分数;

     a_{HMX}——推进剂中硝胺的含量(用摩尔分数表示);

     $\xi(p)$——硝胺热分解时 C—N 键断裂到 N—N 键断裂的转化函数;

124

$n(p)$——描述[CHO]自由基自然裂解程度的函数；

δ——氧化性产物[NO_2]气体量(用摩尔分数表示)；

$\alpha、\beta、q、\gamma、\alpha_H$——1kg推进剂在燃烧表面分解产物中[CO]、[CH]、[CHO]、[CH_2O]和[N_2O]气体的量(用摩尔分数表示)与δ的比值；

g_H,g_{AP},g_{Al}——常系数，其值分别与HMX(RDX)、AP和Al的粒度和含量有关；

p——燃烧室压强(MPa)；

ρ_p——推进剂的密度(g/cm^3)；

p^*——第一特征压强(MPa)；

p^{**}——第二特征压强(MPa)。

将式(3-56)等号两边取对数并以压强p为自变量求导,可得推进剂的燃速压强指数公式:

$$v = \frac{d\ln u(p)}{d\ln p} = 1 + v_1(p) + v_2(p) \tag{3-62}$$

式中的$v_1(p)$和$v_2(p)$分别由式(3-63)、式(3-64)计算求得。

$$v_1(p) = -2\frac{pq}{z_1}\frac{\partial\eta(p)}{\partial p} =$$
$$-0.1413pqg_{Al}g_{AP} \cdot \exp(0.6931(1 - p/p^*)g_{AP}g_{Al})/z_1 +$$
$$p(\alpha + \beta)\exp(-4.905p/p^*)/z_1 \tag{3-63}$$

$$v_2(p) = 2\frac{p\alpha_H}{z_2}\frac{\partial\xi(p)}{\partial p} = \tag{3-64}$$
$$2p\alpha_H a_{HMX}g_H\exp(-pg_H/p^{**})/(z_2 P^{**})$$

$$z_1 = (\alpha + \beta)(1 - \exp(-4.905p/p^*)) + q\eta(p) + \gamma + 1 \tag{3-65}$$

$$z_2 = 1 + \alpha_H a_{HMX}(1 - \exp(pg_H/p^{**})) \tag{3-66}$$

1. f_{AP}公式的建立

AP是高能推进剂燃烧中的主要氧化剂之一,其含量和粒度大小对调节燃速和压强指数至关重要。假设AP含量为a_{AP},颗粒度为d_{AP}并假定AP颗粒为球形),AP的密度为ρ_{AP}。对于单位质量推进剂而言,其中所含有AP颗粒数为n_{AP},即

$$n_{AP} = \frac{6a_{AP}}{\pi\rho_{AP}(d_{AP})^3} \tag{3-67}$$

令S_{AP}为单位质量推进剂中AP颗粒的总表面积,则

$$S_{AP} = n_{AP} \times 4\pi(d_{AP}/2)^2 = \frac{6a_{AP}}{\pi\rho_{AP}d_{AP}} \tag{3-68}$$

在推进剂燃烧时,由于 AP 颗粒凸出或凹入表面,使得燃烧表面有所增加。假设其相对增加量与 S_{AP} 成正比,再以 S_0 表示单位截面积; S_0' 表示 S_0 所对应的燃烧表面积,则有

$$\left(\frac{S_0'}{S_0}\right)_1 = 1.0 + F_1 \times (a_{AP}/d_{AP}) \tag{3-69}$$

式中 F_1——常系数。

该模型中提出推进剂燃速的大小与氧化性气体的摩尔分数密切关系,并提出了 $[NO_2]$ 等效反应区厚度(L)的概念,经过推导得

$$L = \int_{x_0}^{x_d} W_{j1}(x)/W_{j1}(x_0)\,\mathrm{d}x \tag{3-70}$$

式中 $W_{j1}(x)$——$[NO_2]$ 的反应速度;

$W_{j1}(x_0)$——平均反应速度;

x_0, x_d——内火焰反应上下边界。

定性地讲,$[NO_2]$ 等效反应区厚度 L 与内火焰反应区气体分子浓度有关,同时也与 $[NO_2]$ 的初始浓度有关。由火焰照片可知,由于高能推进剂中含有 AP,与双基推进剂相比,高能推进剂的火焰结构大大改变[95],AP 分解生成的氧化性气体和粘结剂分解产生的 C/H 类分子形成扩散火焰,基本上不存在暗区。因此,这里把 AP 对火焰反应区结构的影响放入 L 因子中。

经过对试验结果的分析,可以确定对应的补充因子中有关参数或函数的值。因此,高能推进剂中固体组分 AP 的处理公式为

$$f_{AP} = \left(1.0 + F_1 \times \sum_{i=1}^{n} \frac{a_{AP_i}}{d_{AP_i}}\right)\sqrt{1 + 4 \times (a_{AP})^2} \tag{3-71}$$

式中 a_{AP_i}——颗粒度为 d_{AP_i} 的 AP 含量。

2. f_{RDX} 公式的建立

HMX 和 RDX 对燃烧表面结构的影响与 AP 的作用有所不同。这里仅考虑处于燃烧表面层中的那一层 HMX(RDX)颗粒的作用。

假设 HMX(RDX)含量为 $a_{HMX}(a_{RDX})$,颗粒度为 $d_{HMX}(d_{RDX})$ 并拟定颗粒为球形,密度为 $\rho_{HMX}(\rho_{RDX})$。后面的推导过程均以 HMX 为例,RDX 与之相同。对于单位体积推进剂而言,其中所含有的 HMX 颗粒数为

$$n_{HMX} = \frac{\rho_p a_{HMX}}{\rho_{HMX} \dfrac{4}{3}\pi\left(\dfrac{d_{HMX}}{2}\right) \times 3} \tag{3-72}$$

式中 ρ_p——推进剂密度（g/cm^3）。

在厚度为 d_{HMX}（及其邻域）、截面积为 $1cm^2$ 的体元中，HMX 颗粒数 n'_{HMX} 可按均匀堆积分布原理推算：$n'_H = (n_{HMX})^{\frac{2}{3}}$，而单位体积中 HMX 颗粒分布的层数 $n''_{HMX} = \sqrt[3]{n_{HMX}}$，由于 HMX 的熔点相对较低，所以细的 HMX 颗粒在燃烧表面附近发生明显的液化（熔化）过程，故 HMX 对燃烧表面层的影响还与 n'_{HMX} 有关，设为反比关系。这样，表面层中 HMX 的有效表面可用 S_{HMX} 表示，则

$$S_{HMX} = n'_H 4\pi \left(\frac{d_{HMX}}{2}\right)^2 (n''_{HMX})^{-1} \tag{3-73}$$

假设推进剂燃烧表面的相对增加量也与 S_{HMX} 相关，于是可得

$$\left(\frac{S'_0}{S_0}\right)_2 = 1 + F_2 \left(\frac{\rho_P}{\rho_{HMX}}\right)^{\frac{1}{3}} (a_{HMX})^{\frac{1}{3}} d_{HMX} \tag{3-74}$$

式中 F_2——常系数。

经过对试验结果的分析，可以确定 F_2 的值。同时，HMX 推进剂燃烧时几乎不存在有关的扩散过程，在 HMX 复合推进剂中，虽然细的 HMX 也许是以扩散火焰的方式燃烧，但这种火焰是一种低能量火焰，对推进剂燃烧影响很小[80]。所以，在此忽略 HMX 对火焰反应区结构的影响，得到的 HMX 处理公式如下：

$$f_{HMX} = \prod_i^{n_2} (1 + F_2 (a_{HMX})^{\frac{1}{3}} d_{HMX} \times 10^{-4} \tag{3-75}$$

3.7.2 燃速模拟计算及分析

3.7.2.1 AP 含量和粒度对高能推进剂燃烧性能的影响

计算了 AP 含量和粒径对燃速和压强指数的影响，表 3 – 29 为配方体系的组成。

表 3 – 29 计算配方组成

序号	AP/%	RDX/%	Al/%	（NG + BTTN + PEG）/%
1	27（$AP_1^{①}$）	30	18	25
2	27（$AP_2^{②}$）	30	18	25
3	13.5（AP_2）+ 13.5（$AP_3^{③}$）	28	18	27
4	12（AP_3）	43	18	27
5	12（AP_1）	43	18	27
①、②、③AP_1、AP_2、AP_3 表示三类不同粒径规格的 AP，AP_1：68μm，AP_2：48.2μm，AP_3：8μm				

图 3 –76 是本模型计算的高能推进剂的燃速—压强曲线,为了便于验证,将实测结果绘于一图;图 3 –77 是本模型计算的高能推进剂的燃速压强指数—压强曲线,实测压强指数是由实测燃速的维也里公式($u = ap^n$)处理而得。

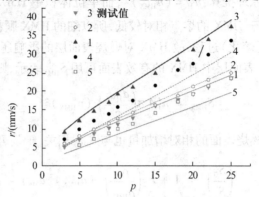

图 3 –76　本模型计算的高能推进剂的燃速—压强曲线

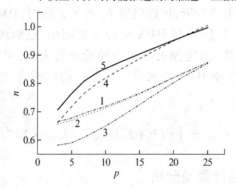

图 3 –77　本模型计算的高能推进剂的燃速压强指数—压强曲线

实测压强指数如表 3 –30 所列。

表 3 –30　样品的实测压强指数

序号	压强指数 n	
	2.94 ~ 8.83MPa	10.0 ~ 25.0MPa
1	0.61 ± 0.02	0.81 ± 0.03
2	0.59 ± 0.02	0.76 ± 0.03
3	0.57 ± 0.02	0.74 ± 0.03
4	0.61 ± 0.02	0.84 ± 0.03
5	0.75 ± 0.02	0.98 ± 0.03

计算结果表明,燃速的计算值不但正确反映了 AP 含量和粒度变化对推进剂燃烧性能的影响,而且计算值与实测值非常接近(误差都在 20% 以内,80% 的

误差在 10% 以内）。这说明本模型中 AP 含量及粒度的公式 f_{AP}，对燃烧中扩散火焰作用的假设和总结比较恰当。

3.7.2.2 HMX、RDX 的含量和粒度对高能推进剂燃烧性能的影响

计算了 HMX 和 RDX 的含量和粒径对高能推进剂燃烧性能的影响，组成为 12.5% AP、44% HMX、18% Al、25%（PEG + NG + BTTN），HMX 粒径变化对燃速和压强指数的影响（图 3 – 78）。结果表明，燃速和燃速压强指数计算值与实测值[96]的变化规律十分一致。这说明有关 HMX 和 RDX 的一些假设和简化是基本合理的。从计算结果可见，与 AP 相比，硝胺的粒度变化对燃烧性能的影响甚微，总体呈现出随 HMX（RDX）粒度增大、燃速和压强指数略有上升的趋势。

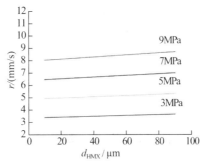

图 3 – 78　HMX 粒径对高能燃烧特性的影响

3.8　本章小结

通过对比单元推进剂和高能推进剂典型特征配方的宏观燃烧特性，分析各组分的热分解特性、燃烧过程的物理特性（火焰结构、燃烧波结构、熄火表面形貌等）及化学反应特征，推断了高能推进剂的高压燃烧机理，建立了燃烧物理数学模型，探讨了配方组成结构与高能推进剂燃烧特性的联系，为高能推进剂燃烧性能的调节和模拟提供了一定的理论基础。

（1）高能推进剂的燃烧性能是燃烧表面区放热量、单元推进剂燃烧特性、扩散火焰作用、表面熔融层状态在压强作用下的综合反映。

（2）高压下高能推进剂的燃速受单元推进剂预混火焰的控制是其高压燃速压强指数趋近于 1 的主要原因。

（3）硝酸酯增塑粘合剂体系单元预混火焰的能量是影响高能推进剂燃速的首要因素，这种影响主要来自：硝酸酯在燃面处和一次火焰中 NO_2 还原反应所释放的热量随压强升高而急剧增加，直接影响燃面热平衡和燃面温度；抑制 NO_2 在表面区的反应将对高能推进剂燃速和压强指数的控制有所帮助。

（4）AP 扩散火焰是影响高能推进剂燃速压强指数的重要因素，扩散火焰作

用随压强增加迅速消失,是高能推进剂压强指数较高的主要原因。

(5) 适当调整组分粒度以改善凝聚相的不均匀性,结合改变粘合剂的含能程度以控制燃烧表面熔融层的性质,是消除高能推进剂燃速 - 压强曲线拐点的途径之一。

(6) 高能推进剂的燃烧特性与其组成结构特征存在密切的联系,主要反映在预混火焰能量(取决于含能物质的能量特性,如生成焓、反应热等)和初始分解产物氧化 - 还原活性(取决于含能物质的元素组成、主要基团等);通过探索与掌握这种联系,实现了高能固体推进剂燃烧性能的调节及模拟计算,为高能固体推进剂燃烧性能的设计提供了基础。

(7) 在以往模型的基础上,结合高能推进剂的燃烧性能特点,建立了高能推进剂燃烧模型,可应用于高能推进剂燃速和压强指数计算及预示。结果表明:多数的计算结果与试验值的偏差在 ±10% 范围内,这说明所建立的模型较为合理,编制的高能推进剂燃烧性能计算程序具有一定的预估能力和应用价值。

参 考 文 献

[1] Brill T B. Connecting Molecular Properties to Decomposition, Combustion, and Explosion Trends. Overview of Recent Research on Energetic Materials, Advanced Series in Physical Chemistry[J]. World Scientific, 2005, (16):1 - 27.

[2] Brill T B. Chemical mechanisms at the burning surface. ADA308866, 1996.

[3] Roos B D, Brill T B. Thermal Decomposition of Energetic Materials 82: Correlations of Gaseous Products with the Composition of Aliphatic Nitrate Esters[J]. Combustion and Flame, 2002, 128(1): 181 - 190.

[4] Sinditskii V P, Fogelzang A E, Egorshev V Y, et al. Effect of Molecular Structure on Combustion of Polynitrogen Energetic Materials[C]. 31th International Annual Conference of ICT, 2000:99 - 127.

[5] Lin M C, Lu X, Musin R N. HONO Redox Reactions Relevant to the Combustion of AP and ADN(I): Reactions with HNO and NH_3[C]. JANNAF 37th Combustion Subcommittee Meeting, 2000: 261 - 272.

[6] Lin M C, Lu X, Park J. HONO Redox Reactions Relevant to the Combustion of AP and ADN(II): Reactions with NO_2, O_3, and HCl[C]. JANNAF 37th Combustion Subcommittee Meeting, 2000: 273 - 284.

[7] Lin M C, Chakraborty D, Zhu R S, et al. Theoretical Studies of $CH_2 N$ Radical Reactions. 2 Rate Constants and Product Branching Ratios for the $CH_2 N + NO_2$ Process by Ab Initio MO/Statistical Theory Calculations [C]. JANNAF 37th Combustion Subcommittee Meeting, 2000: 297 - 302.

[8] Kraeutle K J, Atwood A I, Curran P O. The Partial Decomposition of Orthorhombic Ammonium Perchlorate: Effect of Particle Size on Decomposition Kinetics[C]. JANNAF 37th Combustion Subcommittee Meeting, 2000: 285 - 296.

[9] Rocco J A F F, Lima J E S, Frutuoso A G, et al. Thermal Degradation of Composite Solid Propellant Examined by DSC[J]. Journal of Thermal Analysis and Calorimetry, 2004, 75: 551 - 557.

[10] Wight C A, Vyazovkin S. Extraction of Activation Energies from Thermal Analysis Data: How to Get the Error Bars Right[C]. JANNAF 37th Combustion Subcommittee Meeting, 2000: 319 - 324.

[11] Behrens R R. Summary of the Mini-Workshop on Cje, oca; Lometocs Ossies Related to the Combustion of

Thermally Damaged Energetic Materials[C]. JANNAF 38th Combustion Subcommittee Meeting,2002: 1 – 10.

[12] Atwood A I,Bui D T,Curran P O et al. Window Bomb Burning Rates of BTATZ,DAAT and HNF[C]. JANNAF 38th Combustion Subcommittee Meeting,2002: 119 – 128.

[13] Zenin A. HMX and RDX: Combustion Mechanism and Influence on Modern Double-base Propellant Combustion[J]. Journal of Propulsion and Power,1995,11(4).

[14] Zenin A. Study of Combustion Mechanism of Nitramine-polymer Mixtures. Final technical report, ADA383263,2000.

[15] Zenin A. Study of Combustion Mechanism of New Polymer/Oxidizer Mixtures. Technical Report,European Research Office of US Army,London ,England,Contract N 68171 – 01 – M – 5482,2002.

[16] Parr T P,Hanson-Parr D M. RDX/GAP Propellant Flame Studies[C]. JANNAF 37th Combustion Subcommittee Meeting,2000:391 – 402.

[17] Parr T P,Hanson-Parr D M. HMX/GAP/BTTN Propellant Flame Structure[C]. JANNAF 38th Combustion Subcommittee Meeting,2002:129 – 142.

[18] Parr T P,Hanson-Parr D M. BTTN Flame Structure[C]. JANNAF 38th Combustion Subcommittee Meeting,2002:43 – 50.

[19] Fitzgerald R P,Brewster Q M. Flame and Burning Surface Structure of AP/HTPB Laminate Propellants [C]. JANNAF 38th Combustion Subcommittee Meeting,2002:107 – 118.

[20] Fitzgerald R P,Brewster Q M. Flame and Surface Structure of Laminate Propellants with Coarse and Fine Ammonium Perchlorate[C]. Combustion and Flame,2004,136:313 – 326.

[21] Knott G M,Brewster Q M. A Two-dimensional Model of Composite Propellant Flame Structure and Burning Rate[C]. JANNAF 37th Combustion Subcommittee Meeting,2000: 427 – 440.

[22] Lee H,Kudva G N,Litzinger T A. Thermal Decomposition of GAP/RDX Propellant[C]. JANNAF 37th Combustion Subcommittee Meeting,2000: 383 – 390.

[23] Brill T B,Roos B D. Chemistry of GAP/RDX Propellant Upon Flash Pyrolysis[C]. JANNAF 37th Combustion Subcommittee Meeting,2000: 373 – 382.

[24] Wight C A,Wang J. Condensed Phase Reactions in Combustion Simulations: Does the Choice of Reaction Model Make any Difference[C]. JANNAF 37th Combustion Subcommittee Meeting,2000: 303 – 308.

[25] Washburn E B,Beckstead M W,Hecker W C,et al. Modeling Condensed Phase Kinetics and Physical Properties in Nitramines: Effects on Burning Rate Temperature Sensitivity[C]. JANNAF 37th Combustion Subcommittee Meeting,2000:309 – 318.

[26] Liau Y C,Kim E S,Yang V. A Comprehensive Analysis of Laser-induced Ignition of RDX Monopropellant [C]. JANNAF 37th Combustion Subcommittee Meeting,2000:325 – 348.

[27] Sausa R C, Venizelos D T. Mass Spectronetric, Laser-induced Fluorescence, and Modeling Studies of Burner-stabiliza, H_2/N_2O Flames Containing NH_3 or NO_2[C]. JANNAF 37th Combustion Subcommittee Meeting,2000:349 – 356.

[28] Puduppakkam K V,Beckstead M W. Glycidyl Azide Polymer Combustion Modeling[C]. JANNAF 37th Combustion Subcommittee Meeting,2000:357 – 372.

[29] Kim E S,Yang V,Liau Y C. Modeling of HMX/GAP Pseudo-propellant Combustion[C]. JANNAF 37th Combustion Subcommittee Meeting,2000:403 – 426.

[30] Parr T P,Hanson-Parr D M. AP Counter Flow Diffusion Flame Condensed Phase Thermal Measurement [C]. JANNAF 38th Combustion Subcommittee Meeting,2002:23 – 32.

[31] Hedengren J D,Beckstead M W,Spinti J. Implementation of Automatically Simplified Chemical Kinetics

through Intrinsic Low-Dimensional Manifolds for Gaseous HMX[C]. JANNAF 38th Combustion Subcommittee Meeting,2002:51-68.

[32] Chen M,Buckmaster J D,Jackson T L. Homogenization Issuses in the Combustion of Heterogeneous Solid Propellants[C]. JANNAF 38th Combustion Subcommittee Meeting,2002:91-98.

[33] Miller M S,Anderson W R. Prediction of Advanced Nitramine Propellant Burning Rates with the CYCLOPS Code. ADA 416019,2003.

[34] Beckstead M W,Puduppakkam K V,Yang V. Modeling and Simulation of Combustion of Solid Propellant Ingredients Using Detailed Chemical Kinetics. AIAA 2004-4036.

[35] Summerfield M,Sutherland G S,Webb W J,et al. The Burning Mechanism of Ammonium Perchlorate Propellants. ARS Progress in Astronautics and Rocketry Vol. 1:Solid Propellant Rocket Research,Academic,New York,1960:141-182.

[36] Beckstead M W,Derr R L,Price C E. Model of Composite Solid-Propellant Combustion Based on Multiple Flames[J]. AIAA Journal,1970,8(12):2200-2207.

[37] Glick R L,Condon J A. Statistical Analysis of Polydisperse Heterpgeneous Propellant Combustion Steady State[C]. 13th JANNAF Combustion Meeting,CPIA Publication 281,Vol. 2,1976.

[38] Fenn J B. A Phalanx Flame Model for the Combustion of Composite Propellants[J]. Combustion and Flame,1968,12(3):201-216.

[39] King M K. Analytical and Experimental Study of the Erosive Burning of Composite Propellants. AD/A 050333,1977.

[40] King M K. A Model for Steady-state Combustion of Unimodal Composite Solid Propellants. AIAA Paper 78-216.

[41] King M K. A Model of the Effects of Pressure and Crossflow Velocity on Composite Propellant Burning Rate. AIAA Paper 79-1171.

[42] 徐温干,李葆萱,王克秀. 含负燃速压强指数的复合固体推进剂稳态燃烧机理[J],宇航学报.1983(3).

[43] 徐温干,吴心平,等. 呈负燃速压强指数的复合固体推进剂稳态燃烧的理论模型[J],推进技术.1992(4).

[44] 赵银. 复合固体推进剂的燃烧模拟计算研究[D]. 长沙:国防科技大学,1985.

[45] 庞爱民. 高能硝胺推进剂燃烧性能研究[D]. 长沙:国防科学技术大学,1998.

[46] Joseph J C,Melvyn C B. Structure and chemical Kinetics of Flames Supported by Solid Propellant Combustion[J]. Journal of Propulsion and Power,1995,11(4):703-716.

[47] Price E W. Effect of Multidimensional Flamelets in Composite Propellant Combustion[J]. Journal of Propulsion and Power,1995,11(4):717-728.

[48] Kuo K K,Thynell S T,Brill T B,et al. Ignition,Combustion and Kinetics of Energetic Materials. Final rept. ADA357836,1998.

[49] Hsieh W H. Combustion and Thermochemical Properties of RDX-Based Solid Propellants. AIAA 92-3628.

[50] 张伟,陈晋南,等. 无烟交联改性双基推进剂的高、低压燃烧特性[J]. 火炸药学报. 2003,26(4):27-29.

[51] 卢拴仓,商黎鹏,秦能. 螺压硝胺改性双基推进剂燃烧性能研究[C]. 中国宇航学会固体火箭推进专业委员会第二十一届年会论文集,2004:93-97.

[52] 张伟,李吉祯,等. 无烟XLDB推进剂燃烧性能研究(Ⅰ)[C]. 中国宇航学会固体火箭推进专业委员会第二十一届年会论文集,2004:98-102.

[53] 陶维斌,等. NEPE 推进剂的动态压强指数[C]. 中国宇航学会固体火箭推进专业委员会第二十一届年会论文集,2004:113 - 116.

[54] 胡松启,李葆萱,等. 高压强下推进剂燃速特性初步分析[C]. 中国宇航学会固体火箭推进专业委员会第二十一届年会论文集,2004:165 - 169.

[55] Price E W. Pressure Dependence of Burning rate of Ammonium Perchlorate-hydrocarbon Binder Solid Propellants. AIAA 97 - 3106.

[56] 李上文,等. 硝胺无烟改性双基推进剂燃烧性能调节及控制规律的初探[J]. 推进技术,1995(3):63 - 69.

[57] 余丽萍. 含 RDX 和 TEGDN 的高能推进剂燃烧特性研究[D]. 襄樊:航天工业总公司四十二所,1999.

[58] 祝明水,龙新平,蒋小华. 不同粒径 RDX 的燃烧特性研究[J]. 含能材料,2004,12(1):39 - 42.

[59] 张春泰. 少烟丁羟推进剂高压性能的试验研究[J]. 推进技术,1995(2):50 - 54.

[60] 贾晓峰,苏昌银,吕公连. 硝胺丁羟推进剂高、低压燃烧性能研究[J].固体火箭技术,2002,25(1):38 - 40.

[61] Nagayama K,Oyumi Y. Combustion Characteristics of High Burn Rate Azide Polymer Propellant[J]. Propellants,Explosives,Pyrotechnics,1996(21):73 - 78.

[62] 白广梅. 高能少烟螺压硝胺复合改性双基推进剂的研究[D]. 太原:华北工学院,1997.

[63] Boggs T L. AIAA paper 77 ~ 859.

[64] 胡波. 高压下固体推进剂燃烧性能研究[D].北京:北京工业学院,1989.

[65] Finlinson J C. HMX and RDX T-burner Pressure Coupled Response from 200 to 1000 PSI[C]. AIAA A9816408 (36th Aerospace Sciences Mtg,Reno,NV,Jan. 1998)

[66] Kubota N. Combustion Mechanism of HMX[J]. Propellants,Explosives,Pyrotechnics,1989(14):6 - 11.

[67] Botcher T R,Wight C A. Explosive Thermal Decomposition Mechanism of RDX[J]. J. Phys. Chem. 1994,98,5441 - 5444.

[68] Liau Y C,Yang V. Analysis of RDX Monopropellant Combustion with Two-Phase Subsurface Reactions [J]. Journal of Propulsion and Power. 1995,11(4).

[69] 刘云飞,安红梅,等. 硝胺单元推进剂的燃烧性能研究[J]. 火炸药学报,2001(4):48 - 49.

[70] 刘子如,阴翠梅,等. 含能材料的热分解,第一报:AP、HMX、RDX 的热分解[C]. 火炸药燃烧技术专题研讨会论文集,2000:1 - 14.

[71] 杨栋,宋洪昌. 火炸药燃速预估模型[C]. 火炸药燃烧技术专题研讨会论文集,2000:57 - 70.

[72] 王瑛,孙志华,等. NEPE 推进剂燃烧机理研究[J]. 火炸药学报,2000(4):23 - 27.

[73] 王伯羲. 火药燃烧理论[M]. 北京:北京理工大学出版社,1997.

[74] 董存胜,张珊珊.固体推进剂燃烧波温度分布及其微分[J]. 火炸药,1995(1):19 - 23.

[75] 董存胜,张珊珊.固体推进剂燃烧波结构与燃速及压强指数的关系研究[J]. 火炸药,1995.

[76] 杨栋. 无(微)烟推进剂催化燃烧机理和模型的研究[D]. 南京:南京理工大学,1995.

[77] Davidson J,Beckstead M. Improvements to RDX Combustion Modeling. AIAA 96 - 0885.

[78] Washburn E B,Beckstead M W. Modeling Multi-Phase Effects in the Combustion of HMX and RDX. AIAA 2003 - 3870.

[79] 庞爱民,王北海,田德余. NEPE 推进剂燃烧模拟[J]. 现代防御技术,2003,31(2):29 - 32.

[80] Beckstead M W. 先进固体推进剂的燃烧机理和火焰结构概述[A]. 赵凤起,等,固体推进剂燃烧机理研究最新进展[C]. 西安:火炸药燃烧国防科技重点实验室,2002:20 - 35.

[81] 邓鹏图,田德余. 硝胺推进剂燃烧机理研究的新进展[J]. 推进技术,1996,17(5):83 - 88.

[82] 赵凤起,李上文,等. NEPE 推进剂的热分解研究(Ⅰ)——粘合剂的热分解[J]. 推进技术,2002,

23(3):249 -251.

[83] 王永寿. 高能复合推进剂的燃烧机理——高能粘合剂的效果[J]. 飞航导弹,1998(9):41 -44.

[84] 阴翠梅,刘子如. 固体推进剂热分解的高压 DSC 特征量[J]. 含能材料,1998,6(4):173 -178.

[85] Duterque J,Lengelle G. Experimental Study of Double-Base Propellants Combustion Mechanisms[J]. Propellants Explosives,Pyrotechnics,1985,10:18 -25.

[86] Luca L D. Combustion Mechanism of an RDX-Based Composite Propellant[J]. The International Seminar on High Energy Materials,Pune,India,1996:248 -261.

[87] Yano Y,Miyata K,Kubota N. Combustion Wave Structure of AP Composite Propellants[J]. Propellants, Explosives,Pyrotechnics. 1987(12):137 -140.

[88] Homan B E,Miller M S,et al. On the Flame Structure of RDX. ADA389405,2001.

[89] 李上文,赵凤起,等. 高能固体推进剂燃烧机理的初探[C]. 火炸药燃烧技术专题研讨会论文集, 2000:81 -90.

[90] Edwards T. Investigation of High Pressure Solid Propellant Flame Chemistry. AIAA90 -0547.

[91] Lovas F J,Suenram R D. Thermal Decomposition Pathways in Nitramine Propellants. Final report,ADA 295896,1995.

[92] Stufflebeam J H. Surface and Gas-Phase Diagnostics for Solid Propellant Combustion; Final rept, ADA332800,1997.

[93] 涂永珍,徐浩星,等. 不同粘合剂 RDX/AP 推进剂燃烧产物的分析研究[J]. 推进技术,1997, 18(5):95 -99.

[94] 宋洪昌. 火药燃烧模型和燃速预估方法的研究[D].南京:华东工学院,1986.

[95] Cai W D ,Yang V. A Model of AP/HTPB Composite Propellant Combustion,AIAA 2000 -0311.

[96] 李静峰,司馥铭. NEPE 推进剂燃烧性能调节技术研究[J]. 含能材料,2002,10(1):04 -09.

第4章 高能固体推进剂力学性能设计方法

4.1 概 述

4.1.1 高能固体推进剂力学行为特征

高能固体推进剂的高能量主要通过添加以 HMX、RDX 等固体硝胺炸药和液体硝酸酯含能增塑剂来实现,这两种手段都有降低了推进剂结构完整性的趋势。在交联改性双基推进剂中,增塑比(增塑剂与高分子粘合剂之比)为 2.7 左右,但固体含量(质量分数)较低,约为 50%;在丁羟复合推进剂中,固体含量为 88% 左右,但增塑比仅为 0.1 左右;而高能推进剂固体含量高达 75% ~ 80%,增塑比为 2.8 左右,固体含量几乎接近于丁羟推进剂,增塑比与双基推进剂相当。因此,在力学行为特性上,高能固体推进剂是一种不同于其他固体推进剂的复合材料,力学行为具有如下典型特点:

(1) 固体填料具有明显的增强作用,与基体相比,高能固体推进剂的拉伸强度和初始模量均上升,伸长率下降,不同固体填料增强效果存在较大差异;

(2) 由于硝胺炸药(HMX、RDX)微溶于硝酸酯增塑剂中,不含有效键合剂时,高能固体推进剂的拉伸强度和初始模量均较低,伸长率较大;

(3) 高能固体推进剂在拉伸过程中出现"脱湿"现象,应力—应变曲线出现屈服区,斜率逐渐减小、较宽的平台区及断裂前出现的应力减小是高能推进剂应力—应变曲线的典型特征;

(4) 高能固体推进剂的键合剂表现出较强的专一性和选择性,固体填料颗粒与基体之间的界面粘结效应对高能固体推进剂的力学性能有重大影响。

4.1.2 高能固体推进剂力学性能设计的背景和研究现状

长期以来,推进剂研究工作者非常重视力学性能研究和力学性能调控,主要侧重于测试方法、改善和提高力学性能的技术途径等研究。对高能固体推进剂而言,力学性能研究也大多局限于宏观力学性能层面,研究方法一般为试验尝试法。其研究过程大致如图 4 – 1 所示。

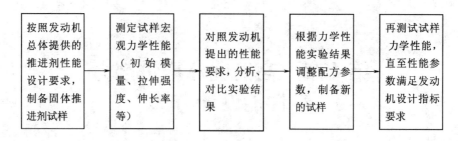

图 4 - 1　高能固体推进剂力学性能一般研究过程

这种研究方法与力学性能事前设计方法截然不同,需要制备大量的固体推进剂试样,研制周期长、成本高、风险大。对于高能固体推进剂,由于配方体系中引入了大剂量硝酸酯增塑的粘合剂体系、表面物性复杂的硝胺氧化剂等组分,且硝酸酯增塑剂具有较强的极性,对基体网络的物理交联和化学交联影响较大,造成高能固体推进剂基体中存在交联网络缺陷多、交联不完善;同时,硝胺氧化剂微溶于含能增塑剂,造成固体颗粒与粘合剂基体界面形成一个软化层,使得高能固体推进剂基体/填料界面特性更加复杂。

高能固体推进剂力学性能设计是指通过理论和经验方法,计算或预示新型高能固体推进剂配方组分、结构与力学性能关系,或者说是根据高能固体推进剂用途、力学性能要求及制造工艺等要求通过事前设计来"定做"具有特定力学性能的高能固体推进剂。高能固体推进剂力学性能设计源于固体火箭发动机发展和设计需求,随着固体火箭发动机技术的发展和应用需求的不断提高,传统的"尝试法"研究材料力学性能的方法已不能满足要求[1],对高能固体推进剂力学性能设计要求越来越迫切,同时也越来越可行。

（1）应用领域的不断拓展,对高能固体推进剂性能提出了更高的要求,使新型高能固体推进剂开发面临着严峻的挑战。例如,高固体含量高能推进剂、钝感高能固体推进剂、低特征信号高能固体推进剂等研究与开发,给高能固体推进剂设计提出了新课题,也将高能固体推进剂配方性能推向极限。

（2）传统的"尝试法"等研究方法,造成了资源、人力和时间上的极大浪费,已不能满足未来工程研制快速发展的需求。因此,急需解决高能固体推进剂配方性能的设计问题。

（3）材料力学、结构力学、分子动力学、细观力学等理论的发展,为高能固体推进剂力学性能设计和应用提供了一定的理论基础。尽管目前这些理论不是非常完善,甚至有些粗糙,但近年来的研究证实,这些理论已经为高能固体推进剂力学性能设计提供了新思路。计算机信息处理技术的发展,特别是数据库、模式识别、人工智能、计算机模拟和辅助设计新技术的发展,为高能固体推进剂力学性能设计提供了强有力的技术支撑。

4.2 高能固体推进剂力学性能规律

4.2.1 高能固体推进剂力学性能的影响因素

如前所述,影响高能固体推进剂力学性能的因素十分复杂。其中,高能固体推进剂的网络结构与形态、固体填料物化性质和界面特性是影响其力学性能的主要因素。一般将高能固体推进剂力学性能的影响因素分为以下四类[2]。

(1)粘合剂基体网络结构。主要包括粘合剂的相对分子质量及其分布、官能度及其分布,粘合剂主链柔顺性、侧链基团大小;固化剂的种类和含量;扩链剂和交联剂的官能度及含量;键合剂的种类及官能度含量及其分布;增塑剂的种类和含量;三维弹性网络结构及推进剂溶胶和凝胶含量;等等。

(2)固体填料含量和粒度级配。固体填料的种类、含量及粒度级配,固体填料之间的相互作用,固体填料表面的物理特性(形貌、酸碱性等)。

(3)固体填料与粘合剂基体的界面作用。键合剂种类(分子量大小、官能团特征)、含量,化学固化网络结构参数、物理交联点,粘合剂与固体填料界面相互作用。

(4)工艺条件及环境温湿度。高能固体推进剂制造工艺过程及工艺条件,水分含量,环境温湿度,固化反应的催化及动力学因素等。

这些因素都不同程度地影响和决定着高能固体推进剂的力学性能。本章从微观、细观、宏观三个层次,系统研究高能固体推进剂组成、结构与宏观力学性能三者之间的相关关系。

4.2.2 高能固体推进剂基体对力学性能的影响

高能固体推进剂基体是由粘合剂预聚物、交联剂、固化剂、增塑剂等通过化学反应形成的三维网络,它对力学性能有基础性影响,其性能的优劣很大程度上决定了高能固体推进剂的力学性能。一般而言,力学性能良好的粘合剂基体应具有如下特点:柔顺的粘合剂主链,相对分子质量足够大且充分增塑;交联网络规(完)整,网络无缺陷或少缺陷(如吊链等);存在一定程度的微相分离形态结构等。

4.2.2.1 粘合剂 PEG 相对分子质量的影响

粘合剂的相对分子质量($\overline{M}_n$)是极其重要的参数,它对基体的力学性能,如拉伸强度、弹性、韧性起着决定性的作用。图 4 - 2 为 PEG 相对分子质量对 PEG/NG/BTTN/N - 100 基体力学性能的影响。可见,随着 PEG 相对分子质量增加,基体断裂伸长率逐渐增加,拉伸强度和初始模量先降低后增加。PEG 相对分子质量高于 5000 左右时,由于 PEG 分子之间的分子缠绕明显增加,分子链

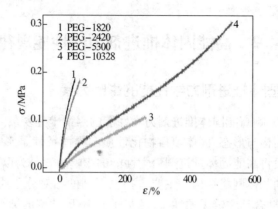

图 4 - 2　PEG 相对分子质量对 PEG/NG/BTTN/N - 100 基体力学性能的影响

更加蜷曲,粘合剂分子间不易滑移,相当于分子间形成了物理交联点,因此,PEG相对分子质量增加到一定程度时,基体拉伸强度和伸长率均增加。

4.2.2.2　固化参数的影响

固化参数(R_t)是反应初始时总固化剂基团对粘合剂活性基团摩尔数之比。固体推进剂基础网络是粘合剂活性基团和固化剂通过官能团间的化学反应形成的大分子三维网络结构,网络结构形成过程称为交联反应或固化反应过程[3]。固化参数是影响高能固体推进剂力学性能的重要因素,也是调节和控制力学性能的重要手段。

图 4 - 3 为固化参数 R_t 对 PEG/NG/BTTN/N - 100 基体力学性能的影响。固化参数在 1.2 ~ 1.6 范围内变化时,随固化参数增加,基体拉伸强度增加,而断裂伸长率下降,当固化参数继续增加,强度和伸长率反而下降。理论上,当固化参数为 1.0 时,羟基与异氰酸酯的当量数相等,—NCO 与—OH 反应完全生成了—NHCOO—而进入交联网络。但实际上,少量空气中的水分或其他物质中的水分与—NCO 反应生成脲基键,这样,部分未反应的—OH 形成了悬吊链,造成

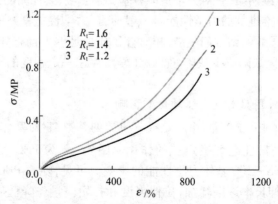

图 4 - 3　固化参数 R_t 对 PEG/NG/BTTN/N - 100 基体力学性能的影响

138

了 PEG/N-100 基体交联网络中较多的缺陷。当 $R_t > 1.0$ 时,异氰酸酯基过量,使绝大部分—OH 参与了交联反应,交联密度上升,PEG/N-100 基体拉伸强度升高。

4.2.2.3 增塑剂的影响

1. 增塑剂的溶度参数

高能固体推进剂中,增塑剂不仅起着降低药浆粘度、改善药浆流变性能的作用,更重要的是起到提高推进剂能量和降低 PEG 玻璃化转变温度的作用。某一给定粘合剂在不同增塑剂中的溶解度主要取决于化学结构,作为一般规则,溶度参数相近有利于溶解,即假若给定增塑剂和粘合剂的溶度参数相近,则此粘合剂在此增塑剂中易于溶解。从增塑剂的结构可以看出,增塑剂分子大多数具有极性和非极性两个部分。极性部分常由极性基团所构成,非极性部分具有一定长度的烷基。

$$
\begin{array}{ccc}
\mathrm{CH_2\!-\!O\!-\!NO_2} & \mathrm{CH_2\!-\!O\!-\!NO_2} & \\
\mathrm{CH\!-\!O\!-\!NO_2} & \mathrm{CH_2} & \\
\mathrm{CH_2\!-\!O\!-\!NO_2} & \mathrm{CH\!-\!O\!-\!NO_2} & \\
& \mathrm{CH_2\!-\!O\!-\!NO_2} &
\end{array}
$$

非极性部分　极性部分　　　非极性部分　极性部分　　　极性部分　非极性部分

除化学结构外,粘合剂的物理状态对其溶解性质也同样重要。结晶粘合剂是比较难溶解的,经常只能稍低于其结晶熔点的温度下才能溶解。表 4-1 为常用增塑剂的溶度参数。

表 4-1　常用增塑剂的溶度参数($\mathrm{J^{1/2}/cm^{3/2}}$)

名　称	$\Sigma E_{coh}/(\mathrm{J/g})$	$\Sigma V/(\mathrm{J/cm^3})$	$\delta/(\mathrm{J^{1/2}/cm^{3/2}})$
硝化甘油(NG)	115570	114.6	31.76
1,2,4-丁三醇硝酸酯(BTTN)	119760	130.7	30.27
邻苯二甲酸二甲酯(DMR)	77100	155.4	22.27
邻苯二甲酸二乙酯(DEP)	85480	187.6	21.34
邻苯二甲酸二丁酯(DBP)	102240	252.0	20.14
癸二酸二辛酯(DMS)	79620	231.8	18.53

含能增塑剂 NG 和 BTTN 的溶度参数较高,均在 $30\mathrm{J^{1/2}/cm^{3/2}}$ 以上。而非含能增塑剂中,随着非极性部分碳原子数减小,增塑剂的溶度参数增加,增塑剂 DMR 的溶度参数最大,为 $22.27\ \mathrm{J^{1/2}/cm^{3/2}}$。粘合剂 PEG、PET、HTPB 中,溶度参数最大的为 PEG,由于 PEG 的结晶度较高,溶度参数略高于 PEG 的增塑剂很难将其增塑,仅有 NG 和 BTTN 对其增塑效果较好。

2. 增塑剂的增塑理论[4]

关于增塑剂的作用机理已经争论了近半个世纪,曾有人用润滑、凝胶、自由体积理论给予解释。

润滑理论认为:增塑剂起到润滑剂的作用,是因聚合物大分子间具有摩擦力(作用力),增塑剂的加入能促进聚合物大分子间或链段间的运动,甚至当大分子的某些部分缔结成凝胶网状时,增塑剂也能起到润滑作用而降低分子间"摩擦力",使大分子链能相互滑移,换言之,增塑剂产生了"内部润滑作用"。这个理论能解释增塑剂的加入使聚合物黏度减小、流动性增加,以及聚合物的性质不会明显改变的原因。但单纯的润滑理论还不能说明增塑过程的复杂机理。

凝胶理论认为:聚合物(主要指无定型聚合物)的增塑过程是使组成聚合物的大分子力图分开、而大分子之间的吸引力又尽量使其重新聚集在一起的过程,这样"时开时集"构成一种动态平衡。在一定温度和浓度下,聚合物大分子间的"时开时集",造成分子间存在若干物理"联结点",这些"联结点"在聚合物中不是固定的,而是彼此不断接触"联结",又不断分开。增塑剂的作用是有选择地在这些"联结点"处使聚合物溶剂化,拆散或隔断物理"联结点",并把使大分子链聚拢在一起的作用力中心遮蔽起来,导致大分子互相分开。这一理论更适用于增塑剂用量大的极性聚合物的增塑。而对非极性聚合物的增塑,由于大分子间的作用力较小,认为增塑剂的加入,只不过是减少了聚合物大分子"联结点"的数目而已。

自由体积理论认为:增塑剂加入会增加聚合物的自由体积。而所有聚合物在玻璃化转变温度 T_g 时的自由体积是一定的,增塑剂的加入,使大分子间距离增大,体系的自由体积增加,聚合物的黏度和 T_g 下降,塑性加大。显然,增塑的效果与加入增塑剂的体积成正比。但它不能解释许多在增塑剂量低时所发生的反增塑现象等。

目前,针对高能固体推进剂,较普遍被认可的解释是:增塑剂分子插入到粘合剂分子链之间,削弱了推进剂中粘合剂分子链间的引力和分子链间聚集作用,增大了粘合剂分子链的移动性,降低了粘合剂分子链的结晶度,从而使粘合剂塑性增加。

3. 增塑剂含量对基体力学性能的影响

图 4 - 4 为不同增塑比对 PEG/NG/BTTN/N - 100 基体力学性能的影响。在增塑比为 2.0 ~ 3.5 范围变化时,随着增塑比增加,基体伸长率逐渐增加,拉伸强度和初始模量降低。由于含有强极性增塑剂,增塑剂分子插入到粘合剂分子链之间,削弱了粘合剂 PEG 分子链间的引力,也就增加了 PEG 分子链的移动性,基体伸长率增加。

4.2.2.4 基体网络结构调节的技术途径

高能固体推进剂基体主要包括粘合剂、增塑剂、固化剂、交联剂等组分。这一体系能量高、粘合剂分子链充分伸展,分子链柔性增强,玻璃化转变温度下降,

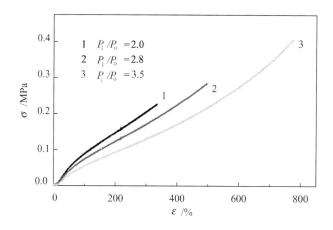

图 4 - 4 不同增塑比 P_1/P_0 对基体力学性能的影响

因此赋予高能固体推进剂良好的低温力学性能。但该体系也存在固有的不足[5,6]:化学交联效率下降,网络规整性降低,缺陷增多;体系分子链间物理相互作用大大削弱,未见明显的微相分离。

因此,高能固体推进剂基体网络结构的调节有如下技术途径:

(1)粘合剂相对分子质量足够大,以保证主链承载原子数多(如大于300)。如要求 PEG、GAP 相对分子质量至少大于6000,同时粘合剂骨架结构最好引入较多的交联点(如为星形)。

(2)要求固化交联剂的官能度至少大于3,否则,网络缺陷增加。

(3)采用双模或多模理论,利用非均匀形变提高推进剂力学性能。

(4)由于高能固体推进剂中未见明显的微相分离结构,物理作用大大削弱,因此,引入增强微相分离的因素,增加物理作用,可以显著提高推进剂力学性能。

4.2.3 固体填料对高能推进剂力学性能的影响

一般所称的填料是指大量固体粒子的集合体,具有固定的属性。在使用时并非是一个粒子,而是若干粒子的聚集体。所以考虑填料个性的同时还要考虑填料的集合性质。填料的个性有粒子的大小、形状、晶型、表面的电荷和畸变区等。填料的集合性质有粒子比表面积、堆砌密度、填料堆积角度、粒度分布等。在填料种类确定以后,填料的比表面积、粒子形状和尺寸就尤为显得重要。粒子尺寸越小,比表面积越大,表面活性就越高,表面能就越大。

用固体填料填充的高聚物复合推进剂,填充剂的特性如固体颗粒粒径的几何尺寸、表面酸碱性、非球形或球形粒子的形状因子和粒度分布及固体含量等对力学性能有一定影响[7]。而影响其力学性能的主要因素是固体填料的体积分数、填料粒度大小和分布,以及固体填料与基体之间的相互作用。

高能固体推进剂中含有大量炸药(HMX、RDX)、AP 粒子和 Al 粉等。基体将固体填料固定在一起,并形成以基体为连续相的复合材料,提供足够的力学性能,以承载使用时的应力和应变。虽然高能固体推进剂的力学性能特性主要受基体力学性能的支配,由于其固含量高达 75% 以上,相应的比表面积增大,大量高模量的硬质填料分散在基体的连续相中,固体填料的活性表面与基体的大分子网络形成附加交联,即固体填料与基体之间存在一定的化学键或物理吸附,因此其对固体推进剂的力学性能影响也很大。A. E. Oberth[8]认为固体填料上分配到的负荷,要比相对于固体填料更软的基体上分配的负荷大,而且这种分配不按比例。一般而言,固体填料和大分子之间的作用主要是次价力[9],两者亲和性好,则结合力大,反之则结合力不强。

4.2.3.1　固体填料含量对高能固体推进剂力学性能的影响

对高能固体推进剂(PEG/NG/BTTN/AP/Al/HMX)体系,研究了固体含量变化对推进剂宏观力学性能的影响。

1. AP(HMX)含量的影响

在保持固体含量不变的情况下,图 4 - 5 为 AP(HMX)含量对高能固体推进剂力学性能的影响。添加固体组分后,与基体相比,高能固体推进剂的拉伸强度显著增加,伸长率降低。不含 AP 时,高能固体推进剂最大拉伸强度最低,仅为 0.75MPa,模量也显著降低。含有 AP 推进剂时,其拉伸强度较无 AP 体系显著增加,但随着 AP 含量增加,最大拉伸强度依次降低,由 1.30MPa 降至 1.04MPa,断裂伸长率略有降低,初始模量基本不变。

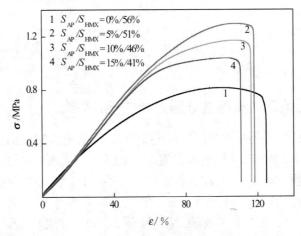

图 4 - 5　AP(HMX)含量对高能固体推进剂力学性能的影响

随着 AP 含量增加,推进剂屈服平台明显增加,表明在推进剂拉伸后阶段基体与固体填料"脱湿"较严重。原因是 AP(140μm)粒度远大于 HMX(16μm)和 Al 粉(30μm)粒度,随着含量增加,在拉伸后阶段,大颗粒 AP 在基体中容易"脱湿",形成较大空穴,导致应力下降。

142

2. Al(AP)含量的影响

由于 Al 粉的弹性模量和球形度均高于其他 AP、HMX 等固体填料,一般认为 Al 粉对固体推进剂力学性能的影响也较大,图 4 - 6 为 Al(AP)含量对高能固体推进剂力学性能的影响。

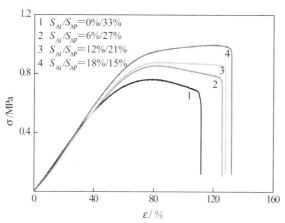

图 4 - 6　Al(AP)含量对高能固体推进剂力学性能的影响

从图 4 - 6 可见,不含 Al 粉时,推进剂的屈服点较高,屈服之后,拉伸强度显著下降,"脱湿"现象较明显,其最大拉伸强度最低,仅为 0.76MPa。随着 Al 粉含量增加,最大拉伸强度显著增加,且"脱湿"现象减少。相对于 AP 而言,表明细粒度 Al 粉在拉伸过程中承载更多的应力。

3. HMX(Al)含量的影响

硝胺炸药(HMX、RDX)广泛地用于高能、少烟、无烟固体推进剂中。在硝酸酯增塑聚醚高能推进剂(NEPE)中,硝胺所占重量分数已近 50%。

图 4 - 7 为 HMX(Al)含量对高能固体推进剂力学性能的影响。不含

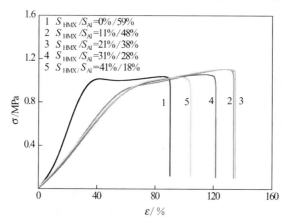

图 4 - 7　HMX(Al)含量对高能固体推进剂力学性能的影响

HMX时,推进剂的初始模量最高,拉伸屈服之后,出现了拉伸平台。含有HMX时,推进剂的弹性模量显著降低,但含量继续增加时,初始模量保持不变。含有相同AP(140μm)时,随着HMX含量增加,最大拉伸强度略有降低,而伸长率显著降低。拉伸屈服平台变化不大,表明AP是影响高能固体推进剂平台的主要原因。

4.2.3.2 固体填料粒度对高能推进剂宏观力学性能影响

1. Al粉粒度的影响

图4-8为Al粉粒度对高能固体推进剂力学性能的影响。随着Al粉粒度增加,高能固体推进剂最大拉伸强度增加、断裂伸长率降低。固体填料粒度差异进一步加大,导致高能固体推进剂"脱湿"现象更加显著,有待进一步深入研究。

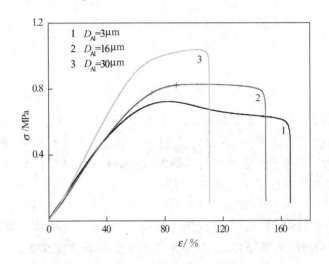

图4-8 Al粉粒度对高能固体推进剂力学性能的影响

2. AP粒度的影响

图4-9为AP粒度对高能固体推进剂力学性能的影响。随着AP粒度增加,高能固体推进剂最大拉伸强度显著减小,断裂伸长率也降低,初始模量变化不明显。此外,随着AP粒度增加,高能推进剂拉伸平台明显增加,表明"脱湿"现象也明显增加。

3. HMX粒度的影响

图4-10为HMX粒度对高能固体推进剂力学性能的影响。随着HMX粒度增加,高能固体推进剂最大拉伸强度显著降低,断裂伸长率也降低。原因可能是HMX含量在体系中占的比例较高,且粒度较大,在单向拉伸时高能固体推进剂基体与HMX填料容易"脱湿",因此,随着HMX粒度增大,推进剂的最大拉伸强度和断裂伸长率都大幅下降。

144

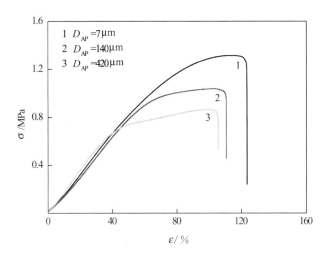

图 4 - 9 AP 粒度对高能固体推进剂力学性能的影响

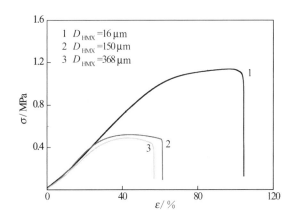

图 4 - 10 HMX 粒度对高能固体推进剂力学性能的影响

4.2.4 键合剂对高能推进剂力学性能的影响

高能固体推进剂中采用键合剂,可以增强固体填料与粘合剂基体的界面连接,提高固体填料的增强作用,改进其力学性能。键合剂必须具有多种官能团,其中某种官能团与氧化剂起化学反应形成化合键或物理相互作用(产生极性吸附,形成氢键);此外,键合剂还具有能与粘合剂组分进行反应的活性基团,进入交联网络。无论酸性还是碱性键合剂都具有所期望的高亲和性。但对于高能固体推进剂的极性粘合剂体系,含能增塑剂不仅与键合剂争夺固体表面的吸附,而且还不同程度地溶解键合剂,常用的键合剂不再有效[10]。获得有效键合剂的关键是调整键合剂与固体填料或粘合剂的相对亲和性。杜磊等人[11]从表界面化学原理出发,测试出相关组分的表面性质,推算出界面性质,提出设计界面助剂、改善界面层的思路。

4.2.4.1 键合剂 MAPO 对高能推进剂力学性能的影响

1. 键合剂 MAPO 含量对高能推进剂力学性能影响

由于键合剂具有较强的专一性和选择性,一般而言,MAPO 为固体填料 AP 特有的键合剂,同时对调节固体推进剂酸碱平衡具有重要作用。

图 4-11 是键合剂 MAPO 含量对高能固体推进剂力学性能的影响。配方中不含 MAPO 时,高能推进剂的最大拉伸强度和模量较低;加入少量的 MAPO 后,其最大拉伸强度和模量显著增加,而断裂伸长率降低。

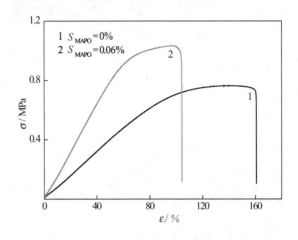

图 4-11　键合剂 MAPO 含量对高能固体推进剂力学性能的影响

2. 键合剂 MAPO 和 AP 之间的作用机理

由于三元氮杂环的构象是平面形,键角小,环有较大的张力,易开裂,质子酸是使氮杂环丙烷开环聚合的有效催化剂[12]。对于 MAPO 及其衍生物的键合机理,一般认为,氮丙啶及其衍生物中的 $\equiv P \rightarrow O$ 基团具有较强的极性[13,14],这种极性使得 MAPO 分子优先地向 AP 颗粒表面移动,与 AP 表面之间相互作用。活性氮丙啶在酸性条件下能开环自聚[15,16],AP 是一种强酸弱碱盐,它的颗粒表面上可以提供引发氮丙啶自聚反应所需的氢离子。当 MAPO 分子与 AP 颗粒表面接触时,则 MAPO 的氮丙啶基团便会在该表面上发生开环自聚反应,形成高模量的抗撕裂层。每个 MAPO 分子中含有三个氮丙啶基团,这三个氮丙啶基团中,一旦有一个氮丙啶基团发生了反应,则会降低剩下的氮丙啶基团的反应活性,以此类推。所以,凡是在 AP 表面上发生了自聚反应的 MAPO 分子,还会剩下一些氮丙啶基团。其反应可以表示如下:

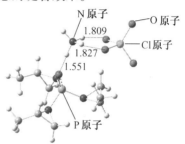

因此，MPAO 分子能牢牢抓住 AP 颗粒表面的条件是：每个 MAPO（或活性氮丙啶）分子具有不少于两个氮丙啶基团、AP 颗粒表面上能提供 H^+ 离子。如果缺少这两个条件或其中之一时，则不能获得满意的键合效果。

图 4-12 为 AP 与 MAPO 的量化计算结果。AP 铵离子上的氢能够与邻近 MAPO 分子上的氧形成分子间氢键。氢键的强弱通常根据形成氢键的两个原子之间的距离来判断。一般而言，氢键键长大于 2Å 的为弱氢键作用，小于 2Å 的为强氢键作用。计算的结果表明，AP 和 MAPO 分子形成最稳定状态的分子距离为 1.551Å，NH_4ClO_4 中的氢与 MAPO 中—P＝O 上的氧之间有较强的氢键作用。

图 4-12　AP 与 MAPO 的量化计算结果

为考察键合剂 MAPO 与氧化剂 HMX 之间的作用特性，对它们之间可能的相互作用进行了研究。研究发现：MAPO 与 HMX 之间没有氢键作用，如图4-13所示。

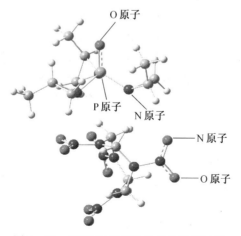

图 4-13　HMX 与 MAPO 的量化计算结果

4.2.4.2　键合剂 NPBA 对高能固体推进剂力学性能的影响

1. 键合剂 NPBA 含量对高能推进剂力学性能影响

普遍认为 NPBA 为固体填料 HMX 的键合剂,图 4 - 14 为键合剂 NPBA 含量对高能固体推进剂力学性能影响。键合剂含量较低时,推进剂的"脱湿"现象较明显。随着 NPBA 含量增加,高能固体推进剂最大拉伸强度显著增加,断裂伸长率和"脱湿"现象降低显著。

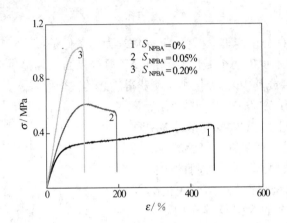

图 4 - 14　NPBA 含量对高能固体推进剂力学性能的影响

2. 键合剂 NPBA 的作用机理

由于硝胺部分溶解于硝酸酯增塑剂中,使得其难以与粘合剂基体间形成牢固地粘接,导致推进剂在较低应力和应变水平上发生"脱湿"现象,力学性能明显变差。在硝基及硝酸酯基增塑剂大量增塑的极性粘合剂体系中,通常的键合剂由于溶解在极性浆料中而不再有效[17 - 19]。当固体颗粒是硝胺晶体时,键合剂更不可能吸附到其表面,因为硝胺的内聚能密度接近粘合剂基体,有些硝胺甚至轻度溶解于增塑剂中。当硝胺固体颗粒分散于由聚合物、增塑剂和键合剂组成的液体浆料中时,浆料中的不同分子间存在吸附竞争。为使键合剂有效,其与硝胺的亲合性必须远大于增塑剂和聚合物。然而由于浆料极性与硝胺接近,这个条件无法得到满足。使用碱性或酸性键合剂可以增强吸附程度,但对含有硝基、硝酸酯基或叠氮基的粘合剂体系的固化及老化安定性极为不利,因而是不适用的。

Kim 等人采用新颖的思路,设计合成了中性聚合物键合剂(NPBA),弥补这一缺陷,使硝胺类高能推进剂的力学性能得到明显的改善。

初步分析表明,如果使用某些大分子物质作为键合剂,应当有下列超过小分子键合剂的点[20]。

(1) 大分子的表面活性远大于小分子。

(2) 长的大分子链上可以形成更多的吸附点,这样显著增加了每个分子在界面上的界面能,换言之,一个大分子可以形成更大程度的吸附。

（3）大分子与浆料（相当于溶剂）混合的熵变值明显低于小分子。

（4）可以有很大的灵活性来调节大分子在浆料中的溶解特性。

综上所述,对于极性粘合剂体系中的极性硝胺颗粒而言,有效键合剂的设计思路和依据为:

（1）键合剂应当是中性的聚合物,即中性聚合物键合剂（NPBA）。

（2）NPBA 每个分子应带有较多羟基,一部分和异氰酸酯反应交联,在颗粒表面形成坚韧壳体,残余部分羟基与粘合剂基体间形成主化学键。

（3）NPBA 对硝胺颗粒应有高的亲和性。

（4）为得到更好的吸附,NPBA 的结构必须经过设计,使得浆料接近于NPBA 的 THETA 溶剂（Θ 溶剂）。

在调节 NPBA 的亲和性和溶解性方面,可以借助于 Flry – Huggins 高分子溶液理论和 Hildbrand 的溶度参数概念来作为理论指导。NPBA 的溶度参数 δ_{NPBA},应该接近于固体颗粒,而与浆料有足够的差异。NPBA 与浆料的溶度参数差异大致依据这样的原则:

$$(\delta_{NPBA} - \delta_{浆料})^2 = 0.5RT_C/V \qquad (4-1)$$

式中 δ——溶度参数;

R——气体常数;

T_C——临界温度;

V——浆料的摩尔体积。

另外,NPBA 与浆料发生相分离的温度,即临界温度 T_C,与 NPBA 的相对分子质量之间存在着关联:

$$1/T_C = 1/\Theta[1 + (1/\sqrt{x} + 1/2x)/\varphi] \qquad (4-2)$$

式中 Θ——THETA 温度;

φ——残余熵;

x——NPBA 的聚合度。

通过改变 NPBA 的单元组成和相对分子质量,可以达到这样的情形:高于药浆混合温度时 NPBA 能溶解在浆料中,当硝胺颗粒加入并均匀分散于药浆中后把温度降低到药浆混合温度时,NPBA 与浆料发生相分离并吸附到硝胺颗粒表面。溶度参数如表 4 – 2 所列。

键合剂要起到键合效果,必须具有能跟氧化剂起反应或者具有能比粘合剂其他组分基团更强的极性,以便与氧化剂分子形成化学键或产生极性吸引力;必须能转变成聚合物以形成高模量层;必须能与粘合剂母体形成化学键,成为交联聚合物网络相的一部分,即进入粘合剂交联网络。

表 4 - 2　溶度参数

估 算 值①		实 测 值	
HMX	33.2	PEG	25~26
NG	24.0	NC	21~28
TMETN	22.6	聚丙烯腈	30~32
BONPF/A	25.0	聚丙烯酸甲酯	21~24
—	—	聚苯乙烯	18~19
① 采用 HoY 和 Small 的基团吸引常数来估算			

4.2.4.3　基体/填料界面特性表征方法

界面研究的对象是不均匀的体系,具有多相性,即该体系中存在两个或两个以上不同性能的相。一般认为界面是由一个相到另一相的过渡区域[21]。过去曾把复合材料界面设想成一层没有厚度的面,实际上复合材料界面是具有纳米以上尺寸厚度,并且与基体和固体填料在结构上有明显差别的新相,称之为界面相或界面层[22]。在聚合物基复合材料中的界面可分为微观界面和宏观界面[23]。其中微观界面是指聚合物基复合材料中分散的固体填料与基体之间的接触区域,填充和增强复合材料中的界面称为微观界面。而宏观界面是指两种材料间有一较大接触面。长期以来,人们致力于研究复合固体推进剂界面表征方法,采用多种手段来表征固体推进剂界面特性及其作用效果,如:接触角和润湿热法、表面张力和自由能法、电子能谱法、单向拉伸法等。大部分方法仅给出一种可能性的推测,或一种定性描述。如何用以简明的方法对界面做出定量或半定量评价,乃是推进剂工作者的一大课题。

1. 红外光谱表征法

红外光谱可以方便地确定分子中某些基团或化学键是否存在,根据红外光谱的变化,即某些特征频率峰的减弱或消失、新的特征频率峰的出现,可以说明化学结构的变化。所以,利用红外光谱可以研究界面的相互作用。FTIR 光谱技术发展迅速,不仅具有快速扫描等特点,而且信噪比、分辨率和检测灵敏度都大大提高,因而能够用于能量很低的、微弱信号的检测,为研究界面作用提供了可靠的信息[24,25]。

红外光谱的定量分析[26],是以 Beer - Lambert 定律为基础:

$$AA = \lg(I_0/I) \tag{4-3}$$

式中　AA——吸光度;

　　　I_0——入射光强度;

　　　I——透过光的强度。

150

许多研究者利用红外光谱对硝胺分子与其他分子的相互作用进行了研究，如 HMX 和 RDX 与硝化纤维素的混合物[27]、RDX 与三乙醇胺[28]、AP 与 MA-PO[29]、中性高分子键合剂 NPBA 与 HMX 等[30]。

2. 表面(界面)自由能测定

粘合剂基体与固体填料间存在良好的黏附时，固体推进剂的许多重要功能才能得以实现，而黏附的状况又依赖于推进剂各组分的表面性能。由润湿性能数据测定表面自由能是描述固体表面性能的一种较好的方法[31]。

Yee 等人[32]用静滴法对 HMX 三个晶面、几种粘合剂的表面性能进行了研究，其结论证明 HMX 晶体的三个晶面的表面性质有差异，并得到了几种粘合剂与 RDX 的键合能。

3. 光电子能谱分析

光电子能谱分析可以根据原子壳层上被激发电子的能量来判断样品表面的元素组成，通过结合能的位移，还可研究原子状态及周围化学环境以及分子结构，用光电子能谱技术研究界面作用的电荷转移，可为界面作用机理的研究提供重要信息，以便从分子水平上了解界面现象的本质。目前，应用较多的是 X 射线光电子能谱(XPS)，也称化学分析电子能谱(ESCA)。

Cowey 等人[33]用 XPS 配合扫描电镜观察了用蜡包覆的 RDX 晶体。李圣英等人[34]用 XPS 测定了高聚物在 RDX 晶体上的包覆度，认为黏附功越大，高聚物在单质炸药晶体表面的包覆度也就越大。潘碧峰等人[35]用 XPS 研究了键合剂 DBA 对 RDX 晶体的包覆性能及其界面相互作用。姚维尚等人[36]在 HMX/硝胺体系中，探索用 ESCA 鉴别 HMX 与键合剂结合能力，选定的特征峰是 HMX 和键合剂的 N1S 峰。由特征峰面积可算出样品表面不同结合能的氮(N)元素的原子浓度 P_N，然后计算包覆度 RR，即

$$RR = \frac{P_{N,X}/n_X \cdot M_X}{P_{N,HMX}/n_{HMX} \cdot M_{HMX}} \qquad (4-4)$$

式中　n——一个分子中所含 N 原子的个数；

　　M——相对分子质量；

　RR——包覆度；

　　X——给定物质。

RR 值反映了不同条件下样品表面各种 N 原子的浓度变化情况，可用 RR 值来定量表征键合剂及预包覆层在 HMX 表面上的覆盖程度，RR 值大则说明覆盖情况较好。

由于高能固体推进剂基体/填料界面层的厚度介于微观和纳观之间，常用的测试手段难以对界面层进行测量和表征。目前，大部分固体推进剂基体/填料的界面表征方法主要为定性或半定量表征，且研究对象也较简单，如双组分或三组

分体系。

4. 酸碱参数法

Lewis 酸碱理论是有机化学中的一个重要理论,在有机化学的发展过程中起着重要作用。聚合物基复合材料中的基体与固体填料可视为广义的酸碱,人们在研究复合材料界面性能时提出了酸碱作用理论[37]。R. S. Drago[38]通过测量酸碱相互作用时的焓变,引入两个表征物质表面性能的参数 j(碱性参数)、s(酸性参数)并提出了重要方程:

$$\Delta H = s_1 s_2 + j_1 j_2 \qquad (4-5)$$

式中   1,2——两种物质;

   ΔH——相互作用的焓变。

根据 Drago 方程,用已知酸碱参数的参照液与被测物作用,测出相互作用的焓变,即可计算出被测物表面的 j、s 值。焓变的测量一般有两种方法:量热计法和反气相色谱法,后一种方法较为精确。该方法为:将被测固体材料作为固定相,装在色谱柱中,用已知 j、s 值的溶剂作探针分子,为流动相,测出不同温度下的比保留体积 V_g^0,根据下式,求出 ΔH。

$$\partial(\ln V_g^0)/\partial(1/T) = -(\Delta H - \Delta H_v)/R \qquad (4-6)$$

式中 ΔH_v——探针分子的汽化热;

   T——测试温度;

   V_g^0——比保留体积。

用两种已知 j、s 值的探针分子试验,测出其与固定相的 ΔH,由式(4-5)联立可求得被测物表面的酸碱参数。

5. 复合材料界面层厚度的估算

Lipatov[39]认为界面层厚度与聚合物玻璃化转变时比热容的变化有关,并提出了估算复合材料界面层厚度的公式:

$$\lambda = 1 - \frac{\Delta C_p^f}{\Delta C_p^0} \qquad (4-7)$$

$$\frac{(r + \Delta r)^3}{r^3} - 1 = \frac{\lambda V_f}{1 - V_f} \qquad (4-8)$$

式中 λ——界面层体积分数的重量常数;

ΔC_p^f 和 ΔC_p^0——分别为填充复合材料和未填充复合材料比热容的变化(J/(K·mol));

   r——填料粒子的半径(nm);

   Δr——界面层厚度(nm)。

152

6. 基于微观模型的键合剂作用效率动态分析评价法（A值法）[40]

复合固体推进剂的微观模型（过渡相或中间相模型）认为推进剂的动态力学性能在三相间存在分配，即

$$E_c = E_f V_f + E_i V_i + E_m V_m \qquad (4-9)$$

$$\tan\delta_c = \tan\delta_f V_f + \tan\delta_i V_i + \tan\delta_m V_m \qquad (4-10)$$

其中下标 m、i 和 f 分别代表粘合剂基体、中间相和填料，V 是相应的体积分数。在式（4-10）中，假定固体填料被基体均匀分散，则 $\tan\delta_f = 0$，式（4-10）变为

$$\tan\delta_c = \tan\delta_i \cdot V_i + \tan\delta_m \cdot V_m \qquad (4-11)$$

由于 $\tan\delta$ 是材料结构的灵敏反映，则 $\tan\delta_i$ 值的变化，应该能够表征中间相的结构变化。研究认为，在高能固体推进剂中加入键合剂主要是改变了中间相的结构，定义：

$$A = \frac{V_i \tan\delta_i}{V_m \tan\delta_m} \qquad (4-12)$$

将式（4-11）代入式（4-12）得

$$A = \frac{\tan\delta_c}{V_m \tan\delta_c} - 1 \qquad (4-13)$$

因为 $V_m + V_i + V_f = 1$，并且 V_i 与 $(V_m + V_f)$ 相比非常小，则 $V_m \approx 1 - V_f$，因此式（4-13）变为

$$A = \frac{\tan\delta_c}{(1 - V_f)\tan\delta_c} - 1 \qquad (4-14)$$

测定基体和固体推进剂的 $\tan\delta$，并代入固体填料的体积分数，可计算出 A 值。A 可作为键合剂作用效果的表征参数，较低的 A 值表明强的相互作用或相间的粘结强度。

7. 基于宏观模型的填料/粘合剂基体相互作用评价（KK_v 值法）[41]

由宏观模型 $\sigma = V_e RT(\lambda - \lambda^{-2})$ 和 $\sigma = V_e(1 + K_2\rho_f S_f \Phi_f)RT(\lambda - \lambda^{-2})$ 可见，粘合剂基体的应力可表示为

$$\sigma_m = V_e RT(\lambda - \lambda^{-2}) \qquad (4-15)$$

则 $\sigma = V_e(1 + K_2\rho_f S_f \Phi_f)RT(\lambda - \lambda^{-2})$ 变为 $\sigma = (1 + K_2\rho_f S_f \Phi_f)\sigma_m$，进一步可变为

$$K_h = \frac{1}{\rho_f \phi_f S_f} \frac{\sigma - \sigma_m}{\sigma_m} \qquad (4-16)$$

令 $V_f = \rho_f S_f \Phi_f$，则有

$$K_h = \frac{1}{V_f}\left(\frac{\sigma}{\sigma_m} - 1\right) \qquad (4-17)$$

若填料特性(粒度、密度和体积分数)不变,则有

$$K_h V_f = K_v = \frac{\sigma}{\sigma_m} - 1 \qquad (4-18)$$

式中　K_h——固体填料/粘合剂基体相互作用程度系数。

因为固体填料/粘合剂基体的相互作用越强,固体填料对粘合剂相的增强作用就越强,材料的拉伸强度就越强。K_h 或 $K_v > 0$,固体填料增强;K_h 或 $K_v < 0$,固体填料/基体粘结不良;K_h 或 K_v 值越大,固体填料增强越显著。当固体填料种类、比表面和装填系数不变时,K_v 也可作为界面相互作用的判据。

8. 微热量热表征法

微热量热技术[42]是利用高敏感性传感器检测样品在程序温控条件下,发生化学反应和物理变化过程中吸收或释放热量的热分析技术。该分析技术应用的理论基础是:绝大部分的化学反应和物理作用都伴随着热量的产生或消耗。通常情况下,传统的 DSC 热分析技术仅能检测出样品发生的显著热效应(瓦级的热量变化),而微热量热技术仪则可以检测出更小的热效应(毫瓦级的热量变化),使检测能力大大提高,该技术可以视为一种非破坏性检测技术。微热量热仪最初作为一种新型热分析手段,用于研究含能材料的热稳定性和相容性,考察含能材料在使用过程中的安全性能,试验样品为含硝化棉的单基、双基推进剂和激发药[43]。利用微热量热技术研究固体填料与键合剂的作用机理尚不多见报道。

1) AP 与 MAPO 的相互作用

图 4-15 为 AP 的微热量热谱图。AP 在 50℃恒温条件下为吸热反应,从初

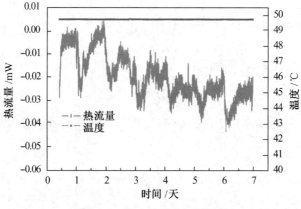

图 4-15　AP 的微热量热谱图

154

始状态到恒温的第 2 天,吸热效果不明显,随着时间的推移,吸热量逐渐增加,第 4 ~7 天吸热量增加不明显,AP 在 7 天时间内共吸热 583.46J/g。据有关文献报道,AP 的初始分解温度一般高于 130℃,而 AP 的分解为放热反应,本试验中出的吸热反应可能是 AP 在低温下升华造成的。

图 4 – 16 为(AP + MAPO)的微热量热谱图。在 50℃恒温条件下为放热反应,起始阶段的放热量较高,达 0.08mW 以上,随着 AP 和 MAPO 反应的继续进行,放热量逐渐减少,到第 7 天时放热量接近于 0,表明反应基本完成,(AP + MAPO)在 7 天时间内共放热 720.35J/g。

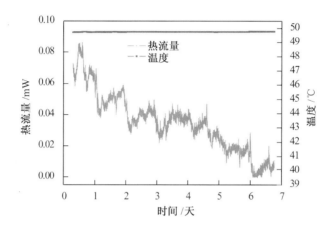

图 4 – 16   (AP + MAPO)的微热量热谱图

2） HMX 与 NPBA 的相互作用

图 4 – 17 为 HMX 的微热量热谱图。HMX 在 50℃恒温条件下为缓慢放热,从第 1 天 ~ 第 5 天,放热量维持在 0.04 ~ 0.05mW 之间,该放热可能是 HMX 在低温下缓慢的分解所致。

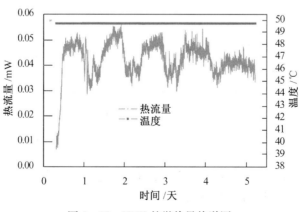

图 4 – 17   HMX 的微热量热谱图

155

图 4 – 18 为(HMX + NPBA)的微热量热谱图。(HMX + NPBA)在 50℃ 恒温条件下为放热反应,初始阶段放热达到 0.05mW,随着 HMX 和 NPBA 反应的进行,放热量逐渐减小,恒温 7 天时,放热量降至 0.02mW 以下,表明其相互作用完全,(HMX + NPBA)在 7 天时间内共放热 692.93J/g。

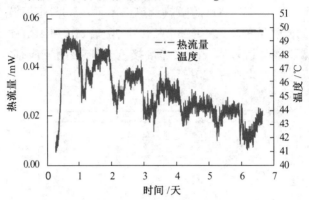

图 4 – 18   (HMX + NPBA)的微热量热谱图

从固体填料与键合剂作用放热量的数量级来看,键合剂与固体填料的相互作用以物理相互作用(范德华力和氢键)为主(表 4 – 3)。

表 4 – 3   键合剂与固体填料作用力类型

键合剂与固体填料	放热量/(J/g)	放热量/(kJ/mol)	作用力类型
MAPO + AP	721.47	84.77	范德华力、氢键
键合剂 + Al 粉	920.04	24.84	范德华力、氢键
NPBA + HMX	692.93	205.11	多个氢键

4.2.5   工艺条件等因素对高能固体推进剂力学性能的影响

工艺条件主要包括混合时间、混合温度、浇注温度等,工艺条件对高能固体推进剂力学性能也具有一定的影响。

1. 混合温度对高能固体推进剂力学性能的影响

图 4 – 19 为混合温度对高能固体推进剂力学性能的影响。随着混合温度增加,高能固体推进剂拉伸强度和伸长率略有提高。

2. 湿度对高能固体推进剂力学性能的影响

湿度增加会使固体推进剂的拉伸强度、伸长率急剧下降[44]。下降的原因是由于水分积累在氧化剂晶体表面,从而建立起一个包围粒子的低模量层液层[45],使氧化剂和粘合剂间的粘结破坏,造成“脱湿”现象在低应力水平和相应的力学损耗下就开始了。通常吸收少量水分(0.1% 或更少)就会引起这些

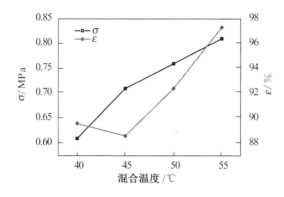

图 4 - 19　混合温度对高能固体推进剂力学性能的影响

效应。

图 4 - 20 为空气中水分含量对高能固体推进剂力学性能的影响。可见,随空气中水分含量增加,高能固体推进剂拉伸强度降低,伸长率增加。

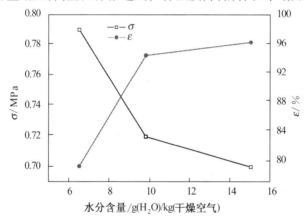

图 4 - 20　空气中水分含量对高能固体推进剂力学性能的影响

3. 拉伸速率对高能固体推进剂力学性能的影响[46]

图 4 - 21 为拉伸速率对高能固体推进剂力学性能的影响。高能固体推进剂在快速和慢速拉伸时,其应力—应变行为有显著的区别,拉伸速率为 20mm/min 时为分界线。在快速拉伸时,应力—应变拉伸曲线的平台区较长,可观察到明显的"脱湿"现象,表明高能固体推进剂拉伸强度和伸长率主要受"脱湿"速率的影响。可见,在快速拉伸时,固体填料—聚合物基体相界面"脱湿"速率远高于聚合物基体相内的撕裂速率。在慢速拉伸时,推进剂拉伸应力—应变曲线的平台区较快速拉伸时要短,"脱湿"现象不明显,固体填料—聚合物基体相界面"脱湿"速率稍高于聚合物基体相内撕裂速率,表明慢速拉伸时,推进剂拉伸强度和伸长率主要受"脱湿"速率和基体撕裂速率共同影响。

从断裂力学角度来看,固体推进剂的裂纹扩展对于慢拉伸速率更为敏感,或

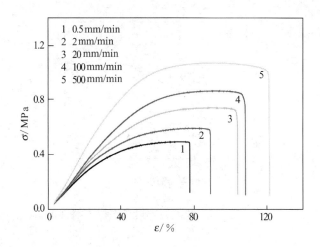

图 4 - 21　拉伸速率对高能固体推进剂力学性能的影响

者说,在拉伸过程中产生了结构缺陷的高能推进剂在慢拉伸下更容易发生破坏,因此,最大拉伸强度和最大伸长率也就更低。

4.2.6　高能固体推进剂宏观力学性能规律概述

4.2.6.1　高能推进剂力学性能影响因素的影响程度顺序

由于基体与固体填料之间的相互作用主要以氢键和范德华力为主,作用力数量级为 0. 1 ~ 30kJ/mol。基体网络之间主要以化学键为主,作用力数量级为 200 ~ 1000kJ/mol,而固体填料颗粒内部分子间作用力数量级远高于基体网络间化学键作用力。因此,结合上述高能固体推进剂力学性能影响规律,得出高能固体推进剂中影响力学性能大小的顺序为:基体/固体填料界面 > 基体网络结构 > 固体填料。

（1）基体/固体填料界面:HMX(RDX)/键合剂 > AP/键合剂 > Al 粉/键合剂。

（2）基体网络结构:粘合剂相对分子质量 > 固化参数 > 增塑比 > 固化剂相对分子质量。

（3）固体填料:固体填料粒度(AP 粒度 > Al 粉粒度 > HMX 粒度) > 固体填料体积分数。

4.2.6.2　高能固体推进剂力学性能变化规律

高能固体推进剂中普遍存在最大拉伸强度与最大伸长率相反的变化规律,最大拉伸强度增加(降低)时,而最大伸长率降低(增加)。表明组分种类及含量变化时,对高能固体推进剂化学交联或物理交联产生了较大影响。在单向拉伸的"脱湿"过程中的力学特征主要如下:

（1）应力的增加落后于应变的增加,致使模量逐渐减小。

158

（2）应力—应变曲线出现明显的屈服区,固体填料粒度差异是导致屈服平台的主要原因。

（3）键合剂 NPBA 和 MAPO 能显著改善高能固体推进剂的"脱湿"现象。

4.2.6.3　键合剂专一性和选择性

高能固体推进剂用键合剂具有较强的专一性和选择性,不同的固体填料选择不同的键合剂。NPBA 为 HMX、RDX、CL－20 的有效键合剂;MAPO 为 AP 和 ADN 的有效键合剂;醇胺类键合剂为 Al 粉和 AlH$_3$ 的有效键合剂。

4.2.6.4　高能固体推进剂力学性能调控手段

1. 调节粘合剂基体相的网络和形态结构

（1）提高粘合剂相对分子质量。

（2）改变粘合剂主链结构,引入星形聚醚。

（3）利用双模或多模理论。

（4）引入可诱发微相分离的添加剂,增强体系的物理相互作用。

（5）充分增塑基体,调节基体模量。

2. 调节填料/粘合剂基体的相互作用

（1）引入中性聚合物键合剂。

（2）调节中间相的模量,在保证填料/粘合剂相粘结良好的情况下,尽量降低中间相模量(如提高键合剂相对分子质量等)。

（3）降低固体填料的粒度,并使其球形化。

4.3　高能固体推进剂动态力学性能规律

高能固体推进剂动态力学行为是指材料在交变载荷作用下做出的响应,动态力学分析是研究高能固体推进剂粘弹性的重要手段。在动态力学分析研究中,正确解析动态响应谱图中松弛转变的物理本质可了解材料内部微观结构,建立微观力学性能与宏观力学性能的关系。动态力学分析[47]在测定高能固体推进剂复合材料的玻璃化转变和次级转变方面,灵敏度比传统的热分析技术如DTA、DSC 等高得多,因而在研究高能固体推进剂中的界面特性和高分子的运动机理等方面具有非常重要的实用与理论意义。

高能固体推进剂基体网络链结构的最大特点是由柔性良好的长链分子组成。柔性高分子链在热运动上最大的特点是分子的一部分可以相对于另一部分作动力运动,不仅能以整个分子链为单元发生重心迁移,还可以在链重心基本不变的前提下实现链段之间的相对运动。任何物质的性能都是该物质内分子运动的反映,当运动状态不同时,物质表现出不同的宏观性能。对于高能固体推进剂而言,当链段运动被冻结时,这种复合材料表现为刚硬的玻璃态,弹性模量高而弹性形变小;当链段能自由运动时,复合材料表现为柔性而富有高弹性的橡胶态,弹性模量低而弹性形变大。在动态力学分析中,固定频率就相当于固定观察时间,改变温度就可以改变链段运动的松弛时间。

由动态力学性能试验可以测得储能模量、损耗模量和损耗角,储能模量可以反映高能固体推进剂形变时的回弹能力,损耗模量能反映高能固体推进剂形变时内耗程度,损耗因子可表示内耗的大小。

动态力学性能试验已成为研究推进剂力学性能的重要手段之一。动态测试是研究高能固体推进剂粘弹性材料转变、内耗、界面粘结、"脱湿"现象、固体内部缺陷、粘合剂形态结构的重要方法。

4.3.1 动态力学分析的基本原理和参数

动态力学分析是在程序控制温度下,测试物质在按正弦函数变化的应力作用下的有关动态力学性能(如动态模量、力学损耗和动态黏度等)随温度和频率变化的一种技术。动态力学性能与聚合物的结构和分子运动有密切关系,当聚合物在正弦变化应力的作用下,应力与应变关系中出现应变滞后于应力的现象,滞后效应是动态力学分析的基础。

按正弦函数变化的应力(N_s)和应变(l_s)的复数表达式可写成:

$$N_s = N_{s0} \text{expi} \omega t \tag{4-19}$$

$$l_s = l_{s0} \text{expi}(\omega t + \beta) \tag{4-20}$$

式中 N_{s0}——应力增幅(N);

l_{s0}——应变增幅(mm);

ω——角频率(1/s);

β——滞后相角。

则复数模量为

$$E^* = \frac{N_s}{l_s} = \frac{N_{s0}}{l_{s0}} e^{i\beta} = \frac{N_{s0}}{l_{s0}}(\cos\beta + i\sin\beta) = E' + iE'' \tag{4-21}$$

那么

$$\tan\beta = \frac{E'}{E''} \tag{4-22}$$

式中 E'——储能模量(MPa),表示材料在形变过程中,由于弹性形变而储存的能量;

E''——损耗模量(MPa),表示材料在形变过程中,以热量形式损耗的能量;

$\tan\beta$——力学损耗因子,等于以热形式逸散的能量与储存的能量之比,它表示材料在形变过程中本身损耗能量的能力。

160

4.3.2 固体填料对高能推进剂动态力学性能影响规律

4.3.2.1 固体填料含量的影响

在以下动态力学性能图中,若无特别说明,1,2,3,…表示损耗角值,1′,2′,3′,…表示储能模量值 E',1″,2″,3″,…表示损耗模量 E''。

1. Al 粉(AP)含量影响

图 4-22 为 Al 粉(AP)含量对高能固体推进剂动态力学性能的影响。随着 Al 粉含量增加(AP 含量下降),高能固体推进剂储能模量增加,损耗模量峰变宽且略向低温移动,但对损耗角的影响较小。由于 Al 粉的模量高于 AP 模量,Al 粉含量增加时,使得其储能模量增加。但由于 AP 与粘合剂基体的物理作用强于 Al 粉与粘合剂基体的物理作用,减低了分子链活动,损耗模量向低温移动,损耗增加,损耗峰变宽。在固体填料不含有效键合剂时,增强效果 Al 粉 > AP;但在高能推进剂体系中,固体填料 AP 的键合剂键合效果远大于 Al 粉的键合效果,AP/MAPO 体系与基体的作用效果以氢键为主,而 Al 粉与基体的作用效果以范德华力为主,与表 4-3 的结果相对应。

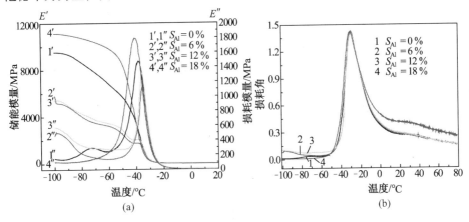

图 4-22　Al 粉(AP)含量对高能固体推进剂动态力学性能的影响
(a) Al 粉含量对储能、损耗模量的影响;(b) Al 粉含量对损耗角的影响。

2. AP(HMX)含量的影响

图 4-23 为 AP(HMX)含量对高能固体推进剂动态力学性能的影响。随着 AP 含量增加(HMX 含量下降),高能固体推进剂储能模量增加,损耗模量峰和损耗角略向高温移动,损耗模量峰变宽。AP 的模量高于 HMX 模量,AP含量增加时,使得其储能模量增加。由于 HMX 与粘合剂基体的物理作用强于 AP 与粘合剂基体的物理作用,其损耗模量向高温移动。在固体填料不含有效键合剂时,增强效果 AP > HMX;但在高能推进剂体系中,固体填料 HMX 的键合剂键合效果大于 AP 的键合效果,HMX/NPBA 体系与基体的作用效果以多

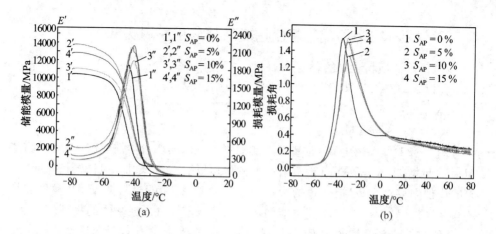

图 4 - 23　AP(HMX)含量对高能固体推进剂动态力学性能的影响
（a）AP 含量对储能、损耗模量的影响；（b）AP 含量对损耗角的影响。

个氢键为主,而 AP/MAPO 体系与基体的作用效果以氮氢键为主,与表 4 - 3 的结果相对应。

　　3. HMX(Al 粉)含量的影响

　　图 4 - 24 为 HMX(Al 粉)含量对高能推进剂动态力学性能的影响。随着 HMX 含量增加(Al 粉含量下降),高能固体推进剂储能模量降低,损耗模量峰和损耗角略向高温移动,损耗模量峰变宽。Al 粉的模量高于 HMX 模量,Al 粉含量增加时,使得其储能模量增加。由于 HMX 与粘合剂基体的物理作用强于 Al 粉与粘合剂基体的物理作用,其损耗模量向高温移动。

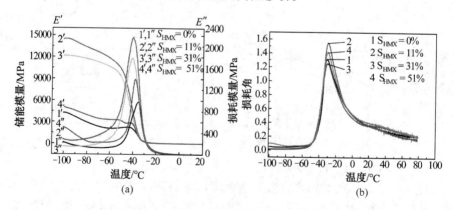

图 4 - 24　HMX(Al 粉)含量对高能固体推进剂动态力学性能的影响
（a）HMX 含量对储能、损耗模量的影响；（b）HMX 含量对损耗角的影响。

4.3.2.2　固体填料粒度的影响

　　1. Al 粉粒度影响

　　图 4 - 25 为 Al 粉粒度对高能固体推进剂动态力学性能的影响。随着 Al

粉粒度增加,高能固体推进剂储能模量增加,损耗模量峰和损耗角基本无变化,损耗模量峰变宽。Al 粉粒度增加时,比表面积降低,损耗模量增加。

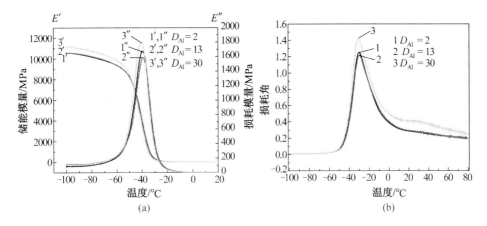

图 4 - 25　Al 粉粒度对高能固体推进剂动态力学性能的影响

（a）Al 粉粒度对储能、损耗模量的影响;（b）Al 粉粒度对损耗角的影响。

2. AP 粒度的影响

图 4 - 26 为 AP 粒度对高能固体推进剂动态力学性能的影响。随着 AP 粒度增加,高能固体推进剂储能模量降低,损耗模量峰降低,损耗角基本无变化。AP 粒度增加时,比表面积降低,颗粒增强效果起主导作用,损耗模量降低。

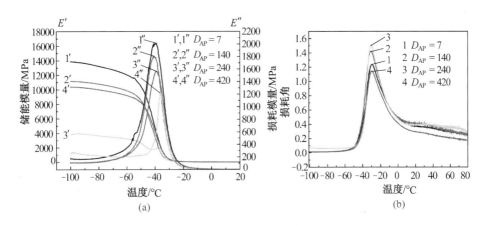

图 4 - 26　AP 粒度对高能固体推进剂动态力学性能的影响

（a）AP 粒度对储能、损耗模量的影响;（b）AP 粒度对损耗角的影响。

3. HMX 粒度的影响

图 4 - 27 为 HMX 粒度对高能推进剂动态力学性能的影响。随着 HMX 粒

度增加,高能固体推进剂储能模量降低,损耗模量峰降低,损耗角变宽。HMX 粒度增加时,比表面积降低,颗粒增强效果起主导作用,损耗模量降低。

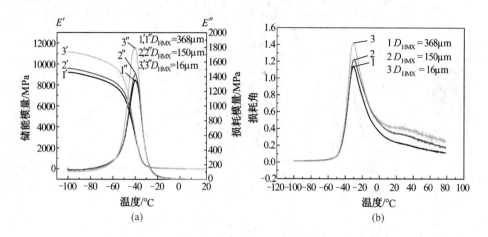

图 4 – 27　HMX 粒度对高能固体推进剂动态力学性能的影响

（a）HMX 粒度对储能、损耗模量的影响；（b）HMX 粒度对储能模量的影响。

4.3.3　键合剂对高能推进剂动态力学性能影响规律

图 4 – 28 为键合剂 NPBA 含量对高能固体推进剂动态力学性能的影响。随着键合剂 NPBA 含量增加,高能固体推进剂储能模量降低。

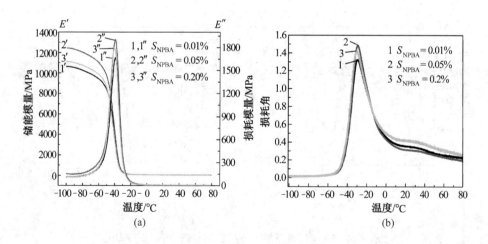

图 4 – 28　键合剂 NPBA 含量对高能固体推进剂动态力学性能的影响

（a）键合剂 NPBA 含量对储能、损耗模量的影响；（b）键合剂 NPBA 含量对损耗角的影响。

4.4 高能固体推进剂细观力学行为及破坏失效机理

4.4.1 高能固体推进剂细观力学行为研究

细观力学方法最初应用于复合材料的刚度预报，Eshelby 等效夹杂理论[48]提供了计算外力作用下嵌入无限大基体的单个具有特征应变的椭球夹杂的应力应变方法，如果忽略夹杂的相互作用，通过等效方程和 Eshelby 张量可直接计算含夹杂复合体的等效模量，这一方法适合分布夹杂含量较低的情况。Hill[49]和 Budiansky[50]采用自洽方法研究夹杂体积含量较高的复合材料等效模量，虽然能成功地预测多晶体的宏观力学性能，但用于多相复合材料时却有其局限性。Mori 和 Tanaka[51]提出了用背应力的概念考虑不同夹杂间的相互作用，结合等效夹杂的方法可得到等效模量的显式表达，由于 Mori – Tanaka 方法的概念明晰，应用方便，近年来受到普遍的重视。预测复合体模量的细观方法还有广义自洽理论[52]、微分法[53]等。复合材料细观力学理论的研究已有 40 多年的历史，形成以 Eshelby 理论为代表的部分成熟理论，然而这些理论的模型主要针对一些简单或理想问题，其应用有一定局限性。因此，对高能固体推进剂而言，必须在这些理论基础上，改进、完善或探索新的理论和方法。

断裂力学认为，材料的破坏行为是由微观—细观—宏观诸层次下，多种破坏机制相耦合而发生和发展的。在材料细观损伤理论方面，比较典型的有微裂纹脆性损伤理论和微孔洞韧性损伤理论。以 Gusson[54]微孔洞模型为代表的韧性损伤理论完整地阐述了孔洞演化机制下的延性损伤。随后 Tvergaad[55]、Needleman[56]等人对 Gusson 模型进行了拓展和完善，并在金属材料的损伤分析中取得了成功。另外，Budiansky 和 O'Connell[57]在 20 世纪 70 年代中期应用自洽方法，对岩石脆性材料的弥散分布裂纹群进行研究，用一个标量参数（微裂纹密度）表征各向同性材料的损伤，从而奠定了微裂纹脆性损伤理论的基础。随后，许多学者对微裂纹损伤理论进行了不断的拓展和完善，例如：Kachanov[58,59]和 Laws N[60]关于有序和无序分布微裂纹的工作；Nemet – Nasser[61]和周建平[62]关于接触微裂纹表面摩擦、拉压加载导致材料各向异性的工作；Kracjinovic[63]和 Bazant[64]关于脆性损伤的表征工作。由于这些卓有成效的工作，微裂纹损伤理论在混凝土、岩石、陶瓷、聚合物基复合材料的损伤分析中得到了广泛的应用。

断裂力学研究裂纹扩展有两种方法，即应力分析法和能量分析法。应力分析的方法认为，裂纹扩展的临界状态是由裂纹前端的应力场强度达到某临界值而决定的，表征参数为应力强度因子（K）。能量分析的方法认为，驱动裂纹扩展的原动力是裂纹扩展时释放出来的应变能，其表征参数是能量释放率（G）和 J

积分。高能固体推进剂是一种多组分、多尺度的聚合物基复合材料。在高能固体推进剂细观力学行为(拉伸断裂破坏失效机理)研究方面可借鉴复合材料的细观力学行为研究方法和理论。

材料的变形和破坏一般经历微损伤的成核、长大和汇合等过程。由微损伤汇合所形成的宏观裂纹的扩展导致材料的最终断裂。在粒子填充高聚物中，微损伤一般包括银纹、微裂纹、微孔洞等。如果材料为刚性粒子共混填充粘弹性高聚物材料体系，则微裂纹成核的主要形式是粒子脱粘形成微孔洞。

对含能材料损伤进行表征，首先要用合适的观测方法获取材料内部的损伤缺陷状况，监测损伤发展过程，根据观察到的主要损伤模式，建立合适的损伤模型进行分析。对固体推进剂的损伤本构关系已有过不少研究，损伤模型主要分为两大类：一类为连续介质损伤力学模型；另一类为微裂纹细观损伤模型。

4.4.1.1　PEG 固化交联体细观力学行为[65]

图 4 - 29 为 PEG 晶体和固化剂 N - 100 交联后形成弹性体的单向拉伸曲线。PEG/N - 100 弹性体的拉伸强度大于 7MPa，屈服点拉伸强度接近于 10MPa，初始模量达 82MPa，断裂延伸率超过 400%。弹性体在拉伸过程中出现屈服点后，随应变增加，应力显著下降，出现应变软化现象；当应变在较大范围内继续增加时，应力值几乎不变，出现了细颈现象；最后随应变的增加，应力再次上升，直至弹性体断裂。

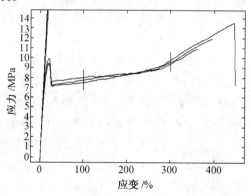

图 4 - 29　PEG/N - 100 弹性体的单向拉伸曲线

图 4 - 30 为 PEG/N - 100 弹性体拉伸前形貌。弹性体在拉伸断裂前，弹性体表面较致密，表面有隐斑点，可能是由于少量未参与交联的 PEG 结晶所致，且未发现微裂纹及球晶的生成。

图 4 - 31 为 PEG/N - 100 弹性体拉伸断裂后的球晶形貌。弹性体断裂后，弹性体表面生成了一定数量的聚合物球晶，大小为 7μm 左右。PEG/N - 100 弹性体是通过化学键和氢键键合在一起的，由长的软链段 $\text{CH}_2\text{—CH}_2\text{—O}_n$ 和

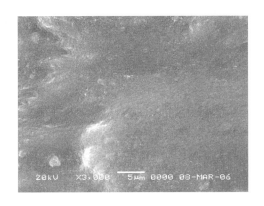

图4-30　PEG/N-100弹性体拉伸前形貌

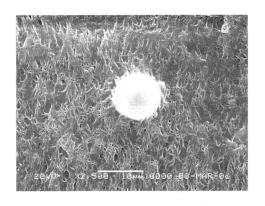

图4-31　PEG/N-100弹性体拉伸后球晶形貌

短的硬链段 $\begin{array}{c}+\text{NH—C—O}+\\ \parallel\\ \text{O}\end{array}$ 组成。由于 PEG 的相对分子质量较大,且 $+\text{CH}_2\text{—CH}_2\text{—O}+_n$ 的柔性又好,在弹性体之中虽有氨基甲酸酯基交联,但当 PEG/N-100 弹性体被拉伸时,弹性体即变成各向异性,整个大分子按拉伸方向进行取向。因为网络链使弹性体在拉伸方向上取向比横向上取向多,所以较多的链是有序的,这有利于聚合物晶粒的形成。这些晶粒将把许多相邻的网络链固结在一起,从而发挥交联的作用,结晶和化学交联不利于分子链的滑移,因而使得弹性体拉伸强度成倍增加。

图4-32 为 PEG/N-100 弹性体拉伸后产生的细观裂纹形貌。细观裂纹的周围产生了大量的微观裂纹或微孔洞,弹性体的断裂由微观裂纹生长成为细观裂纹,细观裂纹的生长和扩展将导致弹性体的宏观破坏。

聚合物长链分子本质上是各向异性的。沿链方向应力是通过共价键传递,而链之间应力是通过较弱的相互作用如范德华力、氢键传递[66,67]。当

图 4 - 32　PEG/N - 100 弹性体拉伸断裂后细观裂纹形貌

PEG/N - 100 弹性体受力时,分子链上并非均匀分配应力,一部分首先取向的分子链上承受较多的应力作用。当应力增加时,受过度应力作用的分子链开始断裂。继续维持较高的作用应力,则已经断裂了的链上的作用力将传递给邻近的分子链,使后者相继断裂。这样,分子链断裂集中在局部区域,并累积成微裂纹或微孔洞,其尺寸约为 $0.01 \sim 0.1 \mu m$;微孔洞周围再次引起应力集中,当微孔洞的数密度达一临界值时,微孔洞引起的应力集中互相交叠形成细观裂纹,其宽度约为 $0.1 \sim 10 \mu m$;细观裂纹的生长和扩展将最终导致弹性体的宏观破坏。

4.4.1.2　单组分、双组分、三组分高能推进剂细观力学行为

本组试验中,HMX(d_{50})粒度为 $16 \mu m$,AP(d_{50})粒度为 $140 \mu m$,Al(d_{50})粒度为 $30 \mu m$,粘合剂体系为 PEG/NG/BTTN($P_L/P_0 = 2.8$),固体含量未作特别说明时为 74%。

1. HMX 型固体推进剂细观力学行为

利用原位 SEM,研究了全 HMX 高能推进剂体系的细观力学行为,其中,固体体积分数为 40%,结果如图 4 - 33 所示。

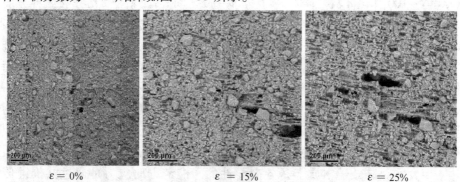

$\varepsilon = 0\%$　　　　　　$\varepsilon = 15\%$　　　　　　$\varepsilon = 25\%$

图 4 - 33　HMX 型高能固体推进剂细观力学行为

受装药工艺和固化过程的影响,在高能固体推进剂内部会有孔穴及微裂纹等初始缺陷。从图 4 - 33 可见,高能推进剂表面上颗粒为 HMX,外形为不规则形貌,其颜色与基体比较接近。随着伸长率增加,在拉伸方向上,HMX 周围形成了较大的孔洞,大小与 HMX 的粒径相当。随着伸长率进一步增加,裂纹和孔洞显著增加,细裂纹发展为宏观裂纹,此时推进剂应力下降,最终完全断裂。

2. Al 粉型高能固体推进剂细观力学行为

利用原位 SEM,研究了全 Al 粉高能推进剂体系的细观力学行为,体积分数为 40% ,结果如图 4 - 34 所示。

<table>
<tr><td align="center">ε = 0%</td><td align="center">ε = 15%</td><td align="center">ε = 25%</td></tr>
</table>

图 4 - 34　Al 型高能固体推进剂细观力学行为

从图 4 - 34 可见,高能推进剂表面上颗粒为 Al 粉,其球形度明显好于 HMX。随着伸长率增加,在拉伸方向上,Al 粉周围形成了微小孔洞和裂纹。随着伸长率进一步增加,裂纹和孔洞也显著增加,但 Al 粉与基体粘结性能好于 HMX 与基体的粘结性能。

3. AP 粉型高能固体推进剂细观力学行为

利用原位 SEM,研究了全 AP 推进剂体系的细观力学行为,体积分数为 50% ,结果如图 4 - 35 所示。

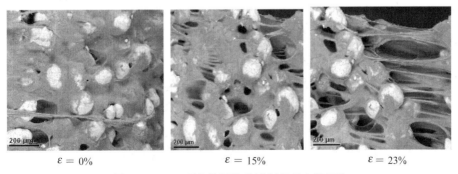

<table>
<tr><td align="center">ε = 0%</td><td align="center">ε = 15%</td><td align="center">ε = 23%</td></tr>
</table>

图 4 - 35　AP 型高能固体推进剂细观力学行为

由图 4－35 可见，含 AP 推进剂在拉伸前表面上存在较多的微小孔洞，孔洞一般出现在 AP 颗粒的一侧，另一侧与基体粘结较好；拉伸后，大颗粒 AP 一侧孔洞继续扩大，基体胶丝被拉长，直至破坏。因此纯 AP 推进剂主要是因为 AP 与粘合剂之间粘结力太弱，填料基本无增强作用，主要依靠粘合剂自身产生抵抗作用，破坏方式为粘合剂破坏。

4. HMX/AP 推进剂细观力学行为

利用原位 SEM，研究了不含 Al 粉推进剂体系的细观力学行为，其中 HMX（d_{50}）粒度为 $16\mu m$，AP（d_{50}）粒度为 $140\mu m$，结果见图 4－36。

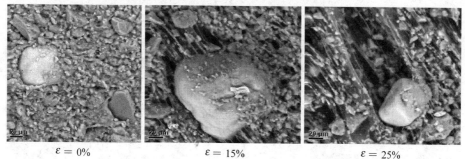

$\varepsilon = 0\%$　　　　　$\varepsilon = 15\%$　　　　　$\varepsilon = 25\%$

图 4－36　HMX/AP 推进剂原位拉伸图片

推进剂表面上颗粒较大的 AP，颗粒较小的为 HMX；推进剂在拉伸前表面上存在较多的微小孔洞，大颗粒填料与基体之间存在明显缝隙；推进剂拉伸后，推进剂表面的孔洞明显增大，大颗粒填料与基体之间"脱湿"现象增加，可观察到推进剂基体形成的丝状。随着伸长率进一步增加，在拉伸方向上，AP 旁边形成了较大的孔洞，大小与 AP 的粒径相当，此时可能会造成推进剂应力下降，大部分基体发生断裂，少部分基体仍承载应力作用，最终基体完全断裂。

5. Al（59%）/AP（15%）推进剂细观力学行为

利用原位 SEM，研究了不含 HMX 推进剂体系的细观力学行为，其中 AP（d_{50}）粒度为 $140\mu m$，Al（d_{50}）粒度为 $30\mu m$，粘合剂体系为 PEG/NG/BTTN（P_L/$P_0 = 2.8$），结果如图 4－37 所示。

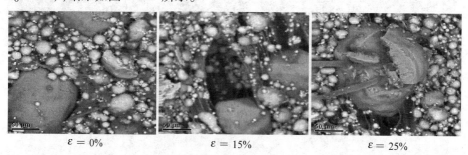

$\varepsilon = 0\%$　　　　　$\varepsilon = 15\%$　　　　　$\varepsilon = 25\%$

图 4－37　AP/Al 推进剂原位拉伸图片

推进剂表面上颗粒较亮、球形度较好的为 Al,颗粒表面稍暗的为 AP;推进剂在拉伸前表面上也存在较多的微小孔洞,固体填料与基体之间存在明显缝隙;推进剂拉伸后,推进剂表面的孔洞明显增大,大颗粒填料 AP 首先与基体之间发生"脱湿",Al 粉与基体之间也存在明显的"脱湿"现象。

6. HMX/Al 推进剂体系细观力学行为

利用原位 SEM,研究了不含 AP 推进剂体系的细观力学行为,其中 HMX(d_{50})粒度为 $16\mu m$,Al(d_{50})粒度为 $30\mu m$,粘合剂体系为 PEG/NG/BTTN($P_1/P_o = 2.8$),结果如图 4 – 38 所示。

$\varepsilon = 0\%$ $\qquad$ $\varepsilon = 15\%$ $\qquad$ $\varepsilon = 25\%$

图 4 – 38 HMX/Al 推进剂原位拉伸图片

推进剂表面上颗粒较亮的为 Al,颗粒较暗的为 HMX;推进剂在拉伸前表面上也存在较多的微小孔洞,固体填料与基体之间存在明显缝隙;推进剂拉伸后,推进剂表面的孔洞明显增大,大颗粒填料 HMX 首先与基体之间发生"脱湿"。

7. Al(18%)/HMX(41%)/AP(15%)推进剂细观力学行为

利用原位 SEM,研究了 Al(18%)/HMX(41%)/AP(15%)推进剂的细观力学行为,其中 Al(d_{50})粒度为 $30\mu m$,HMX(d_{50})粒度为 $16\mu m$,AP(d_{50})粒度为 $140\mu m$,粘合剂体系为 PEG/NG/BTTN($P_1/P_o = 2.8$),结果如图 4 – 39 所示。

4.4.1.3 键合剂对高能推进剂细观力学行为影响

1. 键合剂 NPBA 含量

图 4 – 40 为键合剂 NPBA 含量为 0.01%(远低于正常用量)时,高能推进剂细观力学行为。

2. 键合剂 MAPO 含量

图 4 – 41 为不含键合剂 MAPO 时,高能推进剂的细观力学行为。

从图 4 – 40 和图 4 – 41 可知,不含键合剂(或微量)时,推进剂中细粒度的固体填料存在明显"脱湿"现象,在拉伸后,"脱湿"程度显著增加。

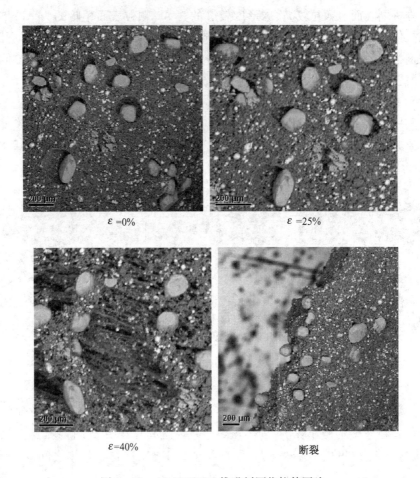

$\varepsilon=0\%$ $\varepsilon=25\%$

$\varepsilon=40\%$ 断裂

图 4 – 39   AP/HMX/Al 推进剂原位拉伸图片

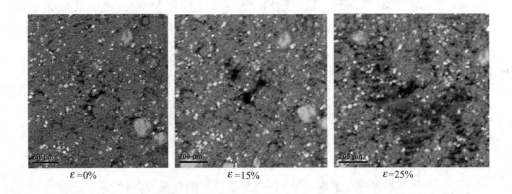

$\varepsilon=0\%$ $\varepsilon=15\%$ $\varepsilon=25\%$

图 4 – 40   键合剂 NPBA 含量为 0.01% 推进剂原位拉伸图片

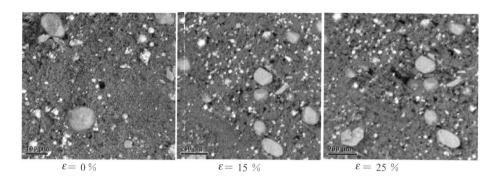

$\varepsilon = 0\%$ $\varepsilon = 15\%$ $\varepsilon = 25\%$

图 4-41　不含键合剂 MAPO 时推进剂原位拉伸图片

4.4.2　高能固体推进剂原位拉伸 SEM 图像的定量表征

采用原位拉伸技术,得到拉伸过程中细观尺度下的 SEM 图像,通过分析 SEM 图像,可定性揭示拉伸破坏失效机理,但这种方法无法实现定量分析评价。高能固体推进剂在加载破坏过程中微裂纹的分布是杂乱无章的,裂纹的发展不均匀、分布随机,其演化发展受到很多因素的影响,这给细观损伤力学的分析研究带来了困难。分形几何能够定量化描述自然界不规则、杂乱无章的现象。从统计意义上来讲高能固体推进剂拉伸过程中局部裂纹的分布和整体裂纹的分布具有自相似性,可以采用分形进行定量描述。

自曼德勃罗(Mandelbrot)1975 年创建分形(Fractal)理论以来,该理论已在包括材料科学在内的各学科获得了越来越广泛的应用,如分形在生物[68]、医学[69]、岩石[70,71]、金属材料[72]断裂等领域都取得了令人瞩目的成功。一个自相似分形图形可划分为 N 个大小和形态完全相同的小图形,每一个小图形的线尺度是原图形线尺度的 $1/r$,这个分形结构的相似维数为 $D = \ln N/\ln(1/r)$,D 可以是整数,也可以是分数。按照上述定义可获得欧几里得几何中的维数,对直线,$D = 1$;正方形 $D = 2$;立方体 $D = 3$,即欧几里得空间几何图形的维数都为整数。一般而言,分维大于其拓扑维,即分形曲线的分维大于直线,分形曲面的分维大于平面,是判定分形的一个重要标志。分维越大,对应的图像表面越粗糙,不规则性或无序性越大。

4.4.2.1　高能固体推进剂原位拉伸 SEM 图像的预先处理

随着非线性科学及图像处理分析技术的发展,使用分形技术对高能固体推进剂拉伸过程中的图像进行处理,对细观、微观区域内的许多现象进行定量研究,如基体裂纹的产生、长大,基体与固体填料的脱湿,以及裂纹的汇合和宏观裂纹扩展规律等。

对 SEM 图像进行分形维数计算以前,必须进行图像处理,以除去噪声的影响。MATLAB 是一种主要用于数值计算及可视化图形处理的工程语言,具有强大的图像处理和数据处理能力。利用 MATLAB 进行图像分析处理,在图像中最黑色部分即为裂纹,白色部分为基体和固体填料。图 4 – 42 为高能固体推进剂原位拉伸 SEM 图片的预处理过程。首先将图片转化为 256 阶灰度图(8bit 图)(图 4 – 42(a));然后采用中值滤波对图像进行降噪处理;再采用阈值化方法对图像进行分割,设定适当的灰度阈值(亦称为门限)范围,超过阈值部分的灰度以最小灰度(即黑色)替换,而低于阈值部分以最大灰度(即白色)替换,将灰度图转换成仅有黑白两色的二值图片(图 4 – 42(b)),然后再调入 MATLAB 中进行其他数据处理。

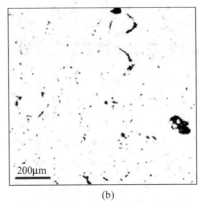

(a)   (b)

图 4 – 42   高能固体推进剂原位拉伸 SEM 图片的预处理过程
(a)灰度图;(b)黑白图

4.4.2.2 分形维数计算方法

分维的计算方法较多,如盒子计数法、变码尺测长度法、小岛法、功率谱法及其他物理方法。由于高能固体推进剂原位拉伸过程中裂纹的分布并不具有严格意义上的自相似,自我相似度很难依照定义求出。而盒计数法主要反映主曲线占据空间的能力[73],即可以用盒计数法来求出裂纹占据整个材料的能力,值越大表明裂纹越多,材料越趋于破坏。由于 SEM 图像并不是严格自相似分形体,其在不同观测尺度下的分维值有所不同。

选用盒计数法进行计算,其具体做法是:以边长为 L_0 的正方形网格去覆盖整个裂缝分布区域,统计出含有裂缝的网格数目 $N(L_0)$,通过不断改变格子尺寸 L 来改变网格密度并计数覆盖有裂缝的格子数目 $N(L)$,绘制 $\log N - \log(1/L)$ 关系曲线。若曲线满足线性关系,则证明裂缝生长具有自相似性,可以利用分形几何理论来研究,盒计数法产生的盒维数为

$$D = \lg N(L) / \lg(1/L) \tag{4 – 23}$$

设裂纹的集合为 F,在实际应用中,覆盖集合 F 可以是小球、立方体,也可以

是 δ – 平面网格。研究的对象是高能固体推进剂表面的裂纹分布和变化特征,反映到 SEM 图像上,即目标区域在平面上的大小、数量和面积的变化,因此可以构造一些边长为 δ 的正方形(即盒子),然后计算不同 δ 值下的"盒子"和 F 相交的个数 $N\delta(F)$。

对于图 4 – 42(b)所示的二值化后的 SEM 图像,其计算分形维数的过程如下:设想用尺度为 δ 的方格去覆盖图像,图像中黑色区域为裂纹,白色区域为基体和固体填料。包含物体的方格为白格(即该格像素点构成的矩阵为非零矩阵),背景格为黑格(裂纹部分,即为零矩阵),计算出每一个尺度 $\delta(\delta \leq 1$,若 $\delta = 1$,方格尺度即为分形图像的大小)下覆盖黑色区域部分的 $N\delta(F)$,可以得到一系列"网格大小"与相应"覆盖网格数"的数据对 $(N(\delta) \sim \delta)$。经过这样的网格划分与统计,在双对数坐标系下进行线性回归分析,如能得到一条线性相关的直线,直线斜率即为图像的计盒维数,可写成下式形式:

$$\lg N = D \times \lg(\delta^{-1}) \tag{4-24}$$

在实际运算中,为了保证盒子尺寸的等分能够进行下去,本算法将图像 $(M * M)$ 逐次二等分,δ_k 为对图像进行 P 次二等分后所得的小方格的边长占原图像边长的分数,即 $\delta_k = (1/2)^p$。因为最小的方格至少要包含 1 个像素点,即 $\delta_k \geq 1/b$,由此可得

$$(1/2)^p \geq 1/b \rightarrow 2^p \leq b \rightarrow p \leq (\lg b/\lg 2) \tag{4-25}$$

从而得到序列:

$$\delta_k = \{1/2^p \mid 0 < p \leq \lg b/\lg 2, p \in N\} \tag{4-26}$$

结合 $\delta = (1/2)^p$,故有 $D = \lg(N_r)/\lg(2^p)$,其中 p 为对原图像进行等分的次数,p 从 1 到 $\lg M/\lg 2$,则网格从大到小变化,从而保证了式(4 – 23)中的斜率 D 为正值。

MATLAB 编程的流程如图 4 – 43 所示。其中,$L = 1/\delta = 2^p$。

利用 MATLAB 编程计算可得出 $\lg N_r$ – $\lg r$ 关系曲线,如图 4 – 44 所示。$\lg N_r$ – $\lg r$ 呈现线性关系,相关系数 r 接近于 1,表明在裂纹生长过程中具有分形特性。

为了验证 MATLAB 编程程序的正确性,对 Koch 曲线进行了分形维数计算,当采用不同的阈值划分二值图像时,所得的结果稍有差别,结果在 1.2 ~ 1.25 之间,其理论维数为 1.262,误差在 0.9 % ~ 4.9%。由于阈值的选取不同,导致实测值与理论值有小幅度偏差,其误差值在允许范围内,所以用该程序来实现分形图像的表面孔洞分形维数的自动计算是可行的。通过统计若干个样本的计算结果发现,其分形维数值在 1.18 ~ 1.58 之间,而沿颗粒晶沿扩展的分形维数属于 1.2 ~ 1.588 之间,说明固体推进剂的裂纹扩展就是沿着颗粒边界进行扩展,不包括穿晶扩展。

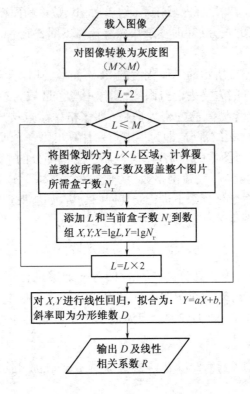

图 4－43　程序流程

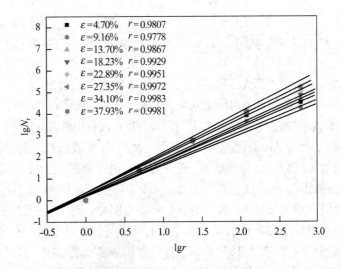

图 4－44　不同伸长率下 $\lg N_r - \lg r$ 关系曲线

4.4.2.3 分形维数与宏观力学性能关系

1. 固体含量变化对分形维数的影响

图 4-45 为分形维数与伸长率的关系。由于高能固体推进剂在制样时外力使得样品产生了少量的微裂纹,在初始拉伸阶段,微小裂纹闭合和新裂纹产生竞争,微小裂纹闭合起主导作用,分形维数维数下降;进一步拉伸时,裂纹或逐渐扩大同时也产生新的裂纹,新裂纹的产生起主导作用,分形维数增大。Al 粉含量增加(AP 含量下降)时,分形维数略有增加。

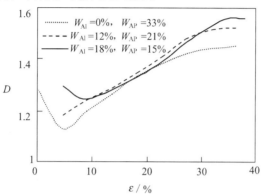

图 4-45 分形维数与伸长率的关系

三个样本的固体含量相同,反映在分形维数上就是它们在单向拉伸时裂纹的增长趋势基本一致;但由于细粒度的 Al 粉含量不同,Al 粉含量最高为 18%,其分形维数值最大,表明固体颗粒的粒径越小,推进剂破坏表面越粗糙,相应的韧性破坏应力就会越大。通过试验也证明了该样本抗拉强度最大,而 Al 粉含量为 0 时,样本的抗拉强度最小。

2. 键合剂对分形维数的影响

利用分形维数,也可以判别键合剂的作用效果。图 4-46 为键合剂对分形

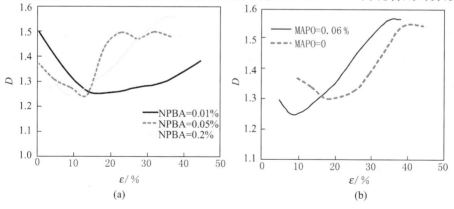

图 4-46 分形维数与伸长率的关系
（a）键合剂 NPBA 对分形维数的影响；（b）键合剂 MAPO 对分形维数的影响。

维数的影响结果。由图 4 - 46 可见,键合剂种类不同,含量不同,其对推进剂分形维数的影响也不同。当加入 NPBA 键合剂后,键合剂含量较低,分形维数值不大,随着 NPBA 含量的增加,分形维数随伸长率的增加迅速增大,说明此时填料与基体的界面作用效果增加,经试验验证,推进剂抗拉强度也是逐渐增大的,如图 4 - 47 所示。

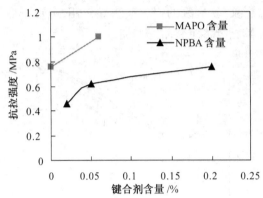

图 4 - 47　键合剂含量和推进剂抗拉强度的关系

当加入键合剂 MAPO 以后,在拉伸过程中分形维数值基本高于没有加 MAPO 的样本,说明加入键合剂以后,固体颗粒与基体的界面粘结能力增强,抗拉强度增大。由此可见,利用分形维数可以判定键合剂的加入对推进剂强度的影响程度,分形维数越大,推进剂的抗拉强度越大。

4.4.2.4　分形维数与损伤变量的关系

高能固体推进剂拉伸过程中裂纹或孔洞发展的过程实质是损伤度发展过程。当推进剂样品中发生微观结构破坏时,无论这种破坏是来自"脱湿"还是粘合剂中形成的小裂纹,都会造成总体积的增加[74]。根据参考文献[75 - 77]所述,由于空隙群的密度和尺寸加大,损伤的同时伴随着材料体积的加大(即膨胀)。可以认为,体积膨胀是损伤的一种几何响应。沈为[78]利用材料在变形过程中由于损伤或空隙群的增加所造成的相对体积膨胀来表征损伤变量,结果为

$$D_d = \ln\left(1 + \frac{\Delta V}{V_0}\right) \tag{4 - 27}$$

式中　D_d——损伤变量;

　　　ΔV——材料受力变形过程中体积改变量;

　　　V_0——初始体积。

S. W. Beckwith[79]也建立了推进剂体积改变量的计算公式,即

$$\frac{\Delta V}{V_0} = \varepsilon_m \varphi_f \left[\frac{\ln(E/F)}{1 + LN(E/F)}\right] \tag{4 - 28}$$

式中 Φ_f——体积分数；

$\quad\quad \varepsilon_m$——最大拉伸应变；

$\quad\quad E$——初始弹性模量；

$\quad\quad F$——拉伸过程中的现实模量。

按照式(4-28)计算固体推进剂单向拉伸过程中的损伤变量与伸长率的关系如图4-48所示。随着伸长率增大,分形维数与损伤变量均增大,变化趋势基本一致。

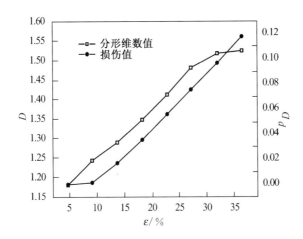

图4-48 损伤变量与伸长率的关系

图4-49为分形维数与损伤变量的关系。可以看出分形维数与损伤呈近似线性关系,即

$$D = kD_d + b \qquad\qquad (4-29)$$

式中 D_d——损伤变量；

$\quad\quad k,b$——常数。

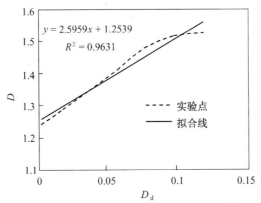

图4-49 分形维数与损伤的关系

179

即用损伤变量或者用分形维数来表征试样的损伤演化过程是一致的。

4.4.3 高能固体推进剂拉伸破坏失效机理

损伤是材料结构组织在外界因素作用下发生的力学性能劣化并导致体积单元破坏的现象。从细观的观点来看,损伤是材料组分滑移、微孔洞、微裂纹等微缺陷形成和发展的结果。从微观的观点来看,损伤是材料内部微细结构状态的一种不可逆、耗能的演变过程。高能推进剂拉伸破坏失效机理主要描述内部微观缺陷的产生和发展所引起的宏观力学效应及最终导致破坏的过程和规律。

高能固体推进剂是由基体和固体填料等材料经混合、分散和化学交联而成的,是一种多相非均质的各向异性材料,比各向同性材料和一般均质各向异性材料都要复杂得多。在高能固体推进剂中,很少有单一的损伤模式,裂纹传播也不会像金属材料那样以预想的方式发生,而总是向多个方向进行。研究高能固体推进剂的损伤首先需要对其在不同条件下的细观结构特征及其演化进行表征,分析细观损伤机理和主要损伤特征。

在低应变率下,由于粘合剂基体的黏弹性,高能固体推进剂整体表现出典型的延性断裂特征,其损伤破坏模式主要以固相颗粒脱黏、脱黏形成的孔洞膨胀以及基体网络的开裂。在高应变率下,高能固体推进剂表现出典型的脆性断裂特征,其损伤破坏形式主要为微裂纹的成核、生长和聚合。损伤会对高能固体推进剂的力学性能、感度和燃烧性能产生影响。高能固体推进剂中损伤的存在会引起结构强度和模量的下降,这些损伤在载荷、温度等的作用下进一步生长、汇合并最终导致推进剂破坏。

高能推进剂的脱湿过程分为两步:第一步是填料颗粒表面附近的粘合剂基体中应力高度集中区域形成微小空洞;第二步是随着进一步形变,微小空洞扩展成环绕颗粒的剥离,导致填料与粘合剂基体完全脱离,此现象即称为脱湿。如果填料颗粒周围是松软的界面层,那么脱湿主要取决于前一过程,脱湿发生时临界应力应不受粒度影响,即含不同 HMX 粒度的推进剂未加 NPBA 时,其颗粒脱湿出现的位置与形状没有明显改变,推进剂将在非常低的应力下发生脱湿,使得模量和强度大幅度降低。由于多硝酸酯增塑剂能部分溶解硝胺晶体,结果在硝胺颗粒周围形成脆弱的松软层,引起硝胺推进剂在形变过程中的迅速脱湿。加入NPBA 之后,由于 NPBA 与硝胺炸药的亲和作用,强化了硝胺颗粒周围的界面,形成坚韧的包覆壳体,使粘合剂基体中的微小空洞不扩展到颗粒表面,最终使推进剂防止了脱湿,模量和强度得到大幅度提高,脱湿形状和位置随粒度显著变化,说明这时脱湿的控制步骤变为后一过程。因为使粘合剂从固体表面脱黏所需的外加应力 σ_a 强烈地依赖于固体粒度[80],即

$$\sigma_a^2 = 4\pi G_a \frac{E}{3r} \qquad (4-30)$$

式中 G_a ——单位面积上的键的断裂能;

  E ——弹性模量;

  r ——颗粒半径。

NPBA 的加入使 HMX 周围形成高模量层,使脱湿延迟或不易发生;即使发生了脱湿,也能获得足够的应变能。

高能固体推进剂在外力作用下发生破坏的过程可分成两个阶段:第一阶段,在固体填料颗粒周围的聚合物母体相内首先发生内扯离,而产生空穴,即"内聚力失效",空穴的形成所需的临界应力依赖于材料的弹性模量,弹性模量越高,则产生空穴所需的临界应力要越高;第二阶段,粘合剂母体相中这些空穴不断扩展,最后达到了填料颗粒表面上,于是,在固体表面上发生剥离过程,颗粒表面被暴露出来,即"黏附失效"或"脱湿",显然,粘合剂母体与填料表面的粘结强度越高,则脱湿越加困难。键合剂的作用在于提高固体颗粒周围粘合剂母体相的弹性模量和增强聚合物母体相与固体填料表面的粘结强度。

高能固体推进剂复合材料损伤大致可分为固体填料损伤、基体材料损伤、固体填料与基体之间的界面损伤。这三种损伤往往相互影响相互耦合,形成复杂的非线性现象。对于高能固体推进剂中 HMX、AP 和 Al 等颗粒,由于其弹性模量比基体大几个数量级,可认为其为弹性材料。弹性模量和泊松比分别为 E_{HMX} = 15.3GPa, υ_{HMX} = 0.32[81]; E_{Al} = 68.3GPa, υ_{Al} = 0.33[82]; E_{AP} = 32.4GPa, υ_{AP} = 0.14[83]。

固体填料损伤的形式较为简单,主要以粒子脆断为主,但是基体材料微损伤的形式就比较复杂。有微裂纹、微孔洞、银纹等。对于以刚度较大的粒子填充高聚物,复合材料中的微损伤一般以固体填料与基体之间界面脱黏形成微孔洞或微裂纹为主。由于固体填料与基体的变形不协调,导致在固体填料附近产生应力集中。当界面张力达到某一临界值时,界面就会脱黏形成微孔洞。微孔洞的演化包括微孔洞成核、长大和汇合。

高能固体推进剂在拉伸过程中,微孔洞的成核和长大都是连续的过程。由于固体推进剂的微细观结构和组分的不均匀性,使单个缺陷(包括微裂纹和微孔洞等)的成核和长大表现出较强的随机性,难以逐个考察。当微缺陷数目足够大时,可以对它们进行统计描述,找出其统计平均行为的规律。邢修三[84]采用统计物理的方法对晶体和金属材料中大量微裂纹演化过程进行了描述。针对材料发生一定的塑性变形的情况,根据塑性变形的微观位错机制和相空间微裂纹数目平衡原理,建立了微裂纹数密度演化的偏微分方程。黄筑平等[85]将邢修三的研究成果引入含两相粒子高聚物材料中微孔洞演化的研究中,将描述微缺陷数密度演化的偏微分方程化为特征线上的常微分方程。结合微孔洞长大的动力学条件,在忽略微孔洞成核时间对微孔洞长大影响的条件下,得到了关于微孔洞数密度演化的一维常微分方程组。求解该方程组,便得到微孔洞数密度的演化规律。研究表明,在演化初期,微孔洞的成核起着较显著的作用。因此,随着时间的推移,不仅微孔洞数密度的分布曲线向大尺度方向移动,而且分布曲线的峰值也在提高;由于成核渐趋饱和,成核孔洞的数目越来越少,作为成核与长大两者之间的竞争结果,微孔洞的长大逐渐成为影响演化规律的主导因素,因而孔洞数密度的演化曲线向大尺度方向推移,但分布曲线峰值下降,整个曲线越来越平缓。微损伤的统计演化规律的研究不仅对于了解材料中微损伤演化的统计平均行为有意义[86],而且对于研究高能固体推进剂宏细观本构关系也是必要的。

4.4.4 高能固体推进剂细观力学行为小结

上述研究结果,高能固体推进剂细观力学行为可简要归纳为以下几点:

(1) 从细观力学行为来看,其损伤破坏是高能固体推进剂组分固体颗粒的位错、滑移、微孔洞、微裂纹等微观缺陷的形成和发展的结果。

(2) 从微观力学行为来看,其损伤破坏是高能固体推进剂内部微观结构状态的一种不可逆、耗能的演变过程。

(3) 对高能固体推进剂损伤机制的研究,比各向同性材料和一般均质各向异性材料都要复杂得多。在高能固体推进剂中,很少有单一的损伤模式,即高能固体推进剂裂纹传播不会像金属材料那样以预想的方式发生,而总是变向进行。

(4) 固体颗粒尺寸效应对微孔洞和微裂纹形成有明显影响,大于平均尺寸的固体颗粒附近容易产生界面开裂。

(5) 高能固体推进剂单向拉伸过程中微孔洞或微裂纹成核有两种机制(图4-50):一个是固体填料作为应力集中体所引发基体的微孔洞或微裂纹的成

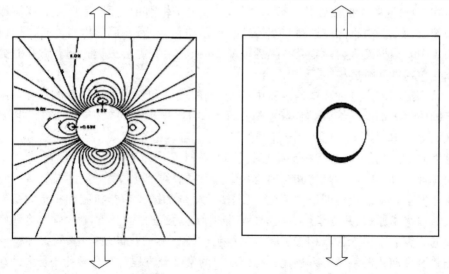

图4-50 高能推进剂单向拉伸过程引发微裂纹的两种机制

(a) 应力集中引发微裂纹;(b) 脱湿机制引发微裂纹。

182

核;另一个是固体填料与基体脱湿机制所形成的微孔洞或微裂纹的成核。

（6）在单向拉伸过程中,由于基体的黏弹性,高能固体推进剂整体通常表现出典型的延性断裂特征,其损伤破坏形式主要为固体填料脱湿、脱湿形成的孔洞扩张以及基体的开裂,微损伤成核的形式是固体填料与基体之间界面"脱湿"形成微裂纹或微孔洞。

（7）界面脱湿的形式是部分脱湿,即在拉伸方向固体填料脱湿,从而失去了在该方向的增强作用,而在垂直于拉伸方向颗粒对微孔洞或微裂纹的变形仍起到阻止裂纹发展的作用。

4.5　高能固体推进剂力学性能模型

4.5.1　复合材料的黏弹性理论[87]

从连续介质力学的角度对复合材料黏弹性本构理论的研究可追溯至 Maxwell 和 Voigt 的开创性工作,随后 Boltzman 和 Volterra 的线性黏弹理论、Noll 和 Coleman 的有限变形线黏弹等理论也得到长足发展。

4.5.1.1　线性弹性理论

对于线性黏弹性复合材料,Boltzman 线性叠加原理成立,积分型黏弹本构方程可表示为

$$\sigma_{ij}(t) = \int_{-\infty}^{t} E_{ijkl}(t-\tau) \frac{\partial}{\partial \tau} \varepsilon_{kl}(\tau) \mathrm{d}\tau \qquad (4-31)$$

$$\varepsilon_{ij}(t) = \int_{-\infty}^{t} J_{ijkl}(t-\tau) \frac{\partial}{\partial \tau} \sigma_{kl}(\tau) \mathrm{d}\tau \qquad (4-32)$$

式中　$\sigma_{ij}(t)$——应力张量分量;

　　　$\varepsilon_{ij}(t)$——应变张量分量;

　　　$E_{ijkl}(t)$——松弛模量张量分量;

　　　$J_{ijkl}(t)$——蠕变柔量张量分量。

这种线黏弹理论发展得比较成熟,由于其形式简单,不仅易于在时域内直接离散建立有限元方程,而且也易于应用对应性原理将黏弹性问题转化为拉普拉斯变化域内的弹性问题直接求解,因此线黏弹理论已被人们广泛地应用于药柱的结构完整性分析,同时它也是各种积分型非线性黏弹本构方程的重要基础。

4.5.1.2　非线性弹性理论

Farris、Martin 等学者早在 20 世纪60—70 年代就发现固体推进剂应力应变曲线的非线性效应。

1. 有限变形线黏弹理论

黏弹性结构在外载作用下常常伴有大变形。Coleman 和 Noll 从近代理性力学的一般原理出发,对 Noll 的简单物质进行讨论,引入"记忆衰退"原理,得到了有限变形线黏弹本构方程:

$$\sigma_{ij}(t) = \sigma_{ij}^{\infty}(C) + x_{i,k}x_{j,l}\int_{-\infty}^{t}E_{klmn}(C,t-\tau)\frac{\partial}{\partial\tau}G_{mn}(\tau)\mathrm{d}\tau \qquad (4-33)$$

式中　$x_{i,k} = \dfrac{\partial x_i(t)}{\partial X_k}$——关于参考位形的变形梯度;

　　　　C——关于参考位形的柯西 – 格林(Cauchy – Green)变形张量;

$G_{mn}(\tau) = \dfrac{\partial x_m(\tau)}{\partial x_m(t)}\dfrac{\partial x_k(\tau)}{\partial x_k(t)} - \delta_{mn}$——关于现时位形的变形张量;

　　　　σ_{ij}^{∞}——持久(稳态应力)。

2. Schapery 非线性本构关系

Schapery 根据不可逆热力学,采用广义坐标和假定自由能及熵生成的一些简单形式,导出了含折减时间的本构关系。无论用松弛积分还是蠕变积分来表示,本构关系具有一种相似的形式。用松弛函数表示的单轴本构关系:

$$\sigma(t) = h_0 E_0 \varepsilon(t) + h_1\int_{-\infty}^{t}E(rr-rr')\frac{\partial}{\partial\tau}[h_2\varepsilon(\tau)]\mathrm{d}\tau \qquad (4-34)$$

式中　rr——折减时间,定义为

$$rr = rr(t) = \int_0^t\frac{\mathrm{d}t'}{a_e}[\varepsilon(t')], \quad rr' = rr(\tau) = \int_0^\tau\frac{\mathrm{d}t'}{a_e}[\varepsilon(t')](a_e > 0)$$

$$(4-35)$$

从连续介质力学角度建立的几种典型的固体推进剂黏弹本构关系在处理大量实际问题时证明是比较成功的,因而具有重要的现实意义。但是,这些理论大都将推进剂作为连续均匀介质来研究,对材料细观结构的影响很少涉及,而且式中包含了许多用来拟合试验数据的材料参数。这些材料参数往往缺乏物理背景,不便于推广。许多学者认为固体推进剂的本构非线性主要是脱湿损伤引起,如何将脱湿损伤和微裂纹损伤的影响计入到推进剂的黏弹本构方程中,使得本构方程具备了一定的微观物理基础。

4.5.2　固体推进剂的力学性能调节理论

4.5.2.1　网络形态结构——微相分离理论[88,89]

微相分离理论产生于聚氨酯弹性体中,在聚氨酯弹性体中有两类极性不同

184

的链段微区——非极性或弱极性软段(聚合物主链)和强极性硬段(氨基甲酸酯链段)。由于两种链段的极性差异,在适当的条件下将形成一定程度的微相分离:硬段靠分子间作用力,聚集成一定尺寸大小的微区,这些微区在弹性体受力状态下,可以变形、耗能,起到增强弹性体的作用。这是聚氨酯弹性体具有优良力学性能的重要原因。

由于现用的复合固体推进剂多是聚氨酯类推进剂,可以预计(部分试验也已证明),这一理论用于推进剂力学性能调节,具有良好的应用前景。

4.5.2.2 粘合剂相对分子质量多重分布(双模或多模)——网络非均匀形变理论[90,91]

网络非均匀形变理论亦可称为粘合剂相对分子质量双模或多模理论。J.E. Mark等人在研究 PDMS 弹性体的力学性能时发现:在粘合剂网络中引入一定比例的长链和短链,可使弹性体的力学性能大大改善。他们还发现,若在这两种链中再嵌入中等长度的链,则弹性体力学性能更佳,因而提出了多模理论。C.S. Kim 等人将这一理论成功地用于含能端羟基聚二硝基丙酯推进剂的力学性能调节中,结果表明,利用双模或多模可以显著改善推进剂的力学性能。

4.5.2.3 中性聚合物键合剂理论[92]

中性聚合物键合剂理论由 C.S. Kim 提出。在含大量含能极性增塑剂的硝胺推进剂中,由于硝胺微溶于增塑剂中,在硝胺表面形成软层,导致填料/基体粘结不良。加之,含能增塑剂遇酸、碱不稳定,因而以前常用的键合剂普遍失效。C.S. Kim 从聚合物溶液理论入手,综合 Oberth 键合理论,利用降温"沉积相分离",在硝胺表面包覆一层中性聚合物键合剂。根据这一设想,合成的键合剂,成功地解决了高能类推进剂力学性能差的难题。

4.5.2.4 填料/粘合剂相间的中间相模量调节理论

成熟的 Oberth 键合理论指出,改善推进剂力学性能的最有效的键合剂是能够在氧化剂(填料)表面形成一个硬的抗撕裂的高模量层,从该理论分析,似乎该层模量越高越好。

庞爱民在键合剂偶联效果的动态分析表征的研究中发现,键合作用最强的键合剂(内聚能大、溶解度参数更接近于填料),力学性能并不是最佳。因此借鉴复合材料中的成熟理论,提出了复合固体推进剂中间相力学模型,并推导出了力学性能调节手段与表征参数(σ, ε)的定性关系。从中发现,在保证推进剂强度满足要求时,应尽量降低中间相模量,要求键合剂在基本满足界面粘结强度要求后,尽量降低其极性,扩大其柔性。这些结论被不同的键合剂(NPBA)结构对HTPB 推进剂力学性能的影响试验结果证实。

4.5.3 固体推进剂力学模型

4.5.3.1 半经验交联—缠结—非高斯链三相网络模型

魏焕曹[93]在研究无机填料 AP 的浓度对 HTPB 单轴拉伸的应力—应变特性、拉伸强度、断裂伸长和拉伸模量的影响基础上,根据 Mooney - Revilin 方程和非高斯链的弹性统计理论,提出了填充弹性体的半经验交联—缠结—非高斯链三相网络模型。

根据橡胶弹性的唯象理论,橡胶形变时的储能函数 W 具有如下形式:

$$W(I_1, I_2, I_3) = \sum_{i,j,k=0}^{\infty} C_{i,j,k}(I_1 - 3)^i(I_2 - 3)^j(I_3 - 3)^k \qquad (4 - 36)$$

$$\begin{cases} I_1(\alpha) = \alpha_1^2 + \alpha_2^2 + \alpha_3^2 \\ I_2(\alpha) = \alpha_2^1\alpha_2^2 + \alpha_2^2\alpha_3^2 + \alpha_3^2\alpha_1^2 \\ I_3(\alpha) = \alpha_1^2\alpha_2^2\alpha_3^2 \end{cases} \qquad (4 - 37)$$

式中 α_1、α_2、α_3——主轴拉伸比。

对各向同性不同压缩弹性体,I_3 为常数。故取式(4 - 36)前两项,得

$$W = C_{01}(I_1 - 3) + C_{02}(I_2 - 3) \qquad (4 - 38)$$

单轴拉伸时,$\alpha_1 = \alpha$、$\alpha_2 = \alpha_3 = \alpha^{-1/2}$,其中 α 是单轴拉伸比,故有

$$f = \frac{\mathrm{d}W}{\mathrm{d}\alpha} = 2\left(\frac{C_{01} + C_{02}}{\alpha}\right)(\alpha - \alpha^{-2}) \qquad (4 - 39)$$

式中 f——拉伸时的应力;

C_{01}——与交联链有关的常数;

C_{02}——与缠结链有关的常数。

对非高斯链,根据自由能与弹性的关系,可知

$$A(\alpha) = -k_B T \int \mathrm{d}^3 R \ln F(\vec{\alpha} \cdot \vec{R}) F(\vec{R}) \qquad (4 - 40)$$

式中 $A(\alpha)$——形变时的自由能;

k_B——玻耳兹曼常数;

$F(\vec{\alpha})$——链末端距的分布函数。

由此可得到非高斯链单轴拉伸时的应力—应变公式:

$$f = \left(\frac{\rho RT}{M_c}\right)[A + B(3\alpha^2 + 4\alpha^{-1})](\alpha - \alpha^{-2}) \qquad (4 - 41)$$

式中 ρ——密度;

186

R——气体常数;

A,B——与高分子链末端距有关的参数。

可得到如下形式的填充弹性体单轴拉伸的应力—应变公式:

$$\frac{f}{2(\alpha - \alpha^{-2})} = \frac{C_1 + C_2}{\alpha} + C_3\left(\frac{3\alpha^2 + 4}{\alpha}\right) \qquad (4-42)$$

式中　α——拉伸比;

$$C_1 = C_{01} + \left(\frac{\rho RT}{M_c}\right)\left(\frac{A}{2}\right);$$

$$C_2 = C_{02};$$

$$C_3 = \left(\frac{\rho RT}{M_c}\right)\left(\frac{B}{2}\right)\text{。}$$

令 $f/2(\alpha - \alpha^{-2}) = [f]$,则式(4-42)简化为

$$[f] = \frac{C_1 + C_2}{\alpha} + C_3\left(3\alpha^2 + \frac{4}{\alpha}\right) \qquad (4-43)$$

式(4-43)即为交联—缠结—非高斯链三相网络模型单轴拉伸的应力—应变公式。

该模型较好地将粘合剂基体、颗粒含量与固体推进剂力学性能联系起来,但未考虑界面及其他因素对力学性能的影响。

4.5.3.2　复合固体推进剂单向拉伸力学模型

徐馨才[94]提出了复合固体推进剂单向拉伸力学模型。一块固化完的推进剂可认为是氧化剂(AP)和铝粉均匀地分散在弹性粘合剂基体(EB)中,固体推进剂药块具有确定的密实系数(C)。假定:AP、EB 和 Al 分别向左、中和右移靠,形成致密无气孔的三维均一体,它们的界面有一定的厚度(L_m)的粘结层(或称高模量层)粘结,得到重排推进剂长方体。导得的数学表达式不仅与弹性基体的伸长率和固体填料体积分数有关,而且还与界面粘结层厚度和固体粒子直径有关,即

$$\varepsilon_P = \varepsilon_{EB} \times C\left[1 - \varphi_{AP} - \varphi_{Al} - 3l_m\left(\frac{\varphi_{AP}}{D_{AP}} + \frac{\varphi_{Al}}{D_{Al}}\right)\right] \qquad (4-44)$$

式中　ε——伸长率;

φ——体积分数;

D——平均粒子直径;

P、EB——推进剂和粘合剂基体;

L_m——粘结层厚度。

该模型表示推进剂的伸长率不仅与粘结体的伸长率和固体填料体积分数有关,而且与界面粘结层厚度和固体粒子的直径有关。利用该模型,丁羟推进剂的计算结果与试验结果比较接近。

4.5.3.3 复合固体推进剂过渡相(中间相)模型[95]

1. 物理模型

根据典型的复合固体推进剂(HTPB/AP, PU/AP 或 NEPE 等)的化学组成特点,模型简化假设如下:

(1)填料(氧化剂和金属粉)颗粒为球形,且均匀分散于基体中,无结团或聚集现象。

(2)对于非极性或弱极性的基体的复合推进剂(如 PU、HTPB 等),过渡相的组成为推进剂组分中的极性添加剂(如键合剂、防老剂、扩链剂等)的富集区;对于强极性粘合剂体系,如 NEPE、CMDB 推进剂等,该相组成为键合剂,部分添加剂(扩链剂、防老剂、固化剂和增塑剂等)的富集区。

(3)在分析力学行为时,各相单独考虑,不考虑相间协同作用。

(4)取单颗粒体积元考虑复合物的形变行为时,其各相同性,则可简化为三层板模型,如图 4-51 所示。

2. 数学模型

在上述三层板简化物理模型的基础上,再作如下假设:

(1)填料为虎克体,满足 $\sigma = \varepsilon \cdot E$。

(2)过渡相和粘合剂相为线性黏弹体:满足 $\sigma = \varepsilon E(t)$;(为简化起见,以下 $E_i(t)$、$E_m(t)$,简化为 E_i 和 E_m)。

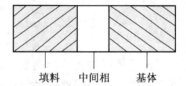

图 4-51 简化的物理模型

因而从力学角度看,可视为串联结构,有

$$\Delta l = \Delta l_f + \Delta l_i + \Delta l_m,$$

即

$$\varepsilon = \frac{V_f * \sigma_f}{E_f} + \frac{V_i * \sigma_i}{E_i} + \frac{V_m * \sigma_m}{E_m}, \sigma_f = \sigma_i = \sigma_m$$

式中 V_f, V_i, V_m——填料、中间相和基体的体积分数。

现设 σ_m^s 为基体破坏强度:

$$\sigma_m^s = \frac{E_m + P}{C} \tag{4-45}$$

σ_i^s 为过渡相破坏强度:

$$\sigma_i^s = \frac{E_i + P}{C} \tag{4-46}$$

σ_{if}^s 为填料与过渡相界面粘结强度:

$$\sigma_{if}^{s} = \left(\frac{4 \pi * C_{Ta} * E_i}{3 * r} \right)^{0.5} \tag{4-47}$$

式中 P——环境压力;

C——应力集中系数;

C_{Ta}——单位表面的破坏能;

r——填料颗粒半径。

则推进剂破坏强度为 $\min\{\sigma_m^s, \sigma_i^s, \sigma_{if}^s\}$,现分别讨论如下:

(1) 若 $\min\{\sigma_m^s, \sigma_i^s, \sigma_{if}^s\} = \sigma_m^s$,则

$\varepsilon = \dfrac{V_f * \sigma_m^s}{E_f} + \dfrac{V_i * \sigma_m^s}{E_i} + \dfrac{V_m * \sigma_m^s}{E_m}$,此时要使 ε 最大,有

$\max\varepsilon = \max\left\{ \dfrac{V_f * \sigma_m^s}{E_f} + \dfrac{V_i * \sigma_m^s}{E_i} + \dfrac{V_m * \sigma_m^s}{E_m} \right\}$,将 σ_m^s 表达式(4-45)代入,有

$$\max\varepsilon = \max\left\{ \frac{V_f * \sigma_m^s}{E_f} + \frac{V_i * E_m}{C * E_i} + \frac{V_i * P}{C * E_i} + \frac{V_m}{C} + \frac{V_m * P}{C * E_m} \right\}$$

由于 E_f 相当大,故第一项近似为零,研究表明,在高填充复合物中 V_i 可高达 V_m 的 $1/4$ 以上,因而,此时 V_i 不可忽略。所以此时:

① 要提高强度应提高 E_m、P,降低 C;

② 要提高伸长率应降低 C、E_i 和 E_m,且(E_m/E_i)越大越好。

(2) 若 $\min\{\sigma_m^s, \sigma_i^s, \sigma_{if}^s\} = \sigma_i^s$,则

$\varepsilon = \dfrac{V_f * \sigma_i^s}{E_f} + \dfrac{V_i * \sigma_i^s}{E_i} + \dfrac{V_m * \sigma_i^s}{E_m}$,此时要使 ε 最大,有

$\max\varepsilon = \max\left\{ \dfrac{V_f * \sigma_i^s}{E_f} + \dfrac{V_i * \sigma_i^s}{E_i} + \dfrac{V_m * \sigma_i^s}{E_m} \right\}$,将 σ_i^s 表达式(4-46)代入,有

$\max\varepsilon = \max\left\{ \dfrac{V_f * \sigma_i^s}{E_f} + \dfrac{V_i * P}{C * E_i} + \dfrac{V_i}{C} + \dfrac{V_m * E_i}{C * E_m} + \dfrac{V_m * P}{C * E_m} \right\}$,同样,有

① 要提高强度应提高 E_i、P,降低 C;

② 要提高伸长率应降低 C、E_i 和 E_m,且(E_i/E_m)越大越好。

(3) 若 $\min\{\sigma_m^s, \sigma_i^s, \sigma_{if}^s\} = \sigma_{if}^s$,则

$\varepsilon = \dfrac{V_f * \sigma_{if}^s}{E_f} + \dfrac{V_i * \sigma_{if}^s}{E_i} + \dfrac{V_m * \sigma_{if}^s}{E_m}$,此时要使 ε 最大,有

$\max\varepsilon = \max\left\{ \dfrac{V_f * \sigma_{if}^s}{E_f} + \dfrac{V_i * \sigma_{if}^s}{E_i} + \dfrac{V_m * \sigma_{if}^s}{E_m} \right\}$,将 σ_{if}^s 表达式(4-47)代入,有

$$\max\varepsilon = \max\left\{\frac{V_{\mathrm{f}} * \sigma_{\mathrm{if}}^{\mathrm{s}}}{E_{\mathrm{f}}} + \frac{V_{\mathrm{i}} * K}{E_{\mathrm{i}}^{0.5}} + \frac{k * V_{\mathrm{m}} * E_{\mathrm{i}}^{0.5}}{E_{\mathrm{m}}}\right\}, 同样,有$$

① 要提高强度应提高 E_{i} 和 C_{Ta},降低 r;

② 要提高伸长率应降低 E_{i} 和 E_{m},提高($E_{\mathrm{i}}/E_{\mathrm{m}}$)和提高 C_{Ta},降低 r。

综合上述三种情况,若破坏发生在基体内则应通过提高 E_{m} 和减少 C 来提高强度;通过降低 C、E_{i} 和 E_{m},提高($E_{\mathrm{m}}/E_{\mathrm{i}}$)来提高伸长率;若破坏发生在过渡相内,则应通过提高 E_{i} 和减少 C 来提高强度;通过降低 C、E_{i} 和 E_{m},提高($E_{\mathrm{i}}/E_{\mathrm{m}}$)来提高伸长率;若破坏发生在填料与过渡相的界面,则应通过提高 E_{i} 和 C_{Ta},减少 r 来提高强度;通过降低 r、E_{i} 和 E_{m},提高($E_{\mathrm{i}}/E_{\mathrm{m}}$)和 C_{Ta} 来提高伸长率。

4.5.3.4　广义交联点模型

庞爱民等[96]在分析复合固体推进剂的结构和力学特点的基础上,提出了复合固体推进剂的力学宏观和微观模型。拉伸强度和弹性形变可认为由粘合剂基体化学交联链、缠结链和附加交联链等三种结构提供。化学交联链是由预聚物与固化剂反应形成的交联网络,它在拉伸强度和伸长率的贡献中起主导作用。附加交联是由交联链通过键合剂在填料颗粒表面生成化学键而形成的附加交联点,它对拉伸强度和伸长率也有较大贡献,特别是当填料高度充填时,这种作用非常显著,而缠结链的影响相对较小,可以忽略不计。图 4 – 52 所示为复合固体推进剂宏观(广义交联点)模型。

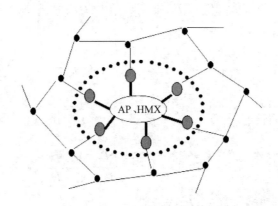

图 4 – 52　复合固体推进剂宏观(广义交联点)模型

●—键合剂;●—化学交联剂;━—化学键;━—键合剂与氧化剂的相互作用。

交联弹性体的抗拉应力—应变方程为

$$\sigma = VeRT(\varepsilon - \varepsilon^{-2}) \tag{4 – 48}$$

假设附加交联点及其他交联点与弹性体交联点对拉伸应力的贡献相近,则式(4 – 48)变为

$$\sigma = Ve(1 + k_2\rho_{\mathrm{f}}S_{\mathrm{f}}\Phi_{\mathrm{f}})RT(\varepsilon - \varepsilon^{-2}) \tag{4 – 49}$$

式中　σ——推进剂单向拉伸强度(MPa);

V_e——交联网络的有效交联密度(mol/cm³);

λ——推进剂拉伸比;

k_2——填料对拉伸强度的增强系数(cm);

ρ_f——填料密度(g/cm³);

S_f——填料比表面积(cm²/g);

Φ_f——填料体积分数;

T——温度(K)。

式(4-49)即为复合固体推进剂的单向拉伸力学行为广义的交联点模型数学表达式。该模型是以 HTPB 推进剂为研究对象,未考虑增塑剂对黏弹性本构方程的影响,同时修正参数的方法也较为粗略。

4.5.4　高能推进剂力学模型的理论基础概述[97-101]

聚合物的弹性理论是在分子结构和热力学概念的基础上发展起来的。理论的发展大致可分为三个阶段:第一阶段是对聚合物的弹性进行热力学分析;第二阶段是用统计方法定量地计算高分子链的末端距和熵,从而对分子的弹性做出比较完整的解释;第三步是把孤立分子链的性质用于交联网结构的体系中,用定量的方法表示网状结构高聚物的高弹性。

根据聚合物弹性体拉伸时发生的高弹形变,除去外力后可恢复原状,即变形是可逆的,因此可利用热力学第一定律和第二定律进行分析。

4.5.4.1　热力学分析

假定长度为 L 的聚合物试验,等温时受外力 f 拉伸,伸长为 dL,由热力学第一定律可知,体系的内能变化等于体系吸收的热量与体系对外做功的差:

$$dU = TdS - dW \tag{4-50}$$

在聚合物发生 dL 的张力变形并产生了恢复力 f 的情况下,对系统完成变形所做的机械功,即 fdL,也必须包括在 dW 中。因此对于产生单轴张力应变的聚合物,有

$$dW = pdV - fdL \tag{4-51}$$

方程式(4-50)变成:

$$dU = TdS - pdV + fdL \tag{4-52}$$

由于所讨论的试验都是在恒压条件下完成的,运用热力学上统一的量,焓 H。焓定义为

$$H = U + pV \tag{4-53}$$

191

在恒定压力下对方程式(4-53)微分,得

$$dH = TdS + pdV \qquad (4-54)$$

代入方程式(4-52)所表示的 dU,得

$$dH = TdS + fdL \qquad (4-55)$$

因此,当在恒温恒压下聚合物经受数量为 dL 的变形时,它所产生的恢复力为

$$f = \left(\frac{\partial H}{\partial L}\right)_{T \cdot p} - T\left(\frac{\partial S}{\partial L}\right)_{T \cdot p} \qquad (4-56)$$

方程式(4-56)表明恢复力起源于因弹性体经受变形而引起的焓和熵的改变。

根据吉布斯自由能定义:

$$dF = -SdT + Vdp + fdL \qquad (4-57)$$

麦克斯韦的关系式之一说明:

$$\left(\frac{\partial S}{\partial L}\right)_{T \cdot p} = -\left(\frac{\partial f}{\partial T}\right)_{p \cdot L} \qquad (4-58)$$

将式(4-58)代替方程式(4-56)中的 $\left(\frac{\partial S}{\partial L}\right)_{T \cdot p}$,得

$$f = \left(\frac{\partial H}{\partial L}\right)_{T \cdot p} + T\left(\frac{\partial f}{\partial T}\right)_{p \cdot L} \qquad (4-59)$$

该式重新整理后,得到所希望的结果:

$$\left(\frac{\partial f}{\partial T}\right)_{p \cdot L} = \frac{f - \left(\frac{\partial H}{\partial L}\right)_{T \cdot p}}{T} \qquad (4-60)$$

因此,为了使 f 对 T 所绘曲线的斜率为负,必须使 $\left(\frac{\partial H}{\partial L}\right)_{T \cdot p} > f$,而为使斜率为正,则必须使 $\left(\frac{\partial H}{\partial L}\right)_{T \cdot p} < f$。试验结果表明前一个不等式在低伸长率下成立,而后一个不等式在高伸长率下成立。在足够长的伸长率下,与 f 相比,可以忽略 $\left(\frac{\partial H}{\partial L}\right)_{T \cdot p}$,因此在这些条件下:

$$f = T\left(\frac{\partial f}{\partial T}\right)_{p \cdot L} = -T\left(\frac{\partial S}{\partial L}\right)_{T \cdot p} \qquad (4-61)$$

192

f 成为直接与热力学温度成正比,或者说聚合物的弹性响应完全由拉伸所引起的熵的减少来控制。

4.5.4.2 聚合物弹性的统计理论

为了在定量的基础上比较理想聚合物与理想气体,从方程式(4-52)注意到:

$$f = \left(\frac{\partial H}{\partial L}\right)_{T \cdot V} - T\left(\frac{\partial S}{\partial L}\right)_{T \cdot V} \qquad (4-62)$$

方程式(4-62)类似于应用于气体的关系式:

$$-p = \left(\frac{\partial U}{\partial V}\right)_{T} - T\left(\frac{\partial S}{\partial V}\right)_{T} \qquad (4-63)$$

对于理想气体,内能不依赖于体积,$\left(\frac{\partial U}{\partial V}\right)_{T} = 0$,而熵有两个分量:一个与气体的热容有关,但不依赖于体积;另一个与系统的构型熵有关,因而是体积的函数。同样,理想聚合物可以同样看待,像模型所要求的那样,它的内能不依赖于伸长度,因此$\left(\frac{\partial U}{\partial L}\right)_{T \cdot V} = 0$,而应力只是由构型熵单独引起的。

在聚合物弹性的统计理论公式中,做了下列简化假设:

(1)系统的内能与各个链的构象无关。

(2)各个网络链是自由结合的并且没有体积(即服从高斯统计)。

(3)这样一些高斯链组成的各向同性网络的构象总数是各个网络链的构象数目的乘积。

(4)网络中的交联结合点被固定在它们的平均位置,聚合物试件变形时,这些结合点将以相同的比率变形(即"仿射"变形)。

现在,从方程式(4-62)得

$$f = \left(\frac{\partial A}{\partial L}\right)_{T \cdot V} \qquad (4-64)$$

但根据自由能 A 定义:

$$A = U - TS \qquad (4-65)$$

由于假设(1),不必去求 U 的明确的表达式,可以致力于熵的表达式,为此将再次引用玻耳兹曼关系式,正像对孤立的链所做的那样:

$$S = k\ln\Omega \qquad (4-66)$$

式中 Ω——聚合物网络可得到的构象的总数目。

按照假设(2),网络中第 i 个链可得到的构象数目由高斯分布函数表示;

$$\omega(x_i, y_i, z_i) = (b/\pi^{1/2})^3 \exp\left[-b^2(x_i^2 + y_i^2 + z_i^2)\right] \qquad (4-67)$$

方程式(4-67)指的是末端矢量距为 $\boldsymbol{r}_i$ 的链,其一端处在末应变状态的坐标 (x_i, y_i, z_i) 上,另一端在笛卡儿坐标系统的原点上,按照假设(3),对 N 个这样链组成的网络可得到的构象的总数目为

$$\Omega = \prod_{i=1}^{N} \omega(\boldsymbol{r}_i) \qquad (4-68)$$

而未变形网络的构象熵正好是:

$$S = 3k\ln(b/\pi^{1/2}) - k\sum_{i=1}^{N} b^2(x_i^2 + y_i^2 + z_i^2) \qquad (4-69)$$

或

$$A_u = A_0 + kT\sum_{i=1}^{N} b^2(x_i^2 + y_i^2 + z_i^2) \qquad (4-70)$$

式中 A_0——与构象熵变化没有关系的亥姆霍兹自由能部分。

处于应变状态时,链变形到 $\boldsymbol{r}'_i$,此时链末端的坐标是 (x'_i, y'_i, z'_i)。为了把链的微观应变与聚合物试件的宏观应变联系起来,假设变形是仿射的(假设(4))。考虑一各向同性聚合物试件的单位立方体。在一般的纯均匀应变情况下,立方体转变为长方体。这种长方体在三个主轴上的尺寸是 λ_1、λ_2 和 λ_3,这些 λ 值称为主伸长比率。选择链的坐标轴与试件的主应变轴相一致,则得

$$x'_i = \lambda_1 x_i, \quad y'_i = \lambda_2 y_i, \quad z'_i = \lambda_3 z_i \qquad (4-71)$$

于是变形网络的亥姆霍兹自由能可以写成:

$$A_d = A_0 + kT\sum_{i=1}^{N} b^2(\lambda_1^2 x_i^2 + \lambda_2^2 y_i^2 + \lambda_3^2 z_i^2) \qquad (4-72)$$

由于变形的结果,聚合物网络的自由能的总变化只不过是方程式(4-125)和方程式(4-72)之间的差,即

$$\Delta A = kT\left[(\lambda_1^2 - 1)\sum_{i=1}^{N} b^2 x_i^2 + (\lambda_2^2 - 1)\sum_{i=1}^{N} b^2 y_i^2 + \right.$$

$$\left. (\lambda_3^2 - 1)\sum_{i=1}^{N} b^2 z_i^2 \right] \qquad (4-73)$$

根据定义:

$$r_i^2 = x_i^2 + y_i^2 + z_i^2 \qquad (4-74)$$

对于随机的、各向同性的网络而言,所有方向上的概率都是相等的,则

$$x_i^2 = y_i^2 = z_i^2 = \frac{1}{3}r_i^2 \qquad (4-75)$$

现在,方程式(4-73)变为

194

$$\Delta A = \frac{1}{3}kT \sum_{i=1}^{N} b^2 r_i^2 (\lambda_1^2 + \lambda_2^2 + \lambda_3^2 - 3) =$$

$$\frac{1}{3}kNT \overline{b^2 r^2} (\lambda_1^2 + \lambda_2^2 + \lambda_3^2 - 3) \qquad (4-76)$$

式中 $\overline{b^2 r^2} = \sum_{i=1}^{N} b^2 r_i^2 / N$。

在第 3 章,把一个无应变的自由取向的随机链的 b^2 定义为

$$b^2 = \frac{3}{2 \overline{r_f^2}} \qquad (4-77)$$

如果无应变状态的网络链具有和自由链系统同样的构象分布,则 $\overline{b^2 r^2} = 3/2$。然而,真实网络中这个条件是不可能满足的。例如,在交联过程中某些链可能已经满足部分地产生变形,因此更普遍地是写成下列形式:

$$\overline{b^2 r^2} = \frac{\overline{b^2} \sum_{i=1}^{N} \overline{r_i^2}}{N} = \frac{3}{2} \left(\frac{\overline{r_0^2}}{\overline{r_f^2}} \right) \qquad (4-78)$$

式中 $\overline{b^2}$——对所有的自由链所取的平均值,即 $\overline{b^2} = 3\overline{r_f^2}/2$。

这里,$\overline{r_0^2} = \sum_{i=1}^{N} \overline{r_i^2}/N$ 指的是网络链的均方末端距,而 $\overline{r_f^2}$ 指的是孤立的链的均方末端距。把方程式(4-78)代入方程式(4-76),得

$$\Delta A = \frac{T}{2}kN \left(\frac{\overline{r_0^2}}{\overline{r_f^2}} \right) (\lambda_1^2 + \lambda_2^2 + \lambda_3^2 - 3) \qquad (4-79)$$

式中 $\overline{r_0^2}/\overline{r_f^2}$——指前因子。

指前因子可以认为是网络链的尺寸同假设它们是孤立的且不受任何的尺寸影响的平均偏差。对于理想聚合物网络,指前因子是 1。

假定单位立方体体积为 V_0,长度为 L_0,外加一单轴伸长($\lambda_1 = L/L_0$)以后,在拉伸方向上的长度为 L,且体积膨胀到 V_0。设想一个假想的流体静压施加于试件上,使试件的体积在未拉紧状态下也是 V。这样初始长度不再是 L_0,而是:

$$L' = L_0 (V/V_0)^{1/3} \qquad (4-80)$$

在单轴拉伸方向上的伸长比率变为

$$a^* = L/L'$$

$$a_1^* = \lambda_1 (V_0/V)^{1/3} \qquad (4-81)$$

平均的链尺寸变成 $\overline{r^2} = \overline{r_0} (V_0/V)^{1/3}$。现在不可压缩性条件要求:

$$a_1^* a_2^* a_3^* = 1 \qquad (4-82)$$

195

而以前：

$$\lambda_1 \lambda_2 \lambda_3 = V/V_0 \qquad (4-83)$$

因为网络是各向同性的，所以沿着两个横向轴的收缩是相等的，故

$$\lambda_1 = a_1^* (V/V_0)^{1/3}$$

$$\lambda_2 = \lambda_3 = (a_1^*)^{-1/2} (V/V_0)^{1/3} \qquad (4-84)$$

把方程式(4-84)引入方程式(4-79)，则对于简单的单轴伸长，因变形引起的亥姆霍兹自由能的变化为

$$\Delta A = \frac{T}{2} kN(\overline{r_0^2}/\overline{r_f^2})\left(a^{*2} + \frac{2}{a^*} - 3\right) \qquad (4-85)$$

因为

$$\left(\frac{\partial A}{\partial L}\right)_{T \cdot V} = \left(\frac{\partial A}{\partial a^*}\right)_{T \cdot V} \left(\frac{\partial a^*}{\partial L}\right)_{T \cdot V} \qquad (4-86)$$

$$f = \frac{T}{L'}\left(\frac{\partial A}{\partial a^*}\right)_{T \cdot V} \qquad (4-87)$$

对方程式(4-85)进行上面指出的微分，得到聚合物弹性的状态方程：

$$f = \frac{NkT}{L'}(\overline{r_0^2}/\overline{r_f^2})\left[a^* - \frac{1}{a^{*2}}\right](V/V_0)^{2/3} \qquad (4-88)$$

方程式(4-88)中 f 是由试件产生的总弹性恢复力。定义应力为：$\sigma = f/A_0$，式中 A_0 是未变形试件的横截面积。进一步定义 $N_0 = N/V_0$ 为未变形试件的每单位体积内网络链的数目，式中 $V_0 = L_0 A_0$。用网络链的摩尔数来表达 N_0。借助于方程式(4-81)，可把方程式(4-88)重写为

$$\sigma = N_0 RT(\overline{r_0^2}/\overline{r_f^2})\left(\lambda - \frac{V}{V_0 \lambda^2}\right) \qquad (4-89)$$

式中 R——理想气体常数。

比率 V/V_0 非常接近于 1，因此方程式(4-89)写为

$$\sigma = N_0 RT(\overline{r_0^2}/\overline{r_f^2})\left(\lambda - \frac{1}{\lambda^2}\right) \qquad (4-90)$$

方程式(4-90)所体现的聚合物弹性的状态方程是重要的，不但由于它是首次对聚合物的分子理论进行定量处理，而且也由于它对聚合物物理性质的理论大体上奠定了概念上的基础。最有意义的一个贡献是认识到：与能量在"普

196

通的"弹性体形变中所起主要作用不同,熵在聚合物形变中起着重要作用。

4.5.5 高能固体推进剂力学模型建立

4.5.5.1 基体网络结构参数对聚合物抗拉应力—应变方程的影响

1. 交联点之间相对分子质量的影响

对于密度为 $d(g/cm^3)$ 的聚合物弹性体,如果网络中每个链的相对分子质量平均是 $\overline{M_c}(g/mol)$,则 $N_0 = d/\overline{M_c}(mol/cm^3)$。方程式(4-90)变成:

$$\sigma = \frac{d}{M_c}RT(\overline{r_0^2}/\overline{r_f^2})\left(\lambda - \frac{V}{V_0\lambda^2}\right) \tag{4-91}$$

由此可知,高能固体推进剂基体拉伸强度与交联点之间的相对分子质量大小成反比。

2. 粘合剂相对分子质量与固化参数的影响

由聚合物弹性体交联点之间的相对分子质量计算公式可知[102]:

$$\overline{M_c} = \overline{M_{polymer}} + R_t \times \overline{M_{curing}}/(R_t - 1)$$

方程式(4-91)变成:

$$\sigma = \frac{d}{\overline{M_{polymer}} + \dfrac{R_t \times \overline{M_{curing}}}{(R_t - 1)}}RT(\overline{r_0^2}/\overline{r_f^2})\left(\lambda - \frac{V}{V_0\lambda^2}\right) \tag{4-92}$$

式中 $\overline{M_{polymer}}$——粘合剂的数均相对分子质量;

$\overline{M_{curing}}$——固化剂相对分子质量;

R_t——固化参数。

由此可知,高能固体推进剂基体拉伸强度与粘合剂相对分子质量、固化剂相对分子质量成反比,而与固化参数成正比。

3. 增塑比的影响[103]

一般而言,在高能固体推进剂中均选用了一定量的增塑剂来改善工艺性能或提高能量性能。增塑剂的极性大小和含量均会对聚合物弹性体的性能产生影响。增塑剂加入后会增加粘合剂的自由体积,使粘合剂分子缠绕减少,粘合剂在增塑剂中溶解形成均匀的粘合剂溶液,此时的聚合物链与未增塑时相比,链伸长了,增塑剂对聚合物链的影响如图4-53所示。

定义 P_1/P_o 为增塑比,其中 P_1 为增塑剂含量,P_o 为粘合剂含量,则单位体积内网络链的数量是 $N_0/(1 + P_1/P_o)$,而网络链的均方末端距是 $\overline{r_0^2}/(1 + P_1/P_o)^{2/3}$。因此,对于增塑聚合物,方程式(4-92)变为

$$\sigma = \frac{d}{\overline{M_{polymer}} + R_t \times \overline{M_{curing}}/(R_t - 1)}RT$$

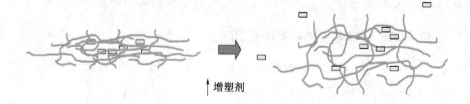

图 4 - 53   增塑剂对聚合物链的影响

$$\left(\dfrac{1}{\dfrac{P_1}{P_o}+1}\right)^{1/3}(\overline{r_0^2}/\overline{r_f^2})\left(\lambda-\dfrac{V}{V_0\lambda^2}\right)\qquad(4-93)$$

对于理想交联弹性体, $\overline{r_0^2}/\overline{r_f^2}$ 为 1, 因此方程式(4-93)可变为

$$\sigma=\dfrac{d}{\overline{M}_{polymer}+\dfrac{R_t\times\overline{M}_{curing}}{(R_t-1)}}RT\left(\dfrac{1}{\dfrac{P_1}{P_o}+1}\right)^{1/3}\left(\lambda-\dfrac{V}{V_0\lambda^2}\right)\qquad(4-94)$$

4.5.5.2   固体填料结构参数对抗拉应力—应变方程的影响

根据典型高能固体推进剂(PEG/AP/Al/HMX)的化学组成特点,对固体填料简化假设如下:

(1)固体填料(氧化剂和金属粉)颗粒为球形,且均匀分散于基体中,不考虑固体填料重力对基体网络结构的影响。

(2)固体填料之间的相互作用忽略不计。

(3)固体填料等价于"物理交联点"作用,其对聚合物基体的影响如图 4 - 54 所示。

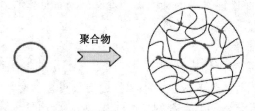

⊛ 填料   ・范德华力   ● 化学交联点

图 4 - 54   固体填料对聚合物基体的影响

在方程式(4-94)基础上,考虑固体填料对聚合物基体网络结构的影响,可推导出:

$$\sigma=\dfrac{d}{\overline{M}_{polymer}+\dfrac{R_t\times\overline{M}_{curing}}{(R_t-1)}}RT\left(\dfrac{1}{\dfrac{P_1}{P_o}+1}\right)^{1/3}$$

$$\left(1 + \sum_{x=1}^{n} K_x \frac{\phi_x \times S_x}{\frac{4}{3}\pi\left(\frac{D_x}{2}\right)^3}\right)\left(\lambda - \frac{V}{V_0\lambda^2}\right) \qquad (4-95)$$

式中 ϕ_x——固体填料体积分数;

         S_x——固体填料比表面积;

         D_x——固体填料直径;

         x——固体填料种类;

         K_x——固体填料的相关系数。

4.5.5.3 基体/固体填料界面结构参数对抗拉应力—应变方程的影响

一般而言,键合剂与催化剂一样具有一定的专一性,即不同的固体填料对应不同的键合剂。利用建立基体/固体填料的界面表征参数,指导不同固体填料用键合剂的筛选。当不含键合剂时,填料与基体之间一般仅存在氢键和范德华力等次价键力。当含键合剂时,除含次价键力外,可能还存在一定量的化学键力。固体填料 HMX 和 RDX 一般使用 NPBA 作键合剂;固体填料 AP 和 ADN 使用 MAPO 作键合剂;固体填料 Al 和 AlH_3 使用醇胺类键合剂。

键合剂以分子形式分散,一端与固体填料之间形成氢键或弱化学键,在固体填料表面形成一个硬的抗撕裂的高模量层;另一端与粘合剂基体之间形成化学键,其对高能固体推进剂的影响如图 4 – 55 所示。

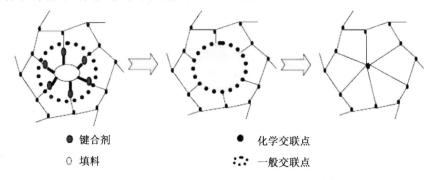

● 键合剂   ● 化学交联点

○ 填料   ⋯ 一般交联点

图 4 – 55   键合剂对高能固体推进剂的影响

在方程式(4 – 95)的基础上,推导出含键合剂的高能固体推进剂力学模型:

$$\sigma = \frac{d}{\overline{M}_{\text{polymer}} + \frac{R_t \times \overline{M}_{\text{curing}}}{(R_t - 1)}} RT \left(\frac{1}{\frac{P_1}{P_o} + 1}\right)^{1/3}$$

$$\left(1 + \sum_{x=1}^{n} K_{\text{binding}} K_x \frac{\phi_x \times S_x}{\frac{4}{3}\pi\left(\frac{D_x}{2}\right)^3}\right)\left(\lambda - \frac{V}{V_0\lambda^2}\right) \qquad (4-96)$$

式中　$K_{binding}$——键合剂相关系数,其余参数含义同4-95。

4.6　高能固体推进剂屈服断裂判据

国内外已对有关均质材料、金属(陶瓷)基等材料的断裂判据进行了大量的研究工作,建立了适用该体系的断裂判据。但针对聚合物基复合材料,特别是交联体系聚合基复合材料的断裂判据开展的工作较少。一方面是由于复合材料的种类繁多,不同材料的断裂行为和方式存在较大差异;另一方面复合材料断裂理论发展较慢。

本节在总结、分析国内外经典断裂判据和复合材料断裂判据建立思路的基础上,结合高能固体推进剂细观力学行为、拉伸断裂失效机理等相关研究成果,试图建立高能固体推进剂屈服断裂判据。

4.6.1　高聚物的屈服及屈服判据

4.6.1.1　高聚物的屈服及微观解释

当高聚物材料处于外载作用产生明显塑性变形的临界状态时,称为材料屈服。材料的屈服现象限制了高聚物材料在承载时的使用,但使材料具有可延展性的韧性而不会发生纯粹的脆性破坏。根据高聚物结构的不同,一般脆性高聚物在外应力下不发生屈服冷拉现象,易形成银纹结构,而韧性高聚物可发生屈服和冷拉现象,在局部区域易形成剪切带结构[104]。

对高聚物屈服的微观解释还不成熟,它还不能解释屈服过程的所有现象。归纳起来,主要有以下几种解释[105]。

1. 自由体积解释

很早就有人认为外加应力会增加高分子链段的活动性,从而降低高聚物的玻璃化转变温度。如果在外应力作用下,高聚物的 T_g 已降低到试验温度,高分子链段变得能完全运动,高聚物就屈服了。从自由体积来看,在外应力作用下,试样自由体积应有所增加才能允许链段有较高的活动性,从而导致屈服。

自由体积解释的困难之处在于高聚物屈服时的体积并不是增大的。是否存在这样一种可能,即在外应力作用下,占用体积的变化能允许自由体积增加而不增大总的体积,还不甚明确。

2. 缠结破坏

把屈服直观地认为是近邻分子间相互作用—无论是几何缠结还是某种次价键的破坏,显然这类过程是非常可能存在的。但是不清楚在决定屈服应力上缠结破坏能起多大作用。

3. 埃林理论

埃林理论认为高分子链段是在位垒两边热振动,外加应力将降低向前跃迁

200

的位垒,而增加向后跃迁的位垒,使得向前跃迁比向后跃迁更容易。当外加应力增加到足够高时,使得在玻璃态原本冻结的链段能够过越位垒而运动,高聚物就发生了屈服。

4. 萝卜特森(Robertson)模型

Robertson 模型吸取了应力使高聚物的玻璃化转变温度降低的观点和高分子链段跃迁的思想,认为外加应力迫使分子接受一种新的更类似于橡胶的构象,当构象变得与 T_g 时的构象相似时就发生屈服。与埃林模型不同的是 Robertson 模型不是高分子链段的跃迁,而是高分子链段顺式和反式构象的变换。他认为反式状态的能量比顺式状态的能量小一个 ΔE,当有外应力作用时,应力的效应迫使某些链段从反式向顺式构象转换,到顺式构象增加得足够多时,就发生屈服。

4.6.1.2 高聚物的屈服判据

高聚物在受载作用下首先是弹性形变,继续施加载荷则产生塑性形变,材料开始屈服,塑性形变达到一定的程度后材料发生断裂。材料在单向拉伸或压缩状态下的屈服应力可以由单向拉伸应力—应变曲线得到。若在组合应力状态下确定材料的屈服条件,需要依据强度理论,找到一种各应力分量的函数,对于所有的试验,即对应不同的应力组合,它均匀达到一个临界值,这种函数就是屈服判据。高聚物的屈服判据有以下几种:

(1)最大切应力理论(Tresca 判据)。该理论是针对金属材料提出来的,剪切作用最大方向上的剪切应力达到某一临界值材料就产生屈服。

(2)最大变形能理论(Von Mises 判据)。当材料的剪切应变达到某一临界值材料就产生屈服。

(3)双参数屈服判据理论(Coulomb,Mohr 判据)。在某平面出现屈服行为的临界切应力与垂直于该平面的正压力成正比,即

$$\tau_n = (\tau_n)_0 - \mu \sigma_n \qquad (4-97)$$

式中 τ_n, σ_n——作用于单位法矢量为 n 的滑移面上的切应力和正应力;

$(\tau_n)_0$——纯切应力状态的屈服切应力;

$\mu = \tan\phi$;

ϕ——滑移摩阻角。

这种屈服判据对高聚物很适用,前面两种屈服判据的适用范围比较有限。

4.6.2 高聚物断裂和强度

4.6.2.1 脆性断裂和韧性断裂

高聚物材料的韧性是高聚物材料的一大优点,但其内在韧性需要在一定温度和受力状态下才能表现处来。高聚物的断裂是脆性的还是韧性的可以从下面三个方面判别。

（1）应力应变曲线。如果材料在屈服以前就发生断裂,那么这种断裂就是脆性断裂;如果材料发生屈服或发生与链段运动对象的高弹形变后才断裂,则为韧性断裂。

（2）冲击强度。可把冲击强度为 $2kJ/m^3$ 作为临界指标,一般刻痕试样的冲击强度低于这一数值时为脆性破坏,反之为韧性破坏。

（3）试样断裂表面的形态。这是一种直观的经验方法。试样断裂表面较光滑的为脆性断裂,反之为韧性破坏。同一高聚物材料表现为脆性还是韧性破坏与试验的条件有关,改变试验条件可以实现脆性和韧性的相互转化。

4.6.2.2 脆性断裂判据

脆性高聚物在拉应力下易形成银纹结构,脆性高聚物的断裂与银纹密切相关。裂纹往往(但不一定)始于银纹,裂纹通过银纹扩展,当银纹中的应力水平超过银纹底部微纤束的强度时,微纤束断裂,一部分银纹转化为裂纹;应力水平继续提高时,裂纹银纹区向前扩展,同时通过银纹底部微纤的断裂,裂纹也向前扩展,当若干条裂纹彼此相连后就导致材料的宏观断裂。材料的宏观断裂由Griffith 脆性断裂理论判断。

按 Griffith 假定[106],当由于裂纹扩张所引起的弹性储能减少($-dU$)大于或等于由于裂纹扩张(da)而形成新表面 dA 的表面能增加 γdA 时,材料就发生断裂。

$$-\frac{dU}{da} \geq \gamma \frac{dA}{da} \qquad (4-98)$$

式中　γ——单位面积的表面能(J/m^2);

　　　dA——表面积的增量;

　　　da——裂纹长度的变化;

　　　dU——弹性储能的变化。

通过对材料裂纹附近弹性储能的估计可以推出脆性材料产生 I 型裂纹时的拉伸强度为

$$\sigma = \sqrt{\frac{2E\gamma}{\pi a}} \qquad (4-99)$$

$$K = \sigma \sqrt{\pi a} \qquad (4-100)$$

式中　K——应力强度因子。

K 用来表征裂纹尖端附近区域应力场的强弱,是判断裂纹是否将进入失稳状态的一个指标。断裂判据为

$$K_I \geq K_{Ic}$$

式中　K_I—— I 型裂纹的应力强度因子;

K_{IC}——临界应力强度因子(也称断裂韧性)。

根据公式,已知材料的K_{IC}(通过试验可以测出)和不发生断裂允许承受的最大裂纹长度,可以计算出材料允许承受的最大应力。Griffith 断裂理论本质上是一个热力学理论,它只考虑了为断裂形成新表面所需要的能量之间的关系,没有考虑高聚物材料断裂的时间因素,这是理论的不足之处;该理论假定材料是完全线弹性的,不允许裂纹有较大的塑性变形,实际应用时要对 K 进行一定的修正。

4.6.2.3 弹塑性断裂理论

当高聚物材料发生塑性断裂时,需要依据弹塑性断裂理论。经典断裂判据中的弹塑性断裂理论有(裂纹张开位移 COD)断裂判据和 J 积分断裂判据。COD 判据为:COD≥某临界值,采用 COD 理论时裂纹启裂和断裂的临界值不同,适用于小范围内的屈服行为,目前采用该判据较少。J 积分的表达式为[107]

$$J = \int_C \left(W dy - T_i \frac{\partial u_i}{\partial x} ds \right) \qquad (4-101)$$

式中　C——裂纹下表面某点到裂纹上表面某点的简单积分线路;

　　　W——弹塑性应变能密度;

　　T_i, u_i——积分线路上作用于 ds 积分单元 i 方向的面力分量和位移分量。

断裂判据为

$$J \geqslant J_{IC} \qquad (4-102)$$

J 积分是衡量有塑性变形时裂纹端区应力应变场强度的力学参量,表示当裂纹长度改变一个单位长度时每单位的厚度势能的改变量,避免了计算裂端区复杂应力应变场。由于 J 积分的线路无关性是建立在裂纹尾迹不发生卸载的情形下,实际上裂纹尾迹避免不了有局部卸载,J 积分适用于裂纹启裂时,对于失稳扩展时要加一定的限制。

上述断裂判据都属于宏观理论判据,它必须在材料加载使用情况下应用。运用以上公式时需要通过试验测出材料断裂韧性,然后求出材料在一定应力下允许的最大裂纹长度,或者求出一定裂纹尺寸下的最大允许承载应力。

4.6.2.4 高聚物断裂的分子激活理论

温度和应变率对材料的屈服应力有重大影响,而且表现出明显的应力促进热激活运动的特性,在此基础上,Eyring 创立了高聚物滑移的热激活塑性变形理论。该理论认为材料的断裂是一个松弛的过程,宏观断裂是微观化学键断裂的一个活化过程,与时间有关。把分子链化学键视为断裂的元过程,分子链段以滑移的方式运动跨越势垒,当无应力时,存在着动态平衡,也即从正反量方向跨越势垒的频率或速率相等;当受应力作用时,两方向的势垒高度发生变化,受应力作用的塑性应变率 ε_p 应正比于向前方向的净流动率,其屈服应力表达式为

$$\sigma = \frac{KT}{V}\left(\frac{\Delta H}{KT} + \ln \frac{2\dot{\varepsilon}_t}{\dot{\varepsilon}_0}\right) \qquad (4-103)$$

式中 K——玻耳兹曼常数；

  ΔH——活化能；

  ε_0——指数前的应变率因子。

该理论虽属于微观层次的材料物理领域，但它所引得的特征参数（活化体积和活化能）却与宏观力学行为的表述密切相关，是建立合适的本构理论方程的基本依据之一。该理论已成功应用于玻璃态聚合物，对交联聚合物是否试用还需要进一步验证。

4.6.2.5 高聚物的强度

高聚物材料的破坏主要是高分子主链上化学键的断裂或是高分子链间相互作用力的破坏，因此从构成高分子链化学键的强度及高分子链间相互作用力的强度可以估算高聚物材料的理论强度。

影响高聚物断裂的因素有很多，如聚合物的交联程度、相对分子质量大小、聚合物取向及添加增塑剂等。Bueche 利用三向理想交联网模型来计算交联度及起始相对分子质量量对聚合物强度的影响。

模型考虑一个体积单元，边长为 1cm，体积单元的边平行于理想交联网的三个分子链方向。假设此体积单元中有 ν 个分子链，交联网的每个分子绳含有 n 条分子链，最后推导出聚合物的断裂强度：

$$\sigma_B = n^2 \sigma_C \qquad (4-104)$$

$$n = (\nu/3)^{1/3} \qquad (4-105)$$

式中 ν——单位体积中有效网络链；

  σ_C——单个分子绳强度。

已知 v 和 σ_C 即可求出聚合物的断裂强度，但是 σ_C 是一个微观量，其求解方法目前鲜有报道。

综上论述，由于聚合物的极限强度受内部结构形式、加载方式、温度等外部条件影响，目前还没有将交联剂、增塑剂等外加剂因素考虑在内的比较满意的公式来预测聚合物基体强度。因此可以借鉴聚合物单向拉伸试验或者依据上述理论计算来估算聚合物的拉伸强度。

4.6.3 复合材料断裂强度预测

4.6.3.1 断裂强度的预测

复合材料断裂强度的预测应用比较成功的是纤维填充复合材料。张立群等人[108]报道了短纤维橡胶复合材料的模量和强度的理论预测，指出复合材料的强度取决于基体强度，纤维的取向、体积含量等。倪新华[109]认为颗粒增强金属基复合材料基体和增强体结合完好,在外载作用下材料会从基体断裂,材料的断裂由基体的断裂来决定。根据三相模型法确定出外应力一定时二相胞元的外加应变,进而得到基体内的细观应力场,根据损伤过程的广义热力学力计算出损伤等效应力,当损伤等效应力等于基体单向拉伸断裂应力时,计算出复合材料的基体破坏极限应力。

对于颗粒填充复合材料,当界面粘结强度较弱时,复合材料的强度主要由聚合物基体承担[110],此时

$$\sigma_{yc} = \sigma_{ym}(1 - \psi) \tag{4-106}$$

式中 σ_{yc}——复合材料的屈服应力;

$\quad\quad \sigma_{ym}$——基体的屈服应力;

$\quad\quad \psi$——填料体积分数 Φ_f 的函数。

当考虑填充微粒形状和排列时,式(4-106)变为

$$\sigma_{yc} = \sigma_{ym}(1 - a\phi_f^b) \tag{4-107}$$

式中 a, b——依赖填充微粒形状和排列的常数。

对于圆形颗粒 $a = 1.21, b = 2/3$,式(4-107)变为[111]

$$\sigma_{yc} = \sigma_{ym}(1 - \phi_f^{2/3}) \tag{4-108}$$

Nielsen 考虑了应力集中系数,添加一个系数 K_i,则

$$\sigma_{yc} = K_i \sigma_{ym}(1 - a\phi_f^b) \tag{4-109}$$

并说明 $K_i = 0.5$,考虑到颗粒尺寸效应。继续改进了公式

$$\sigma_{yc} = \sigma_{ym}(1 - \phi_f) - h\phi_f D \tag{4-110}$$

式中 h——系数;

$\quad\quad D$——填料颗粒直径。

考虑到粒子于基体中的堆积特性,将粒子填充复合材料的拉伸强度或屈服强度与界面的性能联系起来,Pukanszky 等人[112]提出了一个经验公式:

$$\sigma_{yc} = \frac{1 - \phi_f}{1 + 2.5\phi_f} \sigma_{ym} \exp(B\phi_f) \tag{4-111}$$

式中 B——与界面粘结有关的常数。

当 $B = 0$ 时,属于无粘结;当 $B = 3$ 时,为良好粘结;当 $B > 3$ 时,σ_{yc} 随着 ϕ_f 的增加而增大,属于强粘结情形。已知粒子的体积分数 ϕ_f,通过拉伸试验确定 σ_{yc} 与 σ_{ym},然后在坐标轴上画出 $\ln(\sigma_{yc}/\sigma_{ym})$ 对应不同的 Φ_f 数据点,这些数据点的回归直线的斜率就是 B 值。B 值与基体确定后,可以计算不同粒子体积分数下的复合材料屈服应力值。

当填料和基体的界面的粘结强度处于既不弱也不很强的状态时,界面层可以传递一部分力,此时材料的应力分布在基体上和填料中,故 a 的值要小于

1.21,Bigg[113]对公式进行了修正：

$$\sigma_{yc} = (1 - a\phi_f^b + c\phi_f^d)\sigma_{ym} \tag{4-112}$$

式中　C,d——与基面粘结有关的常数。

Leidne 考虑了外界压强及颗粒相互作用的影响,提出公式：

$$\begin{cases} \sigma_{yc} = kap\phi_f + k\sigma_{ym}(1 - \varphi_f) & (\varphi_f < \phi_f^{cri}) \\ \sigma_{yc} = (\sigma_a + k\tau_{ym})\varphi_f + \sigma_{ym}(1 - \varphi_f) & (\varphi_f > \phi_f^{cri}) \end{cases} \tag{4-113}$$

式中　k——应力集中系数,一般取 0.83；

　　　p——压强；

　　　a——摩擦系数；

　　　σ_a——由内应力产生热而导致界面应力的减少；

$\sigma_a + k\tau_{ym}$——基体通过界面传向填料的应力；

　　　ϕ_f^{cri}——临界体积分数。

庞爱民建立了广义交联点模型,将键合剂在填料颗粒表面生成的化学键当作一种附加交联点,假设附加交联点及其他交联点与弹性体交联点对拉伸应力的贡献接近,最后导出固体推进剂的应力与基体应力的关系：

$$\sigma = (1 + k\rho_f s_f \phi_f)\sigma_m \tag{4-114}$$

式中　k——填料对拉伸强度的增强系数；

ρ_f, ϕ_f, S_f——填料的密度、体积分数和比表面积。

综上所述,由于影响高聚物断裂的因素有很多,如聚合物的交联程度,相对分子质量大小、聚合物取向及添加增塑剂等。同时,填料的种类、粒径及相互作用关系对推进剂基体的影响很大,填料与基体之间的界面影响因素很难定量表征,这些困难使固体推进剂极限性质很难准确预测。

4.6.3.2　高能固体推进剂极限强度预测

对于高能固体推进剂,当固体含量较少或界面粘结强度较弱时,推进剂的强度主要由粘合剂基体承担,此时,添加固体颗粒相当于基体承载面积的减少。

设取出单位体积的推进剂样本,其中含有 n 个固体颗粒,固体颗粒假设均为圆形,半径为 r,此时基体有效承载面积为 $S = 1 - n\pi r^2$,那么推进剂复合材料的应力为

$$\sigma_{yc} = \sigma_{ym}S \tag{4-115}$$

式中　σ_{ym}——粘合剂基体的最大抗拉强度；

　　　σ_{yc}——推进剂的最大抗拉强度。

又固体填料的体积含量为

$$\phi_f = \frac{n\frac{4}{3}\pi r^3}{1} \tag{4-116}$$

联立式(4-115)和式(4-116),得

$$\sigma_{yc} = \sigma_{ym}(1 - \pi\sqrt{3\phi_f/4\pi}) = \sigma_{ym}(1 - 1.21\phi_f^{2/3}) \quad (4-117)$$

利用式(4-117)对推进剂强度进行预测,结果见表4-4。

表4-4 强度的预测值

编号	填料	填料体积含量/%	σ_{yc}试验值/MPa	σ_{yc}计算值/MPa
3-1	无	0	0.51	0.51
1-8	HMX	37.6	0.32	0.198
3-4	Al	54.7	0.90	0.105
3-5	AP	26.1	0.93	0.269

计算结果可见,计算值均低于试验值,尤其是固体含量增加时,预测值与试验值差别很大。这是因为上述公式仅仅考虑了固体颗粒的加入减少了基体的承载面积,实际上,当固体颗粒添加到基体中时,填料粒子与粘合剂母体的大分子网络链形成了"附加交联点",吸附有大分子网络链的这种粒子能起到均匀分布负荷的作用,当其中某一条大分子链受到应力时,可通过交联粒子将应力传递到其他分子链和粒子上,使应力分散,这样就减少了断裂的可能性,而起到增强作用。因此,必须考虑填料界面作用和填料粒径的影响。

考虑界面效应,引入界面增强系数 B,Pukanszky 等人提出的一个经验公式

$$\sigma_{yc} = \frac{1 - \phi_f}{1 + 2.5\phi_f}\sigma_{ym}\exp(B\phi_f) \quad (4-118)$$

式中 ϕ_f——固体体积含量;

B——填充颗粒与基体界面的粘结系数;

$\dfrac{1 - \phi_f}{1 + 2.5\phi_f}$——填料体积含量对基体的影响;

$\exp(B\phi_f)$——界面性能对其强度的影响。

比较式(4-117)和式(4-118),在式(4-117)中引入界面效应的影响,则变为

$$\sigma_{yc} = \sigma_{ym}(1 - 1.21\phi_f^{2/3})\exp^{B\phi_f} \quad (4-119)$$

假设不同固体填料附加交联点及其他交联点与弹性体交联点对拉伸应力贡献相近,则参照 Oberth 理论,改变式(4-119)得到最终的断裂强度公式为

$$\sigma_{yc} = m\sigma_{ym}\left(1 - 1.21\sum\phi_f^{2/3}\right)\exp^{\sum B\rho S\phi_f} \quad (4-120)$$

式中 m——修正系数。

由推进剂细观力学行为研究可知,各个固体组分单加或同时加入到推进剂中,其各自对推进剂的作用效果基本相当,忽略固体组分之间的相互作用,假设固体填料对推进剂的增强效果可以进行累加,那么:

$$\sum B\rho S\phi = \sum_{i=1}^{n} B_i \rho_i S_i \phi_i \qquad (4-121)$$

粘结系数 B 与填料的种类、粒径有关,对同一种填料,填料的粒径(比表面积)不同时, B 值不同。根据 Hajo 和 Toyashima 提出的理论, $B = c + d/\sqrt{D}$, D 为填料的直径。

假设同一固体填料对基体的增强效果是相同的。故利用式(4-121),即可计算出不同的填料对粘合剂基体的增强系数。为求出不同填料时的 B 值,首先计算粘合剂基体中添加单组分的固体填料时,界面的增强系数。由式(4-121)变换可得

$$B = \ln \frac{\sigma_{yc}}{\dfrac{\sigma_{ym}\left(1 - 1.21\sum \phi_f^{2/3}\right)}{\rho S \phi_f}} \qquad (4-122)$$

联立式(4-120)、式(4-121)、式(4-122),计算了不同 Al、AP、HMX 体积含量时推进剂的力学性能与试验实测值并进行对比,结果见表4-5。

表4-5 计算值与试验值比较

填料体积含量/%			应力计算值	乘以修正系数0.67	试验值	计算误差/%
Al	AP	HMX				
3.2	21.0	33.8	1.468	0.999	0.855	16.8
6.6	16.0	33.8	1.456	0.990	0.878	12.8
10.2	11.2	33.8	1.429	0.972	1.02	-4.7
10.2	0	48.4	1.122	0.763	0.815	-6.4
42.7	11.2	0	1.811	1.231	1.038	18.6
32.3	11.2	8.34	1.745	1.187	1.106	7.3
24.1	11.2	16.3	1.659	1.128	1.106	2.0
16.8	11.2	24.9	1.556	1.058	1.057	0.1
10.8	12.0	35.7	1.337	0.909	0.820	10.9

表4-5中数据结果可知,预测值与试验的最大误差小于20%,说明该预测

208

公式具有一定的指导作用。但仍有较大误差,原因在于上述公式忽略了颗粒之间的相互作用,但实际推进剂中颗粒之间是存在相互作用的,故上述公式仍需要进一步改进才能更加符合实际。

4.7 高能固体推进剂有限元细观力学模型

4.7.1 高能固体推进剂力学性能预示的计算细观力学方法

目前,利用细观力学方法对高能固体推进剂力学性能的研究主要集中在材料的本构方程、细观损伤等方面,重点是从高能固体推进剂的细观结构出发,采用理论与数值分析相结合的方法,对高能推进的力学性能、断裂、失效机制以及力、热耦合问题进行研究。

在研究本构方程方面,常采用两类细观力学方法:一类方法是基于 Eshelby[114]等效夹杂原理的各种细观力学均质化理论(包括平均场理论、自洽理论和广义自洽理论等)。到目前为止,已建立了颗粒复合材料的宏观等效弹性模量、泊松比、热膨胀系数、热导率、弹塑性本构关系等的预测公式。但是,由于这些理论在研究中总是以代表性体积单元(Representative Volume Element,RVE)为基础,因此对材料内部颗粒之间的相互影响考虑的比较粗糙,不能精确描述不同的细观结构形式对宏观性能的影响,同时对于一些复杂力学行为,诸如蠕变、黏塑性、破坏强度等的预测则就更无能为力了。另一类是基于单胞模型(Unit Cell Model)的细观力学方法[115],目前这种方法已被广泛应用于颗粒复合材料的性能预测,不仅在预测两相颗粒复合材料的弹性、塑性、蠕变以及动力学性能的方面取得了与试验结果较为吻合的效果,而且在研究界面损伤、粒子团簇等细观结构现象对两相颗粒复合材料的力学性质的影响方面也取得了较大的进展。但是,这一类方法采用了简化的两相细观结构模型,描述的是周期性的细观结构,在具有多组分、多尺度复杂细观结构的复合材料相关问题研究方面存在缺陷。

可见,以上两种方法,在对颗粒之间的相互作用以及多组分、多尺度颗粒复合材料的性能预测上仍存在很大不足,在预测颗粒复合材料的一些极限性质(如拉伸强度等力学性质)上基本处于空白。由于高能固体推进剂是高填充复合材料,且基体刚度很低,其极限延伸率远高于通常的复合材料,如金属—陶瓷复合材料,力学行为表现为强非线性,故采用理论方法对其力学性能进行预示十分困难。经研究,采用计算细观力学方法能对复合材料力学行为进行数值模拟。

高能固体推进剂力学行为虚拟试验的有关流程如图4-56所示。发展高能固体推进剂力学性能预示的计算细观力学方法的关键,是建立多组分、高填充率固体推进剂有限元模型及采取有效的非线性有限元分析方法。

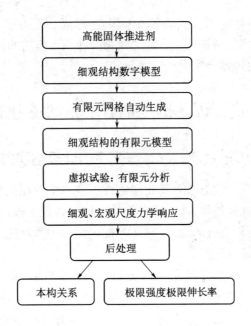

図 4 - 56　计算机虚拟力学试验流程

4.7.2　有限元计算原理

有限元分析(Finite Element Analysis,FEA)的基本概念是利用数学近似的方法对真实物理系统(几何和载荷工况)进行模拟。利用简单而又相互作用的元素,即单元,就可以用有限数量的未知量去逼近无限未知量的真实系统。有限元方法的基础是变分原理和加权余量法。计算过程中将求解域看成是由许多称为有限元的小的互连子域组成,对每一单元假定一个合适的近似解,然后推导求解这个域总的满足条件(如结构的平衡条件),从而得到问题的解。这个解不是准确解,而是近似解,因为实际问题被较简单的问题所代替。由于大多数实际问题难以得到准确解,而有限元不仅计算精度高,而且能适应各种复杂形状,因而成为行之有效的工程分析手段。有限元法最初被称为矩阵近似方法,应用于航空器的结构强度计算,并由于其方便性、实用性和有效性而引起从事力学研究的科学家的浓厚兴趣。经过短短数十年的努力,随着计算机技术的快速发展,有限元方法迅速从结构工程强度分析计算扩展到几乎所有的科学技术领域,成为一种丰富多彩、应用广泛并且实用高效的数值分析方法。对于不同物理性质和数学模型的问题,有限元求解法的基本步骤是相同的,只是具体公式推导和运算求解不同。

高能固体推进剂是一种高填充大剂量增塑的高分子聚合物基复合材料。单向拉伸性能是高能固体推进剂力学性能的主要衡量指标之一。利用计算机辅助分析拉伸过程,有助于直观地模拟高能固体推进剂试样的受力变形情况,分析其受力薄弱环节并计算出各节点的应力值,为其性能评价及预测提供理论参考。有限元法是随着电子计算机的发展而迅速发展起来的一种现代计算方法,具有强大的建模功能,并且随着网格划分的细化,可以不断接近精确解,为高能固体推进剂整体以及内部各点受力情况的分析、计算提供可能和便利。计算结果可以作为高能固体推进剂性能评价及预测的理论参考,从而满足工程实际需要。因此有限元法成为增强复合材料微观力学性能分析的最合适方法之一,并成为近年来国内外学者研究的热点。将先进的有限元分析方法应用于其进行力学性能预示具有一定的理论基础,但仍需突破高体积分数、多级配、界面等多项关键技术,建立物质组成结构与力学性能相关关系。

4.7.3 高能固体推进剂有限元模型建立

4.7.3.1 高能固体推进剂有限元模型建立流程

高能固体推进剂有限元模型求解问题的基本步骤一般分为三个阶段,即前处理、处理和后处理。图4-57所示为高能固体推进剂有限元模型建立流程。前处理阶段,建立细观结构有限元模型。首先假设高能固体推进剂在宏观上是均相材料,此时任取其中一部分其力学相应与宏观上的相同。假设取出的一部分是厚度无限小的推进剂试样,即将推进剂在立面受力问题转变为在平面上受力问题。任取的平面是颗粒填充复合材料,基体与颗粒都被赋予不同的材料属性,颗粒在推进剂基体中随机分布,且颗粒粒径服从一定分布规律,以此作为推进剂试样的细观结构几何模型。接着对推进剂基体和填料选择一定的单元(三角形或四边形单元均可)划分网格。网格越细,计算精度越高,但计算耗时越长。推进剂不同于一般的颗粒填充复合材料,由于其间颗粒粒径分布广,大小不均,且填充的填料体积分数很高,因此造成单元网格划分很密集,增加了计算的复杂性。网格剖分之后,需要

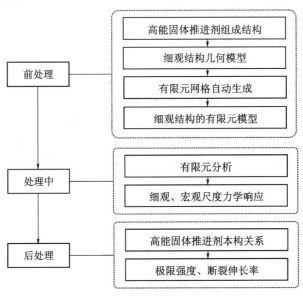

图4-57 为高能固体推进剂有限元模型建立流程

按照实际条件对高能固体推进剂试样进行虚拟载荷试验。如模拟推进剂受单向载荷后的应力应变分布,就在推进剂试样两端施加均匀载荷,由于推进剂材料刚度较小,为避免端部应力集中,需要在推进剂两端添加两块钢板,将力施加在钢板上即可解决;处理阶段,在高能固体推进剂细观结构有限元模型建立完成后,选取合适的求解方法进行求解;后处理阶段,对求解的结果进行处理,可得到相关的力学响应信息,如应力—应变曲线,极限强度等。

4.7.3.2 高能固体推进剂有限元模型平面几何模型

首先利用有限元建立高能固体推进剂几何模型。由于高能固体推进剂是一种高填充、宽颗粒分布的复合材料,为了使生成的有限元平面模型的结构组成与实际推进剂配方的结构组成具有较好的相关性,需对平面几何模型中的特征参数进行合理假设:

(1) 假定其固体填料均为球形,不考虑固体填料的表面特性,且为刚性颗粒。

(2) 固体填料粒径的分布为正态分布。

(3) 基体的本构关系采用非线性本构方程。

(4) 固体填料与基体之间界面完好。

高能固体推进剂有限元细观结构模型可以采用多颗粒、随机分布的有限元平面模型。即利用 antform 系统生成包括颗粒和基体的几何模型。模型中填料的体积分数可高达 70%,能快速建立模型,同时颗粒也可以输入不同的级配。首先定义不同颗粒的几何形状,并按照一定的粒径分布规律进行排列,通过先生成几何尺寸、再按尺寸降序定位的方式,形成颗粒随机填充的有限元细观结构几何模型。在获得细观结构几何模型之后,必须对推进剂基体及填料赋予不同的材料属性。固体颗粒属于刚性颗粒,赋予弹性材料模型,由于在简单单轴拉伸过程中,基体没有表现出黏弹性的黏性部分,为简化计算,基体也采用弹性模型。建立的高能固体推进剂几何模型如图 4-58 所示,分别包含了单组分、双组分及

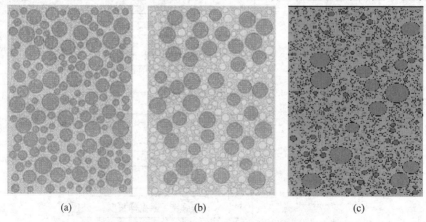

(a)　　　　　　　　　　(b)　　　　　　　　　　(c)

图 4-58　高能固体推进剂几何模型

(a) 单组分填充;(b) 双组分填充;(c) 三组分填充。

212

三组分固体填料的推进剂几何模型。

4.7.3.3 高能固体推进剂有限元网格划分

在获得细观结构几何模型之后,需对高能固体推进剂基体及固体填料赋予不同的材料属性。固体颗粒属于刚性颗粒,赋予弹性材料模型,由于在简单单轴拉伸过程中,基体没有表现出黏弹性的黏性部分,为简化计算,基体也采用弹性模型。分别对固体颗粒、基体赋予不同的材料属性、单元算法,按照一定的单元尺寸进行网格划分。

将求解域近似为具有不同有限大小和形状且彼此相连的有限个单元组成的离散域,习惯上称为有限元网络划分。显然,单元越小(网络越细)则离散域的近似程度越好,计算结果也越精确,但计算量及计算时间都将增大,因此求解域的离散化是有限元法的核心技术之一,需要综合平衡计算精度和计算时间进行网格划分。图4-59给出了几种典型的具有不同组成和粒径分布的高能固体推进剂的细观结构模型和有限元网格划分结果。在这些结果中,均根据真实固体推进剂不同填充相的粒径分布规律,在反演过程中予以实现。另外,根据后续有限元分析的要求,为尽可能避免大变形时网格的严重畸变,出现无法控制的沙漏

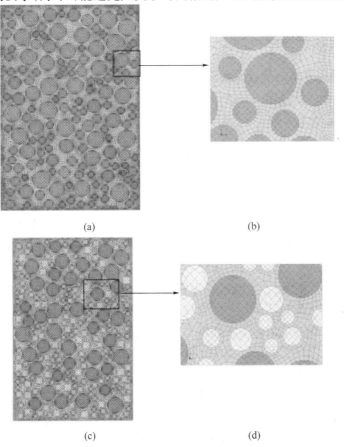

(a)   (b)

(c)   (d)

213

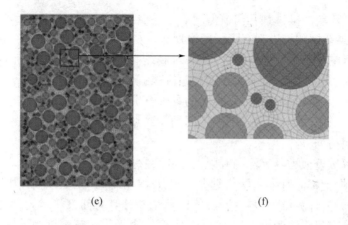

(e) (f)

图 4 - 59　高能固体推进剂平面几何模型网格划分

(a) 单组分填充网格划分；(b) 网格剖分局部放大；(c) 双组分填充网格划分；
(d) 网格划分局部放大；(e) 三组分填充网格划分；(f) 网格划分局部放大。

现象,在网格剖分时均采用三角形有限元网格。且粒径分布越宽,网格单元越小,网格数越多。

4.7.4　高能固体推进剂有限元计算

1. 高能固体推进剂有限元计算方法

常用有限元计算方法有拉格朗日方法和欧拉方法。拉格朗日方法又称物质描述方法,是把坐标系固定在物质上或随物质一起运动和变形,即网格和物质点在物体的变形过程中始终重合,因此物质点和网格点之间没有相对运动。这种方法不仅大大简化了控制方程的求解,而且能够较准确地描述不同材料的不同应力历程,允许对不同部分的材料采用不同的本构关系,这是拉格朗日描述方法的优点。但是在处理大变形问题时,网格会发生严重的扭曲、畸变,材料破碎使得简单连接区域变成多连体,以及网格重叠造成负质量时,导致计算不稳定,时间步长缩短,求解精度降低,甚至停止计算。解决拉格朗日网格扭曲或相交问题的一个有效方法是重分网格的方法。即每一时间步或者经过若干时间步,就将拉格朗日网格重新划分一次,把严重扭曲、畸形的网格,尽可能划成规整的新网格。将老网格上的位移、速度、应力和其他历史变量映射到新网格上。拉格朗日方法正是沿着这样的思想不断前进发展。

欧拉方法又称空间描述方法,这种方法以空间坐标为基础,使用这种方法划分的网格和所分析的物质结构是相互独立的,网格在整个分析过程中始终保持最初的空间位置不动,物质可以在网格间流动。由于算法自身的特点,网格大小形状和空间位置不变,因此在整个数值模拟过程中,物质的变形不直接影响时间步长的计算,适合计算变形严重的问题。但是当系统中包含多种介质从而有多

214

个界面时,欧拉方法就碰到了困难。这时就会出现一个网格中同时含有两种或几种物质的混合网格问题。如何描述界面、计算混合网格中的各物理量和他们与周围网格的输运量,是欧拉方法的发展方向之一。欧拉网格可以理解为有两层重叠在一起,一层是空间网格固定在空间中不动,另一层附着在材料上随材料在固定的空间网格中流动,并通过下面两步来实现:首先,材料网格以一个拉格朗日步变形,然后拉格朗日单元的状态变量被映射或输送到固定的空间网格中去。这种网格总是不动和不变形的,相当于材料在网格中流动。

2. 拉格朗日描述下的弹塑性有限元分析方法

为处理大变形带来的强非线性问题,采用了 LS – DYNA 软件中的显式动力学方法来模拟高能固体推进剂的准静态拉伸问题,该方法建立在拉格朗日描述的基础上。但通过试算发现,对于基体材料采用弹塑性本构模型可以更好地描述拉伸过程中的应力—应变关系;对于填充相颗粒,考虑到其弹性模量远高于基体材料,在拉伸过程中变形较小,承受的应力水平也较低,不会进入塑性阶段,因此,对所有的颗粒均采用弹性本构模型以简化计算。

利用拉格朗日描述下的弹塑性有限元分析方法,对填充相为 AP(33%) 和 HMX(41%) 的试样。计算中,采用 LS – DYNA 中的 162 号单元,共包括 10040 个单元,其中 AP 颗粒共 1872 个单元,HMX 共 2384 个单元,基体分为 5335 个单元,上下两端所加加载板剖分了 450 个单元。通过对计算结果进行处理,可以获得高能固体推进剂计算应力—应变关系曲线,如图 4 – 60(a) 所示,其试验应力—应变曲线如图 4 –60(b) 所示。

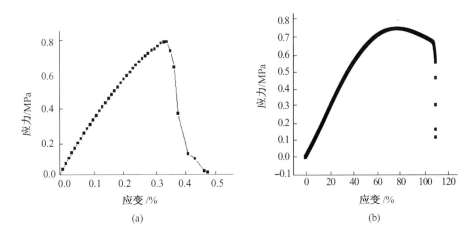

图 4 – 60　高能固体推进剂平面几何模型网格剖分

(a) 高能推进剂计算应力—应变曲线;(b) 高能推进剂试验应力—应变曲线。

根据图 4 – 60 的计算结果,该试样的极限应力预示结果为 0.83MPa,而试验所测得的极限应力为 0.77MPa,计算结果与试验结果的相对误差仅为 7.6%。

但是,从图4-60可以看出,采用本方法预测的初始模量和极限伸长率均与试验结果有较大的差异,其主要原因是由于在拉格朗日描述下,当基体的变形较大时出现了网格畸变,从而影响了计算结果的准确性。

图4-61给出高能固体推进剂拉伸应力云图。

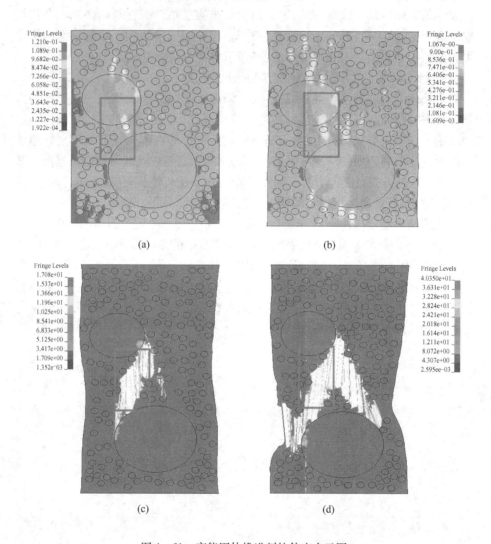

图4-61 高能固体推进剂拉伸应力云图

(a) 拉伸应变为0.00975;(b) 拉伸应变为0.136;(c) 拉伸应变为0.364;(d) 拉伸应变为0.376。

从图4-61的应力状态可以看出,在相对较低的拉伸应变下,由于拉格朗日描述的局限,高能固体推进剂的基体内产生了较为强烈的应力集中现象,从而使得基体局部在较低的拉伸应变水平下即发生破坏或产生较大的网格畸变,这影响了计算结果的准确性和可靠性。采用拉格朗日描述下的弹塑性有限元分析方法,可以获得较为准确的极限强度的预测结果,极限强度预测值与试验值的相对误差基本都小于20%;但初始模量和极限伸长率的误差均很大。因此,为准确预测初始模量和极限伸长率,必须发展更为准确的有限元分析方法。

3. 欧拉—拉格朗日耦合的有限元分析方法

对于高能固体推进剂而言,基体与固体填料刚性相差比较远,即使在较低的拉伸应变下,由于拉格朗日描述的局限,高能固体推进剂的基体会产生较为强烈的应力集中现象,从而使得基体局部在较低的拉伸应变水平下即发生破坏或产生较大的网格畸变,这影响了计算结果的准确性和可靠性。因此,为准确预测材料极限性质,可采用欧拉方法和拉格朗日方法相结合的混合方法。

欧拉—拉格朗日耦合算法是一种真正意义上的流固耦合算法。已经在很多大型软件中广泛实现,并且成功地解决了诸多流固耦合问题和大变形问题。该方法的优点是可以方便地模拟材料的大变形,尤其是材料的流动行为;其不足之处是计算过程中需要占用大量的计算机资源,数值计算时间较长。欧拉—拉格朗日流固耦合算法的主要特点是:在进行建立几何模型和有限元网格划分时,结构与流体的几何模型以及网格可以重叠在一起,计算时则通过一定的约束方法将结构与流体耦合在一起,以实现力学参量的传递。图4-62给出了采用欧拉—拉格朗日流固耦合算法获得的高能固体推进剂的应力—应变关系曲线。

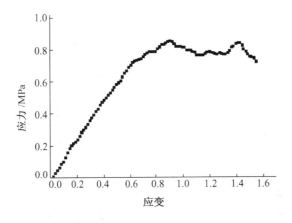

图4-62 高能固体推进剂应力—应变关系曲线

从图4-62可见,采用欧拉—拉格朗日流固耦合算法时,试样极限应力的预测结果为0.847MPa,相应的试验值为0.85MPa,预测结果的相对误差为0.3%;极限应变的预测值为0.902,相应的试验值为0.83,预测结果的相对误差为8.6%;初始弹性模量的预测结果为1.13MPa,相应的试验值为1.18MPa,预测结果的相对误差为4.2%。

采用欧拉—拉格朗日流固耦合算法进行分析时,对基体应用欧拉描述以模拟基体的大变形行为,而对 Al、HMX 和 AP 颗粒,仍然采用拉格朗日算法。通过 LS－DYNA 中提供的耦合算法,将基体和填充相耦合起来。

图 4－63 为高能固体推进剂在不同拉伸阶段时采用欧拉—拉格朗日流固耦合算法的变形和 Mises 等效应力的部分结果。采用耦合算法时,高能固体推进剂内的应力分布规律更符合实际情况,未出现早期单元失效和网格严重畸变的现象,这大大提高了计算的可靠性和准确性。流固耦合算法的应用,可以更为准确地模拟高能固体推进剂的大变形行为。

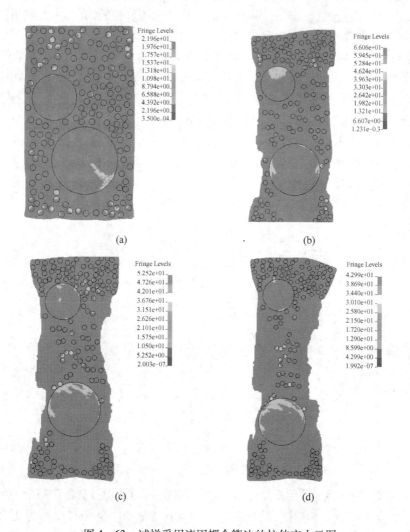

图 4－63　试样采用流固耦合算法的拉伸应力云图

（a）拉伸应变为 0. 187；（b）拉伸应变为 0. 949；（c）拉伸应变为 1. 18；（d）拉伸应变为 1. 52。

利用颗粒随机分布有限元模型,建立了高能固体推进剂细观结构模型及有限元网格的剖分;将欧拉—拉格朗日流固耦合算法应用于高能固体推进剂力学性能的预示,很好地预示了高能固体推进剂的力学性能参数。

4.8 高能固体推进剂力学性能设计方法

4.8.1 高能固体推进剂力学性能设计准则

4.8.1.1 高能固体推进剂力学性能设计框架

在高能固体推进剂力学性能设计过程中,粘合剂参数和固化体系是影响配方力学性能的最重要因素,通常粘合剂参数(如相对分子质量、熔点、官能度等)和固化参数(固化参数、固化剂种类等)决定了配方的力学性能水平;其次是填料参数,填料的级配参数通常也作为力学性能调节的重要手段之一;最后是键合剂等助剂的选择,随着人们对键合理论研究的不断深入,键合剂已经成为大幅度提高推进剂力学性能必不可少的途径之一,但常常会对配方的工艺性能产生较大影响,因而,研制人员希望能够在尽量少影响工艺性能的前提下来改善力学性能。

高能固体推进剂力学性能设计流程框架如图 4-64 所示。

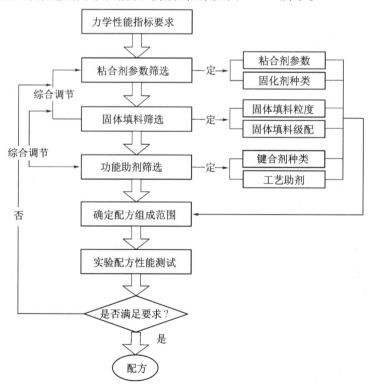

图 4-64 高能固体推进剂力学性能设计流程框架

219

4.8.1.2　高能固体推进剂力学性能设计规则

1. 推进剂基体的设计

粘合剂基体作为高能固体推进剂的重要组分和弹性基体,基体是由粘合剂、交联剂、固化剂、增塑剂等组成。它对高能固体推进剂力学性能有重要影响,其性能的优劣决定了高能固体推进剂能否具有高水平的力学性能。力学性能良好的粘合剂基体应从以下几个方面进行综合优化设计:

(1) 选用主链柔顺的粘合剂。粘合剂骨架结构中引入柔性交联点,如星形。

(2) 选择的粘合剂相对分子质量足够大,并通过充分增塑来解决高相对分子质量带来的工艺问题和降低基体的玻璃化转变温度。通常,增加高分子粘合剂的相对分子质量,可以显著提高基体断裂伸长率,对 PEG 体系,以相对分子质量 6000 左右为界限,拉伸强度和初始模量先降低后增加,不同种类的粘合剂,该界限相对分子质量有所不同。

(3) 增塑比对基体的力学性能有显著影响,通常在一定的增塑比范围内,增塑比增加有利于提高基体的伸长率,同时拉伸强度和初始模量会有一定程度的降低。对于 PEG/NG/BTTN/N - 100 体系,该增塑比范围为 2.0 ~ 3.5。

(4) 交联网络规整,网络无缺陷或少缺陷(如吊链等)。

(5) 固化参数是调节交联网络结构的最重要参数之一,对于聚酰胺反应固化的基体,当固化参数在大于 1 的一定范围内变化时,基体拉伸强度随固化参数的增加而增加,而断裂伸长率则呈下降趋势。对于 PEG/N - 100 体系,该固化参数范围为 1.2 ~ 1.6。

(6) 引入一定程度的微相分离形态结构。当高分子基体中存在一定程度的微相分离时,其拉伸强度和断裂伸长率能得到有效提高。因而,引入增强微相分离的因素,增加物理作用,是提高推进剂力学性能的有效途径之一。

2. 填料参数的设计

当填料的种类确定后,填料参数中填料的粒子形状和尺寸就成为了影响推进剂力学性能的主要参数。

通常推进剂的填料在粒度相对较小时对推进剂起补强作用,在一定范围内,增大填料的粒度可以增大推进剂的抗拉强度,但同时会降低断裂伸长率。但当粒度增大到一定阈值后,推进剂的抗拉强度和断裂伸长率都会随着填料粒度的增大而降低。该粒度阈值对不同类型填料有所不同。

3. 键合剂的设计

高能固体推进剂中采用键合剂,可以增强固体填料与粘合剂基体的界面连接,提高固体填料的增强作用,显著改进其力学性能。根据高能固体推进剂研制经验总结结果,键合剂的选择或设计需要具备以下特点:

(1) 能跟偶联的目标填料起反应形成化学键或者能比推进剂中其他组分更容易与目标填料产生极性吸引力,如氢键等。

（2）能转变成聚合物以形成高模量层。

（3）能与粘合剂母体形成化学键,成为交联聚合物相的一部分,即进入粘合剂交联网络。

在现有的高能固体推进剂中极性粘合剂体系中的极性硝胺颗粒而言,有效键合剂的设计和选择规则如下:

（1）键合剂应当是中性的聚合物,即中性聚合物键合剂（NPBA）。

（2）NPBA 每个分子应带有较多羟基,一部分与异氰酸酯反应交联,在颗粒表面形成坚韧壳体,残余部分羟基与粘合剂基体间形成主化学键。

（3）NPBA 对硝胺颗粒应有高的亲和性。

（4）为得到更好的吸附,NPBA 的结构必须经过设计,使得 NPBA 的 THETA 溶剂（Θ 溶剂）接近于推进剂浆料。

4.8.2 高能固体推进剂力学性能设计方法

4.8.2.1 设计方法概述

力学性能设计方法是在能量、燃烧性能设计系统的基础上,实现不同测试条件下求解符合力学性能指标的组分及其含量,具体的设计思路如图 4-65 所示。

4.8.2.2 功能和性能

高能固体推进剂力学性能计算机辅助设计系统要求能对基础数据库、试验数据库和知识库进行可靠的访问,要求能够在配方设计过程中暂停和继续进行配方的设计,要求对力学性能设计流程进行控制并输出符合条件的配方。力学性能设计系统的功能和性能如表 4-6 所列。

表 4-6 力学性能设计系统的功能和性能

输入	处理	输出
拉伸强度、最大伸长率同时满足能量性能要求、燃烧性能要求的氧化剂、金属燃料添加剂、有机粘合剂各种物质名称及各自含量和各种小组分名称及各自含量	在力学性能设计要求（各条规则、案例、数据挖掘、模型和参数等）条件约束下进行对配方做进一步的优化设计	满足力学性能要求的氧化剂、金属燃料添加剂、有机粘合剂各种物质名称及各自含量和各种小组分名称及各自含量

4.8.2.3 算法

力学性能设计系统按优先级依次分三步在一定范围内分别调整以下组分:

（1）从数据库表 PeiFang_LiXue_Table 中导入满足力学性能的配方集合。

（2）调用力学性能计算系统,计算导入的配方力学性能。

（3）根据力学性能指标,将满足力学性能要求的配方输出至数据库表 PeiFang_GongYi_Table 中及用户界面。

在调整的过程中,由于当前知识中涉及到的影响力学性能的配方参数（粘合剂相对分子质量、填料粒度、固化参数）均已在之前的调节过程中做过调整,

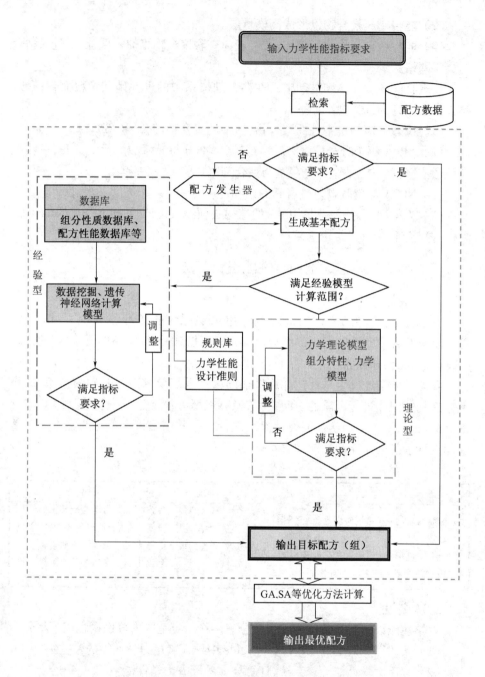

图 4 – 65　高能固体推进剂力学性能计算机辅助设计系统设计思路

可能的解已被穷举,因而在力学性能调节过程中未对配方参数进行调整,在今后系统的发展过程中,如果产生新的影响力学性能参数可以通过修改知识库的模式对系统进行升级的方式进行调整。

4.8.2.4 限制条件

在力学性能设计系统求解过程中可以通过人工干预的方式对某些问题进行处理,当系统运行出现异常时自动退出并对用户给出提示。

4.8.3 高能固体推进剂力学性能预示系统

4.8.3.1 高能固体推进剂力学模型

高能固体推进剂力学性能预示系统中采用的力学模型主要利用前述研究成果,在式(4-96)基础上加以修正,得

$$
\sigma = K_\sigma \frac{\mathrm{d}RT}{\overline{M}_{\mathrm{polymer}} + R_t \times \overline{M}_{\mathrm{curing}}/(R_t - 1)} \left(\frac{\dfrac{1}{P_1}}{P_o + 1}\right)^{1/3} \times
$$

$$
\left(1 + \sum_{x=1}^{n} K_{\mathrm{binding}} K_x \frac{\phi_x \times S_x}{\dfrac{4}{3}\pi\left(\dfrac{D_x}{2}\right)^3}\right)\left(\lambda - \frac{1}{\lambda^2}\right) \qquad (4-123)
$$

式中,各参数定义同式(4-92)、式(4-95)和式(4-90)。

K_σ 为修正系数,主要根据推进剂基体计算值与试验值对比修正而得。

4.8.3.2 高能固体推进剂力学性能预示系统实现

对建立的高能固体推进剂力学模型进行软件化,制作成高能固体推进剂力学性能预示系统。系统界面如图4-66和图4-67所示。其中,图4-66为力学性能预示系统初始打开界面,图4-67为该系统需要输入的相关参数。

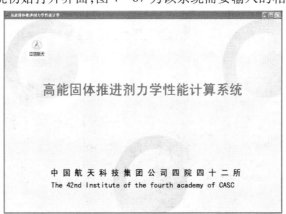

图4-66 高能固体推进剂力学性能预示系统初始打开界面

4.8.3.3 高能固体推进剂力学性能计算值与试验值对比

打开力学性能预示系统,输入相关力学性能参数后,即可进行力学性能计算。部分计算结果见图4-68~图4-72,分别为不同的粘合剂相对分子质量、固化参数、增塑比、键合剂 NPBA 和 MAPO 含量等因素对推进剂常温力学性能的

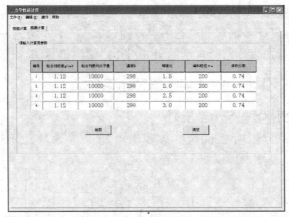

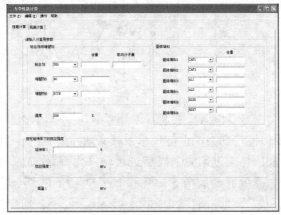

图 4 - 67　高能固体推进剂力学性能参数输入界面

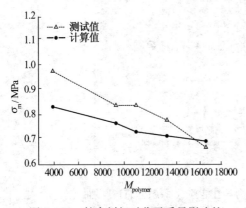

图 4 - 68　粘合剂相对分子质量影响的
计算值和测试值对比

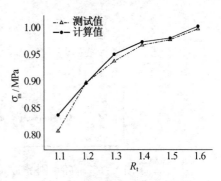

图 4 - 69　固化参数影响的计算值
和测试值对比

影响计算值与测试值的对比。

对系统计算值和实际测试值进行综合对比,进行误差分析,如图 4 - 73 所

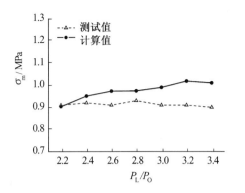

图 4 – 70　增塑比影响的计算值
和测试值对比

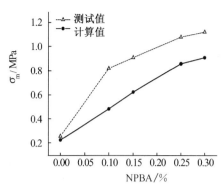

图 4 – 71　键合剂 NPBA 影响的
计算值和测试值对比

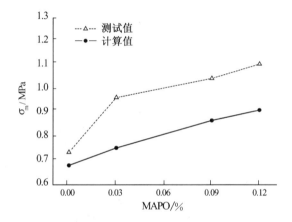

图 4 – 72　键合剂 MAPO 影响的计算值和测试值对比

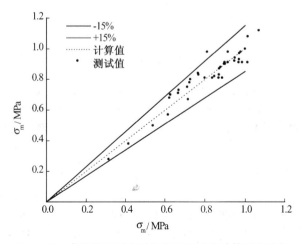

图 4 – 73　高能推进剂力学性能预示系统计算误差分析

示。由图可见,通过对该系统进行调试、验证和优化,高能固体推进剂常温下推进剂力学性能计算相对误差小于20%。说明该力学性能预示系统有较好的准确性和工程应用指导性。

4.8.3.4 高能固体推进剂力学性能预示系统局限性

该力学性能预示系统仅针对高能固体推进剂中各组分含量在一定变化内的力学性能预示,超过该变化范围,预示精度会降低,甚至相差较远。由此可见,基于唯象模型的计算系统仍是有一定的工程应用指导价值。尽管对高能固体推进剂有限元细观力学模型和力学性能计算进行了较深入的研究,对简单体系的计算结果也表现出与试验结果相对比较吻合,但客观来说在处理复杂体系的遇到困难。但是,作者认为,进一步提升力学性能设计水平,有必要更加深入地研究、完善细观力学模型和计算方法,特别是对高能固体推进剂等模量界面层的处理方法予以重视。

参 考 文 献

[1] 曹茂盛,黄龙男,陈铮. 材料现代设计理论与方法[M]. 哈尔滨:哈尔滨工业大学出版社,2002.

[2] 彭培谅,刘培谅,张仁,等. 固体推进剂性能及原理[M]. 长沙:国防科学技术出版社,1987.

[3] 杨可喜. 复合固体推进剂和胶粘剂的固化剂交联范围[J]. 推进技术,11(3):49 – 54.

[4] 冯亚青,王利军,陈立功,等. 助剂化学及工艺学[M]. 北京:化学工业出版社,1997.

[5] 洪晓斌. 高能硝胺推进剂网络和形态结构研究[D]. 西安:航天动力技术研究院,1996.

[6] 庞爱民,张汝文,吴京汉. GAP推进力学性能初步研究[J]. 固体火箭技术,1995,18(2).

[7] 曾甲牙. 固体填充剂对推进剂力学性能的影响[J]. 固体火箭技术,2001,25(1):46 – 50.

[8] Oberth A. E. Principle of Strength Reinforcement in Filled Rubbers[J]. Rubber Chemistry and Technology, 1967(40):1337.

[9] 吴留仁. 颗粒填充高分子复合材料的力学性能[J]. 固体火箭技术,1990,13(3).

[10] 张海燕. 中性聚合物键合剂改善高能固体推进剂力学性能的机理分析[J]. 飞航导弹. 1995,9:38 – 40.

[11] 杜磊,邓剑如,李洪旭. 表界面化学原理在复合固体推进剂中的应用[J]. 推进技术,2000,21(1):64 – 66.

[12] 赵雁来,何森泉,徐长德. 杂环化学导论[M]. 北京:高等教育出版社,1992.

[13] 安红梅,李建军. 键合剂在固体推进剂中的应用[J]. 火炸药学报,1998,2:47 – 51.

[14] 刘学. 复合固体推进剂用键合剂的种类及其作用机理[J]. 含能材料,2000,8(3):135 – 139.

[15] Dermer O C,Ham G E. Ethylenimine and other azirdines[J]. Chemistry and Applications,1969.

[16] Hasegawa K, Takizuka M, et al. Bonding Agents for AP and Nitramine/ HTPB Composite Propellants [J]. AIAA – 83 – 1199.

[17] Kim C S. et al. Development of Neutral Polymeric Bonding Agents for Propellants with Polar Composites Filled with Organic Nitramine Crystals[J]. propellant explosives pyrotechnics,1992(17):38 – 42.

[18] Godsey James H ,et al. Binder System for Crosslink Double Base Propellant:US, 5468311[P]. 1995.

[19] Zimmerman G A,Kispersky J P, et al. Embrittlement of Propellant Containing Nitrate Ester Plasticizers

[J]. AIAA – 82 – 1099.

[20] 沈鸿宾,译.硝胺类高能复合固体推进剂的新型键合剂—中性聚合物键合剂[J].推进技术,15(4):84 – 87.

[21] 胡福增,郑安呐,张群安.聚合物及其复合材料的表界面[M].北京:中国轻工业出版社,2001.

[22] 封朴.聚合物合金[M].北京:机械工业出版社,1997.

[23] Karner H C. Microscopic and macroscopic interface investigation in solid polymer systems[C]. Proceedings of Joint Conference:1993 International Work on Electrical Insulation 25th Symposium on Electrical Insulating Materials,Japan,1993:37 – 42.

[24] 姚维尚,吴文辉,戴健吾,等.硝胺推进剂界面键合的表征[J].推进技术,1995,16(3):57 – 62.

[25] Keiichi Hori, et al. FTIR Spectroscopic Study on the Interaction between Ammonium Perchlorate and Bonding Agents[J]. propellant explosives pyrotechnics,1990(15):99 – 102.

[26] 沈希,岳国粹.丁羟推进剂中复合键合剂的作用机理研究[J].推进技术,1991,2:66 – 72.

[27] Brodman B. W. Hydrogen bonding of HMX and RDX to unesterified hydroxyl groups in nitrocellulose[J]. J Appl Polym Sci, 1976,20.

[28] Hasegawa K. Bonding agents for AP and nitramine/HTPB composite propellant[J]. AIAA – 1199.

[29] Keiichi Hori,Iwama A. FTIR spectroscopic study on the interaction between ammoium perchlorate and bonding gents[J]. Propellants Explosives Pyrotechnics,1990,15:99 – 102.

[30] Kim C. S. The mechanism of filler reinforcement from addition of neutral polymeric bonding agents to energetic polar propellants[J]. Propel Explo Pyrotech,1992,17.

[31] Wu S. Polymer interface and adhension[M]. New York:Marcel Deckker Inc,1982.

[32] Yee R Y. Surface properties of HMX crystal[J]. AD – A 094821.

[33] Cowey K. Examination of wax-coated RDX by scanning electron microscopy and X-ray photoelectron spectroscopy[J]. Propellants,Explosives,Pyrotechnics,1985,10.

[34] Li Shengying. An investigation of interfacial interaction in PBX[J]. Presented at 21st International Conference of ICT,107 – 1,Karlsruhe,West Germany:1990.

[35] 潘碧峰,张磊,罗运军,等.树形键合剂包覆 RDX 及其相互作用研究[J].推进技术,24(5):470 – 473.

[36] 姚维尚,戴健吾.偶联剂与HMX的界面作用[C].中国复合材料学会树脂基复合材料专业委员会第二届全国界面工程研讨会,1991.

[37] Roger Rothon. Particulate-filled polymer coposites[M].北京:世界图书出版社,1997:92 – 106.

[38] Drago R S,Wayland B A. Double-scale equation for correlating enthalpies of lewis acid-base interactions[J]. Am Chem Soc,1965,87:3571 – 3577.

[39] 巴塔查里亚 S K. 金属填充聚合物性能和应用[M].杨大川,刘美珠,译.北京:中国石化出版社,1992.

[40] 庞爱民.用动态分析法表征复合固体推进剂偶联剂的作用效果[J].固体火箭技术,1997, 20(1).

[41] 庞爱民.复合固体推进剂力学模型及力学性能研究进展[J].固体火箭技术,2005,28(增刊).

[42] 张昊,庞爱民,彭松.微热量热技术在含能材料寿命评估领域的技术进展和发展趋势[J].含能材料,2004, 12(增刊).

[43] Anton Chin,Ellison Daniel S. Cartridge actuated device(CAD) service life determination and extension by microcalometry[C]. 29th international pyrothechics seminar,2002.

[44] 王亚平,王北海.环境湿度及拉伸速度对HTPB推进剂伸长率的影响[J].含能材料,1998,6(2):59 – 64.

[45] 郑高飞,亢一澜,富东慧,等.湿度与时间因素对高分子材料力学性能影响[J].中国科学(E辑),

2004,34(11):23 -28.

[46] 郭翔,张小平,张炜. 拉伸速率对高能推进剂力学性能的影响[J]. 固体火箭技术,2007,30(4): 321 -323.

[47] 过梅丽. 高聚物与复合材料的动态力学热分析[M]. 北京:化学工业出版社,2002.

[48] Eshelby J D. Elastic field outside an ellipsoidal inclusion[J]. Proc. Roy. Soc,A252, 1959,561.

[49] Hill R. A self-consistent mechanics of composite materials[J]. J. Mech Phys. Solids,3:213 -222.

[50] Budiansky B. On the elastic moduli of some heterogeneous materials [J],Ibid:223 -245.

[51] Mori T,Tanaka K. Average stress in matrix and average energy of materials with misfitting inclusion[J]. Act. Metall. ,1973.

[52] Christensen R M,Lo K H. Solution for effective shear properties in three phase sphere and cylinder models[J]. J. Mech. Phys. Solid,1979,27:315 -330.

[53] Hashin Z. The differential scheme and its application to cracked materials[J]. J. Mech. Phy. Solids, 1988,36:719 -734.

[54] Gurson A L. Continuum theory of ductile rupture by void nucleation and growth. Yield criteria and flow rules for porous ductile media[J]. J. Eng. Mater. Tech. ,1977,99:2 -15.

[55] Tvergaard V. Effects of nonlocal damage in porous plastic solids[J]. Int. J. Solids Struct. ,1995,32: 1063 -1077.

[56] Needleman A,Rice J R. Limits to ductility set by plastic flow localization, in:Edited by Koistinen,D. P, et al. 1978:237 -267.

[57] Budiansky B,O'Connell R J. Elastic moduli of a cracked solids[J]. Int. J. Solids Struct. , 1976.

[58] Kachanov M I. Mech Mater. ,1982,1:19 -28.

[59] Kachanov M I. Mech Mater. ,1982,1:29 -40.

[60] Laws N,Brockenbrough J R. The effect of Micro-crack systems on the loss of stiffness of brittle solids[J]. Int. J. Solids Structure,1987,23(9):123 -137.

[61] Nemat-Nasser S, Hori M. Micromechanics:Overall Properties of Heterogeneous Materials[J]. Elsevier, The Netherland,1993.

[62] 周建平,李爱丽,等. 含裂纹弹性体的应力应变关系[J]. 力学学报,1994,26(1).

[63] Krajcinovic D. Appl. Mech. , 1983,50:335 -345.

[64] Bazant Z P. Mechanics of distributed cacking[J]. Appl. Mech. Rev. , 1986,39.

[65] 唐根,郭翔,庞爱民,等. PEG/N -100 弹性体单向拉伸断裂行为[J]. 含能材料,15(4):356 -358.

[66] 吴大诚. 高分子构象统计理论导引[M]. 成都:四川教育出版社,1985.

[67] 傅政. 高分子材料强度及破坏行为[M]. 北京:化学工业出版社,2005.

[68] 邹学新,刘庭凯. 测定桂花叶片分形维数的方法[J]. 中国科教博览,2004,12:34 -37.

[69] 董放,李保伟. 基于分形维数对肝脏 CT 图像的纹理特征研究[J]. 武警医学,2003,6:18 -21.

[70] 杨更社,刘慧. 基于 CT 图像处理技术的岩石损伤特性研究[J]. 煤炭学报,2007,32(5):464 -468.

[71] 温世游,胡柳青,李夕兵. 节理岩体损伤的分形研究[J]. 江西有色金属,2000,14(3):14 -16.

[72] 谢和平. 脆性材料种的分形损伤[J]. 机械强度,1995,17(2):75 -82.

[73] 常平阳. 复杂系统的分形理论与应用[M]. 西安:陕西人民出版社,1996.

[74] 吴世康(译). 固体火箭推进剂[M]. 北京:国防工业出版社,1976.

[75] Backnall C B. Toughened Plastics[M]. London:Applied Science Publishers, 1977.

[76] Tang C Y. Modeling of Craze Damage in Polymeric Materials:A Case Study in Polystyrene and High Impact Polystyrene:[D]. Hong Kong:Hong Kong Polytechnic University, 1995.

[77] Medddad A , Fisa B. Stress-Strain Behavior and Tensile Dilatometry of Glass Bead-Filled Polypropylene

and Polyamide[J]. International Journal of Applied Polymer Science, 1997, 64(4): 653 - 665.

[78] 沈为,邓泽贤,彭立华,等.一种新的弹塑性损伤变量及其应用[J].华中理工大学学报,1999,27(9):1 - 39.

[79] Beckwith S W, Carroll H B. Bulk Modulus Determination of Solid Propellant Void Content[J]. Spacecraft, 22(2):156 - 161.

[80] Gent A N. Detachment of an elastic matrix from a rigid spherical inclusion[J]. J Mater Sci,1984,19: 1947 - 1956.

[81] Banerjee B. Adams D. O. Micromechanics-based determined of effective elastic properties of polymerbonded explosives [J]. Physica B, 2003, 338: 8 - 15.

[82] Lin X H, Kang Y L. Identification of interfacial parameters in a particle reinforced metal matrix composite Al 6061 - 10% Al2O3 by hybrid method and genetic algorithm [J]. Computational Materials Science, 2005,32: 47 - 56.

[83] Matous K. Geubelle P H. Multiscale modeling of particle debonding in reinforced elastomers subjected to finite deformations [J]. International Journal for Numerical Methods in Engineering, 2006, 65: 190 - 223.

[84] 邢修三.脆性断裂的统计理论[J].物理学报,1966,22:487.

[85] Huang Z P,Chen J K,Li H L,et al. A constitutive model of a particle reinforced viscoelastic composite material with debonded microvoids[A]. In:Wang R,ed. Proceeding of IUTAM Symposium on Rheology of Bodies with Defects[C]. Nethlands:Kluwer Academic Publishers,1999,133.

[86] 王建祥,陈健康,白树林.基于损伤演化的共混/填充高聚物体系本构关系研究进展[J].复合材料学报,19(6):1 - 7.

[87] 彭威.复合固体推进剂弹性损伤本构模型的细观力学研究[D].长沙:国防科技大学,2001.

[88] 庞爱民.铝粉/丁羟复合物力学性能研究[D].西安:航天动力技术研究院,1992.

[89] 王北海,郭万东.丁羟粘合剂网络和形态结构对其力学性能的影响[C].中国宇航学会固体火箭推进年会会议文集,1995.

[90] Mark J E. Adance polymer science[J]. 1982,44:1.

[91] Kim C S,et al. Improvements in the stress-strain hehavior of urethane rubbers by bimodal network formulation[J]. J Applied Polymer Science,1986,32:3027.

[92] Kim C S. Propellants, Explosives and Pyrotechnics, 1992(17):38.

[93] 魏焕曹.无机填料浓度对端羟基聚丁二烯弹性体的影响[J].推进技术,1989,5.

[94] 徐馨才.复合固体推进剂单向拉伸力学模型研究[J].宇航学报,1995,16(2):20 - 25.

[95] 庞爱民.复合固体推进剂过渡相(中间相)力学模型[J].推进技术,1998,19(5):97 - 102.

[96] Pang Aimin,Zheng Jian. The generalized corsslink point model for composite solid propellants and its application[C]. ICT 2005,35th, P63.

[97] Aklonis J, Macknight W J, Shen M. 聚合物黏弹性引论[M].北京:宇航出版社,1984.

[98] 何平笙.高聚物的力学性能[M].合肥:中国科学技术大学出版社,1997.

[99] 杨玉良,胡汉杰.高分子物理[M].北京:化学工业出版社,2001.

[100] 马德柱,何平笙,徐种德,等.高聚物的结构与性能[M].北京:科学出版社,2003.

[101] 何曼君,陈维孝,董西侠.高分子物理[M].复旦大学出版社,1993.

[102] 傅明源,孙酣经.聚氨酯弹性体及其应用[M].北京:化学工业出版社,1999.

[103] 唐根,郭翔,庞爱民,等.PET/DMR/N - 100弹性体本构关系研究[C].中国航天第三专业信息网第28届技术交流会,2007.

[104] 焦剑,雷渭媛.高聚物的结构、性能与测试[M].北京:化学工业出版社,2003.

[105] 马德柱,何平笙,徐种德,等.高聚物的结构与性能[M].北京:科学出版社,1995.

[106] 陆毅中.工程断裂力学[M].西安:西安交通大学出版社,1986.

[107] Knott J F. Fundamentals of Fracture Mechanics[M]. New York: John Wiley-Halsted Press, 1973.

[108] 张立群,金日光,耿海萍,等.短纤维橡胶复合材料模量和强度的理论预测[J].弹性体,1997, 7(2):54 − 60.

[109] 倪新华,郑坚,路晓波,等.颗粒性复合材料基体破坏极限应力[J].研究探讨:74 − 75.

[110] Liang J Z, Li R K Y. Prediction of tensile yield strength of rigid inorganic particulate filled thermoplastic composites[J]. Materials Processing Technology, 1998,83 :127 − 130.

[111] Nicolais L, Narkis M. Stress-strain behavior of styrene-acrylo nitrile/glass bead composites in the glass region[J]. Polym Eng Sci,1971,11(3):194 − 199.

[112] Turcsanyi B, Pukanszky B, Tados F. Composition dependence of tensile yield stress in filled polymers [J]. J Mater Sci Lett,1988,7:160 − 162.

[113] Bigg D M. Mechanical properties of particulate filled polymers[J]. Polym Eng Sci, 1987, 8 (2): 115 − 122.

[114] Eshelby J D. The determination of the elastic field of an ellipsoidal inclusion, and related problems, Proceeding Royal Society (A) (London), Vol. 241, 1957.

[115] Aboudi J, Arnold S M, Pindera M J. Response of functionally graded composites to thermal gradients [J], Composite Engineering, 1994,4(1):

第5章　高能固体推进剂工艺性能 设计方法研究

5.1　概　述

高能固体推进剂的制造工艺过程包含称量、混合、浇注、固化、脱模及整形等工序,其中混合、浇注和固化等过程与推进剂药浆工艺性能密切相关。固体推进剂工艺性能差,往往易造成配方组分混合不均匀,药浆黏度、屈服应力偏高或适用期短,严重时甚至不能顺利浇注;或者在浇注完成后,药柱中易产生孔洞、裂纹等疵病,导致发动机工作时的燃面增大,燃烧室压力升高,出现内弹道性能异常[1]。

固体推进剂工艺性能常采用药浆流动性、流平性、适用期和完整性来衡量[2]。流动性指在规定的浇注设备和一定的工艺条件下,药浆能否按所设计下料速率顺利流入发动机燃烧室;流平性是指药浆浇入发动机燃烧室后,在重力作用下药面能否流平而不堆积;适用期指药浆工艺性能保持流动性和流平性的时间期限,一般指混合完毕到浇注结束的时间;完整性是药浆固化成型后表面平整,内部无气孔、裂纹等疵病。

高能固体推进剂工艺性能研究涉及流变学、高分子化学、流体力学和材料学等诸多领域,影响因素多、难度大,因此,固体推进剂工艺性能设计也是一个难度极大的研究课题。本章通过分析整理国内外固体推进剂药浆流变性能研究成果,系统研究高能固体推进剂宏观流变性能影响因素及其规律和工艺性能设计准则,初步建立高能固体推进剂工艺性能设计方法。

5.2　药浆流变性能的测试与表征方法

流变学中有三种最典型的流场:稳态剪切流、小振幅振荡流和拉伸流。其中应用最广的是剪切流,因为工业生产中也经常碰到的管流、狭缝流以及模具中流动均是剪切流,或者可近似地看作剪切流。在稳态剪切流中流体的黏弹性只能部分描述,只有在小振幅振荡流中才能将黏性和弹性充分显示出来。拉伸流场在聚合物加工过程中也经常会用到,而在固体推进剂研制中很少涉及。因此仅简要介绍固体推进剂药浆的稳态剪切流和小振幅振荡流的测试方法。

根据外界施力方式不同,流变学测试方法可分为稳态测试和动态测试。稳态测试有时亦称静态(Static)测试,指在一定应力或应变下采用的稳态剪切流(Steady Shear Flow)方法;动态(Dynamic)测试,即在周期应力或应变下采用的振荡剪切流(Oscillatory Shear Flow)方法。稳态流变方法研究连续形变下黏度或剪切应力或第一法向应力差与剪切速率的关系,通常认为在连续形变下常会造成高分子,尤其是多相/多组分高分子形态结构的变化甚至破坏,因而稳态测试难以准确地获得材料结构及大分子链段状态的信息。动态流变方法通常在小应变条件下进行测定,其过程不会对材料本身结构造成影响或破坏,并且高分子材料呈现的线性黏弹响应对形态结构的变化十分敏感[3],能将流体黏性和弹性充分显示出来,可以在很宽的温度和频率范围内获得有关分散相状态、结构变化等方面的信息。

5.2.1 稳态测试原理

流动着的流体可看作是许多相互平行移动的流体层,所有流体层沿同一方向(x 方向)运动。由于各流体层的速度不同,层与层间便形成速度梯度,引起从高流速到低流速的动量传递,使许多相邻的流体层沿外力作用方向进行相对运动。F 为外部作用于面积 A 上的剪切力,F 为克服面积 A 以下各层的流体间的内摩擦力,使各层流体向外力作用方向流动。单位面积的剪切力就是剪切应力 $\tau = F/A$,以 Pa 为单位;其中流速梯度又称为剪切速率 $\dot{\gamma} = \mathrm{d}v_x/\mathrm{d}y$。两者间的关系常用下式表示:

$$\tau_{yx} = \eta(\dot{\gamma})\dot{\gamma} \tag{5-1}$$

式中　v_x——x 方向的流速;

　$\mathrm{d}v_x/\mathrm{d}y$——$v_x$ 在 x 方向的梯度;

　τ_{yx}——垂直于流体层厚度 y 方向作用于 x 方向的剪切应力。

剪切应力与剪切速率是表征流体流变性质的两个基本参数。由于不同速度层分子间的动量传递以及分子间的相互作用,产生内摩擦,流体黏度 η 正是这种内摩擦的表现,流体由此所产生的内摩擦力或黏性阻力是流体微观分子内部作用的宏观表现。

5.2.2 动态测试原理

动态流变性能的测量主要采用转子式流变仪,如同轴圆筒流变仪、锥—板流变仪和平行板流变仪等,其结构原理如图 5-1 所示。在平行板流变仪中上板固定,下板来回摆动,给样品以小振幅的周期性策动。

常见正弦规律应力的表达式为

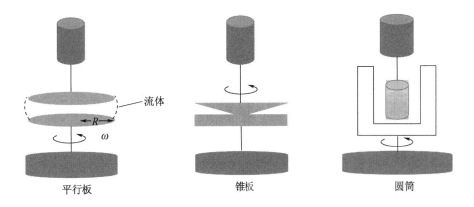

图 5 - 1　流变仪简易结构原理示意图

$$\tau(t) = \tau_0 \sin(\omega t) \tag{5-2}$$

其应变响应为

$$\gamma = \gamma_0 \sin(\omega t - \delta) \tag{5-3}$$

式中　ω——角频率；

t——时间；

δ——损耗角；

γ_0——振幅。

应力 τ 可分解为与应变 γ 同相位的 τ' 和与 γ 相差 90°的 τ''，且由于相位差的存在，模量与黏度都是复数，分别称为复数模量与复数黏度。

复合模量为

$$G^* = G' + \mathrm{i}G'', \quad |G^*| = \frac{\tau_0}{\gamma_0} = \sqrt{G'^2 + G''^2} \tag{5-4}$$

复合黏度为

$$\eta^* = \eta' + \mathrm{i}\eta'' \tag{5-5}$$

储能模量为

$$G' = \frac{\tau'}{\gamma_0} = G^* \cos\delta \tag{5-6}$$

损耗模量为

$$G'' = \frac{\tau''}{\gamma_0} = G^* \sin\delta \tag{5-7}$$

复合黏度为

$$\eta^* = \frac{G^*}{\omega} \tag{5-8}$$

233

损耗角正切为

$$\tan\delta = \frac{G''}{G'} \qquad\qquad (5-9)$$

为了获取流体线性黏弹性能数据,振幅 γ_0 必须控制在较小的数值,不同流体对于小振幅的最高值有不同的要求;当振动振幅超过一定数值后,应力响应不再呈线性关系,而是多重谐波,这样的流动称为大振幅振动剪切流动。

5.2.3 流变性能的表征方法

从流变学角度,表征固体推进剂药浆流变性能的方法主要包括流动曲线、动态频率曲线、动态应变曲线、触变曲线和温度曲线等。

(1) 流动曲线($\dot{\gamma} \rightarrow \tau$、$\eta$)。通常又可分为剪切应力—剪切速率曲线和黏度—剪切速率曲线。剪切应力—剪切速率曲线描述了流体在一定剪切速率范围内的流变类型,根据曲线可判断流体属于牛顿流体还是非牛顿流体;从黏度—剪切速率曲线可了解流体黏度大小及随剪切速率的变化规律。

(2) 动态频率曲线($\omega \rightarrow G'$、G''、$\tan\delta$、η^*)。在一定的应变幅度和温度下,施加不同频率的正弦形变,考察流体黏弹性的变化规律。

(3) 动态应变曲线($\gamma \rightarrow G'$、G''、$\tan\delta$、η^*)。在恒定的频率下,应变的变化可以递增或递减,方式可以是线性或对数的。通过动态应变扫描可以确定流体线性黏弹性的范围。对非线性行为明显的流体,如高能固体推进剂药浆,进行表征时往往由于大量填料的存在降低了临界应变的值。

(4) 触变曲线($\dot{\gamma} \rightarrow \tau$、$\eta$)。触变性测试可在定剪切速率下考察剪切应力或黏度随时间的变化;或定剪切时间下,剪切速率从小增大到某一值时,然后以同样的时间回复到起始剪切速率,记录上升和下降的剪切应力或黏度曲线。

(5) 温度曲线。温度曲线可分为稳态温度曲线($T \rightarrow \tau$、η)和动态温度曲线($T \rightarrow G'$、G''、$\tan\delta$、η^*),表征流体流变特性对温度的敏感程度。稳态温度曲线在定剪切速率下描述流体剪切应力和黏度随温度的变化情况,动态温度曲线描述体系黏弹性随温度的变化规律。

5.3 固体推进剂药浆的流变特性

在牛顿流体的介质中加入较高含量的固体填料,分散体系一般呈非牛顿流体行为,如果连续相为非牛顿流体介质时,所得分散体系的流变性会更为复杂。高能固体推进剂药浆作为一种高填充多相多组分的复杂流体,不同种类的固体填料和多尺度的粒度级配,使推进剂药浆中的固—液界面和分散的固相流结构具有多重性。同时,随固化剂与粘合剂进行的固化反应,药浆具有时—温可变的热固性。此外,推进剂中常加入各种功能组分,对药浆界面特性或固化反应动力学产生影响,进一步增加了药浆流体的复杂性。因此,固体推进剂药浆往往呈现黏塑性、触变性、黏弹性及热固性等特征。

5.3.1 流体类型

广义上,流体可分为牛顿流体和非牛顿流体,而非牛顿流体又可分为塑性流体、假塑性流体和胀流型流体等。高能固体推进剂药浆主要表现出塑性流体特征,而对其他类型的推进剂药浆而言,除了部分表现出塑性流体特征,还有可能呈现牛顿流体或假塑性流体等特性。

5.3.1.1 牛顿流体

牛顿流体的定义是在两相邻流体层之间的单位面积上的剪切应力与剪切速率成正比,即

$$\tau = \eta \dot{\gamma} \qquad (5-10)$$

式中 τ——剪切应力(Pa);

$\dot{\gamma}$——剪切速率(s^{-1});

η——黏度(Pa·s)。

式中黏度往往与环境温度和压力有关,而与作用时间无关,其流动曲线如图 5-2 所示。牛顿流体也称线性黏性流体,对于所有的气体、大部分低相对分子质量液体、溶液或少数球形颗粒填充的稀悬浮液均属于牛顿型流体。Teipel 等人[4]采用动态旋转流变仪研究了以硝基甲烷为燃料,SiO_2 纳米颗粒作胶凝剂的凝胶推进剂流变性能。结果表明,当 SiO_2 含量在 4% ~8% 范围内时悬浮液呈牛顿流体特性。实际上固体含量较高的推进剂药浆往往呈现非牛顿流体特征。

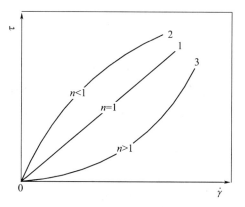

图 5-2 几种典型流体的流动曲线

1—牛顿流体;2—假塑性流体;3—胀流型流体。

5.3.1.2 假塑性流体

假塑性流体是工业生产中较常见的一种非牛顿流体,主要特征是黏度随剪切速率的增大而降低,常称为剪切变稀的流体,其流动曲线如图 5 - 2 所示。此类流体的流动曲线是非线性,不存在屈服应力。Dilhan M. Kalyon 等人[5]采用扭转和毛细流动及流动显形技术研究了固含量为 76.5% 的复合固体推进剂模拟药浆(用 $(NH_4)_2SO_4$ 替代 AP)的流变性,表明当剪切速率在 30 ~ 3000s^{-1} 范围,药浆呈假塑性流体特征。

从微观角度看,悬浮体系中构成假塑性流体的粒子间存在着某种联系,有些粒子由于颗粒与颗粒或颗粒与基体界面的相互作用而形成了粒子团或三维网状结构。当悬浮体受到外力的剪切时,这种松散的联系开始遭到破坏,形成粒子数较少的粒子团,剪切应力的进一步增加使得粒子团变得越来越小。这样一来,宏观表现为悬浮体黏度随剪切增大而减小。因此,假塑性流体处于静止状态时应比流动状态时具有更高的聚集结构,颗粒的聚集会使流体流动变得相对困难,导致其黏度高于流动状态时的黏度。

胀流型流体的流变行为与假塑性流体相反,其特征是随剪切速率的增加,黏度增大,胀流型流体亦称剪切增稠的流体。胀流型流体通常需要分散相含量较高,且颗粒必须是分散的,而不是聚集的。当剪切应力不大时,颗粒是分散的,黏度较小;而在较高剪切速率下,颗粒被搅在一起,增大了流动阻力,黏度升高。虽然这种行为主要发生于固体含量较高的悬浮体系,但在推进剂药浆中一般很少见。

假塑性和胀流型流体的本构方程常用 Ostwald-de Wale 幂律公式表述:

$$\tau = K\dot{\gamma}^n \tag{5 - 11}$$

式中　K——表征流体黏性大小的系数,K 值越大,流体越黏稠;

　　　n——流动指数或非牛顿指数,可用来判断流体与牛顿流体的差异程度。

n 值离 1 越远,流体呈非牛顿性越明显。对于假塑性流体,$n < 1$;对于胀流型流体,$n > 1$;牛顿流体可看成 $n = 1$ 的特殊情况,此时 K 相当于牛顿黏度。

5.3.1.3 塑性流体

塑性流体的流动曲线如图 5 - 3 所示,这类流体的主要特征是存在屈服应力 τ_y,表现出某种程度的类似固体的性质。当应力低于一定的临界值时这类流体不会发生流动,只有外界施加应力超过该临界值,流体才能流动,此临界的剪切应力称为屈服应力,在工程应用领域亦称屈服值。在流变学上通常可采用以下几种方法来确定药浆屈服应力的大小[6]:

(1)应力扫描法。对较低屈服应力的样品,较好的选择是采用应力扫描法。一种方法是用黏度与剪切速率作图,取黏度最大时对应的应力为屈服应力;另一种方法是用剪切速率和剪切应力作图,如在双对数曲线上存在明显的转折点,则此点对应的应力为屈服应力。

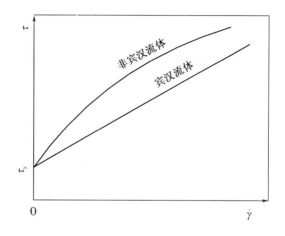

图 5 - 3　塑性流体的流动曲线

（2）振荡应力扫描。此方法可以用来确定样品的线性黏弹性范围，但同时也可以给出一定的屈服应力信息，即有高临界应力的样品会表现出高的屈服值。

（3）蠕变试验。确定屈服应力最精确的方法是进行一系列的蠕变测试，同一样品在小于屈服应力的应力作用下的柔量曲线都相同，但蠕变方法消耗的时间较长。

（4）外推法。将所测药浆的剪切应力—剪切速率曲线外推至与剪切应力轴相交，该交点对应的剪切应力即样品屈服值。

（5）模型拟合法。采用方程拟合药浆剪切应力—剪切速率关系曲线得到屈服应力。此方法对试验条件和剪切速率范围的依赖性较大。

在描述塑性流体剪切应力—剪切速率关系的方程中，应用最广泛的有以下三种：

Bingham 方程：

$$\tau - \tau_y = \eta\dot\gamma \tag{5 - 12}$$

Herschel-Bulkley 方程：

$$\tau - \tau_y = K\dot\gamma^n \tag{5 - 13}$$

Casson 方程：

$$\sqrt{\tau} - \sqrt{\tau_y} = \sqrt{\eta\dot\gamma} \tag{5 - 14}$$

对于某些塑性流体，在所施加应力超过屈服应力开始流动时，剪切应力与剪切速率呈线性关系，这类流体称 Bingham（宾汉）流体。而另一些塑性流体，一旦流动，流动行为并不遵循牛顿黏度定律，剪切应力与剪切速率呈非线性关系，这类流体称非线性 Bingham 流体；如果流动后剪切应力与剪切速率的规律遵从幂定律，则称该类流体为 Herschel-Bulkley 流体。

固体推进剂药浆往往表现出非线性 Bingham 流体特征，F. S. Baker[7] 采用扭转流变仪和毛细管挤出流变仪研究了 NG/NC 体系在 30℃时的流变性能，结果表明，当剪切应力低于某临界值时体系不流动，而高于该值时体系呈假塑性流体。表 5-1 列出了 HTPB 推进剂和高能推进剂配方组成，其流动曲线如图 5-4 所示。从图中可知，两种推进剂药浆均呈现明显的屈服，黏度随剪切速率的增加而降低。根据式(5-13)可推算出两种推进剂药浆的流动指数 n 分别为 0.43 和 0.64，高能推进剂药浆屈服应力为 58.5Pa，而 HTPB 药浆为 47.1Pa。两种推进剂药浆的流动指数 n 和屈服应力 τ_y 的差异主要与推进剂配方特性有关。在推进剂加工过程中常用屈服应力作为药浆流平性优劣的判据，如果屈服应力过大，易导致浇注过程中药浆堆积不易流平，所以通常希望推进剂药浆屈服应力越小越好。

表 5-1 推进剂配方组成

HTPB 推进剂		高能推进剂	
组分	含量/%	组分	含量/%
粘合剂体系①	12	粘合剂体系②	27
Al,29μm	18.5	Al,29μm	18
AP,335μm	9	AP,135μm	10.5
AP,135μm	51.5	AP,7μm	4.5
AP,7μm	9	HMX,13μm	40
固含量	88	固含量	73

① 粘合剂体系包含了 HTPB 粘合剂、增塑剂、固化剂 TDI 和部分功能助剂；
② 粘合剂体系包含了 PEG 粘合剂、硝酸酯增塑剂、固化剂 N-100 和部分功能助剂

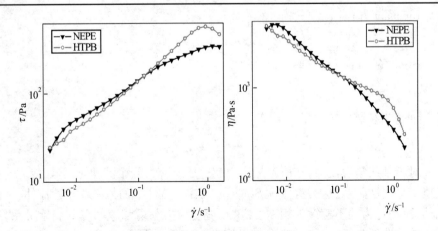

图 5-4 高能推进剂与 HTPB 推进剂药浆的 $\tau \to \dot{\gamma}$ 和 $\eta \to \dot{\gamma}$ 曲线

5.3.2　触变性

触变性的测试过程中先以恒定剪切速率从零上升至最大值,再以同样速率从最大值降至零,上升和下降时的应力—应变曲线并不重合,形成滞后线。触变性流体黏度不仅与剪切速率有关,而且随受剪切的持续时间而变化。触变是一个可逆过程,当停止剪切后流体结构可以渐渐重新生成。触变性与假塑性之间的差别主要在于流体结构破坏到结构恢复所需时间,对假塑性流体,这种恢复所需时间很短难以检测;而对触变流体,则需经历较长时间,可以检测。还有一类流体,其结构仅在受剪切时形成,当其处于静止时又能渐渐破坏,称之为"震凝流体",这种流变行为一般在推进剂药浆中很少见。

触变性流体的特征主要表现在以下几方面:

(1) 结构可逆变化,即当流体受到外界施加力时结构发生变化,而消除此力后,结构又能逐渐恢复。

(2) 从静置的物料开始剪切或从低到高改变剪切速率时,物料的黏度随时间而降低。

(3) 在循环剪切下,阶梯上升过程的平衡黏度高于阶梯下降过程的平衡黏度,触变性与剪切历史有关。

触变流体的本构方程,Cheng 等人[8]认为可采取如下形式:

$$\tau = \tau(\dot{\gamma}, \lambda) \qquad (5-15)$$

$$\frac{\mathrm{d}\lambda}{\mathrm{d}t} = f(\lambda, \dot{\gamma}) \qquad (5-16)$$

式中　λ——触变流体结构特征参数。

式(5-15)可认为是一个状态方程,将剪切应力和剪切速率及流体内部结构参数联系起来;而式(5-16)是一个动态方程,描述流体结构变化规律。这两个方程能定性地描述触变流体的剪切应力、剪切速率、结构变化参数和时间之间的函数关系。

图5-5是固体推进剂药浆触变试验条件设置的示意图,由四个连续的剪切过程组成:① 剪切速率在 $0 \sim 1.25\mathrm{s}^{-1}$,顺时针,60s;② 剪切速率在 $1.25 \sim 0\mathrm{s}^{-1}$,顺时针,60s;③ 剪切速率在 $0 \sim 1.25\mathrm{s}^{-1}$,逆时针,60s;④ 剪切速率在 $1.25 \sim 0\mathrm{s}^{-1}$,逆时针,60s。推进剂配方组成见表5-1,测试目的是为了考察药浆结构的破坏与重建过程及剪切方向对结构的定向影响,所得药浆的触变曲线如图5-6和图5-7所示。图5-6和图5-7分别为高能推进剂与HTPB推进剂药浆的双向触变性,两种推进剂药浆在顺时剪切和逆时剪切时均表现明显的滞后性。从图中可见,HTPB推进剂药浆的触变程度要大于高能推进剂,这与推进剂配方本身的固体含量及相关性质有关。两种推进剂药浆在顺

时剪切和逆时剪切时的滞后环大小稍有不同,主要由于触变性一部分是在60s内剪切,流动尚未达到稳定状态,药浆微观结构的破坏尚未实现结构的完全恢复。

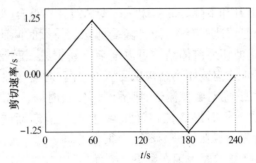

图 5 - 5　推进剂触变试验条件设置示意图

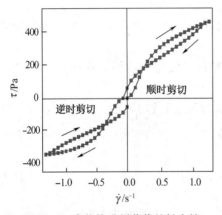
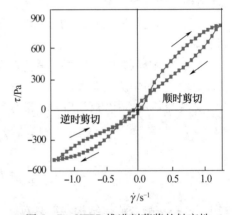

图 5 - 6　高能推进剂药浆的触变性　　图 5 - 7　HTPB 推进剂药浆的触变性

　　流体的触变性主要由其内部结构所决定,当体系受外力和内力的作用时,内部的悬浮粒子发生集聚或分散,最终成为分散的单体。外力撤销后,单体之间又相互作用,最终又形成三维网络结构,这种结构 - 单体 - 结构之间的相互转换是呈现触变性的基础。触变现象一般发生于较高浓度的悬浮体系,起源于体系内颗粒/颗粒、颗粒/粘合剂体系间的相互作用形成的网络结构。填料粒度的减小、含量的增大、形状的不规则及基体/颗粒界面作用增强等均会导致悬浮液触变性的增大。高能固体推进剂药浆含有较高的固体含量和大量形状不规则颗粒,通常都会呈现出一定的触变性。

5.3.3　黏弹性

　　黏弹性流体指兼具黏性和弹性效应的流体,其特性表现在对形变的响应强烈依赖于时间。严格上讲,任何非牛顿流体均具黏弹性,只是作用于物料外力大小和作用时间的长短不同表现不同而已。在短时间尺度上,它们的变形相应于弹性固体,形变后表现出部分弹性恢复;而在长时间尺度上,它们能像通常的液体一样流动。黏弹性流体可分为线性黏弹性流体和非线性黏弹性流体。

线性黏弹流体的主要特征是在给定时刻的应力取决于时刻 t 之前的全部应变史,而不取决于此时刻的应变。根据线性黏弹理论,在频率 $\omega \to 0$ 的末端区域,动态黏弹函数存在如下关系[9]:

$$G'(\omega) \mid_{\omega \to 0} = \omega^2 \int_{-\infty}^{+\infty} H(\lambda) \tau^2 \mathrm{d}\ln\lambda = J_e^0 \eta_0^2 \omega^2 \qquad (5-17)$$

$$G''(\omega) \mid_{\omega \to 0} = \omega^2 \int_{-\infty}^{+\infty} H(\lambda) \lambda^2 \mathrm{d}\ln\lambda = \eta_0 \omega \qquad (5-18)$$

式中　$H(\lambda)$——松弛时间谱;

　　　λ——松弛时间;

　　　J_e^0——稳态柔量;

　　　η_0——零剪切黏度。

由式(5-17)和式(5-18)可得到如下流变参数:

$$\eta = \lim_{\omega \to 0} G'' \omega^{-1} \qquad (5-19)$$

$$J_e^0 = \lim_{\omega \to 0} G' \eta_0^{-2} \omega^{-2} = \lim_{\omega \to 0} A_G \eta_0^{-2} \qquad (5-20)$$

式中　A_G——弹性系数,与法向应力差成正比。

$G'(\omega)$ 与 $G''(\omega)$ 的对数关系为

$$\lg G'(\omega) = 2\lg G''(\omega) + \lg J_e^0 \qquad (5-21)$$

稳态柔量 J_e^0 可根据 Doi 和 Edwards 的蠕动管模型给出,最终可得如下关系式:

$$\lg G'(\omega) = 2\lg\omega + \lg(J_e^0 \eta_0^2) \qquad (5-22)$$

$$\lg G''(\omega) = \lg\omega + \lg\eta_0 \qquad (5-23)$$

因此由式(5-22)和式(5-23)可得出:$\lg G' \propto 2\lg\omega$、$\lg G'' \propto \lg\omega$ 和 $\lg G' \propto 2\lg G''$,对于出现偏离此线性关系的情况,往往称之为"末端区效应"。

大多数黏弹性流体,如悬浮液和聚合物溶液,其应力与应变速率之间的关系均呈非线性,这主要是因与均相流体相比,非均相的存在使得其流变行为变得复杂。以下给出了几种工程应用中较常见的非线性黏弹模型:

$$\tau_{ij} = \int_{-\infty}^{t} M(t,t')(\phi_1 C_t + \phi_2 C_t^{-1})\,\mathrm{d}t' \qquad (5-24)$$

$$\tau + \lambda_1 \frac{\partial}{\partial t}\tau = \eta_0\left[\dot{\gamma} + \lambda_2\frac{\partial}{\partial t}\dot{\gamma}\right] \qquad (5-25)$$

式(5-24)为 K-BKZ 模型,式中 $M(t,t')$ 为记忆函数;ϕ_1,ϕ_2 为应变不变量的函数;C_t 为 Cauchy-Green 张量;C_t^{-1} 为 Finger 张量。式(5-25)为 Oldroyd-B 模型,式中 λ_1 为松弛时间;λ_2 为推迟时间;τ 为偏应力张量;$\dot{\gamma}$ 为剪切速率张量。

在流体黏弹性的研究方面时,主要有以下四种方法[10]:

(1) 在恒定应变速率下,考察应力随时间的变化,响应函数为黏度 η。

(2) 在恒定应变下,考察应力随时间的变化,响应函数为松弛模量 G。

(3) 在控制应变或应力的条件下,观察材料对周期性负荷的响应,响应函数为复数模量 G^*。

(4) 在恒定应力下,考察形变随时间的变化,响应函数为蠕变柔量 J。

选取哪种研究方法,不仅取决于流体的本性,还依赖于测试条件。在推进剂药浆的黏弹性研究中,应用较多的模式是考察药浆在周期性负荷下的响应,如图 5-8~图 5-11 所示。图 5-8 和图 5-9 是高能推进剂和 HTPB 推进剂药浆的储能模量 G' 和损耗模量 G'' 在角频率 ω 分别为 5rad/s 与 6.28rad/s 时随应变 γ 变化的关系曲线。在这两个角频率下,应力响应均为正弦应变输出。从图 5-8 和图 5-9 中可看出,高能推进剂与 HTPB 推进剂药浆在低应变时不存在明显的线性区。图 5-10 和图 5-11 是两种推进剂药浆的储能模量 G'、损耗模量 G'' 及复合黏度 η^* 在应变 γ 为 0.1% 时随 ω 变化的关系曲线。图中 HTPB 推进剂药浆的储能模量 G'、损耗模量 G'' 和复合黏度 η^* 要低于高能推进剂药浆;这两种推进剂药浆在低频时均呈非线性黏弹性,复合黏度强烈依赖于角频率。

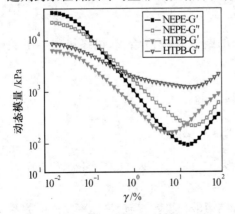

图 5-8　高能推进剂与 HTPB 推进剂的应变扫描($\omega = 5\mathrm{rad/s}$)

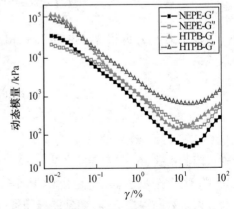

图 5-9　高能推进剂与 HTPB 推进剂的应变扫描($\omega = 6.28\mathrm{rad/s}$)

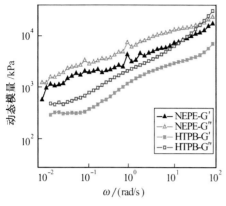

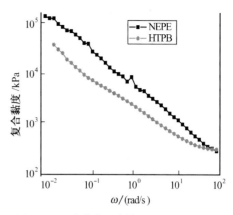

图 5 – 10 高能推进剂与 HTPB 推进剂的
黏弹谱图（γ = 0.1%）

图 5 – 11 高能推进剂与 HTPB 推进剂的
复合黏度（γ = 0.1%）

5.3.4 热固性

高能固体推进剂药浆不仅是高固体含量的悬浮体,还是一种热固性材料。热固性材料的流变行为比较复杂,大致可分为三个阶段:黏流态、凝胶态和固态,其经历过程的时间与固化体系有关。不同固化体系的固化反应速率有差异,导致三种状态的转变随体系不同而改变。

热固性材料的加工流动过程在黏流态期间,当达到凝胶点便成弹性凝胶体,理论上认为黏度趋于无穷大,通常在凝胶前的流变参量选用黏度表征,凝胶点后的流变参量应选复数模量。有关凝胶时间的判断存在多种看法,有将储能模量等于损耗模量,即 $G' = G''$ 时作为凝胶时间;也有将损耗角正切 $\tan\delta$ 达到最大值的时间作为凝胶时间;还有用 $\lg t$（时间）为横坐标,黏度为纵坐标作图,曲线中的拐点所对应时间为凝胶时间。

图 5 – 12 和图 5 – 13 是 PET/TDI 为粘合剂的某高能固体推进剂药浆的储能模量、损耗模量和复合黏度随时间变化规律。随固化反应的进行,药浆储能模量、损耗模量和复合黏度随时间增加而增大,在 680min 左右表现出储能模量等于损耗模量。

高能推进剂药浆流变性随温度变化的规律不同于聚合物熔体或溶液,黏度随温度升高单纯的降低,如图 5 – 14 所示药浆在出料 2h 时,黏度随温度升高而降低;22h 后药浆在 50℃ 的黏度明显高于 40℃ 时的黏度值,黏度并不完全随温度升高而降低。这是因为在初始阶段药浆固化程度不高,随温度升高使药浆连续相分子运动加剧,分子间相互作用减弱,药浆黏度降低,流动性增强,此阶段温度占主导作用。随着固化反应的进行,连续相相对分子质量增大,形成固化网络结构,黏度增加阻碍了药浆的流动性,固化程度占主导作用。

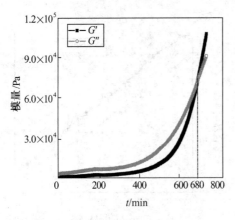

图 5 - 12　时间对药浆黏弹性的影响　　图 5 - 13　时间对药浆复合黏度的影响

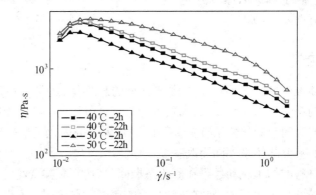

图 5 - 14　温度和时间对药浆黏度的影响

　　热固性材料流变特性是时间和温度的函数,这种流变行为是物理和化学反应综合表现的结果,对其流变性能的研究属于化学流变学的内容。国内外研究人员采用化学流变学方法研究热固性材料的流变行为,提出了一些有价值的数学模型,其中应用较多的 Arrhenius 方程、双 Arrhenius 方程和 WLF 方程等。

5.4　高能固体推进剂药浆流变特性的影响因素及作用机理

　　影响高能固体推进剂药浆流变性能的因素有很多,主要可分为内部因素和外部因素。内部因素指推进剂配方组分对药浆流变性能的影响,包括粘合剂体系、填料参数及组分之间界面作用等,如图 5 - 15 所示。外部因素是指工艺条件的影响,主要包括混合机的形状、尺寸、混合时间、混合温度、加料顺序和真空条件等。固体推进剂制造过程涉及十几种组分和多步工序,导致了药浆流变性能研究的复杂性。

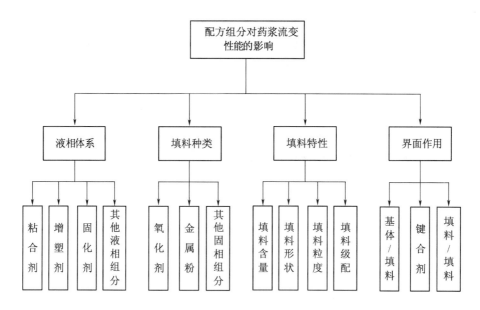

图 5 – 15　配方组分对药浆流变性能的影响

5.4.1　粘合剂体系的影响

粘合剂体系是指推进剂的连续相,包括高分子粘合剂、增塑剂、固化剂和液态的功能组分等,这里主要介绍粘合剂、增塑剂和固化剂对流变性能的影响规律。

5.4.1.1　粘合剂

端羟基聚丁二烯(HTPB)、聚醚粘合剂(PET 与 PEG)和叠氮粘合剂(GAP)代表了固体推进剂粘合剂发展的三个阶段。固体推进剂粘合剂不仅影响着推进剂的力学性能和燃烧性能,还是推进剂药浆工艺性能的主要影响因素,甚至是决定性因素。

图 5 – 16 为 HTPB($\overline{M}_n = 3830$)、PET($\overline{M}_n = 3810$)和 GAP($\overline{M}_n = 3010$)三种粘合剂的黏度曲线。在较低剪切速率下,三种粘合剂黏度随剪切速率增加而降低,呈假塑性流体特征;但随着剪切速率的进一增加,黏度值几乎不再变化,表现出牛顿流体特性。

高分子粘合剂流变性能的差异,取决于聚合物分子结构的影响,如粘合剂相对分子质量、相对分子质量分布、官能团、链支化及链的柔顺性等因素,其中以相对分子质量对其流变性能的影响最大,是决定聚合物熔体或溶液流变性能最重要的结构因素。通常聚合物熔体或溶液黏度随聚合物相对分子质量的增大而增加,如图 5 – 17 所示。

线性柔性链高分子熔体或溶液的黏度与相对分子质量之间的关系可用 Fox-Flory 公式表述:

$$\eta_0 = KM_w^{\alpha} \qquad\qquad (5-26)$$

式中　K——聚合物和溶剂的特性常数；

　　　α——聚合物分子的形状特性常数；

　　　M_w——聚合物的重均相对分子质量，K 和 α 还受温度的影响。

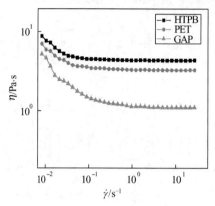

图 5-16　三种粘合剂的 $\eta - \dot{\gamma}$ 曲线　　图 5-17　PEG 重均相对摩尔相对分子质量
　　　　　　　　　　　　　　　　　　　　　　　　与黏度关系曲线

　　研究发现，许多高聚物熔体的剪切黏度表现出相同的相对分子质量依赖规律：当聚合物相对分子质量小于某一临界值（M_c）时，黏度与相对分子质量幂指数 α 在 $1.0 \sim 2.5$ 间变化；一旦相对分子质量大于 M_c，黏度就随相对分子质量增加急剧增大，一般认为与重均相对分子质量的 3.4 次方成正比。因此，式（5-26）通常又可以下列形式表述：

$$\eta_0 = \begin{cases} K_1 M_w^{\alpha} \to M_w < M_c & (\alpha = 1.0 \sim 2.5) \\ K_2 M_w^{3.4} \to M_w > M_c \end{cases} \qquad (5-27)$$

　　大多数聚合物的临界相对分子质量 M_c 一般在 $4000 \sim 40000$ 之间，表 5-2 给出了一些典型聚合物 M_c 的参考值。对于聚合物相对分子质量大于 M_c 后，黏度急剧增加的原因一般认为是由于聚合物分子链缠结作用引起流动单元变大的结果；在相对分子质量小于临界相对分子质量时，分子间相互作用较弱，未能形成有效的拟网状结构；随相对分子质量增加，链的长度增大，一旦相对分子质量大到分子链间发生相互缠结，分子链间的相互作用因缠结而增强，使流动阻力增大，导致黏度急剧增加。从推进剂加工成型角度而言，在保证力学性能的前提下，通过降低粘合剂相对分子质量可有效改善推进剂药浆的流变性能。

　　高分子粘合剂的黏度不仅与剪切速率有关，同时还是温度的函数，图 5-18 为数均相对分子质量在 $3000 \sim 4000$ 间的粘合剂 HTPB、PET 和 GAP 表观黏度与温度的关系曲线。从图 5-18 可知，粘合剂黏度随温度升高明显降低。黏度与温度规律符合阿累尼乌斯方程：

$$\eta = A\exp\left(\frac{E_\eta}{RT}\right) \tag{5-28}$$

表 5-2　一些典型聚合物临界相对分子质量(M_c)的参考值

聚合物种类	M_c
端羟基聚丁二烯	5700
线性聚乙烯	3800 ~ 4000
聚丙烯	7000
聚乙烯醇	7500
聚二甲基硅氧烷	24000 ~ 35000
聚丁二烯	5600
聚乙二醇	5800

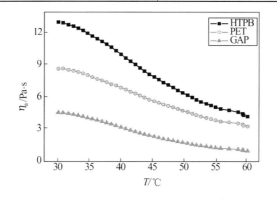

图 5-18　粘合剂表观黏度与温度关系曲线

将式(5-28)转换为 $\ln\eta - 1/T$ 的关系,再进行处理便可得三种高分子粘合剂黏流活化能 E_η,如表 5-3 所列。

从表 5-3 可知:三种粘合剂中 GAP 的黏流活化能最大,其次是 HTPB,PET 粘合剂最小。黏流活化能的大小,体现了聚合物黏度对温度变化的敏感程度。一般分子链刚性越强,分子间作用力越大,则流动活化能越高,聚合物对温度的敏感性越大。

表 5-3　粘合剂 GAP、HTPB 和 PET 的黏流活化能

粘合剂	HTPB	PET	GAP
$E_\eta/(\text{kJ/mol})$	33.99	29.18	45.85

5.4.1.2　增塑剂

增塑剂可分为内增塑剂和外增塑剂两种类型。内增塑剂指具有增塑效应并可与高分子粘合剂发生化学反应而能够导入粘合剂分子链的物质,外增塑剂指对高分子粘合剂具有增塑效应而不发生任何化学反应的物质。推进剂中大多使

用外增塑剂,高能固体推进剂常用的增塑剂主要是多醇硝酸酯,如硝化甘油(NG)、1,2,4 - 丁三醇三硝酸酯(BTTN)和二缩三乙醇二硝酸酯(TEGDN)等。增塑剂不仅能改善推进剂的低温力学性能,而且可有效降低药浆的黏度,改善推进剂工艺性能。

图 5 - 19 和图 5 - 20 为在相同增塑比时增塑剂种类对药浆流动性能的影响曲线。从图 5 - 19 和图 5 - 20 中可知,邻苯二甲酸二甲酯(DMP)增塑的推进剂药浆流变性能要好于含能增塑剂(NG/BTTN)增塑的药浆流变性能。图 5 - 21 和图 5 - 22 是硝酸酯为增塑剂,聚乙二醇(PEG)为粘合剂时增塑比对粘合剂体系和高能固体推进剂药浆流变性能的影响曲线。随着增塑剂含量的增加,无论是粘合剂体系还是推进剂药浆,其黏度值均明显降低。有关增塑剂含量变化对高能固体推进剂药浆屈服应力的影响,少有文献报道,从图 5 - 22 可见,高能推进剂药浆的屈服应力随增塑比增加呈增大趋势。

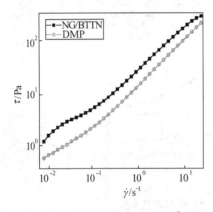

图 5 - 19　不同增塑剂药浆的 τ - $\dot{\gamma}$ 曲线

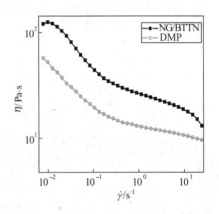

图 5 - 20　不同增塑剂药浆的 η - $\dot{\gamma}$ 曲线

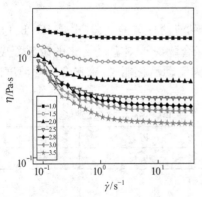

图 5 - 21　不同增塑比时粘合剂体系的
η - $\dot{\gamma}$ 曲线

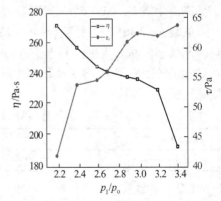

图 5 - 22　增塑比对药浆黏度和
屈服应力的影响

248

对于增塑剂能降低药浆黏度,改善流动性的原因,一般认为增塑剂的加入可增大粘合剂分子链间的间距,起到稀释和屏蔽大分子极性基团,减少分子链间的相互作用力。由于粘合剂 PEG 分子链中含有大量的醚氧键,在极性基团或氢键的相互作用下,分子链间形成了许多物理交联的拟网状结构。随着硝酸酯的加入,硝酸酯分子进入大分子链之间,硝酸酯的极性基团与 PEG 分子极性基团的相互作用,破坏了高分子链间的物理交联,增加了聚乙二醇分子链的移动性,降低了体系黏度。随着硝酸酯含量的增加,这种破坏高分子链间的物理交联效果越发明显,药浆黏度降低越快[11]。增塑剂种类引起的流变性能改变一方面与增塑剂相对分子质量大小有关,另一方面也与减弱粘合剂分子链间的相互作用能力有关。

增塑剂浓度对药浆黏度和屈服应力的影响可用下式来描述:

$$\begin{cases} \eta = KC^{\beta} \\ \tau_y = K\exp(\beta C) \end{cases} \qquad (5-29)$$

式中 K——试验常数;

C——增塑剂浓度(亦可作高分子粘合剂的浓度);

β——试验测得的幂次常数。

5.4.1.3 固化剂

固化剂的作用是与粘合剂及其他组分中的某些活性基团反应形成三维网络结构,赋予推进剂一定的形状和力学性能。在高能固体推进剂制备中常用异氰酸酯类固化剂,如甲苯二异氰酸酯(TDI)、六次甲基二异氰酸酯(HMDI)与水的加成产物(N-100)和异佛尔酮二异氰酸酯(IPDI)等。不同品种的固化剂,其分子结构不同而使异氰酸基具有不同的反应活性,在高能推进剂中 IPDI、N-100 和 TDI 引起的药浆黏度增长速率依次增加。

除固化剂种类外,固化参数对药浆流变性能也有一定影响。图 5-23～图 5-26 是 N-100/PEG 高能固体推进剂药浆固化参数 R (1.1、1.4、1.6)对储能

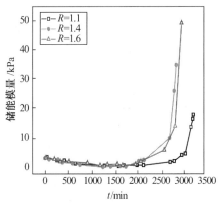

图 5-23 固化参数对药浆储能
模量的影响曲线

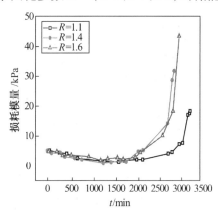

图 5-24 固化参数对药浆损耗
模量的影响曲线

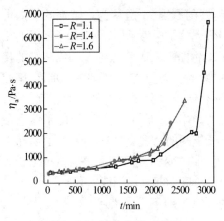

图5-25　固化参数对药浆
黏度的影响曲线

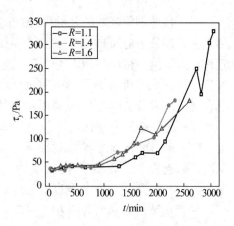

图5-26　固化参数对药浆
屈服应力的影响曲线

模量、损耗模量、表观黏度和屈服应力的影响曲线。在固化时间小于某一临界值时，药浆储能模量、损耗模量、表观黏度和屈服应力随固化参数的改变变化不明显；当固化时间大于临界值时，药浆流变性能受固化参数的影响较大。对于不同的固化体系，固化速率越快，这种固化时间的临界值越小。

5.4.2　填料的影响

粘合剂体系加入填料后是一个多相系统，填料的颗粒特性，如粒度、含量、级配和形状等显著地影响药浆的流变性能。

5.4.2.1　填料粒度的影响

对固体含量一定的单一填料的悬浮液体系，填料粒度变化对药浆流变性能的影响见表5-4。从表5-4中可知，随着填料粒度减小，药浆表观黏度和屈服应力增大，流动指数减小，偏离牛顿流体的程度增大。

表5-4　填料粒度对药浆流变性能的影响

填料类型		$D_{50}/\mu m$	$\eta_a/Pa \cdot s$			τ_y/Pa	n
			$0.1s^{-1}$	$1s^{-1}$	$10\ s^{-1}$		
Al	Q_1	36.8	10.56	6.62	6.55	—	0.94
	Q_5	2.91	128.35	21.08	10.41	12.51	0.51
AP	I	413.2	9.28	5.64	4.04	0.44	0.86
	III	142.0	10.39	7.52	3.63	1.03	0.81
	IV	8.81	1059.28	473.75	210.03	49.06	0.66
RDX	I	106.0	13.49	6.13	4.0	0.79	0.78
	II	57.0	39.29	12.79	6.43	1.31	0.76
	III	8.72	238.76	98.52	31.34	23.88	0.48

图 5 – 27 是不同粒度的 RDX 悬浮液,其剪切速率从 0 ~ 30s⁻¹ ~ 0 循环剪切所得剪切速率与剪切应力的关系曲线。中位粒度为 106μm 的 RDX 填充体系不呈现触变性,而中位粒度为 8.72μm 的 RDX 悬浮液在循环剪切下,阶梯上升过程的剪切应力高于阶梯下降过程的剪切应力,表现出较明显的正触变性。表明填充体系的触变性与填料粒度相关,粒度越小触变性越明显。

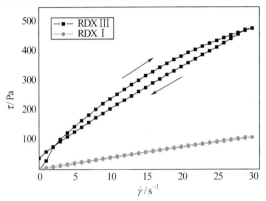

图 5 – 27 不同粒度 RDX 悬浮液的触变曲线

填料粒度对药浆黏弹性也有明显影响。图 5 – 28 和图 5 – 29 是 HMX 中位粒度分别为 13.5μm、118μm 和 368μm 时高能固体推进剂药浆的 $G' - \omega$ 曲线和 $G'' - \omega$ 曲线。从中可看出,随 HMX 粒度的增加药浆储能模量 G' 和损耗模量 G'' 明显降低,且 HMX 中位粒度为 13.5μm 时的药浆在低角频率时,储能模量频率谱图中出现了"平台"特征。通常认为,在低 ω 区域,平台的出现是由于填充体系内部形成了诸如团聚、骨架、网络等有序结构所致[12],这种结构的存在往往导致药浆表现出明显的屈服行为和触变性。

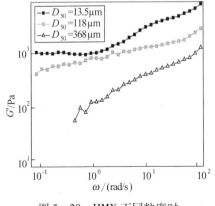

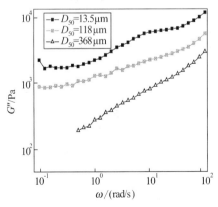

图 5 – 28 HMX 不同粒度时
药浆的 $G' - \omega$ 曲线

图 5 – 29 HMX 不同粒度时
药浆的 $G'' - \omega$ 曲线

填料粒度对药浆流变性能的影响机理主要体现在两方面：

（1）填料比表面积 S 随粒度的减小而增大。表 5-5 为 Al、AP 和 RDX 不同粒度时的比表面积。从中可看出，Al 粉中位粒度从 36μm 减小至 3μm 时，比表面积增大了 10 倍左右；尤其是当粒度小于 10μm 时比表面积增大更明显。填料比表面积增大使固体颗粒对液体的吸附表面增大，导致更多的连续相被结合为吸附膜，使可以自由流动的液体减少，粒子间相互作用增大，致使填充体系黏度和屈服值增加。

表 5-5　填料的比表面积

填料种类	Al			AP		RDX			HMX
$D_{50}/\mu m$	36.8	15.2	2.91	413.2	8.81	106.0	57.0	8.72	13.5
$S/(cm^2/g)$	1042	2259	11255	76	4065	1252	2015	8075	4161

（2）填料粒度越小表面能越大。通常颗粒表面能越大，粒子间越容易形成团聚体，使运动单元体积增大，提高了流体动力学阻力，表现为同种填料且相同固含量时，粒度越小填充体系黏度、屈服值、假塑性及触变性越大。随着填料粒度的减小，体系对外部力场响应的主导因素也在发生改变，逐渐由流体力学相互作用转向粒子间的相互作用。此外，对于粒子间相互作用较强的悬浮体系，粒子间的聚集也可能会包裹部分基体，造成体系内局部粒子浓度升高，从而引起体系黏度的进一步增大。

5.4.2.2　填料含量的影响

Einstein 最早通过假定悬浮颗粒是刚性，尺寸比介质分子大得多，且悬浮液的流动是缓慢而稳定的，从理论上推导出稀悬浮液黏度与悬浮颗粒浓度关系：

$$\eta = \eta_0(1 + 2.5\Phi) \qquad (5-30)$$

式中　η_0——连续相的黏度；

　　Φ——悬浮液粒子的体积分数，即填料体积与悬浮液总体积（连续相体积与填料体积之和）的比值。

如用相对黏度 $\eta_r = \eta/\eta_0$ 来表示，则有

$$\eta_r = 1 + 2.5\Phi \qquad (5-31)$$

从式（5-31）可知，悬浮液的黏度随填料体积分数而变化，而非质量分数。这是因为悬浮液的流变性质主要依赖于与颗粒表面有关的颗粒聚集、流体动力学等，而与颗粒密度等关系不大。图 5-30 和图 5-31 为 RDX（$D_{50}=8.72\mu m$）在硝酸酯增塑的聚乙二醇粘合剂体系中体积分数变化时对悬浮液相对黏度和屈服应力的影响。从图可知，随 RDX 填充量的增加，黏度和屈服应力明显增大，且当悬浮液体积分数小于 0.35 时相对黏度和屈服应力增加缓慢，而大于 0.35 后相对黏度和屈服应力急剧增加，表明 $\Phi=0.35$ 为 RDX 悬浮液的临界体积分数。

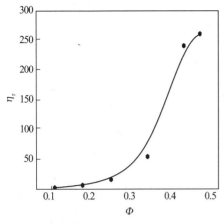

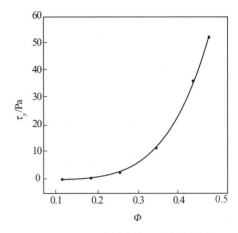

图 5 - 30　相对黏度与体积分数的关系　　图 5 - 31　屈服应力与体积分数的关系

研究 RDX 悬浮液的相对黏度 η_r、屈服应力 τ_y 与体积分数 Φ 规律,可用下列关系式表示:

$$\eta_r = A\exp(B\Phi) \tag{5 - 32}$$

$$\tau_y = G\Phi^m \tag{5 - 33}$$

式中　A,B,G,m——常数,其值可由 $\ln\eta_r$ 与 Φ 作图处理得到。

图 5 - 32 是 RDX 悬浮液在不同体积分数下的损耗模量频率谱图。从图 5 - 32 中可见,损耗模量随填料体积分数的增加而增大。当 RDX 体积分数在 0.12 时,悬浮液的损耗模量与粘合剂基体 G'' 呈良好的线性关系,表明在该体积分数时,悬浮液颗粒间不存在相互作用;随着填料体积分数的增加,RDX 悬浮液损耗模量偏离线性的程度增大,粒子间的相互作用增强。推进剂固含量的增加易导致药浆触变性的增大,如图 5 - 33 所示。图 5 - 33 中填料 RDX 体积分数为

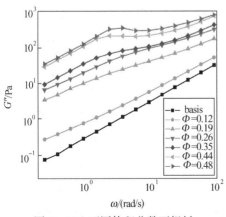

图 5 - 32　不同体积分数下损耗
模量的频率谱图

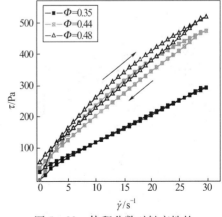

图 5 - 33　体积分数对触变性的
影响曲线

0.35时悬浮液无明显触变性,而当体积分数在0.44和0.48时循环剪切作用下,填充体系阶梯上升过程的剪切应力高于阶梯下降过程的剪切应力,表现出较明显的正触变性。表明填充体系的触变性不仅与粒度大小相关,还与填料体积分数有关。

在悬浮液中,随着固体含量的增加,连续相体积和颗粒间距均减小,颗粒间的相互作用概率增大,颗粒易聚集形成某种附加结构,表现为黏度增加,悬浮液流动性降低。尤其是体积分数接近临界体积分数时,颗粒间的距离大大缩小,使悬浮液流动受到很大阻碍,形成突变点,表观黏度、屈服应力和触变性急剧上升。

随着体积分数的增加,悬浮液损耗模量偏离线性程度增大,表明悬浮液中由于颗粒间距减小,填料间的相互作用增强,填充体系形成了某种附加结构,即渗透通道[13]。渗透通道的作用是当体系流动时填料间还没有发生相对位移,起增加储能的作用,而当填料间发生相对位移时,则起增加摩擦耗能的作用,增加了传递应力的渗透通道,表现损耗模量随填料体积分数的增加而明显增大。

5.4.2.3 填料形状的影响

对于不同种类填料,粒子形状差异较大,大体上有理想的球形(如玻璃珠,见图5-34)、类球状(如金属Al粉)、薄片状(如云母)、片状(如石墨)、丝状(如植物纤维)。

粒子形状不同在悬浮液中的流变行为也不同。从图5-35可以看出,在相同固含量下,球形玻璃珠悬浮液的黏度要小于类球状的Al粉悬浮液。因为与球形颗粒相比,不规则颗粒在液体流过时对流线的扰动会更大,甚至颗粒有可能发生转动,增加颗粒间的彼此作用,消耗更多的能量,导致悬浮液体系黏度增加。颗粒填充除了使体系黏度增高外,还会改变连续相黏度对剪切速率的依赖性,使悬浮液体系的非牛顿流动性更为显著。不规则颗粒处于稳态剪切流场中时,颗粒两端流体的速度梯度不同,使颗粒存在一个转矩作用,促使其向流动方向定向。剪切速率越大,定向作用越强,定向的结果可使颗粒与流动方向趋于一致,

图5-34　玻璃珠的扫描电镜图

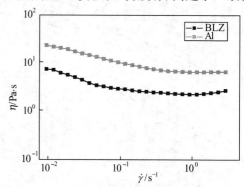

图5-35　Al粉与玻璃珠(BLZ)悬浮液的
$\eta - \dot{\gamma}$ 曲线

减小对体系流动的干扰。颗粒形状的这种相异性导致很难预测粒子的堆积方式,粒子形状偏离真正的球形越远,预测难度越大。

5.4.2.4 填料种类的影响

高能推进剂常采用 Al、AP、RDX 和 HMX 作固体填料,这填料对药浆流变性能的影响有着明显的差异。表 5-6 为在硝酸酯增塑的聚乙二醇粘合剂体系中,四种填料体积分数均为 0.44、粒度差别不太大时的流变特性。从表 5-6 中可知:在不同剪切速率下,填料间的黏度值差别较大,尤以低剪切速率为甚,如 Al 粉在 $0.1s^{-1}$ 时 η_a 为 8.75Pa·s,而 AP 在相同剪切速率下表观黏度则高达 1059.28Pa·s。Al 粉在该体积分数时不呈现屈服,而 RDX 、HMX 和 AP 表现出明显的屈服应力,其中 AP 在四种填料中的屈服应力最大。RDX 和 HMX 体系的假塑性程度较高,Al 粉悬浮液的流动指数最大,最接近于牛顿流体。在实际推进剂混合过程中当加入一定量的细 AP 后,混合转矩快速增加,药浆局部变硬,剪切、挤压应力变大,浆料在混合机桨叶上"爬升"现象严重。

表 5-6 填料种类对药浆流变特性的影响

填 料		Al	AP	RDX	HMX
$D_{50}/\mu m$		15.2	8.81	8.72	13.5
$\eta_a/Pa·s$	$0.1s^{-1}$	8.75	1059.28	238.76	163.88
	$1s^{-1}$	6.94	473.75	98.52	42.37
	$10 s^{-1}$	6.58	201.03	31.34	12.85
τ_y/Pa		–	49.06	23.88	12.01
n		0.93	0.66	0.48	0.50

图 5-36 是体积分数为 0.44 时,Al、HMX、RDX 和 AP 悬浮液损耗模量的频率谱图。从图 5-36 可见,Al 粉悬浮液的损耗模量与粘合剂体系的 G'' 平行,表

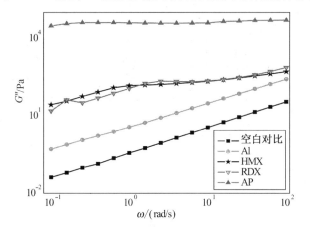

图 5-36 填料种类对 G'' 的影响

明 Al 粉填充体系在该体积分数下,几乎没有形成任何附加结构,颗粒间不存在相互作用。HMX 和 RDX 的 G'' 在一定频率范围内明显偏离线性,说明两者在连续相中均形成了某种附加结构,且两者的 $G'' - \omega$ 谱图十分相近,这可能是由于 HMX 和 RDX 均为环硝胺类化合物,在硝酸酯增塑的聚醚粘合剂中呈现相似的界面特性。在相同体积分数下,AP 悬浮液的损耗模量要明显高于其他三种填料。

悬浮液分散相种类的不同,其颗粒形状和界面存在较大差异。图 5 - 37 为四种填料的电镜扫描图,图中可看出:Al 的球形化程度最高,其次是 AP,HMX 和 RDX 形状均极不规则,这也可从表 5 - 5 中填料比表面积大小来佐证,通常在相同质量下颗粒的球形化程度越高,其比表面积越小。在表 5 - 6 的四种填料中,Al 比表面积最小,AP 和 HMX 比表面积大小较接近,但 HMX 粒径要大于 AP,RDX 的粒度与 AP 接近,比表面积却是 AP 的 2 倍,达 8075cm^2/g。为了获得良

(a)   (b)

(c)   (d)

图 5 - 37   AP、HMX、RDX 和 Al 的 SEM 图
(a) AP; (b) HMX; (c) RDX; (d) Al。

好的流变性能,要求固体颗粒尽可能为球形,因在同样固体含量下,球形粒子有最小的比表面积,也更易被液相组分润湿。球形化程度越高,固体颗粒表面越光滑,颗粒间的滑移越容易;当颗粒表面粗糙、起伏时,颗粒间碰撞时的摩擦力将阻碍流动,使体系黏度显著增加,因此 Al 粉悬浮液的流变性能要远好于 RDX 与 HMX 填充体系。

此外,硝酸酯增塑的聚乙二醇粘合剂体系与四种填料间的界面性能对悬浮液流变性能也有很大的影响。如对于干燥 AP,其 γ_s^d 大于 60mN/m,但如果 AP 表面形成单分子层水膜,则 γ_s^d 通常只有 22mN/m[14],γ_s^d 的降低会使固—液界面润湿性变差,引起颗粒间的聚集,导致 AP 悬浮液的黏度和屈服值大于 Al、HMX 和 RDX 体系。

5.4.2.5 填料级配的影响

填料间的适当级配在固体推进剂中不仅可用来提高固含量,增加比冲,而且还可改善药浆的流变性能。张景春[15]在研究了氧化剂颗粒级配、表面活性剂种类和含量、增塑剂的含量等对端羟基聚丁二烯推进剂药浆流变性能的影响后,认为粒度级配对药浆流变性能的影响最大,其次是增塑剂含量、燃速催化剂含量、表面活性剂的种类及含量。

表 5 – 7 为填料总体积分数为 0.44 时,Al、HMX 和 RDX 分别与 AP 级配后对填充体系流变特性的影响。单一填料 Al(36.8μm)、AP(142μm)、HMX (13.5μm)与 RDX(57μm)悬浮液的 η_a、τ_y 及 n 见表 5 – 4 和表 5 – 6。对比级配前后悬浮液流变性能可看出,级配有利于降低悬浮液黏度和屈服值。Al、HMX 和 RDX 与 AP 分别两两级配后,在相同剪切速率下体系表观黏度小于同体积分数下单一填料悬浮液的黏度;级配提高了悬浮液的流动指数 n,减小了假塑性。

表 5 – 7 级配对填充体系流变特性的影响

填料种类		Al / AP	HMX/AP	RDX/AP
粒度 $D_{50}/\mu m$		36.8 /142	13.5 /142	57 /142
体积分数之比		0.9:1	0.8:1	1:1
η_a/Pa·s	0.1s⁻¹	9.61	7.77	5.47
	1s⁻¹	4.79	3.09	2.86
	10 s⁻¹	3.54	2.19	2.75
τ_y/Pa		0.62	0.39	0.36
n		0.91	0.92	0.95
触变性		无	无	无

填料间的适当级配还可降低悬浮液中颗粒与颗粒、颗粒与基体间的相互作用。图 5 – 38 为 Al、AP、HMX 单一填料及彼此级配后的损耗模量频率谱图。图中 HMX 的 $G'' - \omega$ 明显偏离线性,AP 的 $G'' - \omega$ 在低频出现平台特征,表明单一

HMX 和 AP 填充的体系中形成了网络结构;级配后 HMX/AP 体系的 G'' 频率谱图偏离线性的程度下降,几乎不再呈现平台特征。可以认为,级配降低了填充体系颗粒间的结构强度,是使推进剂药浆触变性、屈服值和黏度减小的主要原因。

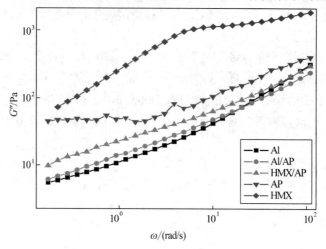

图 5-38　填料级配对损耗模量 G'' 的影响

填料级配对推进剂药浆流变性能影响的作用机理可从颗粒填充体系的级配填充模型和滚动模型来解释,如图 5-39 和图 5-40 所示。

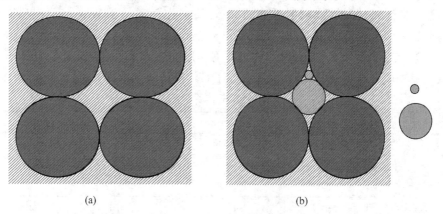

(a)　　　　　　　　　　　(b)

图 5-39　级配的填充模型
(a) 级配前;(b) 级配后。

通常推进剂药浆黏度大小与流动形变过程中的能量耗散有关,单位体积内药浆有效流动相体积分数 Φ_{eff} 越大,体系能量耗散速率就越快,药浆黏度就越小,即黏度与 Φ_{eff} 成反比。在药浆受外力作用发生形变时,颗粒间存在不易流动的液体区,如图 5-39(a) 中颗粒间的阴影部分,这部分不易流动的液体体积分数也称动力学粒子空隙体积分数。动力学粒子空隙体积分数的存在相当减小了

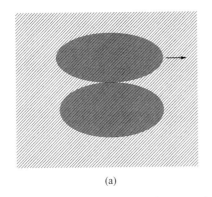 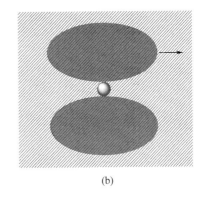

(a)　　　　　　　　　　　　　(b)

图 5 – 40　级配的滚动模型

（a）级配前；（b）级配后。

Φ_{eff}，增大了固相体积分数，因此导致药浆黏度增加。在相同固体体积分数下，将较小颗粒的填料依次填充到大粒径的空隙中，一方面，可使药浆中动力学粒子空隙体积分数减小，有效流动相体积分数增大（图 5 – 39(b)），体系黏度降低。另一方面，级配后药浆当受外部作用引起颗粒间发生相对位移时，小颗粒能起到类似"滚珠轴承"[16]的作用。

　　在图 5 – 40(a)中，单一颗粒受剪切力作用时在体系中运动状态以滑动为主，摩擦阻力较大，尤其颗粒形状越不规则表现越明显。如果在颗粒间加入小颗粒，在施加同样力时，就变成以滚动为主，如图 5 – 40(b)所示，摩擦阻力较前者小得多，可有效改善体系的流变性能。在这两种模式的作用下，级配降低了药浆中粒子聚集结构的强度，表现为 RDX、HMX 和 Al 与 AP 级配后黏度和屈服应力降低，流动指数增大。

5.4.3　键合剂的影响

　　除了粘合剂体系和固体填料外，界面性能对推进剂药浆流变性能也有明显影响。通常高能固体推进剂药浆中的界面主要有三种形式：填料/填料、粘合剂体系/填料，以及键合剂引起的界面改变。通过测试推进剂中某些组分的表面性质，采用表面化学的方法，推算相关的界面性质，可对固体推进剂药浆流变性能和力学性能进行预估，分析其作用机理。

5.4.3.1　界面张力的计算原理

　　根据两相物理状态的不同，界面可分为气—液、气—固、液—液、液—固和固—固等，习惯上常将有气相参与的相界面称为表面，有时这两种名词混用，不加以区别。

　　液体在固体表面的行为可用接触角来表征。将一滴液体放在未受污染的固体表面上，可以认为体系中存在三种界面张力相互作用，而使体系保持平衡，如图 5 – 41 所示。界面张力可看作单位面积的自由能，也可想象为作用于单位长

度的力。Young 在 1805 年就曾指出,当一种液体附着在另一种固体表面上,作用力达到平衡时,存在如下关系:

$$\gamma_S = \gamma_{SL} + \gamma_{LV}\cos\theta \qquad (5-34)$$

式中　γ_S——固体表面张力(表面自由能);

γ_{SL}——固液界面张力;

γ_{LV}——液—气界面张力;

θ——接触角。

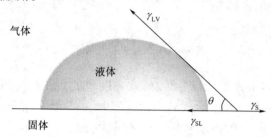

图 5-41　接触角示意图

接触角是可通过试验来测定的量。Adam 和 Jessop[17] 提出的斜板法是能得到精确结果的经典方法,但由于斜板法需要的液体和固体样品用量较大,一般不很方便,目前测定接触角主要采用液滴法或气泡法。

液体在固体表面黏附过程中能量变化,即黏附功为

$$W_a = \gamma_S + \gamma_{LV} - \gamma_{SL} \qquad (5-35)$$

从式(5-35)可知,γ_{SL}越小,则黏附功越大,液体越易沾湿固体。

固体与液体在浸润过程中引起的自由能变化可用浸润功表示,即

$$W_i = \gamma_S - \gamma_{SL} \qquad (5-36)$$

不是所有液体和固体均可自发浸润,只有固体的表面自由能比固—液的界面自由能大时,浸润过程才能自发进行。

对于液体在固体表面上自动展开的铺展润湿,可用铺展系数来表示体系自由能的变化:

$$S_{LS} = \gamma_S - \gamma_{SL} - \gamma_{LV} \qquad (5-37)$$

式中　S_{LS}——液体在固体表面上的铺展系数,当 $S \geqslant 0$ 时,表示液体可在固体表面自动展开。

将式(5-34)代入式(5-35)、式(5-36)和式(5-37),可得润湿过程能否进行的判据:

黏附功:　　$W_a = \gamma_{LV}(1 + \cos\theta) \geqslant 0$　$(\theta \leqslant 180°)$。

浸润功:　　$W_i = \gamma_{LV}\cos\theta \geqslant 0$　　　$(\theta \leqslant 90°)$。

铺展系数:　$S = \gamma_{LV}(\cos\theta - 1) \geqslant 0$　$(\theta = 0°)$。

由此可见,液体在固体上黏附,接触角必须小于 180°;欲浸润,接触角小于 90°;欲铺展,接触角为 0°。

在 Young 方程中,接触角和液气界面张力 γ_{LV} 皆是可以测定的,因此式(5 - 34)中只要有独立的方程将 γ_S 和 γ_{SL} 联系起来,便可求出 γ_S 和 γ_{SL}。Fowkes 将液—液界面张力的理论应用于固—液界面,假设固—液两相之间只有色散力作用,则

$$\gamma_{SL} = \gamma_{LV} + \gamma_S - 2(\gamma_S^d \gamma_{LV}^d)^{1/2} \qquad (5-38)$$

式中 $\gamma_S^d, \gamma_{LV}^d$——固体和液体的色散力对界面张力的贡献。

根据 Kaelble 的观点[18],如果固体与液体之间同时存在着色散力和极性力的相互作用,则两者界面张力和黏附功可用下式计算:

$$\gamma_{SL} = \gamma_{LV} + \gamma_S - 2(\gamma_S^d \gamma_{LV}^d)^{1/2} - 2(\gamma_S^p \gamma_{LV}^p)^{1/2} \qquad (5-39)$$

式中 $\gamma_S^p, \gamma_{LV}^p$——固体和液体表面自由能的极性部分。将式(5 - 39)代入式(5 - 34)和式(5 - 35),则可得

$$\gamma_{LV}(1 + \cos\theta) = 2(\gamma_S^d \gamma_{LV}^d)^{1/2} + 2(\gamma_S^p \gamma_{LV}^p)^{1/2} \qquad (5-40)$$

$$W_a = 2(\gamma_S^d \gamma_{LV}^d)^{1/2} + 2(\gamma_S^p \gamma_{LV}^p)^{1/2} \qquad (5-41)$$

在式(5 - 40)中,只要找到两个已知 γ_{LV}^d 和 γ_{LV}^p 的液体,通过测定已知液体在固体表面的接触角,再将液体的表面张力和接触角数据代人上式,即可得两个独立方程,便可求解出固体物质表面张力的 γ_S^p 和 γ_S^d。将固体和液体表面张力的色散分量和极性分量代入式(5 - 40)和式(5 - 41)便可计算出组分间的界面张力和界面黏附功。

5.4.3.2 键合剂对药浆流变性能的影响

为改善高能固体推进剂燃烧、力学、安全和老化等性能,常加入一定量的功能组分,这些功能组分的加入会对药浆流变性能产生一定的影响。图 5 - 42 给出了键合剂 MAPO 和 NPBA、安定剂 A 和 B 对药浆流变性能的影响规律。图中 η'_γ 为含功能组分的推进剂药浆黏度与不含功能组分的药浆黏度的比值,a、b、c 和 d 指功能组分在药浆中的常用含量。与不含功能组分药浆相比,功能组分 A、B 和 MPAO 的加入在一定程度上增加了药浆的黏度,但增幅不大;中性键合剂 NPBA 的加入则导致药浆黏度的显著增加,药浆的工艺性能急剧恶化。

高能固体推进剂中采用了大量硝酸酯,为了解决含能粘合剂体系与硝胺氧化剂之间的界面软化问题,常引入中性键合剂 NPBA 以改善基体与填料的界面粘结,提高推进剂的力学性能。图 5 - 43 为键合剂含量对高能推进剂药浆表观黏度和屈服应力的影响。随着键合剂含量增加,药浆黏度和屈服应力增大,流变性能变差。中性键合剂 NPBA 含量变化对药浆黏弹性的影响如图 5 - 44 和图 5 - 45所示,可以看出,药浆储能模量和损耗模量均随键合剂含量增加而增大。

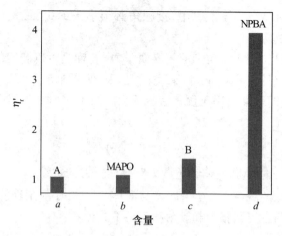

图 5 - 42　功能组分对药浆流变性能的影响

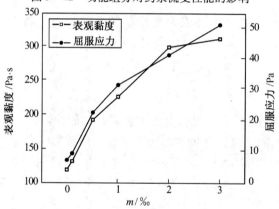

图 5 - 43　键合剂含量对药浆表观黏度和屈服应力的影响

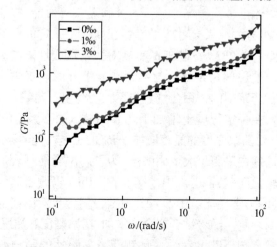

图 5 - 44　键合剂含量对药浆储能模量的影响

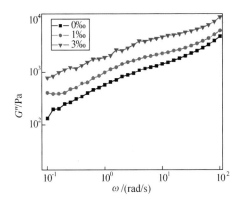

图 5 - 45　键合剂含量对药浆损耗模量的影响

中性键合剂 NPBA 的加入虽然可改善高能推进剂的力学性能,但过量加入会影响药浆的可加工性。这是由于 NPBA 分子中的极性基团间有较强的次价力,易吸附在硝胺填料表面,导致药浆黏度和屈服应力明显增大。表 5 - 8 给出了硝酸酯增塑的聚乙二醇粘合剂体系、NPBA 和 HMX 的色散分量、极性分量及表面张力[19]。

表 5 - 8　粘合剂体系、NPBA 和 HMX 的表面张力

样品	$\gamma_S^d/(\text{mN/m})$	$\gamma_S^p/(\text{mN/m})$	$\gamma_S/(\text{mN/m})$
HMX	22.86	35.48	58.34
NPBA	18.18	40.39	58.57
粘合剂体系	10.27	13.36	23.63

基于式(5 - 39)和式(5 - 41)计算了粘合剂体系、NPBA 和 HMX 彼此间的界面张力与黏附功,如表 5 - 9 所列。从表 5 - 9 中可知,HMX/NPBA 间的黏附功达 116.47mJ/m^2,明显大于粘合剂体系/HMX 和粘合剂体系/NPBA 的黏附功;HMX 与 NPBA 间的界面张力明显小于粘合剂体系/NPBA 和粘合剂体系/HMX 间的界面张力,表明 NPBA 与 HMX 有良好的亲和性。所以当 HMX 与粘合剂体系、NPBA 组成药浆时,NPBA 将首先吸附于 HMX 颗粒表面。在推进剂制备过程中,NPBA 靠其分子中极性基团与硝胺氧化剂形成氢键等强的物理作用,吸附在颗粒表面,形成大分子的包覆结构,增加了流体的结构强度和流动单元,导致药浆黏度和屈服应力的急剧增大。

表 5 - 9　粘合剂体系、NPBA、HMX 彼此间的界面特性

组 分	$W_a/(\text{mJ/m}^2)$	$\gamma/(\text{mN/m})$
粘合剂体系/NPBA	73.19	8.41
HMX/NPBA	116.47	0.44
粘合剂体系/HMX	74.18	7.79

5.4.4 药浆内部结构分析

高能固体推进剂药浆可视为多种填料混入高分子黏弹性流体中而制成的浓悬浮液体系。由于分散相与连续相不仅各自具有独立的流变结构和流动机理，对外力作用的响应不同，且两相界面间的相互作用使药浆流变行为复杂多变。推进剂药浆的宏观流变性能，往往强烈依赖于药浆的微观结构。在高能固体推进剂粘合剂体系、填料和界面等对药浆流变性能的影响研究基础上，详细分析了药浆的内部结构，其内部相互作用主要可划分为三部分：粘合剂体系分子间的作用、填料粒子在悬浮液体系中的作用及填料与粘合剂体系间的界面作用。

5.4.4.1 粘合剂体系在药浆内部的作用分析

在不考虑填料和界面作用的情况下，粘合剂体系在药浆内部的相互作用示意如图5-46所示。粘合剂体系的内部作用可分为三部分：

（1）高分子粘合剂分子间的彼此缠结。

（2）由固化反应引起的扩链和交联。

（3）体系小分子（如增塑剂等）对高分子粘合剂间的增塑作用。

从以上三方面可分析粘合剂结构参数和外部条件（如剪切速率和温度等）对粘合剂体系在药浆内部流变的作用机理。

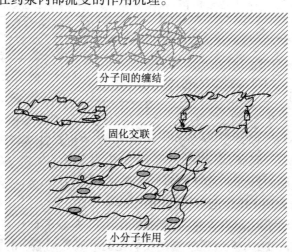

图5-46 粘合剂体系分子间的相互作用示意图

前述研究表明，无论是粘合剂 HTPB、PET 和 GAP，还是硝酸酯增塑的聚乙二醇粘合剂体系、高能固体推进剂药浆均表现出假塑性流体特性，在一定剪切速率范围内其黏度均随剪切速率的增加而降低。从粘合剂体系分子间的相互作用可以认为，这是因聚合物分子由于热力学运动本来呈杂乱无章地分布，处于静止状态时比处于流动状态具有更高的缠结浓度，分子缠结会使分子相对运动引起的流动变得更加困难，使体系黏度增加。但受剪切后随剪切速率的增大，聚合物

264

解缠使分子链彼此分离,流体分子取向逐步趋于规整,如图 5-47 所示。大分子间的相对运动更加容易,这时,表观黏度随剪切速率的增加而下降,表现出剪切变稀的假塑性流体特征。至较高剪切速率时,亦即分子完全取向为止,流体表现似牛顿流体的特性,黏度几乎不随剪切速率而变化。对于一些长链高分子在强剪切场中还可能发生分子链的断裂,使相对分子质量量降低,导致黏度下降。

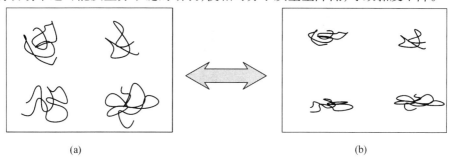

(a)   (b)

图 5-47 聚合物分子剪切前后取向示意图
(a) 剪切前;(b) 剪切后。

    高能固体推进剂粘合剂基体与药浆初始黏度随温度升高而降低,这主要是由于温度是分子无规则热运动激烈程度的反映,而分子间的相互作用,如内摩擦、扩散、分子链取向、缠结等直接影响着黏度的大小,故多数聚合物分子的黏度随温度而变化。黏流活化能 E_η 是描述物质黏度—温度依赖性的物理量,是流动过程中流动单元用于克服位垒,由原位置跃迁到附近“空穴”所需的最小能量。E_η 反映了物质流动的难易程度,更重要的是反映了物质黏度变化的温度敏感性。由于高分子材料的流动单元是链段,因此黏流活化能的大小与分子结构有关,而与相对分子质量关系不大[20]。一般而言,分子链刚性大、极性强,或含有较大侧基的高分子材料,黏流活化能较高。与此相反,柔性较好的线性分子链高分子材料的黏流活化能则较低。在恒定的剪切速率下,由于 GAP 分子中含有强极性的侧基 $-CH_2N_3$,因此导致其黏流活化能较高。

5.4.4.2 填料在药浆内部的作用分析

    悬浮液体系的流变性质不仅受到填料含量、粒度、形状和粒径分布等的影响,还受到流体力学作用、布朗运动和颗粒间各种相互作用力的影响。填料在悬浮液中受力情况如图 5-48 所示。填料颗粒在悬浮液中的作用可分为四种[21-23]:

    (1)颗粒间的表面作用力。颗粒间的表面作用力导致颗粒的排斥或吸引,决定着颗粒在悬浮液中的分散与聚集状态。它来源于颗粒间的相互作用,是由流体的极性等性质控制的,而不是由黏度控制的。

    (2)布朗作用。悬浮液中的颗粒,无论粒度大小,都会受到连续相分子热运动的无序碰撞而发生扩散,称为布朗(Brownian)运动。

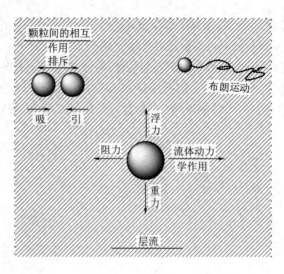

图 5 – 48　填料在悬浮液中所受作用分析

　　布朗作用与填料粒度有很大关系,粒度越小作用越明显,尤其对于粒度小于 $1\mu m$ 的颗粒有很大影响。在高能固体推进剂中虽有报道采用纳米填料来调节推进剂燃烧、力学等性能的研究,但在实际应用中推进剂所用颗粒粒径一般均大于 $1\mu m$,因此在药浆中颗粒的布朗作用基本可忽略。

　　(3) 颗粒所受的重力与浮力。浮力往往只适用于较稀的悬浮体系,对于高固含量的药浆则可不予考虑。所有悬浮颗粒均承受着重力作用,填料粒度越小,重力引起的沉降位移越小;当颗粒较大时,悬浮液中重力作用下引起的沉积不可忽视。因此在药浆混合过程中应充分润湿填料,保证混合均匀性,减小由颗粒凝集而引起的沉降。

　　(4) 作用在颗粒上的黏性力。这种力正比于颗粒与周围流体的局部速度差。因此黏性力对悬浮体黏度的影响是通过连续相的黏度来实现的,连续相的黏度控制着所有这些黏性力的相互作用。正因为如此,“悬浮体黏度”通常是相对连续相黏度而言的。

　　总体而言,流变学测量的流体宏观性质强烈地依赖于流体的微观结构。在悬浮液中对于含有粒径较大的粗颗粒,颗粒/颗粒间的相互作用主要是机械作用,如相互碰撞、摩擦或挤压。而对于分散于连续相中的微细填料,它们间的表面力主要有:范德华力、疏水表面力、静电力、毛细表面力、电偶极矩力、空间效应表面力、耗尽稳定化力和溶解表面力等,表面力以及流体动力的综合作用导致颗粒相互吸引,聚集成团;或者相互排斥,稳定分散。表面力是悬浮体内所有原子、分子间的相互作用力及介质中原子、分子间作用力的总和,具有“多重效应”。颗粒间的表面力中范德华力、疏水表面力和毛细表面力为吸引力,静电力既可是吸引力也可是排斥力,其余表面力均为排斥力。如果单一颗粒在悬浮体中有好的分散性,则颗粒间必有一定的排斥力;反之,颗粒的聚集则表现吸引大于排斥。

5.4.4.3 基体/填料界面在药浆内部的作用分析

填充粒子对于悬浮体系流变行为的影响既取决于固体填料本身的物理化学性质,也与填料和基体之间的相互作用有关,并最终影响着整个填充体系的加工和使用性能。在高能固体推进剂药浆中填料粒子与粘合剂体系之间不是简单的共混,而存在一定的相互作用,如图5-49所示。

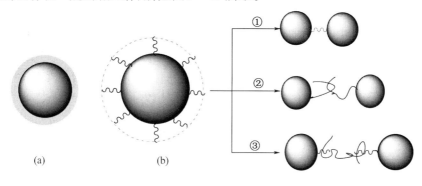

图5-49 填料与粘合剂体系的界面作用模型

(1)连续相对颗粒的润湿,在颗粒表面吸附一层粘合剂,简称界面层,如图5-49(a)所示。连续相对颗粒的润湿能力分黏附、浸润和铺展,可用接触角来判断。界面层的厚度取决于填料表面性质、粘合剂体系的性质及填料与粘合剂体系间的相互作用。

(2)颗粒对高分子连续相的吸附,如图5-49(b)所示。颗粒对高分子连续相的吸附可分三种类型:[24]① 通过一个高分子链直接将两个粒子或聚集体吸附连接在一起;② 通过吸附不同粒子或聚集体的不同高分子链之间的缠结相互连接;③ 通过偶联剂将填料与粘合剂连接。通常①和②称为桥连效应,③称为偶联效应。对于高能推进剂药浆而言,为提高药浆的力学性能常加入一些键合剂,键合剂在填料与高分子聚合物之间所形成的界面不是简单的二维界面,而是包含由两个界面之间的过渡区所形成的三维界面。基体/填料间网络结构的形成主要由③所贡献。

5.4.5 工艺条件的影响

对确定的高能推进剂配方,影响药浆流变性能的因素还有工艺条件,如混合机尺寸、混合转速、真空度、混合时间和温度等。通过调控工艺条件,不仅可改变高能推进剂药浆工艺性能,而且在一定程度上可改善推进剂力学和燃烧等性能。

5.4.5.1 混合机类型和尺寸的影响

固体推进剂混合工艺一般有卧式混合、立式混合或连续混合方式等。由于混合机机型和尺寸不同,药浆流变性能存在差异。通常立式混合机混合效率比卧式混合机高,在生产流动性较好的药浆时,卧式混合机没有立式混合机有效。M. H. Larimer 等人[25]研究认为在其他条件相同情况下,尺寸大的混合机所制得的药浆黏度低。这是因为固体推进剂药浆往往呈假塑性流体特征,在相同转速下,同一种类型的混合机,大尺寸混合机可产生较大的剪切速率,尺寸越大越有利于提高药浆混合效果。

5.4.5.2 转速和真空度的影响

提高推进剂混合效率通常有三种途径:增大混合机尺寸、减小间隙、提高转速。在其他条件相同的情况下研究了转速与真空度对出料药浆表观黏度和屈服应力的影响,如表 5 - 10 所列。从表 5 - 10 中可见,混合过程中的真空度对药浆表观黏度和屈服应力影响不大;混合机行星浆的转速对药浆初始黏度有影响,浆叶转速增加,可降低推进剂药浆表观黏度与屈服应力。

表 5 - 10　转速与真空度对药浆流变性能的影响

序号	转速/(r/min)	真空度/kPa	η_a/Pa·s	τ_y/Pa
1	14	6	291.1	81.0
2	14	10	291.9	79.4
3	20	6	285.0	73.5
4	20	10	264.9	—

在推进剂生产中抽真空的目的是去除药浆内部气体,防止药柱在固化成型中产生孔洞,影响推进剂力学性能和弹道性能。但真空混合也还需注意真空度大小对推进剂中某些挥发性液体组分的影响。

提高浆叶的转速和减小间隙虽可改善混合效率,但同时也会增加推进剂工艺安全风险。研究结果表明,推进剂混合过程中浆叶端面的摩擦功率与药浆表观黏度、转速的平方成正比,与间隙成反比关系。因此应在确保安全的前提下,合理选择浆叶的转速和间隙。

5.4.5.3 加料次序的影响

推进剂药浆的制备过程中,组分的加入次序与方式应从两方面来考虑:一方面从安全角度看,推进剂中某些组分的直接接触是十分危险的,必须分开加料。如氧化剂与金属还原剂的直接接触和摩擦,氧化剂 AP 与胱胺氧化剂 HMX 的直接混合都较危险,因为两者接触后的感度要高于单一组分。另一方面从工艺角度看,合适的加料顺序可调节药浆黏度,提高混合效率,改善药浆流变性能。

通过正交设计法设计了一个加料次序四因素两水平试验,结果如表 5 - 11 所列。表中 a、b、c、d 因素分别代表了粘合剂、固化剂、中性键合剂和固体填料的加入次序。

表 5 - 11 加料次序和方式对高能推进剂药浆工艺性能的影响

试验序号	a	b	c	d	$\eta_a/\text{Pa} \cdot \text{s}$	τ_y/Pa
1	a_1	b_1	c_1	d_1	403.9	139.5
2	a_1	b_1	c_2	d_2	402.2	135.2
3	a_1	b_2	c_1	d_2	390.8	123.5
4	a_1	b_2	c_2	d_1	446.0	123.5
5	a_2	b_1	c_1	d_2	283.1	80.4
6	a_2	b_1	c_2	d_1	322.1	85.1
7	a_2	b_2	c_1	d_1	379.5	86.6
8	a_2	b_2	c_2	d_2	343.2	88.6
$M_{1\text{黏}}$	410.7	352.8	364.3	387.9		
$M_{2\text{黏}}$	332.0	389.9	378.4	354.8		
$R_{\text{黏}}$	78.7	37.1	14.1	33.1	—	—
$M_{1\text{屈}}$	130.4	110.1	107.5	108.7		
$M_{2\text{屈}}$	85.2	105.6	108.1	106.9		
$R_{\text{屈}}$	45.2	4.5	0.6	1.8		

表 5 - 11 中 $M_{1\text{黏}}$ 指四因素在水平 1 时所制推进剂药浆表观黏度总和的均值,如粘合剂在水平 a_1 时药浆表观黏度总和的均值为 (403.9 + 402.2 + 390.8 + 446.0)/4 = 410.7。$M_{2\text{黏}}$ 指四因素在水平 2 时所制推进剂药浆表观黏度总和的均值。$R_{\text{黏}}$ 指四因素在两个水平下药浆表观黏度均值的极差:

$$R_{\text{黏}} = \max\{410.7, 332.0\} - \min\{410.7, 332.0\} = 78.7$$

各因素对体系性能的影响是有主次之分,一般可用极差 R 来表达。由表 5 - 11 可知:粘合剂、固化剂、键合剂 NPBA 和固体填料的加入方式对药浆黏度影响的极差为 78.7、37.1、14.1 与 33.1,对药浆屈服值的影响极差为 45.2、4.5、0.6 与 1.8。由此可见,在四因素中粘合剂的加入方式对药浆工艺性能影响程度最显著。

5.4.5.4 混合时间和温度的影响

延长药浆的混合时间虽然可使推进剂中固体组分充分润湿,促进固—液组分的分散均匀性,降低药浆黏度和屈服应力(表 5 - 12),但对固化速率较快的配方体系,通过延长混合时间药浆黏度和屈服应力并不一定会降低,而且还会影响到药浆的适用期。

由于高能固体推进剂药浆具有热固性特征,混合温度对其流变性能具有较大影响,如图 5 - 50 所示。随着混合温度升高,药浆黏度和屈服应力均下降,有利于改善药浆的流变性能;但对于固化反应速率快的体系,混合温度升高,不一定会降低药浆黏度和屈服应力。从高能固体推进剂工艺安全角度考虑,以提高混合温度来改善推进剂工艺性能的途径并不可取。因温度过高一方面会影响药浆的适用期,另一方面会增加引起燃烧或爆轰的危险性。

表 5-12　混合时间对工艺性能的影响

混合时间/min	123	145
黏度/Pa·s	367.8	329.0
屈服应力/Pa	121.7	81.4

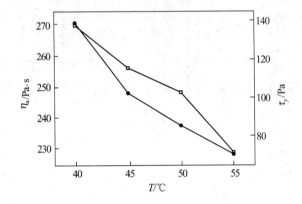

图 5-50　混合温度对推进剂药浆工艺性能的影响

5.4.5.5　浇注装置的影响[26,27]

K. Klage 和 C. J. Rogers 等人用 HAAKE 旋转黏度仪,对 PBAN 复合固体推进剂浇入直径 6.6m 发动机时的流变学进行了研究,认为要想制得无缺陷药柱必须进行如下工作:

(1)分析未固化推进剂药浆的流变性。

(2)选择适应药浆流变性特点的测量技术。

(3)确定配方和工艺的变化与推进剂流动特性的关系。

(4)研究和了解浇注过程中药浆在发动机中的流动情况。

因此研究浇注工艺参数变化与推进剂药浆流动性间的关系是十分必要的。目前常用的固体推进剂浇注方法有三种:底部浇注、插管浇注和真空浇注,其中真空浇注最为广泛。图 5-51 是推进剂药浆真空浇注装置的示意图,从中不难看出,药浆从装入浇注罐到发动机中的流平过程共呈现几种流动状态:

(1)在圆管道中的流动。

(2)在圆锥管道中的流动。

(3)从花板中自由下落入发动机的流动。

(4)在发动机内燃烧室中的流动。

对于药浆在发动机中的流动,K. Klage 等人还将其细划分为两部分:刚浇入发动机中的推进剂与停滞药浆的混合;药浆在芯模和发动机壳体壁周围的流动。

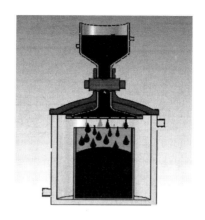

图5-51 推进剂药浆真空浇注装置的示意图

流体在圆管中的稳定流动也被称为泊肃叶流动(Poiseuille Flow),假定流动是稳定的层流即流体内每个质点的流动速度不随时间变化。通过采用柱坐标(r,θ,x)分析流体在圆管中的流动,如图5-52所示,考察流体流量与工艺参数间的相互关系。

图5-52 流体在圆管中的流动

假设x轴与圆管的轴线一致,管径为R。流体仅沿x轴方向流动,V_x是质点离圆管中心轴的径向距离r的函数,没有沿r的径向和沿θ周向的流动,圆管中的流动为层流,则

$$V_x = V_x(r)$$

$$V_r = V_\theta = 0$$

一般与圆管壁接触的流体层可视为静止的,因此在$r = R$时有$V_x = 0$。流体在圆管中的层流视为许多同心圆柱层的流动。设圆管长L,半径为r的柱体层流体,受到圆管两端面的外加压力差Δp,外加压力为$\Delta p \pi r^2$。当压力差不随时间变化时,管内流体的运动将是定常的。此柱体表面的外层流体对其黏性阻力等于剪切应力τ_{rx}乘以柱体表面积$2\pi rL$,即

$$2\pi rL\tau_{rx} + \Delta p \pi r^2 = 0$$

因此,剪切应力 τ_{rx} 是 r 的线性函数,在圆管壁上的剪切应力 τ_R 为

$$\tau_R = \tau_{rx,\max} = \frac{\Delta p R}{2L} \qquad (5-42)$$

在管中心轴上 $r=0$,V_x 有最大值,$\tau_{rx}=0$。

如果流体为牛顿流体,通过对其在圆管中层流展开,可获得如下速度分布方程:

$$\dot{\gamma} = \frac{\mathrm{d}v_x}{\mathrm{d}r} = \frac{\tau}{\eta} = -\frac{\Delta pr}{2L\eta}$$

对上式积分,并代入边界条件 $r=R$、$V_x=0$,有

$$V_x(r) = \frac{\Delta p}{4\eta L}(R^2 - r^2)$$

速度梯度即剪切速率是 r 的线性函数,而圆管中流动的流速分布为二次曲线函数。在圆管轴心处 V_x 具有最大值,剪切应力和剪切速率均为零,而流体在管壁处时情况则刚好相反。

流体通过从 r 到 $r+\mathrm{d}r$ 的圆环柱体的体积流量为

$$\mathrm{d}Q_v = v_x(2\pi r\mathrm{d}r)$$

整个圆管截面的流量,积分可得

$$Q_v = \int_0^R \mathrm{d}Q_v = \int_0^R \left(\frac{\Delta p}{2\eta L}\right)(R^2 - r^2)\,\pi r\mathrm{d}r = \frac{\pi r^4 \Delta p}{8\eta L} \qquad (5-43)$$

式(5-43)也被称为哈根—泊肃叶(Hagen-Poiseuille)方程,方程还可写成:

$$\Delta p = \frac{8\eta L Q_v}{\pi r^4} \qquad (5-44)$$

$$\eta = \frac{\pi r^4 \Delta P}{8Q_v L} \qquad (5-45)$$

在 $r=R$ 管壁上,有

$$\dot{\gamma}_{\max} = \frac{4Q_v}{\pi R^3} \qquad (5-46)$$

哈根—泊肃叶方程在工程上应用很广泛,不仅可研究流体在管内的流动情况,还可用来计算流体的黏度,是毛细管黏度计的理论基础。

如果流体为非牛顿流体,将使得流体在圆管中的流动方程复杂化。对于非牛顿流体速率的流量,不能用单个的黏度参数描述。对于剪切应力与剪切速率满足幂函数关系 $\tau = K\dot{\gamma}^n$ 的幂律流体流动方程,则包含了流动指数 n 和流动稠度 K 的函数。幂律流体在圆管中的体积流率为

272

$$Q_v = \left(\frac{n\pi}{3n+1}\right)\left(\frac{\Delta P}{2KL}\right)^{1/n} R^{\frac{3n+1}{n}} \qquad (5-47)$$

当式(5-47)中的 $n=1$，$K=\eta$ 时，便是牛顿流体的体积流率。

从幂律流体的指数方程，可得管壁上的剪切速率 $\dot{\gamma}_R$，即

$$\dot{\gamma}_R = \left(\frac{\Delta pR}{2KL}\right)^{1/n} \qquad (5-48)$$

在推进剂浇注成型中使用圆锥形通道，可使药浆获得一定压缩比来保证浇注药浆质量。对于幂律牛顿流体在圆锥形管道中流动的压力降可以通过下式来计算：

$$\Delta p = \frac{2KL}{3n(R_1-R_2)}\left(\frac{3n+1}{\pi n}Q_v\right)^n (R_2^{-3n}-R_1^{-3n}) \qquad (5-49)$$

式中　R_1, R_2——圆锥大小端的半径；

　　　L——圆锥长度。

从式(5-48)和式(5-49)可以看出，推进剂药浆的浇注速率不仅与药浆本身的流变特性有关，而且还明显受浇注条件 Δp、R 和 L 等因素的影响。

5.5　高能固体推进剂药浆固化反应动力学

高能固体推进剂药浆的热固性是影响推进剂工艺性能和力学性能的关键因素，因此在考虑建立高能固体推进剂工艺性能设计方法中应充分体现。固化反应动力学研究手段较多，如傅里叶变换红外光谱(FT-IR)、核磁共振、差示量热扫描仪、化学分析、超声波和化学流变等方法，通过监测固化过程中的化学反应，如反应热量变化、基团含量变化等来定性或定量分析药浆的固化动力学。其中适合定量研究固化体系固化反应进度的主要有：傅里叶红外光谱、差示量热扫描仪、超声波和化学流变法。

5.5.1　FT-IR 方法研究固化反应动力学

傅里叶变换红外光谱法根据组分的吸收峰强度变化来研究固化反应动力学，是最常用的方法之一。依据朗伯—比尔定律：

$$A = \varepsilon cL \qquad (5-50)$$

式中　ε——摩尔吸光系数；

　　　L——样品厚度；

　　　c——基团在样品中的浓度；

　　　A——样品在该波数处的吸光度。

采用傅里叶变换红外光谱法研究固化反应动力学,必须要选取合适的测量峰和参比峰。选取参比峰不仅可以消除仪器系统误差,而且可减小单次试验中样品厚度和均匀性不同带来的影响,一般选择原则为:选择参加反应的单体所共有的基团,且该基团不参与固化反应。测量峰应选取固化体系中参与反应的活性特征基团,活性基团具有较强的吸收峰且受外界环境的干扰小。计算每个谱图的测量峰及参比峰面积,以初始测得的第一张谱图为参照标准,利用下式计算一定温度下各个时刻的固化度:

$$\alpha = \frac{c_0 - c_t}{c_0} \times 100\% \qquad (5-51)$$

式中 α——固化度;

c_0——初始阶段 $t = 0$ 时的特征基团的浓度;

c_t——固化到一定时刻 t 特征基团的浓度。

对固化体系进行红外光谱测试,吸光度与测量峰、参比峰浓度间的关系遵循式(5-50)。在固化起始阶段时,有

$$A_{t0} = \varepsilon_t c_0 L_{t0} \qquad (5-52)$$

$$A_{c0} = \varepsilon_c c_{c0} L_{c0} \qquad (5-53)$$

式中 A_{t0}, A_{c0}——固化开始前特征基团与参比基团的吸光度;

$\varepsilon_{t0}, \varepsilon_{c0}$——固化开始前特征基团与参比基团的摩尔吸光系数;

L_{t0}, L_{c0}——固化开始前样品的厚度。

在固化反应至 t 时刻:

$$A_{tt} = \varepsilon_t c_t L_{tt} \qquad (5-54)$$

$$A_{ct} = \varepsilon_c c_{ct} L_{ct} \qquad (5-55)$$

式中 A_{tt}, A_{ct}——t 时刻特征基团与参比基团的吸光度;

$\varepsilon_{tt}, \varepsilon_{ct}$——$t$ 时刻特征基团与参比基团的摩尔吸光系数;

L_{tt}, L_{ct}——t 时刻样品的厚度。

由于特征基团与参比基团在同一个样品中,有 $L_{t0} = L_{c0}$、$L_{tt} = L_{ct}$;恒温固化过程中,$\varepsilon_t / \varepsilon_c$ 为常数。根据式(5-52)~式(5-55),可得

$$c_0 = \frac{A_{t0}}{A_{c0}} c_{c0} \qquad (5-56)$$

$$c_t = \frac{A_{tt}}{A_{ct}} c_{ct} \qquad (5-57)$$

在固化反应过程中,由于不会出现参比基团的变化,因而参比基团浓度基本保持不变 $c_{c0} = c_{t0}$。依据式(5-51)、式(5-56)和式(5-57)可推出:

274

$$\alpha = \frac{A_{t0}/A_{co} - A_{tt}/A_{ct}}{A_{t0}/A_{co}} \qquad (5-58)$$

图 5-53 为 PEG/N-100/(NG/BTTN)固化体系在 $t=0$h、$t=48$h 和 $t=56$h 的红外谱图,从图中可看出 $-$NCO 官能团随时间 t 的变化情况。在该固化体系中,固化剂 N—100 的—N $=$C $=$O 基团和粘合剂 PEG 中的—OH 基团参与反应,理论上均可选作测量峰。但实际中由于羟基峰吸收带容易受到氢键缔合和水分的影响,导致固化过程的复杂性,因此不适合于选作测量峰来表征体系固化过程。

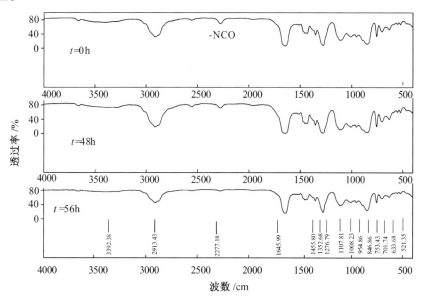

图 5-53 时间为 $t=0$h、$t=48$h 和 $t=56$h 的红外谱图

以固化剂 N—100 的—N $=$C $=$O 作为特征基团,一方面是因—NCO 基团在 2277cm^{-1}左右有强的吸收峰,另一方面此峰不易受其他基团吸收峰的影响或覆盖,且在固化体系 PEG/N-100/(NG/BTTN)中其他组分不含该官能团,具有唯一性,符合作为测量峰的基本条件。选取—CH$_2$ 基团在 1455cm^{-1}处的剪式振动吸收峰为参比峰。通过测量固化体系特征基团—N $=$C $=$O 和参比基团—CH$_2$ 不同时刻的吸光度,利用式(5-58)可计算出体系在不同时刻的固化度 α,如表 5-13 所列。图 5-54 是依据表 5-13 中固化度 α 与时间 t 所作的关系曲线,其关系可用下式表述:

$$\alpha = kt^{\beta} \qquad (5-59)$$

对于 PEG/N-100/(NG/BTTN)固化体系 $k=4\times10^{-5}$,$\beta=2.42$,固化度与时间之间具有良好的幂函数关系。

表 5 - 13　不同时刻特征基团和参比基团的吸光度和固化度

t/h	A_{NCO}	A_{CH_2}	$A_{\mathrm{NCO}}/A_{\mathrm{CH}_2}$	α
0	0.083	0.1896	0.4378	0
2	0.1189	0.2752	0.4320	0.01325
24	0.0752	0.1816	0.4141	0.05413
26	0.0729	0.1869	0.3900	0.1092
32	0.0663	0.1794	0.3696	0.1558
48	0.0660	0.2871	0.2299	0.4749
50	0.0430	0.1972	0.2181	0.5018
54	0.0239	0.1412	0.1693	0.6133
56	0.0185	0.1120	0.1652	0.6227

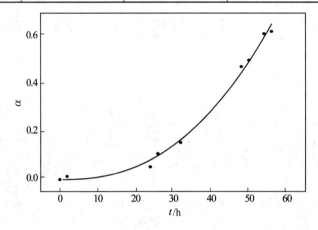

图 5 - 54　固化度 α 与时间 t 曲线

5.5.2　DSC 方法研究固化反应动力学

采用差示扫描量热仪(DSC)研究热固性材料的反应动力学可确定固化过程中的动力学参数,如表观活化能、反应级数和反应速率常数等,对了解固化反应机理及改进热固性材料的工艺具有重要意义。

假定热固性材料固化反应可用含单一速率常数的 n 级反应描述,其固化反应的速率与固化度的关系为

$$\frac{\mathrm{d}\alpha}{\mathrm{d}t} = k(1 - \alpha)^n \qquad (5 - 60)$$

式中　α——固化反应的分数,即总放热焓的分数;

　　　k——反应速率常数;

　　　n——总反应级数。

276

通常,速率常数 k 遵从 Arrhenius 方程。因此式(5-60)可转换为

$$\frac{\mathrm{d}\alpha}{\mathrm{d}t} = A\exp\left(-\frac{E_a}{RT}\right)(1-\alpha)^n \qquad (5-61)$$

如果固化过程释放的热量与反应程度成正比,可由 DSC 试验测定动力学参数。在不同的升温速率 β 下进行测试,其中 $\beta = \mathrm{d}T/\mathrm{d}t$,代入方程式(5-61)可得

$$\beta\frac{\mathrm{d}\alpha}{\mathrm{d}T} = A\exp\left(-\frac{E_a}{RT}\right)(1-\alpha)^n \qquad (5-62)$$

图 5-55 是热固性材料的温度与热流量的 DSC 曲线。图中 T_e 为终点温度, T_i 为固化反应初始温度,T_p 是峰值温度,T_0 为外推的起始反应温度,是曲线上最大斜率切线点与基线的交点。T_e 和 T_i 两点的连线为基线。通过温度与热流量的 DSC 曲线可以确定固化体系的固化反应温度。

固化反应热采用积分法通过确定 DSC 曲线与基线之间的面积求得,面积指由 T_i、T_p 和 T_e 与基线所围成的曲线,如图 5-55 所示。

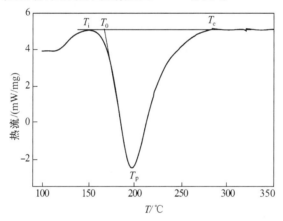

图 5-55 热固性材料的温度与热流的 DSC 曲线

表观活化能是反映热固性材料固化反应难易程度的直观体现,可采用 Kissinger 方程计算:

$$\text{Kissinger 方程:} \frac{\mathrm{dln}\left(\dfrac{\beta}{T_p^2}\right)}{\mathrm{d}\left(\dfrac{1}{T_p}\right)} = -\frac{E_a}{R} \qquad (5-63)$$

式中　E_a——固化体系的反应活化能;

R——理想气体常数。

反应级数可用 Crane 方程计算:

$$\text{Crane 方程}: \frac{\mathrm{d}(\ln\beta)}{\mathrm{d}\left(\dfrac{1}{T_{\mathrm{p}}}\right)} = -\left(\frac{E_{\mathrm{a}}}{nR} + 2T_{\mathrm{p}}\right) \qquad (5-64)$$

频率因子 A 按 Kissinger 方法,可以写成:

$$A = \frac{\beta E_{\mathrm{a}}\exp\left(\dfrac{E_{\mathrm{a}}}{RT_{\mathrm{p}}}\right)}{RT_{\mathrm{p}}^{2}} \qquad (5-65)$$

图 5-56 为不同升温速率下 HTPB/TDI 体系的放热曲线。可以看出随着升温速率 β 的增大,固化反应放热峰逐渐尖锐,固化反应温度也随之提高,固化反应向缩短反应时间的方向移动。固化起始温度(T_{i}),最大固化放热峰值温度(T_{p}),固化结束温度(T_{e})都随着升温速率 β 的增加而升高。固化放热 ΔH 实际反映了树脂随 β 变化时的固化反应程度,ΔH 越大,单位质量 HTPB 体系固化反应越完全,可见随着升温速率的加快,固化热减少,说明固化程度降低。1 号和 3 号曲线上 157~159℃之间的放热峰可能是原料里的杂质分解所产生的。根据图 5-56 可得不同升温速率下的反应温度 T_{i}、T_{p}、T_{e} 和固化放热 ΔH,见表 5-14。

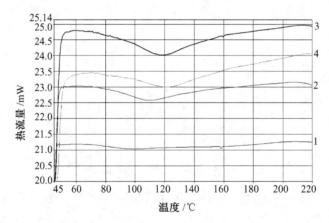

图 5-56   HTPB 固化体系不同升温速率下的 DSC 曲线

1—5℃/min; 2—10℃/min; 3—15℃/min; 4—20℃/min。

将表 5-14 的相应数据以 $\ln\beta \sim (1\times10^{3})/T_{\mathrm{p}}$,$-\ln(\beta/T_{\mathrm{p}}^{2}) \sim (1\times10^{3})/T_{\mathrm{p}}$ 分别作图,如图 5-57 和图 5-58 所示。通过对图形的线性回归,处理可得固化体系的反应活化能为 $E_{\mathrm{a}}=15.64\text{kJ/mol}$,反应级数 $n=1.735$。将 E_{a} 与 n 值代入方程式(5-61)便得 HTPB/TDI 体系的固化反应动力学方程。

278

表 5 – 14   HTPB 体系不同升温速率下固化反应的试验数据

$\beta/(\text{℃/min})$	$T_i/\text{℃}$	$T_p/\text{℃}$	$T_e/\text{℃}$	$\Delta H/(\text{J/g})$
20.0	85.28	122.0	179.88	23.39
15.0	71.20	118.0	167.68	19.96
10.0	68.08	110.67	146.64	18.38
5.0	78.18	97.50	108.01	10.51

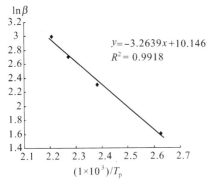

图 5 – 57 $\ln\beta - 1\times10^3/T_p$ 关系图

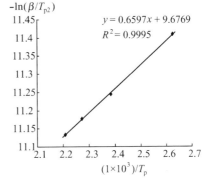

图 5 – 58 $\ln(\beta/T_{p2}) - 1\times10^3/T_p$ 关系

热固性材料的固化根据固化机理不同,可将固化动力学模型分为 n 阶固化模型式(5 – 60)和如下的自催化模型[28]:

$$\frac{\mathrm{d}\alpha}{\mathrm{d}t} = k\alpha^m(1-\alpha)^n \tag{5 – 66}$$

或

$$\frac{\mathrm{d}\alpha}{\mathrm{d}t} = (k_1 + k_2\alpha^m)(1-\alpha)^n \tag{5 – 67}$$

式中 k, k_1, k_2——反应速率常数;

m, n——反应级数。

通常固体推进剂药浆固化反应动力学模型主要以 n 阶固化模型为主,自催化固化模型甚少。

5.5.3   超声波方法研究固化反应动力学

超声波研究药浆的固化动力学是利用不同传播方式的超声波(横波和纵波)传感器,以超声波透射衰减来表征固化过程。通过观察样品固化过程中泊松比 δ、弹性模量 E、剪切模量 μ 等参量随固化时间的变化规律,来建立药浆固化动力学方程。

图 5 – 59 是超声波在线监测固化过程装置示意图,其中超声波探头与试样盒的耦合是影响测量精度的关键因素。

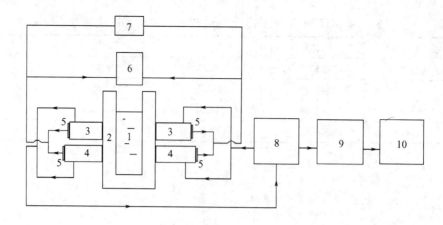

图 5 – 59　超声波在线监测固化过程装置示意图

1—试样；2—试验盒；3—纵波探头；4—横波探头；5—力传感器；6—万用表；

7—直流稳压电源；8—超声发射/接收仪；9—数字存储示波器；10—计算机。

研究了以 PET 为粘合剂，N – 100 为固化剂，醋酸丁酯为增塑剂，玻璃微珠为填充剂，辛酸亚锡为催化剂的填充体系在常温下的固化情况。固化体系中连续相与分散相质量比为 2∶1。采用超声波在线监测装置，分别截取了固化体系未固化时及固化完成后的超声波纵波和横波测量波形图，分别如图 5 – 60 ~ 图 5 – 63所示。

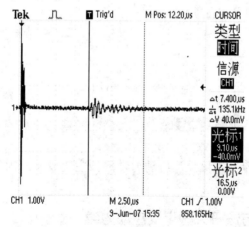

图 5 – 60　固化前纵波波形

由超声波波形图可以得到，加入填料的 PET 固化体系固化开始时纵波和横波均有一个接收波，纵波比较明显，横波较小，由于加入玻璃微珠，使得体系开始的黏度就较粘合剂体系增大不少，所以能够分辨出横波，固化后纵波和横波也都只有一个接收波，纵波振幅增大，飞越时间减小比较明显。与粘合剂体系相比，体系中加入填料后，增塑剂的相对含量大大降低，所以固化后增塑剂的挥发比较少，从飞越时间上看，固化物的模量得到提高。

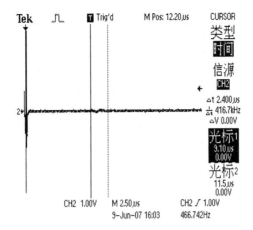

图 5 - 61　固化前横波波形

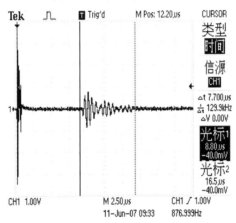

图 5 - 62　固化后纵波波形

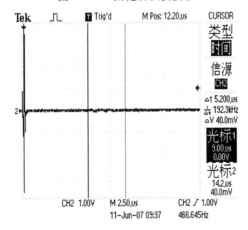

图 5 - 63　固化后横波波形

PET/N－100/玻璃微珠填充体系固化过程中纵波、横波飞越时间及振幅随固化时间的变化如图 5－64 和图 5－65 所示。

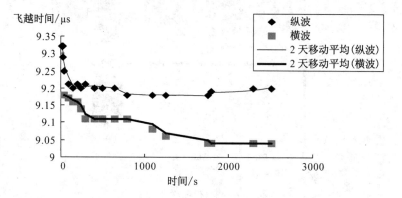

图 5－64 固化过程中纵波、横波飞越时间随时间的变化

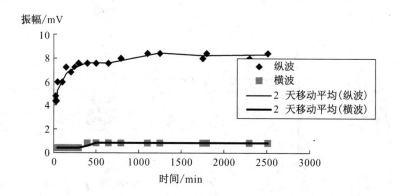

图 5－65 固化过程中纵波、横波振幅随时间的变化

从图 5－64 和图 5－65 可以看出,该体系固化过程中,前 2h 反应较快,纵波、横波的飞越时间及振幅变化均较大,随着固化体系黏度的升高,飞越时间缩短,振幅变大。2h 以后固化反应趋缓,各项指标变化较小,反应 12h 以后,体系固化完全,各项指标基本不变。

通过飞越时间 t 可计算纵波和横波在固化体系中的声速 C_1、C_t：

$$T_{1c} = T_1 - 2T_{1b} \qquad (5-68)$$

$$T_{tc} = T_t - 2T_{tb} \qquad (5-69)$$

$$C_1 = \frac{D_{1c}}{T_{1c}} \qquad (5-70)$$

$$C_t = \frac{D_{tc}}{T_{tc}} \qquad (5-71)$$

式中　T_{lc}——纵波在固化体系中经过的时间；

　　　T_l——纵波的飞越时间；

　　　T_{lb}——纵波在样品盒一侧中经过的时间；

　　　T_{tc}——横波在固化体系中经过的时间；

　　　T_t——横波的飞越时间；

　　　T_{tb}——横波在样品盒一侧中经过的时间；

　　　D_{lc}——纵波在固化体系中的飞越距离；

　　　D_{tc}——横波在固化体系中的飞越距离。

经测量，$T_{lb} = 790\text{ns}$，$T_{tb} = 860\text{ns}$，再由纵波和横波声速计算固化体系的泊松比 δ。泊松比定义为在材料的比例极限内，由均匀分布的纵向应力所引起的横向应变与相应的纵向应变之比的绝对值，可用下式表述：

$$\delta = \frac{2c_t^2 - c_l^2}{2c_t^2 - 2c_l^2} \tag{5-72}$$

玻璃微珠填充的 PET/N - 100 体系的泊松比 δ 随时间的变化关系曲线如图 5 -66 所示，经处理可得泊松比 δ 随时间 t 的关系式：

$$\delta = \int \frac{0.0004/t}{dt} = 0.0004 \ln t \tag{5-73}$$

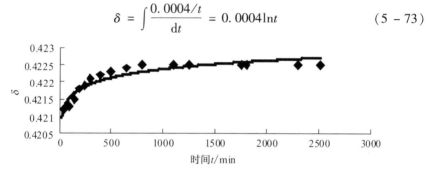

图 5 - 66　固化过程中泊松比随时间的变化关系曲线

5.5.4　化学流变法研究固化反应动力学

采用化学流变学法可直接研究高能固体推进剂药浆固化过程中流变性能的变化规律，并建立相关预示模型。通常对热固性流体的流变模型建立主要采用以下两种途径：一是通过流变参数和温度的变化关系，选取合适的加工温度，建立流变参数变化的数学表达式；二是通过不同温度下流变参数与时间的变化关系，建立数学表达式，考察式中参数与温度之间的函数关系。

1. 时间和温度对药浆黏度的影响规律

推进剂药浆属于热固性流体，其黏度值受温度和时间的影响。温度升高一方面有利于粘合剂体系分子的运动，改善药浆的流变性能；另一方面则加快了药浆的反应历程，导致黏度升高。这两方面的综合影响由下式表示：

$$\eta(T,t) = \eta_0 \exp(kt) \qquad (5-74)$$

式中　η_0——药浆在出料时刻的黏度,它是温度的函数;

　　k——反应速率常数,两者均遵循阿累尼乌斯方程:

$$\eta_0 = \eta_\infty \exp\left(\frac{\Delta E_\eta}{RT}\right) \qquad (5-75)$$

$$k = k_\infty \exp\left(\frac{\Delta E_k}{RT}\right) \qquad (5-76)$$

方程式(5-75)表示药浆在起始阶段黏度随温度的变化规律,其中η_∞为药浆固化度为零且温度趋于无限高时的最低黏度,E_η为推进剂药浆流动活化能,R为理想气体常数;方程式(5-76)中k_∞为指前因子,E_k为推进剂药浆固化反应的活化能。

将式(5-75)和式(5-76)代入式(5-74)中,可得到固体推进剂药浆黏度随时间和温度变化的方程:

$$\eta(T,t) = \eta_\infty \exp\left(\frac{E_\eta}{RT}\right)\exp\left[k_\infty t\exp\left(\frac{E_k}{RT}\right)\right] \qquad (5-77)$$

对方程式(5-77)两边取对数,得到结果便为双阿累尼乌斯方程:

$$\ln\eta(T,t) = \ln\eta_\infty + \frac{E_\eta}{RT} + k_\infty t\exp\left(\frac{E_k}{RT}\right) \qquad (5-78)$$

为了简化研究,将方程(5-78)作如下简化:

$$\ln A = \ln\eta_\infty + E_\eta/RT \qquad (5-79)$$

$$\ln B = \ln k_\infty + E_k/RT \qquad (5-80)$$

因此方程式(5-78)可变为

$$\ln\eta(T,t) = \ln A + Bt \qquad (5-81)$$

图5-67是某高能固体推进剂药浆表观黏度在40℃、50℃和55℃时随时间

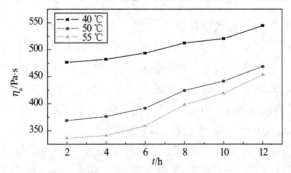

图5-67　药浆表观黏度随时间和温度变化的关系

变化的关系曲线。从图5-67中可知,药浆随温度升高固化速率加快。依据黏度曲线,选取药浆在三个温度下时间不大于10h的表观黏度,根据方程式(5-81)将黏度取对数$\ln\eta$与时间t作图,并将曲线拟合可得相关参数。将参数$\ln A$和$\ln B$分别对$1/T$作图,曲线进行拟合可得到参数$\ln A$、$\ln B$与温度的相关关系。由此便可知η_∞、E_η、k_∞和E_k的值。将以上参数代入方程式(5-77)中便可得该推进剂药浆的化学流变模型,依据该模型可预估药浆表观黏度在10h内随时间和温度的变化规律。

2. 时间和温度对药浆屈服应力的影响

高能固体推进剂药浆在固化过程中屈服应力的变化,可以认为主要由两个因素引起:物理因素和化学因素。其关系式为

$$\Delta \tau_y = \Delta \tau_{yphy} + \Delta \tau_{ychem} \tag{5-82}$$

式中　$\Delta \tau_{yphy}$——物理因素引起的药浆屈服应力变化,主要与温度相关;

$\Delta \tau_{ychem}$——化学因素所引起的屈服应力变化,其与药浆固化反应速率和反应时间有关。对于恒温体系,物理引起的屈服应力变化可近似为零,此时推进剂药浆屈服应力的改变主要由化学反应引起,可表述为

$$\tau_y = \tau_{y0}(T) + \Delta \tau_{ychem} \tag{5-83}$$

其中　$\tau_{y0}(T)$——药浆在恒温温度T时的初始屈服应力。

通过测试药浆屈服应力在不同温度时随时间变化的关系曲线,明确其变化规律。分析了以PEG为粘合剂,N-100为固化剂的高能推进剂药浆在恒温时屈服应力的变化,其规律可用下式近似表示:

$$\tau_y = \tau_{y0}(T) + [O(T)t + P] \tag{5-84}$$

式中　$\tau_{y0}(T)$——药浆出料阶段的屈服应力;

P——药浆屈服应力随温度变化的特征参数,在该推进剂配方体系中由于其值较小可忽略;

$O(T)$——表征药浆固化速率的参数[29]。

对于不同配方的推进剂药浆,$\tau_{y0}(T)$与温度的关系、$\Delta \tau_{ychem}$与时间的关系可能有不同的表述形式。

通过一系列试验可得到以PEG为粘合剂,N-100为固化剂的某高能固体推进剂药浆屈服应力随时间和温度变化的关系:

$$\tau_y = A\exp\left(\frac{E_\eta}{RT}\right) + B\exp(O \cdot T)t \tag{5-85}$$

式中,A,B,O的取值可通过试验测得,根据式(5-85)便可预测药浆在一定时间范围内屈服应力随时间和温度的变化关系。

需要指出的是,上述 FT – IR、DSC、超声波和化学流变法等四种研究推进剂药浆固化反应的方法,由于是基于不同的原理,决定了每一种测试手段都会有其优劣,存在一定的适用范围。

傅里叶红外光谱法是通过实时跟踪固化反应过程组分基团变化情况来反映固化反应进行程度,但没有直接反映与推进剂药浆的流变特性,一般适用比较简单的固化体系,不适合复杂体系的固化反应,尤其是含金属填料的固化体系。其优点是样品用量少、扫描速率快。

差示扫描量热仪是通过检测固化过程中的化学反应放热或吸热来分析固化反应动力学,具有样品用量小、测量精度较高、能综合反映多个固化反应动力学参数等优点。但一般不适用于研究固化反应缓慢体系的动力学,因反应缓慢其固化反应峰值温度不明显,建立的固化动力学方程可靠性差。

超声波监测的是固化体系中材料物性参量,对因固化反应引起的变化反映非常灵敏,不仅适用于加填料的复杂体系,而且也适用于固化缓慢的体系。但存在不能直接反映药浆流变特性、样品用量大、只能常温测试等不足。

化学流变学法与傅里叶变换红外光谱法、差示扫描量热法和超声波法相比其特点在于其固化参数能直接以黏度或屈服应力的形式给出,能直观反映固化反应动力学对高能固体推进剂药浆流变性能的影响。缺陷主要是样品用量较大,测试过程对药浆内部结构是破坏性的,且测试的时间较长,尤其是固化缓慢的药浆体系表现更为明显。

5.6 高能固体推进剂药浆流变模型

5.6.1 悬浮液流变模型概述

当介质中存在悬浮粒子时,流场会受到扰动,从而造成悬浮液体系的流变性质发生变化,而工业生产中应用的悬浮体系,存在更多的填料粒子,粒子对流场的扰动将会更加复杂。因此,悬浮体系流变性能的研究一直是一个热门领域。多种流变模型和流变理论见诸文献报道,如 Einstein 方程、有效介质理论、各种唯象理论模型、Leonov 模型、非平衡热力学理论等。模拟方法也是多种多样,如有限差分、有限元等。

5.6.1.1 稀悬浮体系流变学方程

刚性球形粒子的稀悬浮体系流变学性质最早由 Einstein 通过一定的数学关系推导得到。假设悬浮介质是不可压缩牛顿流体 η_0,粒子浓度与介质浓度相同,粒子表面无滑移,浓度极稀,不存在粒子间的相互作用,粒子对流场的扰动是局部效应。经过相关推导可以得到体系黏度 η 与体积分数 Φ 之间的关系:

$$\eta/\eta_0 = 1 + 2.5\Phi \tag{5 – 86}$$

286

用类似的方法,也可推导得到基体为二阶流体的极稀悬浮体系流变学方程[30]。在二阶流体中,粒子和基体之间的相互作用在三个方面影响体系的应力:粒子导致的流体扰动改变了流体中基体的应力;作用在粒子上的基体应力导致的粒子应力体;压力场和速度场的非牛顿性变化导致粒子应力体的变化。粒子相中的应力可表示为

$$\sigma = T + De\Pi + \sigma^E \tag{5-87}$$

式中　T——与流场压力和形变速率有关的牛顿应力;

　　Π——二阶流体的非牛顿流体应力;

　　σ^E——当流体本构方程应用到固体相时的附加应力。经过推导,最终可以得到:

$$\sigma = 2(1 + 2.5\Phi)\eta_0 E + De[X\Omega \cdot E + YE \cdot E] \tag{5-88}$$

其中　$X = 4\varepsilon + 10\varepsilon\Phi$;

　　$Y = 4(1 + \varepsilon) + 75(1 + \varepsilon)\Phi/7$,$\varepsilon$描述了流体的性质。

5.6.1.2　有效介质理论

假设在悬浮介质中存在一个悬浮粒子,可以用 Einstein 方程描述,然后将该体系看作是一个没有悬浮粒子但是流变性能发生了变化的均匀悬浮介质 $\eta(\Phi)$,即有效介质。如果继续向介质中加入粒子填料,重复这个等效过程,最终可以得到一个描述期望浓度范围流变性质的有效介质和方程。

根据爱因斯坦方程,可以得到[31]:

$$d\eta = 2.5\eta(\Phi)d\Phi \tag{5-89}$$

积分得到

$$\frac{\eta}{\eta_0} = \exp\left(\frac{5\Phi}{2}\right) \tag{5-90}$$

对于任意外形颗粒填充的悬浮体系:

$$\frac{\eta}{\eta_0} = \exp([\eta]\Phi) \tag{5-91}$$

式中　$[\eta]$——特性黏度,可以通过试验结果由下式外推得到:

$$[\eta] = \lim_{\Phi \to 0} \frac{\eta - \eta_0}{\Phi\eta_0} \tag{5-92}$$

上述研究方法主要讨论的是单分散体系,Starova 等人[32]用类似的方法研究了存在粒子簇的体系的黏度,假设体系中的粒子簇可表示为 $n_i, i = 1, 2, \cdots$,代表相应大小的粒子簇数量,$\gamma_i = V_i/V$ 表示粒子簇所占的平均堆积密度,则有

$$\frac{d\eta}{d\gamma_i} = 2.5\eta \sum_{i=1}^{\infty} \left[A_i + \frac{\sum_{j=1}^{\infty} A_j\gamma_j}{1 - \sum_{j=1}^{\infty} \gamma_j} \right] \tag{5-93}$$

式中　A_i——第 i 个粒子簇的阻尼系数。

结合边界条件 $\eta(0) = \eta_0$，并引入平均阻尼系数 $\overline{A}$ 和平均最大堆积体积分数 $\overline{\gamma}$，可以得到类似于 Dougherty – Krieger 公式的表达式：

$$\frac{\eta(\gamma)}{\eta_0} = \left(1 - \frac{\gamma}{\gamma_{\max}}\right)^{-2.5\overline{A}} \tag{5-94}$$

当 Φ 较高时，式(5-90)会存在较大的偏差，因为在有效介质理论中没有考虑到布朗(Brownian)运动和粒子之间的相互作用问题。

Batchelor[33]将体系的应力分解为两个部分，即由介质 $\boldsymbol{\sigma}_m$ 和粒子 $\boldsymbol{\sigma}_p$ 引起的应力，$\boldsymbol{\sigma} = \boldsymbol{\sigma}_m + \boldsymbol{\sigma}_p$。其中粒子的应力是由单个粒子对流场扰动的体积平均。

$$\boldsymbol{\sigma}_p = \frac{1}{V}\sum_i \int_{s_i} \left[\boldsymbol{n} \cdot (\boldsymbol{Tr}) - \eta_m(\boldsymbol{vn} + \boldsymbol{nv})\right] \mathrm{d}s_i \tag{5-95}$$

式中　s_i——粒子表面积；

　　　V——体积；

　　　$\boldsymbol{n}$——粒子表面的法向矢量；

　　　T——表面张力；

　　　$\boldsymbol{r}$——粒子的位置矢量；

　　　$\boldsymbol{v}$——粒子表面与介质之间的速度差。

试验结果表明，Batchelor 公式的适用范围在 $\Phi \leqslant 0.1$。

5.6.1.3　唯象模型

虽然有效介质理论可以很方便地推导出悬浮体系的流变学方程，但是当体系的浓度较大时，由于悬浮粒子的多样性以及粒子之间较强的相互作用，推导得到的方程与实际体系之间存在一定的偏差。已有悬浮液唯象模型都是围绕一个目标建立起来的，即将爱因斯坦方程扩展到与高固体含量、非球形颗粒、含多尺度或粒径分布等有关，使模型更接近实际体系。表 5-15 列出了一些较常用的黏度唯象模型[34-39]。

表 5-15　悬浮液黏度的唯象模型

序号	作者	公式
1	Einstein	$\eta_r = 1 + k\Phi, k = 2.5$
2	Maron – Pierce	$\eta_r = \left(1 - \dfrac{\Phi}{\Phi_m}\right)^{-2}$
3	Chong	$\eta_r = \left[1 + \dfrac{0.75(\Phi/\Phi_m)}{1 - (\Phi/\Phi_m)}\right]^2$
4	Krieger – Dougherty	$\eta_r = \left(1 - \dfrac{\Phi}{\Phi_m}\right)^{-k\Phi_m}$

序号	作者	公式
5	Batchelor and Green	$\eta(\Phi) = \eta_0 \left[1 + 2.5\Phi + k\Phi^2 \right]$
6	Dabak	$\eta_r = \left[1 + \dfrac{[\eta]\Phi_m \Phi}{n(B\beta\Phi_m - \Phi)} \right]^n$
7	Yang	$\eta = \eta_0 \left(1 + \dfrac{K}{1/\Phi - 1/\Phi_m} \right)$
8	Chen	$\log\eta_r = a_0 + \sum a_i \Phi_i + \sum b_i \Phi_i^2 + \sum c_i \Phi_i^3$

　　建立悬浮液唯象模型方法有两种：一是从宏观角度观察悬浮液的流变行为，通过试验确定悬浮液的流变特性，提出包含几个参数的数学模型，再由试验确定模型中的相关参数；二是从微观角度，即从悬浮液组分微观结构以及彼此间的相互作用，通过相关理论分析建立关系式。由于悬浮液的复杂性，目前尚难得到在大范围通用的流变模型。

5.6.1.4　结构化网络模型[40-45]

　　一般悬浮体系的非线性行为有几种不同的机理：粒子在平衡位置附近的运动和回复，或粒子之间由氢键或其他作用产生的网络在流场中的破坏和重建。浓悬浮液体系中的粒子因相互作用而产生一种网络结构，或者还可以认为介质也存在一种网络结构，该网络结构在流动过程中处于一种构建和破坏的平衡，则体系的应力可以认为是由介质自身和这种网络结构产生的附加应力的加和。如果用一个网络结构参数$\xi(0 \leqslant \xi \leqslant 1)$来表征网络结构，附加应力可以描述成该结构参数的函数。如果能找出合适的网络结构随时间的演化方程，就可以准确描述体系的流变性能。

　　目前有三种较合适描述网络结构的演化方程，分别是：

与应变速率相关：

$$\frac{\lambda_0}{k_1}\frac{\partial \xi}{\partial t} = (1 - \xi) - \frac{k_2}{k_1}\xi \lambda_0^2 \frac{II_{\dot{\gamma}}}{4} \qquad (5-96)$$

与基体中储存的弹性能相关：

$$\frac{\lambda_0}{k_1}\frac{\partial \xi}{\partial t} = (1 - \xi) - \frac{k_2}{k_1}\xi \sqrt{\frac{|I_\sigma|}{2G(\xi)}} \qquad (5-97)$$

与流动过程中的能量耗散相关：

$$\frac{\lambda_0}{k_1}\frac{\partial \xi}{\partial t} = (1 - \xi) - \frac{\lambda_0}{\eta_0}\frac{k_2}{k_1}\xi |\boldsymbol{\sigma}:\dot{\boldsymbol{\gamma}}| \qquad (5-98)$$

式中　λ_0——与粒子相互作用相关的特征松弛时间，一般假设是个常数，$\lambda_0 =$

$\eta_0/(G_0 + G_\infty)$;

k_1, k_2——悬浮体系微观结构的构建和由剪切诱导产生的破坏热力学常数。

5.6.2 高能固体推进剂药浆唯象模型

5.6.2.1 高能固体推进剂药浆唯象模型框架的建立

高能固体推进剂药浆的基本特征是一种多组分多尺度的高固体含量浓悬浮液体系。关于对悬浮液黏度的预估研究,最早是爱因斯坦 1906 年提出了悬浮体黏度与粒子浓度的模型,但这一模型只适用于球型粒子的稀悬浮液牛顿流体。自此以后国内外研究人员经过多年对不同填料不同固含量的各类悬浮液流变学性能进行了大量研究。表 5-16 列出了一些较常见的关于悬浮液屈服应力 τ_y 与固体颗粒体积分数 Φ 之间的唯象模型[46-49]。

表 5-16 悬浮液屈服应力与体积分数之间的唯象模型

序号	作者	公式
1	Gu	$\tau_y = G\left[\dfrac{\Phi/\Phi_{m0} - 1}{1 - \Phi/\Phi_{m\infty}}\right]^{1/p}$
2	Kapur	$\tau_y = \dfrac{1}{6}\sum_j n_j \sum_{ij} K_{ij}(\Phi) H_{ij}$
3	Scales	$\tau_y = \dfrac{\phi K(\Phi)}{24\pi d}\left(\dfrac{A}{H^2} - \dfrac{24\pi\varepsilon_0\varepsilon\kappa\xi^2}{1 + e^{\kappa H}}\right)$
4	Shih	$\tau_y = G\Phi^m$

虽然已有的大多数悬浮液唯象模型的建立是基于球形粒子,但对建立高能固体推进剂药浆流变模型仍具有很大的参考价值。通过对表 5-15 中的模型分析,从中可以看出:

(1)黏度参数均能以相对黏度 η_r 形式给出。

(2)在大多数模型中包含体积分数 Φ 和最大填充体积分数 Φ_m。尤其是适用于多模填充体系且应用范围较广的模型中均含 Φ 和 Φ_m,如 Chong、Krieger - Dougherty、Quemada 和 Yang 模型等,因为 Φ 和 Φ_m 分别代表了填料体积分数与填料粒径分布对悬浮液流变性的影响。

因此悬浮液黏度唯象模型可用下式来表示:

$$\eta = \eta_0 K(\Phi, \Phi_m) \tag{5-99}$$

式中　　η_0——粘合剂体系的黏度;

　　　　η——悬浮液的表观黏度;

$K(\Phi, \Phi_m)$——填料对药浆流变性能的影响。

现有的唯象模型研究对象主要针对丁羟推进剂如表 5 – 15 中 Yang 和 Chen 模型,或其他填充体系,而有关高能固体推进剂药浆唯象模型的研究尚未见报道。针对高能固体推进剂药浆的流变特性,如果将上述悬浮液的黏度唯象模型应用于工艺性能的设计方法研究还存在以下局限:

(1) 模型中虽存在粘合剂体系的黏度,但不能与粘合剂或增塑剂的相关结构参数联系,如粘合剂预聚物相对分子质量、含量等。

(2) 与真实药浆相比,已有悬浮液模型大多不能适用于固体含量较高的体系,而在高能固体推进剂药浆中固体含量往往在70%以上。

(3) 模型中未考虑界面助剂的影响,而在高能固体推进剂中中性键合剂对药浆工艺性能有显著的影响。

(4) 现有模型中不能反映出药浆热固性的特征。高能固体推进剂药浆不仅仅是一种浓悬浮体,而且也是热固性材料,其流变性能与固化时间和固化温度有关。

与悬浮液的黏度唯象模型相比,对屈服应力唯象模型研究相对要少得多。在屈服应力唯象模型方面,除了以上黏度唯象模型提出的不足外,还存在一定问题,如在悬浮液屈服应力的定量研究方面目前较成熟的是单一颗粒填充体系,而对多模填充浓悬浮液还很少涉及,更不用谈像高能固体推进剂药浆这样的复杂流体。

通过对悬浮液黏度和屈服应力唯象模型的分析研究,并结合高能固体推进剂药浆的特点,其黏度和屈服应力唯象模型可用下式来表示:

$$\eta = K_1(M_w, C) \cdot K_2(\Phi, \Phi_m) \cdot K_3(M) \cdot K_4(T, t) \quad (5 - 100)$$

$$\tau_y = G_1(M_w, C) \cdot G_2(\Phi, \Phi_m) \cdot G_3(M) \cdot G_4(T, t) \quad (5 - 101)$$

式中　K_1, G_1——粘合剂体系对药浆黏度和屈服应力的影响;

　　　K_2, G_2——填料对药浆黏度和屈服应力的影响;

　　　K_3, G_3——键合剂对药浆黏度和屈服应力的影响;

　　　K_4, G_4——工艺条件对药浆黏度和屈服应力的影响。

5.6.2.2　粘合剂体系对药浆唯象模型的影响

增塑剂浓度与聚合物相对分子质量对其溶液黏度的影响均呈幂函数关系,因此粘合剂体系黏度与聚合相对分子质量和浓度可用下式来描述:

$$K_1 = K M_w^\alpha C^\beta \quad (5 - 102)$$

式中　K——试验常数;

　　　C——增塑剂浓度(亦可用聚合物浓度);

　　　M_w——粘合剂重均相对分子质量;

　　　K_1——基体黏度;

　　　α, β——试验测得的幂次。

一般认为,悬浮液屈服应力与填充基体的关系不大,主要取决于填料的性质和用量[20]。对于增塑剂含量对屈服应力的贡献见式(5-29),而粘合剂相对分子质量对药浆屈服应力的影响可忽略。

5.6.2.3 填料对药浆唯象模型的影响

悬浮液体系存在一个最紧密堆砌体积分数 Φ_{m},它不仅影响体系的流变性能,而且还影响最终制品的力学性质。Φ_{m} 与固体粒子的形状、粒径、空隙率和级配等因素有关,可由固体粒子的最紧密堆积理论[50]和滚动级配理论[16]来推导。

1. 原理

最紧密堆积理论原理是在单位体积中填满大颗粒,再在大颗粒空隙中填入颗粒粒径比大颗粒小得多的第二种粒子;第二种粒子充满大颗粒空隙后,总体积没有增加;接着以粒径比第二种粒子小得多的第三种粒子充满第二种粒子空隙,其总体积没有增加;依次填入更细的粒子,使单位体积中填充量最大。

假设所考虑颗粒为球形粒子,各级分的颗粒直径为

$$\frac{d_2}{d_1} = \frac{d_3}{d_2} = \cdots = \frac{d_{n+1}}{d_n} = K^{\frac{1}{n}} \tag{5-103}$$

最紧密堆积时各级分的体积分数为

$$\Phi_{0i} = \frac{(1 - \varepsilon_i) \prod\limits_{j=1}^{i-1} \varepsilon_j}{1 - \prod\limits_{i=1}^{n+1} \varepsilon_i} \tag{5-104}$$

最紧密堆积时的 Φ_m 为

$$\Phi_{m} = \frac{1 - \varepsilon_1}{\left[1 + \left(\sum\limits_{i=1}^{n} \prod\limits_{j=i}^{i} \varepsilon_j\right)\left(2.62K^{\frac{1}{n}} - 1.62K^{\frac{2}{n}}\right)\right]\Phi_{01}} \tag{5-105}$$

2. 单组分填料 Φ_m 的计算

对于球形和非球形单组分填料 Φ_m 的计算,可采用下式:

$$\Phi_{m} = 1 - \varepsilon \tag{5-106}$$

式中 ε——填料的堆积空隙率,空隙率可采用离心法来测定。

称取一定量的样品放入带刻度的离心试管中,在一定离心速率下离心15～20min,记录样品离心后的堆积体积,按下式计算空隙率:

$$\varepsilon = 1 - \frac{\rho_a}{\rho_t} = 1 - \frac{m}{\rho_t v_{离}} \tag{5-107}$$

式中 ρ_a, ρ_t——填料堆积密度和理论密度;

m——样品质量；

$V_{离}$——离心后样品的堆积体积。

3. 双级配时的 Φ_m 计算

双组分球形粒子混合时，小颗粒填满大颗粒空隙，总体积为大颗粒所占体积，此时为最紧密堆积；当大颗粒体积小于最紧密堆积配比时，颗粒堆积视为最紧密堆积部分和多余的小颗粒体积部分组成；当大颗粒体积大于最紧密堆积时，颗粒堆积视为最紧密堆积部分和多余的大颗粒体积部分组成。

设 Φ_1、Φ_1 和 ε_1、ε_2 及 d_1、d_2 分别为大小颗粒的体积分数、空隙率及粒径，根据方程式(5-103)，得

$$K = \frac{d_2}{d_1}$$

由方程式(5-104)得

$$\Phi_{01} = \frac{1 - \varepsilon_1}{1 - \varepsilon_1 \varepsilon_2}$$

$$\Phi_{02} = \frac{(1 - \varepsilon_2)\varepsilon_1}{1 - \varepsilon_1 \varepsilon_2}$$

由方程式(5-105)得最紧密堆积时的空隙率为

$$\varepsilon_m = 1 - \frac{1 - \varepsilon_1}{[1 + \varepsilon_1(2.62K - 1.62K^2)]\Phi_{01}}$$

当 $\Phi_1 < \Phi_{01}$ 时，可得 Φ_m 计算式为

$$\Phi_m = 1 - [\Phi_1 \varepsilon_m + (\Phi_{01}\Phi_2 - \Phi_{02}\Phi_1)\varepsilon_2]/\Phi_{01}$$

当 $\Phi_1 > \Phi_{01}$ 时，可得 Φ_m 计算式为

$$\Phi_m = 1 - [\Phi_2 \varepsilon_m + (\Phi_{02}\Phi_1 - \Phi_{01}\Phi_2)\varepsilon_1]/\Phi_{02}$$

4. 三级配时的 Φ_m 计算

三级配堆积时，按照实际体积分数与最紧密堆积时体积分数的比较结果进行堆积，比值最小的先堆积，次之的再堆积，最大的单独堆积。假设三级配填料体积分数分别为 Φ_1、Φ_2、Φ_3，则共存在六种堆积形式，如表5-17所列。

表5-17 三级配填料堆积存在的六种形式

序号	1	2	3
堆积顺序	$\Phi_1 \rightarrow \Phi_2 \rightarrow \Phi_3$	$\Phi_1 \rightarrow \Phi_3 \rightarrow \Phi_2$	$\Phi_2 \rightarrow \Phi_1 \rightarrow \Phi_3$
序号	4	5	6
堆积顺序	$\Phi_2 \rightarrow \Phi_3 \rightarrow \Phi_1$	$\Phi_3 \rightarrow \Phi_1 \rightarrow \Phi_2$	$\Phi_3 \rightarrow \Phi_2 \rightarrow \Phi_1$

最大固体颗粒填充体积分数定义为

$$\Phi_{\mathrm{m}} = 1 - \bar{\varepsilon}$$

平均堆积空隙率 $\bar{\varepsilon}$ 计算如下：

（1）当 $\dfrac{\Phi_1}{\Phi_{01}} < \dfrac{\Phi_2}{\Phi_{02}} < \dfrac{\Phi_3}{\Phi_{03}}$ 时，有

$$\bar{\varepsilon} = \frac{\Phi_1}{\Phi_{01}}\varepsilon_{\mathrm{m1}} + \left(\frac{\Phi_2 - \dfrac{\Phi_{02}}{\Phi_{01}}\Phi_1}{\Phi_{02}^{\mathrm{II}}} \right)\varepsilon_{\mathrm{m2}} + \left[\Phi_3 - \frac{\Phi_{03}}{\Phi_{01}}\Phi_1 - \left(\Phi_2 - \frac{\Phi_{02}}{\Phi_{01}}\Phi_1 \right)\frac{\Phi_{03}^{\mathrm{II}}}{\Phi_{02}^{\mathrm{II}}} \right]\varepsilon_3$$

式中

$$\Phi_{01} = \frac{1 - \varepsilon_1}{1 - \varepsilon_1\varepsilon_2\varepsilon_3} \tag{5 - 108}$$

$$\Phi_{02} = \frac{(1 - \varepsilon_2)\varepsilon_1}{1 - \varepsilon_1\varepsilon_2\varepsilon_3} \tag{5 - 109}$$

$$\Phi_{03} = \frac{(1 - \varepsilon_3)\varepsilon_1\varepsilon_2}{1 - \varepsilon_1\varepsilon_2\varepsilon_3} \tag{5 - 110}$$

$$\Phi_{02}^{\mathrm{II}} = \frac{1 - \varepsilon_2}{1 - \varepsilon_2\varepsilon_3} \tag{5 - 111}$$

$$\Phi_{03}^{\mathrm{II}} = \frac{(1 - \varepsilon_3)\varepsilon_2}{1 - \varepsilon_2\varepsilon_3} \tag{5 - 112}$$

$$\varepsilon_{\mathrm{m1}} = 1 - \frac{1 - \varepsilon_1}{\left[1 + (\varepsilon_1 + \varepsilon_1\varepsilon_2)(2.62K^{\frac{1}{2}} - 1.62K) \right]\Phi_{01}} \quad (K = d_3/d_1)$$

$$\tag{5 - 113}$$

$$\varepsilon_{\mathrm{m2}} = 1 - \frac{1 - \varepsilon_2}{\left[1 + \varepsilon_2(2.62K - 1.62K^2) \right]\Phi_{02}^{\mathrm{II}}} \quad (K = d_3/d_2) \tag{5 - 114}$$

（2）当 $\dfrac{\Phi_1}{\Phi_{01}} < \dfrac{\Phi_3}{\Phi_{03}} < \dfrac{\Phi_2}{\Phi_{02}}$ 时，有

$$\bar{\varepsilon} = \frac{\Phi_1}{\Phi_{01}}\varepsilon_{\mathrm{m1}} + \left(\frac{\Phi_3 - \dfrac{\Phi_{03}}{\Phi_{01}}\Phi_1}{\Phi_{03}^{\mathrm{II}}} \right)\varepsilon_{\mathrm{m2}} + \left[\Phi_2 - \frac{\Phi_{02}}{\Phi_{01}}\Phi_1 - \left(\Phi_3 - \frac{\Phi_{03}}{\Phi_{01}}\Phi_1 \right)\frac{\Phi_{02}^{\mathrm{II}}}{\Phi_{03}^{\mathrm{II}}} \right]\varepsilon_2$$

式中 $\Phi_{01}, \Phi_{02}, \Phi_{03}, \Phi_{02}^{\mathrm{II}}, \Phi_{03}^{\mathrm{II}}, \varepsilon_{\mathrm{m1}}, \varepsilon_{\mathrm{m2}}$ 分别与方程式（5 - 108）~ 方程式（5 - 114）相同。

（3）当 $\dfrac{\Phi_2}{\Phi_{02}} < \dfrac{\Phi_1}{\Phi_{01}} < \dfrac{\Phi_3}{\Phi_{03}}$，且 $\dfrac{\Phi_3 - \dfrac{\Phi_{03}}{\Phi_{02}}\Phi_2}{\Phi_1 - \dfrac{\Phi_{01}}{\Phi_{02}}\Phi_2} > \dfrac{\Phi_{03}^{\text{Ц}}}{\Phi_{01}^{\text{Ц}}}$ 时，有

$$\bar{\varepsilon} = \frac{\Phi_2}{\Phi_{02}}\varepsilon_{m1} + \left(\frac{\Phi_1 - \dfrac{\Phi_{01}}{\Phi_{02}}\Phi_2}{\Phi_{01}^{\text{Ц}}}\right)\varepsilon_{m2} + \left[\Phi_3 - \frac{\Phi_{03}}{\Phi_{02}}\Phi_2 - \left(\Phi_1 - \frac{\Phi_{01}}{\Phi_{02}}\Phi_2\right)\frac{\Phi_{03}^{\text{Ц}}}{\Phi_{01}^{\text{Ц}}}\right]\varepsilon_3$$

式中 $\Phi_{01},\Phi_{02},\Phi_{03},\varepsilon_{m1}$ 分别与方程式（5-108）~ 方程式（5-110）、方程式（5-113）相同。

$$\varepsilon_{m2} = 1 - \frac{1 - \varepsilon_1}{\left[1 + \varepsilon_1(2.62K - 1.62K^2)\right]\Phi_{01}^{\text{Ц}}} \quad (K = d_3/d_1) \quad (5-115)$$

$$\Phi_{01}^{\text{Ц}} = \frac{1 - \varepsilon_1}{1 - \varepsilon_1\varepsilon_3} \quad\quad (5-116)$$

$$\Phi_{03}^{\text{Ц}} = \frac{(1 - \varepsilon_3)\varepsilon_1}{1 - \varepsilon_1\varepsilon_3} \quad\quad (5-117)$$

（4）当 $\dfrac{\Phi_2}{\Phi_{02}} < \dfrac{\Phi_3}{\Phi_{03}} < \dfrac{\Phi_1}{\Phi_{01}}$ 时，且 $\dfrac{\Phi_3 - \dfrac{\Phi_{03}}{\Phi_{02}}\Phi_2}{\Phi_1 - \dfrac{\Phi_{01}}{\Phi_{02}}\Phi_2} < \dfrac{\Phi_{03}^{\text{Ц}}}{\Phi_{01}^{\text{Ц}}}$，有

$$\bar{\varepsilon} = \frac{\Phi_2}{\Phi_{02}}\varepsilon_{m1} + \left(\frac{\Phi_3 - \dfrac{\Phi_{03}}{\Phi_{02}}\Phi_2}{\Phi_{03}^{\text{Ц}}}\right)\varepsilon_{m2} + \left[\Phi_1 - \frac{\Phi_{01}}{\Phi_{02}}\Phi_2 - \left(\Phi_3 - \frac{\Phi_{03}}{\Phi_{02}}\Phi_2\right)\frac{\Phi_{01}^{\text{Ц}}}{\Phi_{03}^{\text{Ц}}}\right]\varepsilon_1$$

式中 $\Phi_{01},\Phi_{02},\Phi_{03},\varepsilon_{m1},\varepsilon_{m2},\Phi_{01}^{\text{Ц}},\Phi_{03}^{\text{Ц}}$ 分别与方程式（5-108）~ 方程式（5-110）、方程式（5-113）、方程式（5-115）~ 方程式（5-117）相同。

（5）当 $\dfrac{\Phi_3}{\Phi_{03}} < \dfrac{\Phi_1}{\Phi_{01}} < \dfrac{\Phi_2}{\Phi_{02}}$ 时，有

$$\bar{\varepsilon} = \frac{\Phi_3}{\Phi_{03}}\varepsilon_{m1} + \left(\frac{\Phi_1 - \dfrac{\Phi_{01}}{\Phi_{03}}\Phi_3}{\Phi_{01}^{\text{Ц}}}\right)\varepsilon_{m2} + \left[\Phi_2 - \frac{\Phi_{02}}{\Phi_{03}}\Phi_3 - \left(\Phi_1 - \frac{\Phi_{01}}{\Phi_{03}}\Phi_3\right)\frac{\Phi_{02}^{\text{Ц}}}{\Phi_{01}^{\text{Ц}}}\right]\varepsilon_2$$

式中 $\Phi_{01},\Phi_{02},\Phi_{03},\varepsilon_{m1}$ 分别与方程式（5-107）、方程式（5-109）、方程式（5-110）、方程式（5-113）相同。

$$\varepsilon_{m2} = 1 - \frac{1 - \varepsilon_1}{\left[1 + \varepsilon_1(2.62K - 1.62K^2)\right]\Phi_{01}^{\text{Ц}}} \quad (K = d_2/d_1) \quad (5-118)$$

$$\Phi_{01}^{\mathrm{II}} = \frac{1 - \varepsilon_1}{1 - \varepsilon_1\varepsilon_2} \qquad (5-119)$$

$$\Phi_{02}^{\mathrm{II}} = \frac{(1 - \varepsilon_2)\varepsilon_1}{1 - \varepsilon_1\varepsilon_2} \qquad (5-120)$$

（6）当 $\dfrac{\Phi_3}{\Phi_{03}} < \dfrac{\Phi_2}{\Phi_{012}} < \dfrac{\Phi_1}{\Phi_{01}}$ 时，有

$$\overline{\varepsilon} = \frac{\Phi_3}{\Phi_{03}}\varepsilon_{\mathrm{m1}} + \left(\frac{\Phi_2 - \dfrac{\Phi_{02}}{\Phi_{03}}\Phi_3}{\Phi_{02}^{\mathrm{II}}}\right)\varepsilon_{\mathrm{m2}} + \left[\Phi_1 - \frac{\Phi_{01}}{\Phi_{03}}\Phi_3 - \left(\Phi_2 - \frac{\Phi_{02}}{\Phi_{03}}\Phi_3\right)\frac{\Phi_{01}^{\mathrm{II}}}{\Phi_{02}^{\mathrm{II}}}\right]\varepsilon_1$$

式中　Φ_{01}，Φ_{02}，Φ_{03}，$\varepsilon_{\mathrm{m1}}$，$\varepsilon_{\mathrm{m2}}$，$\Phi_{01}^{\mathrm{II}}$，$\Phi_{02}^{\mathrm{II}}$ 分别与方程式（5-108）~方程式（5-110）、方程式（5-113）、方程式（5-118）~方程式（5-120）相同。

5. 四级配时的 Φ_{m} 计算

四级配固体填料堆积方式共有 24 种，堆积顺序的分类情况见表 5-18，其详细推导过程可见文献[51]。填料级配数目越多，其最大体积分数的推导过程越复杂。虽然在推进剂配方研制阶段有使用五级配，甚至六级配，但在大多数实际应用的固体推进剂中，填料级配数目以三级配和四级配为多。

表 5-18　四级配固体填料的堆积方式

序号	堆积顺序	序号	堆积顺序
1	$\Phi_1 \to \Phi_2 \to \Phi_3 \to \Phi_4$	13	$\Phi_3 \to \Phi_1 \to \Phi_2 \to \Phi_4$
2	$\Phi_1 \to \Phi_2 \to \Phi_4 \to \Phi_3$	14	$\Phi_3 \to \Phi_1 \to \Phi_4 \to \Phi_2$
3	$\Phi_1 \to \Phi_3 \to \Phi_2 \to \Phi_4$	15	$\Phi_3 \to \Phi_2 \to \Phi_1 \to \Phi_4$
4	$\Phi_1 \to \Phi_3 \to \Phi_4 \to \Phi_2$	16	$\Phi_3 \to \Phi_2 \to \Phi_4 \to \Phi_1$
5	$\Phi_1 \to \Phi_4 \to \Phi_2 \to \Phi_3$	17	$\Phi_3 \to \Phi_4 \to \Phi_1 \to \Phi_2$
6	$\Phi_1 \to \Phi_4 \to \Phi_3 \to \Phi_2$	18	$\Phi_3 \to \Phi_4 \to \Phi_2 \to \Phi_1$
7	$\Phi_2 \to \Phi_1 \to \Phi_3 \to \Phi_4$	19	$\Phi_4 \to \Phi_1 \to \Phi_2 \to \Phi_3$
8	$\Phi_2 \to \Phi_1 \to \Phi_4 \to \Phi_3$	20	$\Phi_4 \to \Phi_1 \to \Phi_3 \to \Phi_2$
9	$\Phi_2 \to \Phi_3 \to \Phi_1 \to \Phi_4$	21	$\Phi_4 \to \Phi_2 \to \Phi_1 \to \Phi_3$
10	$\Phi_2 \to \Phi_3 \to \Phi_4 \to \Phi_1$	22	$\Phi_4 \to \Phi_2 \to \Phi_3 \to \Phi_1$
11	$\Phi_2 \to \Phi_4 \to \Phi_1 \to \Phi_3$	23	$\Phi_4 \to \Phi_3 \to \Phi_1 \to \Phi_2$
12	$\Phi_2 \to \Phi_4 \to \Phi_3 \to \Phi_1$	24	$\Phi_4 \to \Phi_3 \to \Phi_2 \to \Phi_1$

根据填料单组分、双组分、三组分和四组分级配的最大体积分数计算公式，编写了最大体积分数的计算程序，其计算界面如图 5-68 所示。根据最大体积分数的计算程序便可求出填料含量、粒度和级配等变化时的最大体积分数。通过研究 Φ 和 Φ_{m} 对药浆流变性能的影响，得到填料对高能固体推进剂药浆黏度

和屈服应力的影响规律：

$$K_2 = \left(1 - \frac{\Phi}{\Phi_m}\right)^{-2} \left[A + B\frac{\Phi}{\Phi_m} + D\left(\frac{\Phi}{\Phi_m}\right)^2\right] \qquad (5-121)$$

$$G_2 = \left[1 - \frac{\Phi\left(1 + \dfrac{1}{r}\right)^3}{\Phi_m^2}\right]^{\alpha} \qquad (5-122)$$

式中 A,B,D,G,α——试验常数；

r——填料的综合粒度，$r = \Phi_1 r_1 + \Phi_2 r_2 + \Phi_3 r_3 + \cdots$，其中 Φ_1、Φ_2、Φ_3 与 r_1、r_2、r_3 分别为三种填料的体积分数和粒径。

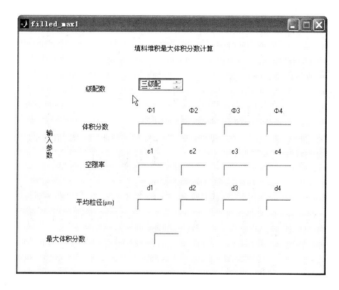

图 5-68 最大体积分数的计算

5.6.2.4 键合剂对药浆唯象模型的影响

在硝胺 HMX 与键合剂结合能定量研究方面，姚维尚等人[52]选取光电子能谱 HMX 和键合剂的 N1S 特征峰，对谱图进行处理后即可算出样品 HMX 与键合剂界面不同结合能的 N 元素的原子浓度 P_N，即

$$P_N = AC_N \cdot n\%$$

通过原子浓度 P_N，由下式可计算出包覆度 R，即

$$R = \frac{\dfrac{P_{N,X}}{K_X} \cdot M_X}{\dfrac{P_{N,HMX}}{K_{HMX}} \cdot M_{HMX}} \qquad (5-123)$$

式中　　　K——一个分子中所包含 N 原子的个数;

　　　　M_X，M_{HMX}——键合剂与 HMX 的相对分子质量;

　　　　　　R——反映了不同样品表面各种 N 原子浓度的变化情况,因此可用 R 值来定量表征键合剂或预包覆层在 HMX 表面上的覆盖程度,R 值大则说明覆盖情况较好。

在研究中性键合剂 NPBA 对药浆流变性能的影响规律过程中发现,其含量、硝胺 (HMX 和 RDX) 的质量比与高能固体推进剂药浆黏度和屈服应力满足如下关系:

$$K_3 = aM^b \tag{5-124}$$

$$G_3 = aM^b \tag{5-125}$$

式中　K_3，G_3——式(5-100)、式(5-101)中键合剂对药浆黏度和屈服应力的影响;

　　　　　M——中性键合剂 NPBA 与硝胺的质量比,当不含键合剂时,M 取值为 1;

　　　　a，b——试验常数,其值在一定程度上与包覆度 R 有关。

式(5-124)和式(5-125)虽然在形式上一样,但在 a、b 取值上存在差异。

5.6.2.5　高能固体推进剂药浆唯象模型的建立

工艺条件(时间和温度)对药浆流变性能的影响规律,可由式(5-77)和式(5-85)描述。式(5-77)和式(5-85)又可用以下形式表述:

$$K_4 = \exp\left(\frac{E_\eta}{RT}\right)\exp\left[\exp\left(\frac{E_k}{RT}\right)Ft\right] \tag{5-126}$$

$$G_4 = A\exp\left(\frac{E_\eta}{RT}\right) + B\exp(O \cdot T \cdot t) \tag{5-127}$$

综合式(5-102)(粘合剂体系影响)、式(5-121)和式(5-122)(填料影响)、式(5-124)和式(5-125)(界面影响)及式(5-126)和式(5-127)(工艺条件影响),最终可建立高能固体推进剂药浆的唯象模型。药浆屈服应力建模思路与黏度模型相似。

高能固体推进剂药浆黏度模型为

$$\eta_a = KM_n^\alpha C^\beta \cdot aM^b \cdot \left(1 - \frac{\Phi}{\Phi_m}\right)^{-2}\left[A + B\frac{\Phi}{\Phi_m} + D\left(\frac{\Phi}{\Phi_m}\right)^2\right] \cdot \exp\left(\frac{E_\eta}{RT}\right) \cdot \exp(O \cdot t)$$

$$\tag{5-128}$$

高能固体推进剂药浆屈服应力模型为

$$\tau_y = K\exp(\beta \cdot C) \cdot aM^b \cdot \left[1 - \frac{\Phi\left(1 + \dfrac{1}{r}\right)^3}{\Phi_m^2}\right]^\alpha \cdot \exp\left(\frac{E_\eta}{RT}\right) + B\exp(O \cdot T) \cdot t$$

$$\tag{5-129}$$

药浆黏度和屈服应力模型中的参数可通过试验测得。

5.6.3 推进剂药浆网络结构化模型[53-64]

5.6.3.1 网络结构化模型及结构因子的演化

高浓悬浮液体系往往存在某种结构化特征,由高分子粘合剂间的缠绕或基体/粒子相互接触形成三维网络结构,也有可能是粒子间相互作用形成网络结构。高能固体推进剂药浆具有较强的剪切变稀现象,体系的流变性能与一般短纤维填充体系类似。可以认为体系的应力由基体模式、粒子模式以及粒子取向作用加和而成,其中基体模式表示粒子间不存在相互作用或相互作用较弱的流体,可以用有效介质流体理论来表示,包括常用的黏性流体、黏弹性流体本构模型均可以采用。粒子模式表示由于粒子间的相互作用产生的弹性结构,可以采用 Neo – Hookean 方程来表示。粒子取向可以用目前常用的取向张量模型来描述。因此,体系的总应力可表示为

$$\boldsymbol{\tau} = \boldsymbol{\tau}_m + \boldsymbol{\tau}_p + \boldsymbol{\tau}_o \tag{5-130}$$

$$\boldsymbol{\tau}_m = 2\eta_s \left(1 - \frac{\phi}{\phi_{\max}}\right)^{-[\eta_r]\phi_{\max}} \boldsymbol{\Delta} \tag{5-131}$$

$$\boldsymbol{\tau}_p = G_\xi \boldsymbol{C} \tag{5-132}$$

$$\boldsymbol{\tau}_o = \eta' \left[2A\boldsymbol{\Delta} : \langle \boldsymbol{pppp} \rangle + 2D_r F \langle \boldsymbol{pp} \rangle \right] \tag{5-133}$$

式中　　　$\boldsymbol{\tau}$——体系的总应力;

$\boldsymbol{\tau}_m$——基体模式应力;

$\boldsymbol{\tau}_p$——粒子模式应力;

$\boldsymbol{\tau}_o$——粒子取向应力;

$\boldsymbol{\Delta}$——形变速率张量;

$[\eta_r]$——体系的特征黏度;

η_s——基质的黏度;

ϕ——体积浓度;

$\phi_{\max}$——最大堆砌浓度;

G_ξ——粒子模式的弹性模量,标量化结构因子 $\xi \in [0,1]$ 用来描述粒子模式的网络结构的完整性,$\xi = 0$ 表示粒子完全结构化,$\xi = 1$ 表示粒子完全独立;

$\boldsymbol{C}$——粒子模式的 Finger 形变速率张量;

η'——不包含取向粒子作用力的体系的黏度;

$\langle \boldsymbol{pppp} \rangle, \langle \boldsymbol{pp} \rangle$——四阶和二阶取向张量;

D_r——扩散系数;

A, F——常数。

在剪切过程中,结构发生破坏和重建,当剪切停止后,结构发生重建。其中破坏速率与残余的结构和外场作用的能量相关。

根据碰撞理论,悬浮体系中的粒子发生絮凝一般存在三种诱导:Brownian 运动、剪切、絮凝间的速度差(如沉降、外场作用等)。Smoluchowski 于 1917 年提出下式:

$$\frac{\mathrm{d}n_k}{\mathrm{d}t} = \frac{1}{2}\Omega \sum_{i+j=k} \beta_{ij} n_i n_j - \Omega n_k \sum_i \beta_{ik} n_i \tag{5-134}$$

式中　n_k——k 级絮凝的粒子浓度;

　　　Ω——碰撞效率;

　　　β_{ij}——i 和 j 级絮凝的碰撞频率。

一般情况下很难得到式(5-134)的解析解,特别是考虑因沉降引起的粒子数量减少或外界引入新的粒子。如何简化等式以及求解粒子碰撞频率,目前有两种常见的方法,都需要考虑三个方面的影响,即 Brownian 扩散 β_{ij}^{br}、剪切诱导的碰撞 β_{ij}^{sh},以及沉降速率差 β_{ij}^{se}。一种是在线性近似框架内(Rectilinear Approximation):

$$\beta_{ij,r}^{\mathrm{br}} = \frac{2k_{\mathrm{B}}T}{3\eta}\left(\frac{1}{r_i} + \frac{1}{r_j}\right)(r_i + r_j) \tag{5-135}$$

$$\beta_{ij,r}^{\mathrm{sh}} = \frac{4}{3}(r_i + r_j)^3 \dot{\gamma} \tag{5-136}$$

$$\beta_{ij,r}^{\mathrm{se}} = \frac{g\pi}{72\eta}(r_i + r_j)^2 |u_i - u_j| \tag{5-137}$$

式中　T——温度;

　　　k_{B}——玻耳兹曼常数;

　　　r_i——絮凝 i 的半径;

　　　u_i——絮凝 i 的沉降速率。

粒子间的流体力学相互作用使得线性框架存在较大偏差,因此另一种方法是下面的曲线修正方程(Curve Approximation):

$$\beta_{ij,c}^{\mathrm{br}} = a + br_{\mathrm{s}} + cr_{\mathrm{s}}^2 + dr_{\mathrm{s}}^3 \tag{5-138}$$

$$\beta_{ij,c}^{\mathrm{sh}} = \frac{8}{(1 + r_{\mathrm{s}})^3} 10^{a+br_{\mathrm{s}}+cr_{\mathrm{s}}^2+dr_{\mathrm{s}}^3} \tag{5-139}$$

$$\beta_{ij,c}^{\mathrm{se}} = 10^{a+br_{\mathrm{s}}+cr_{\mathrm{s}}^2+dr_{\mathrm{s}}^3} \tag{5-140}$$

式中　a,b,c,d——系数;

　　　r_{s}——两种絮凝之间的尺寸比。

有研究者认为,浓度越高,r_{s} 越小,最终会趋于 0,换言之,在低浓度情况下,

可以认为流动是线性的,浓度越大,越倾向于曲线。因此,有如下的公式来描述碰撞频率:

$$\beta_{ij,f}^{br} = \frac{2k_BT}{3\eta}\Big(\frac{1}{G_ir_i} + \frac{1}{G_jr_i}\Big)(r_i + r_j) \qquad (5-141)$$

$$\beta_{ij,f}^{sh} = \frac{4}{3}(\sqrt{f_i}r_i + \sqrt{f_j}r_j)^3\dot{\gamma} \qquad (5-142)$$

$$\beta_{ij,c}^{se} = \frac{g\pi}{72\mu}(\sqrt{f_i}r_i + \sqrt{f_j}r_j)^2\left|\frac{r_i^2}{G_i}(\rho_j^* - \rho_0) - \frac{r_j^2}{G_j}(\rho_j^* - \rho_0)\right| \qquad (5-143)$$

式中 G_i——流体聚集效率;

f_i——渗透性絮凝与非渗透性絮凝之间需要的力的比值;

ρ_i^*——絮凝的等效密度;

ρ_0——流体的密度。

对于研究对象是固体含量很高的浓悬浮体系,为简便起见,将粒子网络结构的演化看作是几个部分的线性叠加,即网络结构的破裂速率(絮凝结构的破坏速率),非网络结构的凝聚速率(小絮凝结构的凝聚速率),其中结构的破裂速率采用与能量相对应的模型来描述,而网络结构的重建则希望通过碰撞理论得到合适的标度关系。

体系中存在的所有粒子的浓度为

$$N = \sum kn_k \qquad (5-144)$$

结构化参数描述为

$$\xi = \sum n_k \ 或\frac{d\xi}{dt} = \sum \frac{dn_k}{dt}$$

式中 Φ_N——所有的单个粒子的浓度。

假设每个粒子的半径相同,均为1,每个絮凝为球形(此为 $D=3$ 的分形结构),则絮凝的半径为 $r_i = i^{1/3}$。

由于体系的高浓度,以及粒子尺寸较大,假设可以忽略布朗运动引起的碰撞,沉降暂不考虑,即碰撞频率参数只与剪切诱导有对应,根据 Li 和 Logan 等人的研究结果,认为存在如下关系:

$$\beta \propto \dot{\gamma}^{1-D/3} \qquad (5-145)$$

即碰撞频率与絮凝结构的分形维数相关,即絮凝结构越紧密,即分形维越大,剪切的作用越小,或者说是两个絮凝结构之间在剪切的作用下运动状态趋于相同。从上述的模型来看,β 应该是与两个絮凝结构各自的分形维相关的。对于推进剂药浆体系,可以认为惰性粒子形成的絮凝结构较为紧密,一般 $D>2.5$,因此假设可以直接采用 $D=2.5$,即 $\beta \propto \dot{\gamma}^{1/6}$。

$$\beta \propto \frac{1}{6}\dot{\gamma}^{1-D/3}d_a^3 = \frac{1}{6}\dot{\gamma}^{1-D/3}V \qquad (5-146)$$

式中 d_a——两个碰撞絮凝中较大的絮凝结构的直径。

就推进剂药浆体系而言,初始状态时体系中存在一个完整的粒子网络结构,发生剪切后,粒子网络被破坏,可以认为此后絮凝发生碰撞并结合主要发生在残余的粒子网络结构和由剪切破坏产生的小絮凝中,则有 $d_a \propto V^{1/3}$,且 Smoluchwski 公式右侧的第一项小粒子之间的碰撞产生的絮凝被省略,得

$$\frac{\mathrm{d}n_k}{\mathrm{d}t} = -\Omega n_k \sum_i \beta_{ik}n_i = -\frac{\Omega}{6}n_k\dot{\gamma}^{1-D/3} \qquad (5-147)$$

即只计算最大的絮凝结构,$n_\xi = \frac{1}{V}$,代入碰撞频率并无量纲化:

$$\frac{\mathrm{d}\xi}{\mathrm{d}t} = -\frac{\Omega}{6}\dot{\gamma}^{1-D/3}\sum_k n_k = -\frac{\Omega}{6}\dot{\gamma}^{1-D/3}\xi \qquad (5-148)$$

在较低的速率下,可以认为 $\Omega \approx 1$,即较低速率下每一次碰撞都可以使该絮凝对发生聚并。

当剪切停止后,结构的重建与粒子结构的松弛时间成反比关系。结合上面的推导,固体粒子网络结构的演化速率可描述如下:

$$\frac{\mathrm{d}\xi}{\mathrm{d}t} = \frac{k_1}{G_p(0)}|\tau:\Delta|(1-\xi) - \frac{k_2}{\theta}\xi - \frac{k_3}{6}\dot{\gamma}^{1-D/3}\xi \qquad (5-149)$$

式中 k_1, k_2, k_3——常数系数。

Leonov 从非平衡热力学框架出发,推导得到了一个 Finger 张量的演化方程,形式与 UCM(Upper-convected Maxwell)模型类似:

$$\frac{\mathrm{d}C}{\mathrm{d}t} = (C \cdot \nabla^T u + \nabla u \cdot C) - 2C \cdot \frac{\alpha + \xi}{4\theta}\left[C - C^{-1} - \frac{1}{3}\delta(I_1 - I_2)\right]$$

$$(5-150)$$

式中 $\alpha \in [0,1]$——一个描述粒子网络结构的弹性完整度的系数。

$\alpha = 0$ 表示完全弹性,$\alpha = 1$ 表示完全黏性。$\alpha \neq 1$ 意味着粒子相中的结构重建时间远高于松弛时间 θ。目前没有明确的方法求解,拟采用办法:

$$\alpha = \frac{G_{\max} - G_\Phi}{G_{\max}} \qquad (5-151)$$

式中 $G_{\max}, G_\Phi$——最大堆砌状态和浓度为 Φ 的弹性模量。

取向张量模型中,取向张量的演化可描述为

$$\frac{\mathrm{d}\langle pp\rangle}{\mathrm{d}t} = \omega \cdot \langle pp\rangle - \langle pp\rangle \cdot \omega + \frac{a_r^2 - 1}{a_r^2 + 1}(\Delta \cdot \langle pp\rangle + \langle pp\rangle \cdot \Delta - 2\Delta:\langle pppp\rangle)$$

$$(5-152)$$

式中 **ω**——旋转速率张量；

a_r——表观长径比。

值得注意的是，当体系中各向异性粒子的长径比较小时，则取向引起的流变性能的变化可以忽略。

5.6.3.2 材料参数

在上述模型中存在多个材料参数，分别代表各影响因素，可以采用不同的方法分别得到。常用的方法包括通过试验方法直接确定，或采用经验公式确定，或采用函数拟合的方法确定。

基体的流变性能，该参数影响体系经过长时间剪切，网络结构被完全破坏时的流变性能，可以采用试验方法直接确定。

粒子网络的松弛时间，该参数影响体系的动态流变性能，从本构模型上来看，具体的影响是结构化因子的重构等，可以采用试验方法确定，如阶跃速率扫描，以及通过应力松弛曲线进行拟合等。此外，为了尽可能使本构模型通用化，也可以采用经验公式来计算，如 Maron - Pierce 公式。

粒子网络的弹性模量，该参数影响体系从静止开始，网络结构完全形成时的流变性能，此时体系表现出明显的弹性，通过试验测定。也可以通过试验测定屈服应力，然后通过拟合得到。

最大堆积体积分数，该值影响到体系的零剪切黏度等因素，可以采用试验测定，或根据最大体积分数计算公式计算；条件允许的情况下，也可采用 Monte Carlo 方法通过数值模拟方法得到，该方法需要较长的计算时间。

结构弹性完整度，用来描述体系中网络结构的弹性程度，表述该网络结构处于弹性和黏性之间的一个值，一般采用估算的方法，见式(5-151)。

分形维数，用来表征网络结构的渗透性，处于 0 ~ 3 之间，该值越大，说明渗透性越差，如 $D = 3$ 时，表示体系完全是固体。一般采用如下公式进行估算，即

$$D = 3\left(1 + \frac{1}{2}\lg(\Phi)\right) \qquad (5-153)$$

与粒子各向异性相关的参数，如表观长径比，可采用经验公式计算。

除了以上这些参数和方法，还可以通过试验结果与某些特定流场的解析形式的函数进行拟合得到。在得到了上述这些参数后，可以模拟计算多种流场中体系的流变性能，如稳态单速率、稳态剪切扫描、瞬态台阶流、触变循环等。

5.6.3.3 计算方法

由于在结构因子的演化方程中引入了网络结构与基体之间的耗散，与相关的方程联立起来，不容易简化得到解析形式的解。不过对于某些特定的流场，经过一些适当的简化，可以到一些结果。例如，应力衰减，对测试对象进行

剪切,达到平衡状态后,停止剪切,测试其应力的变化。经过简化,得到微分方程组:

$$\frac{\mathrm{d}\xi}{\mathrm{d}t} = -\xi\frac{k_2}{\theta} \qquad (5-154)$$

$$\frac{\mathrm{d}C_{12}}{\mathrm{d}t} = -\frac{\xi+\alpha}{\theta}C_{12} \qquad (5-155)$$

积分后得到解析形式:

$$\xi = \xi_0\exp(-k_2t/\theta) \qquad (5-156)$$

$$C_{12} = C_{12}^0\exp\left\{-\frac{\xi_0}{k_2}\Big[1-\exp\Big(-\frac{k_2}{\theta}t\Big)\Big]-\frac{\alpha}{\theta}t\right\} \qquad (5-157)$$

该解析形式可用于对应力衰减试验结果进行函数拟合得到相关的材料参数。如 AP 含量为 56% 的填充体系,通过对其应力衰减试验拟合(图 5-69),可得相应的材料参数,见表 5-19。

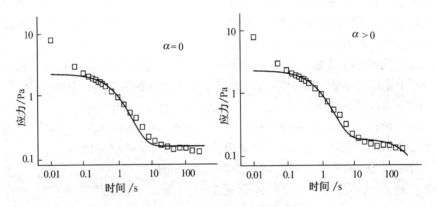

图 5-69 应力衰减试验拟合

表 5-19 AP/PET 体系应力衰减试验拟合结果

参数	G_ξ	C_{12}^0	ξ_0	k_2	θ	α
$\alpha=0$	3.85	0.62	1	1	2.5	0
$\alpha\neq0$	2.7	0.89	1	1	2.23	0.0046

采用在时间上的差分形式进行计算,时间步长可以根据材料参数来确定,一般的时间步长取 10^{-3}。其中当确定了除粒子网络的弹性模量之外的其他参数后,可以采用类似求解方程根的二分法来拟合求解弹性模量。完整的计算过程包括根据已知的屈服应力(由试验或稳态黏度的模型拟合),在低剪切速率如 $10^{-4}s^{-1}$ 下模拟体系的稳态剪切过程,在平衡状态下得到粒子模式的弹性模量;利用求得的模量,参照具体的试验条件,进行流变性能的模拟。

5.6.3.4 模拟结果

采用有限差分方法,模拟了一些特定流场,如稳态剪切、触变环、振荡剪切等。图5-70模拟了Al/PET体系的稳态剪切黏度随剪切速率的变化。由图可见,拟合趋势与试验结果一致,对于高浓度填充体系,模拟结果吻合得较好,但对于低浓度的体系,偏差较大。

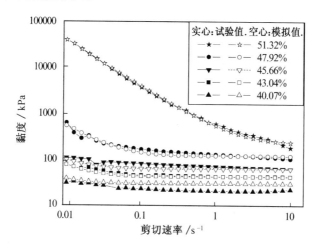

图5-70 模拟结果与试验值的比较

图5-71和图5-72分别为Al/PET填充体系Al体积分数为51.32%时,触变试验和动态频率试验测试值与模型拟合值的比较。在触变环模式中,理论反映了试验结果的趋势,即正反触变环共存。定量上的误差表现在较低剪切速率区域的模拟结果偏高,而较高剪切速率区域的模拟结果偏低。在动态频率扫描的模拟中,虽然在数值上还有一定的偏差,但变化趋势一致。

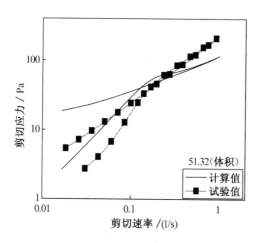

图5-71 触变试验结果与理论模拟对照51.32%的铝粉体系

305

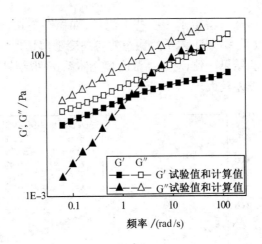

图 5-72　动态频率扫描结果的对照 51.32% 的铝粉体系

5.7　高能固体推进剂工艺性能设计方法

在推进剂配方研究过程中,调节工艺性能往往需要测试大量药浆流变性能数据。如果能在配方设计时就可对药浆工艺性能进行预估,这将对固体推进剂配方研究和发动机装药性能的控制十分有利。

5.7.1　高能固体推进剂工艺性能设计方法的总体框架

在高能固体推进剂药浆流变性能规律、机理和药浆流变模型基础上,构建了高能固体推进剂工艺性能设计准则,形成高能固体推进剂工艺性能预示及优化设计系统的框架,具体思路如图 5-73 所示。

就高能固体推进剂工艺性能单项设计而言,可首先根据经验设置工艺性能指标,分析高能推进剂工艺性能指标、用户要求与推进剂工艺性能设计流程的相互关系,确定推进剂工艺性能设计流程的控制节点。再通过对试验数据的统计、分析和科学利用,运用多种数学分析方法(包括统计学方法),完成对设计系统框架的填充和修正,实现对高能固体推进剂工艺性能的计算和设计。

基于药浆流变方程与推进剂组分相关性,建立一个参数输入、反复迭代计算、结果修正、优化设计、输出配方的设计系统整体框架;根据数学模型计算和试验数据分析的需要,建立高能推进剂工艺性能数据库;对计算系统和数据库的连接方式进行设计,满足不同需求和不同级别的使用需要。如果当推进剂工艺性能水平相同而配方输出结果冗余时,需确定优先选择原则

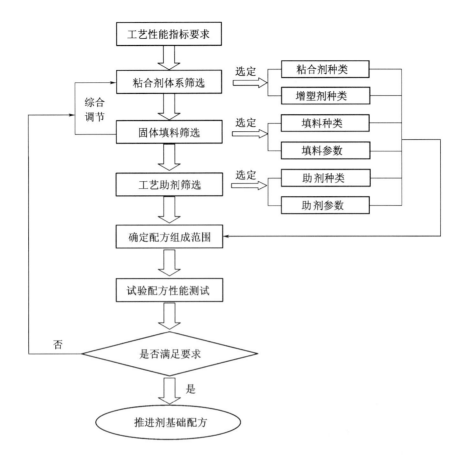

图 5 - 73　高能固体推进剂工艺性能设计准则框架图

和迭代次序,即研究确定工艺性能调控手段的选择依据、基于性能要求的组分选择优先规则、基于用户要求的预选规则等,形成完整的高能固体推进剂工艺性能设计准则。

5.7.2　高能固体推进剂工艺性能的预示与验证

根据工艺性能影响因素及药浆流变模型分析研究结果,建立了高能固体推进剂工艺性能的预示系统,图 5 - 74 是工艺性能的计算系统的界面。

应用此预示系统,计算了粘合剂体系、填料、功能组分及工艺条件等对工艺性能的影响,部分结果见图 5 - 75、图 5 - 76 及表 5 - 20 ~ 表 5 - 23。计算结果表明,在一定范围内,计算值与试验值规律基本一致,相关性较好,偏差在 ± 15% 以内。

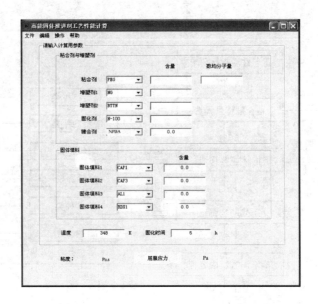

图 5 – 74　高能固体推进剂工艺性能计算系统的界面

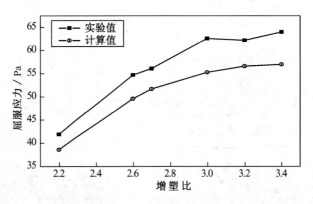

图 5 – 75　增塑比对药浆屈服应力影响的模型计算值与试验值比较

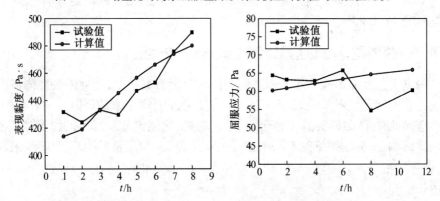

图 5 – 76　固化时间对药浆工艺性能影响的模型计算值与试验值比较

308

表 5-20　填料粒度影响的模型计算值与试验值比较

AP 粒径/μm	实测黏度/Pa·s	计算黏度/Pa·s	偏差/%	实测屈服值/Pa	计算屈服值/Pa	偏差/%
414	231.44	241.12	4.2	43.64	44.47	1.9
296	255.27	258.48	1.3	41.28	45.53	10.3
142	300.3	312.47	4.1	41.51	47.82	15.2
8.72	1143.23	1074.64	-6.0	111.1	99.52	-10.4

表 5-21　填料含量影响的模型计算值与试验值比较

填料含量/%		实测黏度/Pa·s	计算黏度/Pa·s	偏差/%
AP/Al	7/4	254.1	279.53	10.0
	5/6	300.3	312.47	4.1
HMX/AP	56/0	2047.2	1888.01	-7.8
	41/15	337.4	312.47	-7.4
HMX/Al	0/59	449.91	384.20	-14.6
	51/8	477.4	404.82	-15.2

表 5-22　键合剂对药浆黏度影响的模型计算值与试验值比较

键合剂含量/%	实测黏度/Pa·s	计算黏度/Pa·s	偏差/%	实测屈服值/Pa	计算屈服值/Pa	偏差/%
0	119.08	127.42	7.0	7.35	8.64	17.6
0.05	192.85	240.12	24.5	22.8	25.57	12.1
0.1	226.92	265.77	17.1	31.81	34.86	9.6
0.2	300.3	305.42	4.1	41.51	47.82	15.2
0.3	312.75	329.88	5.5	51.33	57.62	12.3

表 5-23　温度对药浆黏度影响的模型计算值与试验值比较

温度/K	实测黏度/Pa·s	计算黏度/Pa·s	偏差/%	实测屈服值/Pa	计算屈服值/Pa	偏差/%
313	543.23	473.35	-12.8	78.56	71.6	-8.9
323	345.26	381.3	10.4	57.38	55.8	-5.8
328	333.59	379.63	13.8	50.98	55.6	9.1

为验证工艺性能预示系统,计算了若干高能固体推进剂配方的药浆黏度和屈服应力,并与试验数据对比,如图 5-77 和图 5-78 所示。结果表明,预示系统的计算偏差尚可接受,对高能推进剂工艺性能设计与调节具有一定指导作用和实用价值。

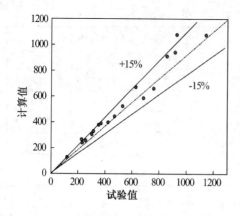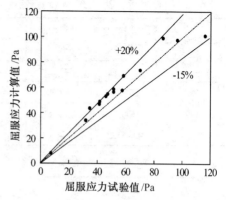

图 5 - 77　黏度的计算值与试验值对比　　图 5 - 78　屈服应力的计算值与试验值对比

　　需要指出的是,实现高能固体推进剂工艺性能的事前设计是推进剂药浆流变学研究的重要目的之一,但由于体系的复杂性,现有的悬浮体系流变学理论,尚难以适用于高能固体推进剂体系,特别是主要基于理论方法对药浆流变参数进行事前预估和配方工艺性能设计难度极大。如前所述,研究了结构化网络模型在高能推进剂中的应用,也利用该理论模型模拟了一些简单体系,模拟计算的体系的流变行为特征与试验结果趋势一致,值得进一步深入研究。但从目前进展来看,基于唯象模型的经验预示方法可用于指导推进剂配方研究,有效减少试验数量。本章讨论的高能固体推进剂工艺性能设计方法本质上还是基于试验结果、在一定范围适用的一种经验方法,要实现具有普适意义的工艺性能设计还要进行大量深入的研究。

参 考 文 献

[1]　Klage K, Rogers C J. Smith P L. Rheology of composite solid propellant during motor casting[C]. International Jahrestagung,ICT, West Germany, 1978: 141 - 160.

[2]　侯林法,等. 复合固体推进剂[M]. 北京: 宇航出版社,1994.

[3]　徐鸿升,李忠明,杨鸣波,等. 多组分聚合物的动态流变特性[J]. 高分子材料科学与工程,2004, 20(6):24 - 29.

[4]　Ulrich Teipel, Ulrich Förter-Barth. Rheoligical behavior of nitromethane gelled with nanoparticles[J]. Journal of Propulsion and power, 2005, 21:40 - 43.

[5]　Dilhan M Kalyon, Piraye Yares, Birnur Aral, et al. Rheological behavior of a concentrated Suspension: A solid rocket fuel stimulant[J]. Rheology, 1993, 37(1): 35 - 53.

[6]　周持兴. 聚合物流变试验与应用[M]. 上海: 上海交通大学出版社,2003.

[7]　Baker F S, Carter R E,Warren R C. The rheological assessment of propellants[C] Rhelogy Volume 3: Applications, 1980:591 - 596.

［8］ Cheng D H, Evans F. Phenomenological characterization of the rheological behavior of in elastic reversible thixotropic and antithixotropic fluids［J］. Appl. Phys. , 1965, 16：1599 – 1617.

［9］ 郑强,赵铁军.多相多组分聚合物动态流变行为与相分离的关系［J］.材料研究学报,1998,12(3)：225 – 232.

［10］ 董琦琼.粒子填充高密度聚乙烯复合体系形态结构与动态流变行为［D］.杭州：浙江大学,2005.

［11］ 潘新洲,郑剑,郭翔,等.聚乙二醇粘合剂体系的流变特性研究［J］.固体火箭技术,2007,30(2)：132 – 134.

［12］ Wu G, Song Y H, zheng Q. et al. Dynamic rheological properties for HDPE/CB composite melts［J］. Appl. Polym. Sci. , 2003, 88：2160 – 2168.

［13］ 唐汉祥.AP/HTPB 悬浮液的流变特性研究.流变学进展［C］.山东青岛,1996.

［14］ 张景春.固体推进剂化学与工艺学［M］.长沙：中国人民解放军国防科学技术大学出版社,1987.

［15］ 张景春.端羧基聚丁二稀流变性能的初步探讨［R］. 国防科学技术报告,［1986］.

［16］ 肖杨华.颗粒级配优化研究 – 滚动级配法［J］.推进技术,1993,4(4)：60 – 67.

［17］ Adam N K, Jessop G. Angles of contact and polarity of solid surfaces［J］.Chem. Soc. ,1925;1863.

［18］ 顾惕人,马季铭,戴乐蓉.表面化学［M］.北京：科学出版社,1999.

［19］ 李红旭,周明川.中性聚合物键合剂在 NEPE 推进剂中作用机理研究［R］.国防科学技术报告,2002.

［20］ 吴其晔,巫静安.高分子材料流变学［M］.北京：高等教育出版社,2002.

［21］ 高濂,孙静,刘阳桥.纳米粉体的分散及改性［M］.北京：化学工业出版社,2003.

［22］ 巴勒斯 H A,等.流变学导引［M］.北京：中国石化出版社,1992.

［23］ 卢寿慈,等.工业悬浮液—性能,调制及加工［M］.北京：化学工业出版社,2003.

［24］ Aranguren M I, Mora E, DeGroot Jr J V, et al. Effect of reinforcing fillers on the rheology of polymer melts［J］. Rheology, 1992, 36(6)：1165.

［25］ Larimer M H, Rakes S L, Sides J R. Mixters for Processing Composite Solid Propellants［R］,AIAA, 1968, 68 – 539.

［26］ 徐佩弦.高聚物流变学及其应用［M］.北京：化学工业出版社,2003.

［27］ 戴干策,陈敏恒.化工流体力学［M］.北京：化学工业出版社,2005.

［28］ Goodwin A A. The curing kinetics of a modified bismalemide［J］. Polymer International, 1993,32(1)：87 – 92.

［29］ 石凤,段跃新,梁志勇,等.5228 环氧树脂体系化学流变特性研究［J］.玻璃钢/高能材料,2006,4：26 – 30.

［30］ Koch D L, Subramanian G. The stress in a dilute suspension of spheres suspended in a second-order fluid subject to a linear velocity field. Journal of Non-Newtonian Fluid Mechanics, 2006.

［31］ Larson R G. The Structure and Rheology of Complex Fluids ［M］. New York：Oxford University Press,1953.

［32］ Starov V, et al. Viscosity of concentrated suspensions：influence of cluster formation ［J］. Advances in Colloid and Interface Science, 2002, 96：279 – 293.

［33］ Batchelor G K. The effect of Brownian motion on the bulk stress in a suspension of spherical particles ［J］. Journal of Fluid Mechanics, 1977, 83：97 – 117.

［34］ Yang Ke-Xi,Tao Ze-Ming, Wang Guo-Juan. Viscosity Prediction of Composite Solid Propellant Slurry ［J］. Propellant,Explosives,Pyrotechnics, 1986, 11：167 – 169.

［35］ Chen J K, Hsu J S. An empirical model for prediction of the slurry viscosity of AP/HTPB propellant［C］. 17th International Annual Conference of ICT,1986：38/1 – 38/13.

[36] Bournonville B, Nzihou A. Rheology of non-Newtonian suspensions of fly ash: effect of concentration, yield stress and dynamic interactions[J]. Powder Technology,2002,128:148 – 158.

[37] Khodakov G S. On Suspension Rheology [J]. Theoretical Foundations of Chemical Engineering, 2004, 38(4):430 – 439.

[38] 陈福连. 关于复合固体推进剂批次间性能差异的研究(报告之二：药浆的黏度分析)[J]. 推进技术,1993,3:61 – 68.

[39] Kitano T. An empirical equation of the relative viscosity of polymer melts filled with various inorganic fillers [J]. Rheological Acta, 1981, 20:207.

[40] Burgos G R, Alexandrou A N, et al. Thixotropic rheology of semisolid metal suspensions [J]. Journal of Materials Processing Technology, 2001, 110:164 – 176.

[41] Yziquel F, Carreau P J, et al. Rheological modeling of concentrated colloidal suspensions[J]. Journal of Non-Newtonian Fluid Mechanics, 1999, 86:133 – 155.

[42] Giacomin A J, Oakley J G. Structural network models for molten plastics evaluated in large amplitude oscillatory shear [J]. Journal of Rheology, 1992, 36(8):1529 – 1546.

[43] Soong D, Shen M. Kinetic network model for nonlinear viscoelastic properties of entangled monodisperse polymers. I. Steady-state flow[J]. Journal of Rheology, 1981, 25(2):259 – 273.

[44] Ekong E A, Jayaraman K. A network model for melt rheology of block copolymers [J]. Journal of Rheology, 1984, 28(1): 45 – 49.

[45] Doremus P, Piau J M. Yield stress fluid. Structural model and transient shear flow behaviour [J]. Journal of Non-Newtonian Fluid Mechanics, 1991, 39(3): 335 – 352.

[46] 古宏晨,金树柏,蔡世银,等. 悬浮体屈服应力的测量方法和影响因素[J]. 力学与实践,1996, 18(5):48 – 51.

[47] Kapur P C, Scales P J, Boger D V, et al. The Yield Stress of Suspensions Loaded with Size Distributed Particles [J]. AICHE, 1997: 1171.

[48] Shih W Y, Shih W H, Aksay A. Elastic and Yield Behavior of Strongly Flocculated Colloids [J]. Am. Ceram. Soc. , 1999, 82.

[49] Scales P J, Johnson S B, Healy T W, et al. Shear yield stress of partially flocculated colloidal suspensions [J]. AICHE, 1998, 44: 538 – 544.

[50] 杨可喜. 固体推进剂最大填充量的计算[J]. 推进技术,1985,55 – 62.

[51] 潘新洲. 高能固体推进剂药浆流变机理研究[D]. 襄樊：湖北航天化学技术研究所,2007.

[52] 姚维尚,吴文辉,戴健吾,等. 硝铵推进剂界面键合的表征研究[J]. 推进技术,1995,3: 57 – 62.

[53] Isayev A I, Fan X Y. Viscoelastic plastic constitutive equation for flow of particle filled polymers [J]. Journal of Rheology, 1990, 34(1): 35 – 54.

[54] Sobhanie M, Isayev A I, et al. Viscoelastic plastic rheological model for particle filled polymer melts [J]. Rheologica Acta, 1997, 36(1): 66 – 81.

[55] Leonov A I. On the rheology of filled polymers [J]. Journal of Rheology, 1990, 34(7): 1039 – 1068.

[56] Leonov A I. A theory of necking in semi-crystalline polymers [J]. International Journal of Solids and Structures, 2002, 39: 5913 – 5926.

[57] Leonov A I. On the minimum of extended dissipation in viscous nematodynamics [J]. Rheologica Acta, 2005, 44: 573 – 576.

[58] Leonov A I, Padovan J. On a kinetic formulation of elastoviscoplasticity [J]. International Journal of Engineering Science, 1996, 34(9): 1033 – 1046.

[59] Leonov A I, Volkov V S. Dissipative soft modes in viscous nematodynamics [J]. Rheologica Acta,

2005, 44: 331 – 341.

[60] Havet G, Isayev A I. A thermodynamic approach to the rheology of highly interactive filler-polymer mixtures: Part I – Theory [J]. Rheologica Acta, 2001, 40. 570 – 581.

[61] Havet G, Isayev A I. A thermodynamics approach to the rheology of highly interactive filler-polymer mixtures. Part II. Comparison with polystyrene/nanosilica mixtures [J]. Rheologica Acta, 2003, 42(1): 47 – 55.

[62] Siline M, Leonov A I. On flows of viscoelastic liquids in long channels and dies [J]. International Journal of Engineering Science, 2001, 39: 415 – 437.

[63] Sobhanie M, Isayev A I. Modeling and experimental investigation of shear flow of a filled polymer [J]. Journal of Non-Newtonian Fluid Mechanics, 1999, 85(2 – 3): 189 – 212.

[64] Joshi P G, Leonov A I. Modeling of steady and time-dependent responses in filled, uncured, and crosslinked rubbers [J]. Rheologica Acta, 2001, 40: 350 – 365.

第6章 高能固体推进剂配方设计专家系统

以上各章分别介绍了高能固体推进剂能量、燃烧、力学、工艺性能方面的研究情况,初步建立了具有相应理论基础和工程应用价值的单项性能设计方法。高能推进剂配方设计不仅需要对单项性能进行设计,更要综合平衡各性能间的矛盾与冲突,以获得综合性能良好的配方。如前所述,高能推进剂配方设计十分复杂,目前主要依靠经验和试验完成,耗费大量人力财力,而且十分危险。能否提高设计水平、最大程度减少试验量,构建具有应用价值的配方设计新方法,是推进剂研究者长期孜孜以求的目标。本章基于人工智能方法,从知识工程与专家系统的角度对单项性能设计研究成果进行集成和应用,重点介绍高能固体推进剂配方设计专家系统的研究现状、系统设计与实现、系统验证等内容。

6.1 固体推进剂配方设计专家系统研究现状

6.1.1 国外研究现状

已发表的文献表明,固体推进剂数值计算技术发展迅速,并已取得重大进展,在固体推进剂研制中得到较广泛的应用。

美国拥有既有经验推理能力、又有理论模拟能力的固体推进剂配方设计专家系统[1]。该系统由用户界面、基于用户要求和偏好的预选模块、若干规则库(包括组分筛选、组分组合排除、性能预示等规则库)、配方发生器模块、组分数据库、配方文本文件、配方与性能数据库、外部性能模拟程序等模块组成。该系统用 Insight2 + 专家系统外壳(一种基于规则的外壳)语言编写而成,具有反向推理能力,能够根据用户提出的性能指标,反向求出最优配方。专家系统所依托的数据库中的数据来自 BNL 实验室的三个配方研制项目,用规则提取程序可以从这些数据中提取规则,规则程序是用 1st-class 专家系统外壳(一种基于事例的外壳)语言开发的,其他规则采用已知的经验公式。最后输出的结果是按用户指定性能递减顺序排列的配方和性能列表。整个计算过程各个阶段都允许人工干预。该专家系统可以挂接各种理论模块,实际上是专家系统和理论模拟系统的复合系统。

俄罗斯已形成较完整的固体推进剂性能理论模拟计算系统[2]。阿尔泰科

314

研生产机构的推进剂配方计算机辅助设计系统,不仅能对推进剂配方的热力学性能进行优化计算,还可以对推进剂流变、力学和老化性能进行模拟计算。该系统功能完善,其热力学计算的扩展方案甚至包括爆轰特性和羽烟特性模拟。该机构用于推进剂热力学计算的数据库含有大约1000种推进剂组分和配方、1600余种燃烧产物,是较完备的推进剂组分和配方热力学数据库。

德国在推进剂化学动力学相关问题的建模和模拟方面做了许多工作[3],发现目前通用的推进剂能量热力学算法有时需要用动力学方法加以修正。荷兰也开发出能够对推进剂多种性能进行综合优化的计算机软件系统[4],包括能量性能、燃烧性能、力学性能、工艺性能、安全性能、老化性能、特征信号、成本、可靠性等。

由此可见,国外极为重视固体推进剂计算机模拟设计,相关研究起步较早,已较为成熟,基本达到指导工程应用的水平,并且还在不断的丰富和完善当中。

6.1.2　国内研究现状

总体而言,国内固体推进剂计算机辅助设计研究起步较晚,除能量性能已形成多个计算系统,广泛应用于推进剂配方设计外,对其他单项性能设计和综合配方设计方法的研究较为零散,且不够深入,尚不具备工程应用价值。国防科技大学、深圳大学和湖北航天化学技术研究所联合开发了"丁羟推进剂配方计算机辅助设计系统",初步具备丁羟固体推进剂配方能量和燃速自动优化设计的功能,该系统燃速预示精度优于国际通用的小粒子系统模型(PEM),但该系统尚不具备其他性能预示功能,也不具备基于配方及组分数据库的规则生成和推理能力,还不是一个智能化专家系统,且只适用于丁羟推进剂体系。

6.2　高能固体推进剂配方设计专家系统特点、系统结构和工作流程

6.2.1　高能固体推进剂配方设计专家系统的特点

专家系统是一种在相关领域中具有专家水平解决问题能力的智能程序系统,它能运用领域专家多年积累的经验与专门知识,模拟人类专家的思维过程,求解需要专家才能解决的困难问题。它是基于知识的智能系统,主要包括知识库、数据库、推理机制、解释机制、人机接口和知识获取等功能模块。高能固体推进剂配方设计专家系统利用固体推进剂研制专家的知识,进行启发式推理、解释其推理过程、对用户的询问做出回答,并且能够持续、灵活地增加新的知识,提升其解决问题的能力。

6.2.1.1　本系统与一般软件系统的区别

本专家系统不同于现有的一般软件系统,其特点如下:

(1)知识信息处理。主要用于知识信息处理,而不是数值信息处理,依靠知识表达配方设计技术,而不是数学描述方法(虽然知识中包含部分数学模型)。

(2)知识使用系统。本系统通过知识获取、表达、存储和编排,建立知识库及其管理系统;利用高能固体推进剂配方设计专家的知识和经验,自动完成配方设计过程。

(3)知识推理能力。本系统采用基于知识的程序设计方法,在环境模式驱动下进行知识推理,而不是在固定程序控制下的指令执行过程。

(4)解释能力。本系统不仅能够依据用户的指标要求自动设计出满足要求的高能固体推进剂配方,而且还能够对推理过程中用户提出的疑问给出解答。

6.2.1.2　本系统与其他专家系统的异同

各种类型的专家系统由于其所在领域以及采用的技术不同,使得它们都有各自的特点,但在总体上,专家系统还具有一些共同的特点,高能固体推进剂配方设计专家系统与大多数专家系统一样也具有以下特点:

(1)知识的汇集和更新。一个专家系统汇集了某个领域多位专家的经验知识以及他们协作解决重大问题的能力,因此,专家系统应表现出更渊博的知识、更丰富的经验和更强的工作能力,而且能够高效、准确、迅速地工作。高能固体推进剂配方设计系统中知识库不仅汇集了多位该领域专家多年积累下来的宝贵经验,并且其开放式的设计使其能够不断接受新知识的加入或修改原有旧知识。

(2)启发性推理。对于各种配方设计问题,本专家系统运用专家的经验和知识进行启发式推理,形成解决问题的推理链,从而对问题做出判断和决策。

(3)推理和解释的透明性。同大多数专家系统一样,对于本专家系统,用户无需了解推理过程,就能从专家系统获得问题的结论,而且推理过程对用户是透明的。专家系统的解释器可以回答用户关于"系统是怎样得出这一结论"和"为什么会提出这样的问题"之类的询问,专家系统对这些问题的解释过程对用户也是透明的。

作为高能固体推进剂这一特定研究领域,配方设计又有其自身的特点,主要表现为以下几点:

(1)问题边界清晰。从总体上看问题求解过程有显著的启发式与知识驱动特征和较弱的数值计算特征;具有领域知识结构化程度较好,适合形式化表征和符号推演、领域专家协同充分等特点,因此适合构造一个配方设计专家系统来提高工作效率,并且可借此总结、固化与集成众多领域专家的宝贵知识与经验。因此,本专家系统中特别强调专门领域知识与多年累积的样例的作用。

(2)固体推进剂配方设计的过程非常复杂。从专家系统的角度分析,具有以下几个与专家系统设计密切相关的特点:

① 问题的专业特征明显,属于典型的 domain – specific 和 highly – restricted 特征。

② 问题求解过程不是单一的推理形式,带有明显的搜索特征,其算法是 heuristic – based 和 no – determinate。

③ 解的形式表达的符号化、结构化很好,解元素的类属是非均质的、有序的。

④ 过程性知识与属性知识都很丰富。

⑤ 知识条目的类型多样,且结构形式复杂。

⑥ 领域知识在不断更新和扩充。

⑦ 拥有大量的试验样例,其中蕴含大量隐式知识,经验型知识的比例较大。

⑧ 问题求解过程中用到一些基于模型的推断,有些模型已经很成熟,但还有一些还在修改、完善过程中。

⑨ 推理过程大多不是演绎性的,而是启发式的,带有非确定性。

⑩ 设计过程的某些阶段需要人工干预。

根据上述特点,高能固体推进剂配方设计专家系统在知识表示、推理机设计和控制策略方面有别于经典的 rule – based、model – based 或 case – based 方法。围绕高能固体推进剂这一特定的领域知识层次结构,采用分解与规约的 goal – driven 方法来实现问题求解的推理过程。

同时,根据该系统的应用特点,高能固体推进剂配方设计专家系统具备以下属性:

(1)知识表示方法和知识库具有开放性、模块性、直观性,知识库容易维护和测试,便于添加新的知识,系统具有高效的问题求解能力和可拓展性,具有更加灵活的适应能力。

(2)该专家系统充分考虑了资深领域专家、配方设计人员、需要培训的新手与系统的交互性需求,有必要的人工干预,系统的互操作性较好。

(3)推理机与知识库采用了相互分离的结构;推理采用了问题分解与规约技术。因而系统的可扩展性和可移植性较好。

(4)充分考虑了系统的安全性。对使用权限做了如下限制:知识库中增添、删除、修改、浏览、复制等操作需要最高级的授权,在获得授权后由资深的领域专家和知识工程师共同实施;配方能量、燃烧、力学、工艺性能试验的历史数据库任何人都不能修改,对它们的浏览、复制也需要次高级的授权;对需要把新的试验结果添加入数据库的请求需要最高级的授权,在经资深专家对数据的真实性进行核查和获得授权后由知识工程师来实施;体现能量、燃烧、力学、工艺属性预测的经验型模型的管理只能由最高级授权的知识工程师来实施,并且对模型预测结果的检验要由资深领域专家来进行;配方设计人员只能使用系统资源进行新配方的计算机辅助设计,不能修改系统的数据和设置;配方设计新手对系统的使用与配方设计人员权利相同。

6.2.2 高能固体推进剂设计专家系统结构

专家系统结构是指专家系统各组成部分的构造方法和组织形式。选择什么结构,要根据系统的应用环境和所执行任务的特点来确定,系统结构选择合适与否,直接关系到系统的适用性和效率。根据本领域的要求,高能固体推进剂配方设计专家系统概念结构如图 6-1 所示:

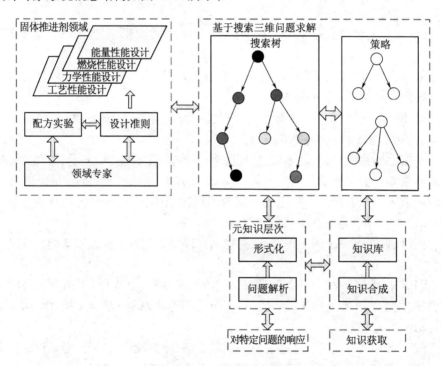

图 6-1　专家系统概念结构

固体推进剂配方设计的知识主要通过领域专家研究成果和各种文献资料获取;对获取的知识的规范化整理、形式化、精细化及对知识的保存和使用则通过底层的数据库及搜索推理策略来实现。两部分从结构上是独立的。

图 6-2 是专家系统的体系结构。从总体上系统分为四个层次:资源层、知识层(推理层)、业务层和应用层。分别说明如下。

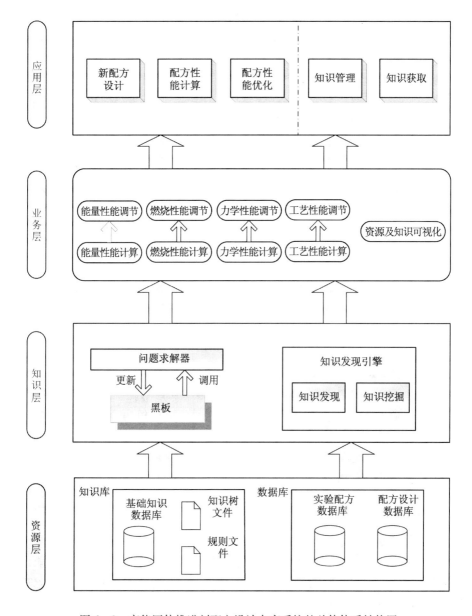

图6-2 高能固体推进剂配方设计专家系统的总体体系结构图

1. 资源层

资源层是系统的最底层,主要包括:知识库和数据库。其中知识库中的知识来源于知识工程师按照规范的格式直接输入和通过数据挖掘,如决策树分析、粗糙集(rough sets)或神经网络等手段从数据库中自动获取。例如,能量性能设计模块可使用遗传神经网络算法得到一些参数知识,然后针对不同的知识采用不同的表示方法,从而不断充实知识库。

知识库包括多个子库,其中规则库包含能量性能设计规则、力学性能设计规则、燃烧性能设计规则、工艺性能设计规则等,用于指导问题求解器的运行。模型库中同时包含四个模块中相应的计算模型,如燃烧性能设计模块的价电子—分形模型、自由基裂解模型,工艺性能设计模块的药浆流变模型,力学性能设计模块的三相网络模型、广义交联点模型等。如果问题求解器要使用这些模型,可以通过外部程序调用的方式来实现。解释库中包含对中间过程或结果的文字图表含义的解释,以及推理过程所用规则的解释,由解释器调用,为用户提供良好的人机交互功能。

数据库分为配方设计数据库和试验配方数据库。配方设计数据库又分为基础数据库和配方设计中间结果数据库。基础数据库主要存储各种组分的基本理化性能数据,如粘合剂、增塑剂、固体填料、催化剂等的名称和种类及其规格参数数据,另外还包括存储各种性能预示模型参数的参数库,如流变模型特征参数、燃烧模型特征参数等,神经网络训练参数也存储在参数库中。配方设计中间结果数据库存放符合性能指标的所有配方数据,供用户查询和基于案例的初始配方生成模块调用。试验配方数据库则主要存放各种试验中所使用的组分配方测试和试验结果等。

2. 知识层(推理层)

推理层主要是依据资源层所提供的资源而进行的一系列业务。其中专家系统的核心部分——问题求解器依赖于底层所提供的知识,在推理过程中,将中间参数数据存储在黑板中,并且根据推理状态随时更新黑板内容。问题求解器和知识库密切对应,不同表示方法的知识对应不同的问题求解机制(如对过程性知识采用深度优先的树搜索推理机制,而对产生式规则性知识采用 rete 算法)。在推理过程中可以根据需要选用这些问题求解机制。另外一个重要的任务是知识发现,包括从固有知识中发现新知识和从配方试验数据中发现新知识。

3. 业务层

以推理层为基础,业务层提供系统所需要的基本操作,功能性模块主要有:性能计算模块(能量性能、燃烧性能、力学性能、工艺性能)和性能调节模块(能量性能、燃烧性能、力学性能、工艺性能)。针对知识方面,主要是将资源和知识可视化,为用户管理提供友好接口。

4. 应用层

根据用户对系统功能的要求,应用层主要分为五个模块:新配方设计模块、配方性能计算模块、配方性能优化模块、知识管理和知识获取模块。

6.2.3 系统工作流程

6.2.3.1 总体工作流程

配方设计的完整工作流程如图 6 - 3 所示。

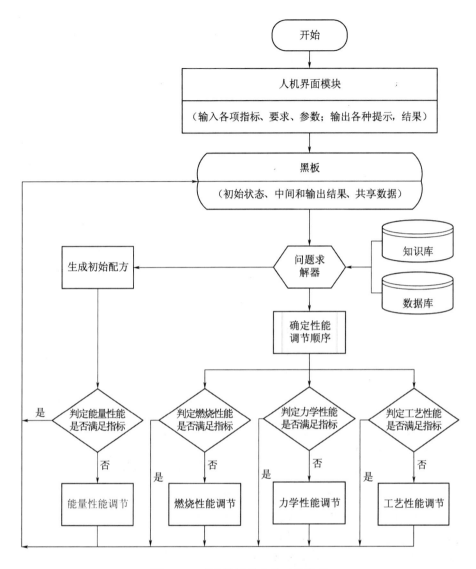

图 6-3　配方设计的完整工作流程

配方设计的具体流程如下：

（1）配方设计人员首先通过用户界面输入各项指标、要求和有关的参数。这些输入将暂存于黑板以存放所有的初始状态、中间解以及输出结果，所有其他的模块都通过它共享并交换数据。

（2）将初始参数输入问题求解器，根据规则推理出目标配方的类型，再根据配方类型信息激活规则库中的初始配方设计的相关规则，从而设计出一组待优化的初始配方存放到黑板中。

（3）调用能量性能计算函数，根据能量性能计算结果判断是否需要对初始配方进行调整,将满足能量性能的配方存入黑板。

(4)根据性能指标,结合相关规则推理确定燃烧、力学、工艺性能的调节顺序,然后分别根据各性能指标和性能调节规则,对黑板中的配方依次进行调整。

(5)输出满足指标要求的所有新配方至用户界面,或以本次推理无符合要求的配方结束。

在推理的过程中,允许用户在若干节点对设计过程进行主动干预,如对推理过程进行修改、中断等;也可能推理过程要求用户被动干预,如对某些选项进行选择,或对某些参数进行修改等。

配方设计过程本质上是多目标优化的过程,需要在若干个相互矛盾的性能要求间找到最优点,如高比冲与低燃速、高固体含量与高伸长率等。

由于配方设计知识中定性和半定量的知识较多,难以直接通过几何证明式的精确推理来实现固体推进剂配方的设计;同时,由于固体推进剂配方组分复杂,候选组分众多,亦无法通过简单的穷举计算或多目标优化的数值计算方式寻找到满足要求的配方。根据以上特点,本系统在总体上由规则推理来确定配方的设计过程和配方参数的调整方向,在规则知识无法确定(或无法定量确定)优化方向时,局部采用多目标的数值优化方法在规则限定的方向和范围内优化计算,从而寻求到满足要求的配方。

通常,在进行固体推进剂配方设计时,设计人员一般对影响两个以上性能的参数采用迭代的方式逐步接近最优平衡点,如对于能量性能和燃烧性能,如图 6-4 所示,组分的含量对两个性能都有影响,设计人员一般先选择一个能够满足能量性能的值,测试配方的燃烧性能,然后调节其值至配方满足燃烧性能。当配方可能又不能满足能量性能时,再调节至满足能量性能、测试燃烧性能,如此反复多次,直至够能量和燃烧均满足指标要求。

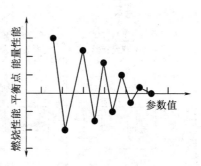

图 6-4　固体推进剂配方设计的一般过程

以上调节方式调节次数相对较少,在有一定设计经验的条件下可以较快的达到平衡点,但存在漏解的可能,因为以上方法得到的是一个解集中的某一个解,而并非全部解或最优解。本系统采用无反馈单向推理的方式来实现调节。仍以上述问题为例,系统通过计算、优化、筛选的过程,先得到要调节的组分含量参数在规则限定范围内所有满足能量性能的解,然后在这些解当中根据燃烧指标限定筛选出满足燃烧性能的解,如图 6-5 所示。如果在所有的解中都没有满足燃烧性能的解,那么则在这些解的基础上对配方中影响燃烧但又不影响能量的参数进行调节,得到满足要求的解。如果经过进一步的调节仍然无法得到满足要求的解,则认为无满足指标值的配方。从图6-5中可以看出,这种方法产生了部分的冗余计算,而且当调节参数的范围较大时,这种冗余计算量会大大增加,从而会对系统的推理效率产生影响。但这种方法一方面解决了可能漏解的缺陷,另一方面大大降低了推理过程的复杂性,增加了系统的可靠性。系统的效率问题则通过采用并行计算、提高硬件配置的方式来解决或缓解。

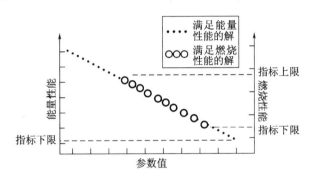

图6-5 本系统配方设计的过程

6.2.3.2 初始配方生成模块工作流程

正式进入四大性能优化模块之前,首先要通过初始配方生成模块得出候选配方方案。初始配方生成模块的工作流程如图6-6所示。

先根据用户输入的配方性能指标信息,推理得到推进剂的类型信息,然后根据推进剂的类型信息,结合性能指标值,逐次推理得到推进剂的各种组分类型;当所有组分的类型确定后,根据相容性规则推理删除含有不相容组分的配方,然后将满足相容性要求的配方根据规则依次推理确定各种组分相应的含量。当所有组分含量都确定后,得到一个(或一组)可能符合指标要求的初始配方。

6.2.3.3 能量性能设计流程

能量性能设计模块是初始配方生成后进入的第一个模块。该模块将在初始配方的基础上初步确定各组分的含量。其工作流程如图6-7所示,一般分下面三个步骤进行:

(1)计算初始配方能量性能;

(2)对不满足能量指标要求的配方根据规则调整组分含量;

(3)计算并评价调整后的配方,将满足能量要求的配方输出;

经过上述三个步骤后,能量性能设计模块完成,进入到下一模块。

6.2.3.4 燃烧性能设计流程

燃烧性能设计的工作流程如图6-8所示。该模块是在能量性能或力学

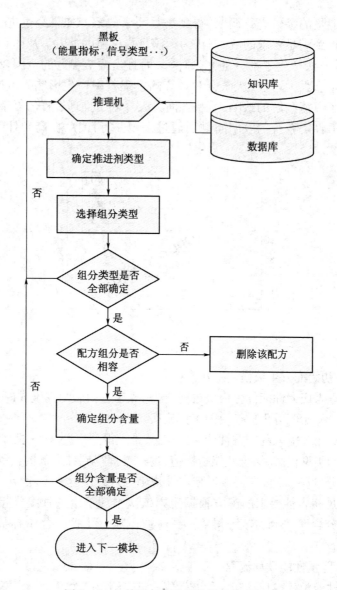

图 6-6　初始配方生成模块的工作流程

性能设计的基础上继续求解符合燃烧性能指标的配方。该过程主要步骤如下：

（1）如果上步设计步骤是能量性能设计，则执行（2），如果上步是力学性能设计，则执行（3）。

（2）根据规则进一步确定上一步骤中未确定的配方参数，例如固体填料的粒度、级配等。

（3）计算配方的燃烧性能参数并与目标参数比较，输出满足目标要求的配

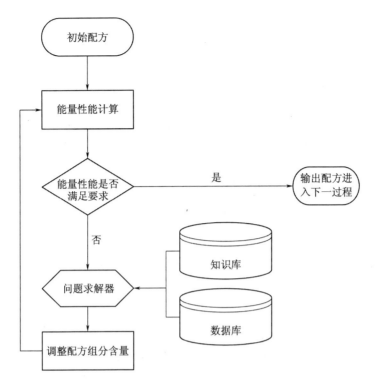

图 6-7　能量性能设计模块工作流程

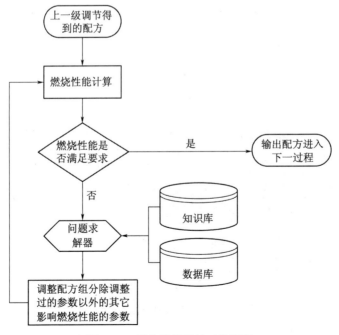

图 6-8　燃烧性能设计工作流程

方至下一模块。

（4）根据规则调整配方中影响燃烧性能的参数并计算调整（后）得到的配方燃烧性能；

（5）根据计算结果筛选出满足目标参数值的配方输出至下一模块。

该过程调整的基本原则是对其之前调整步骤调整过的配方参数不再调整，只对除此之外的影响燃烧性能的参数根据规则进行调整。例如：其上步是能量性能调节，则在燃烧性能调节过程中对能量性能调节中已调节过的组分种类和含量不再调整，而只是调整填料组分粒度、级配、燃烧性能调节剂等参数。如果其之前的调节步骤是能量和力学性能，则在燃烧性能调节中则不会再对上述两个过程中调节过的组分种类、含量、粒度、级配等参数进行调整，而只是对燃烧性能调节剂等之前两个步骤没有调整过的参数进行调整。因为，每当为了满足某一性能对配方的某一个参数进行调整时，都已经涵盖了根据规则将能够满足该性能的该参数定义域区间内的所有值，不在该集合内的参数值都不能满足该性能的指标要求，所以，在后续的参数调节过程中，已经没有必要对其再进行调整了。

6.2.3.5 力学性能、工艺性能设计工作流程

力学性能和工艺性能的设计过程与燃烧性能设计过程类似，如图 6 - 9 和图 6 - 10 所示。

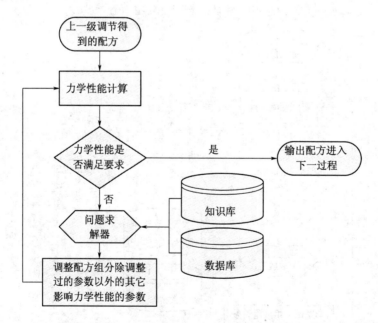

图 6 - 9　力学性能设计工作流程

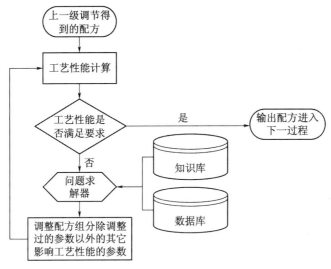

图 6 - 10　工艺性能设计工作流程

6.2.4　知识表示方法

6.2.4.1　高能固体推进剂配方设计领域知识的特点

各领域知识都具有各自的本质特征,对高能固体推进剂而言,主要具有以下几个方面特征:

（1）难于描述。固体推进剂研制专家对本领域知识的掌握是一个渐进的过程。在这个过程中,形成了一些自己的经验或者观点,并在实践中自觉或不自觉地将这些经验和观点融入其中。然而,如果让这些专家们用自然语言按照某种格式将这些经验和观点描述出来,却常常是比较困难的、不精确的。

（2）缺乏系统性。从知识系统的角度来看,因为固体推进剂专家按照某种逻辑有组织、有结构的整理自己所掌握的经验知识一般比较困难,常常只是将他们认为意义和价值较大的发现以显示的方式表述出来,因此,初始的知识体系比较分散、缺乏系统性。

（3）不完备性。固体推进剂研制专家对本领域知识的掌握具有一定地片面性,他们可能对本领域某一个方向或者某一系列配方有比较深入的研究,掌握的知识比较丰富和深刻,但即使将所有领域专家的知识综合起来,都无法将本领域中的知识穷举出来。因此,固体推进剂领域肯定还有一些知识是没有发现的,如某种化学物质的某种特性或者是某一条规则性知识。

由于以上特点,给知识的获取和表示增加了巨大困难,需要采用专门的方法。

6.2.4.2　知识表示方法

固体推进剂配方设计知识可分为以下两种类型:

327

（1）事实性知识：用来描述固体推进剂各种原材料或推进剂本身的有关概念、事实、属性、状态等知识。

（2）过程性知识：用来描述固体推进剂设计和制造过程的有关知识，包括推进剂设计中涉及到的规则、定律、定理、经验和流程等。

由于配方设计专家系统在知识使用方式上与自动定理证明这类性质的问题有巨大的差异，需要大量程序性知识，所以高能固体推进剂配方设计专家系统采用与或分解树结构来表示它们。这样的结构具有以下优点：

（1）符合人自身的认知习惯，可读性好，便于领域专家进行知识正确性检查。

（2）能够融合类属差异度很大的知识。

（3）推理导向性强，效率高。

（4）可灵活调用 rule – based、model – based 或 case – based 方法。

（5）便于实施 goal – driven 的推理，收敛性控制较好。

（6）无论对 how query 还是 why query 都便于生成比较深层次的解释。

（7）知识的层次性、模块性好，便于维护。

（8）适合加入各种基本操作原语，便于集成除逻辑以外的其他问题求解手段。

（9）可扩充性好，锚点丰富。

（10）便于人工干预。

（11）启发式信息、元知识不必安插在控制环节上，而可直接体现在知识的结构上，一致度好。

（12）可借助成熟的树搜索技术、回溯技术和堆栈技术，可靠性有保证。

（13）借助与或树结构进行模块化知识表征和搜索技术等，能够做到待求解的问题与实现方法分离，同时系统的可扩展性和可移植性较好。

鉴于以上优势，本系统选择了与或树结构作为知识系统的表征基础，其结构如图 6 – 11 所示。

与或树最通常的用途就是表示人类将问题进行逐级分解，获得若干子目标，以把一个相对较大较难的问题化解为一些相对容易解决的子问题。这是很普遍的一种问题求解方式[5]。配方设计过程就是获得一个或几个符合性能指标要求的组分组合的问题求解过程。在设计配方的过程中，用到大量程序性知识或者操作性知识，如"为了提高燃烧温度，应该选择生成热高的组分，或者含弱化学键的化合物"。这样一类操作性知识很适合用树型结构来表示，能够清楚地展现一个大问题被分解成若干小问题，或分解成若干个解题步骤。另外，启发式信息也往往体现为源自实践的技巧[6,7]，它们都具有过程性外观，与 if a > 2 then a2 > 4 这样的逻辑表达式不同，用带二维结构的树表示是比较合适的。

系统中还采用了产生式知识表示方法，以便于操作性知识表示，同时能跟与

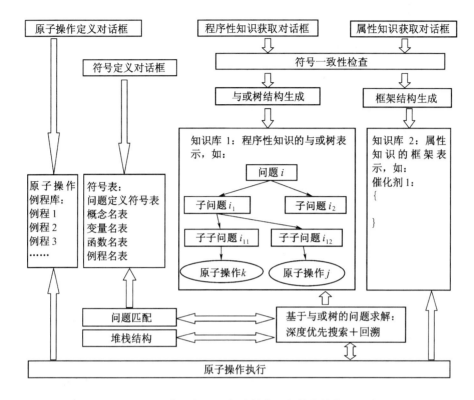

图 6-11 操作性知识的与或树表示与其他结构的融合

或树搜索、推理过程顺畅地衔接。

知识库中操作性知识库由按照语义独立性原则构造的多棵与或树组成,而不是统统存放在一棵树中,这样能有效防范局部范围内的错误扩散,且局部错误的修改容易。知识的不一致性是知识系统中知识内容本身的问题,与知识获取和专家观点有很大关系,而不是某一种知识表示方式直接导致的,任何一种知识表示方式都会碰到。在高能固体推进剂配方设计专家系统中,一方面通过引进人工智能消除不一致性的技术;另一方面通过提高知识模块化、加强变量与函数名等符号的唯一性检查,来约束一旦发生知识不一致错误时的影响范围。

高能固体推进剂设计的知识获取和表示遵循以下原则:

(1)尽可能细致,增加中间层次。这样既可以降低每次表示的语义跨度,又可以增加更多的语义锚点(知识共享更便于实现),还可以增加由于小跨度而带来的语义精确。

(2)严格区分哪些概念是目标性质的,哪些概念是操作性质的。

(3)使用类似数学规划的方法和对象—类的表示方法,多用函数、变量等数学语言。

（4）使用框架作为属性知识的表示方式，使用与或树作为操作性或程序性知识的表示方式。

（5）叶节点是功能单一的原子操作或数据库查询操作。

6.2.5　知识使用方法设计

6.2.5.1　与知识表示方法相适应的知识使用方法

在知识使用方面，本系统涉及和解决如下主要问题。

（1）关于问题或子目标空间：用与或树表示问题空间，可扩展性好；节点的层次命名原则，这涉及到递归。

（2）关于基于与或树的问题求解方法。

（3）问题求解控制。

（4）回溯方法。

（5）标注节点性质与解毕状态。

（6）求解每一节点问题时的操作原语，如查询操作、分解操作、规约操作、发问等。

（7）为了得到某些节点问题恰当的解，当无法直接得到或使用简单操作原语得到解时，采用如下方法得到局部解：不精确推理方法、Case-based 推理、GA算法、ANN 方法。

（8）用格式化向量作为解的形式。其优点是：适合与问题求解中状态空间法衔接；适合与 Case-based 推理中范例检索、类比映射、类比转换等过程衔接；适合与 GA、ANN 等数值计算方法衔接。

框图 6-12 为问题求解流程，考虑了知识获取、表示与使用细节等核心环节的结构图。

6.2.5.2　问题求解器设计

问题求解器是利用已有经验规则解决配方设计过程中涉及到的性能设计顺序、性能调节参数的选择、参数调节顺序、参数优化调节方法等问题的一个模块。作为本系统的核心模块，其优劣和运行效率直接决定了系统的性能。

问题求解器主要功能包括两个方面：一是对规则的控制；二是对规则的解析。

1. 规则的控制

规则的控制分为两步：首先是对知识树的搜索，找到属于当前流程下的规则。其次是利用正向推理的执行方法处理规则。

知识树的搜索采用深度优先的搜索算法，从要求的节点进入知识树，对该节点以下的所有节点进行遍历，找到所有的叶节点。

下面是使用与或树搜索、堆栈和回溯手段实现问题求解算法的伪代码表示：

```
G = New SearchGraph( )
G.AddNode( s )
s.Cost = h( s )
If T.has( s ) Then
s.Solved = True; G' = G; Exit
End If
Do While s.Solved = False
G' = G.TraceDownThroughMarkedConnectorsFrom( s )
N = G'.NotExpanedNodes( ) - T
n = NodewithHighest_h_ValueIn( N )
n.Expand( )
For Each n[ j ] in n.Successors
n[ j ].Cost = h( n[ j ] )
If T.has( n[ j ] ) Then n[ j ].Solved = True
Next n[ j ]
…
Do While …
…
S = New SetofNodes( )
S.Add( n )
Do While S.Empty = False
m = a node that is in S but none of its descendents in G is in S
S.Remove( m )
For Each K[ i ] in m.Connectors //K[ i ] directs m to a set of nodes {n[1]
[ i ], …, n[ k ][ i ]}
    Cost[ i ] = K[ i ].Cost + n[1][ i ].Cost + … + n[ k ][ i ].Cost
    Next K[ i ]
K[ j ] = FindIn( m.Connectors )WithTheSmallestCost[ i ]JustCalculated
m.Cost = Cost[ j ]
m.Connectors.EraseOldMark( )
m.Connectors.Mark( K[ j ] )//K[ j ] directs m to a set of nodes {n[1], …,
n[ k ]}
    If Each n[ i ].Solved = True ( i = 1, …, k ) Then m.Solved = True
    If ( m.Cost is different than its previous value ) Or ( m.Solved =
True ) Then
    For Each p in m.Parents
    If p.MarkedConnectorDirectedNodesSet.has( m ) Then S.Add( p )
    Next p
    End If
Loop
Loop
```

与或树结构表示的是某一个特定问题的逐级分解结构,所以是一个静态表示的结构。问题求解过程是沿着这一树型结构的搜索过程,与状态空间问题表

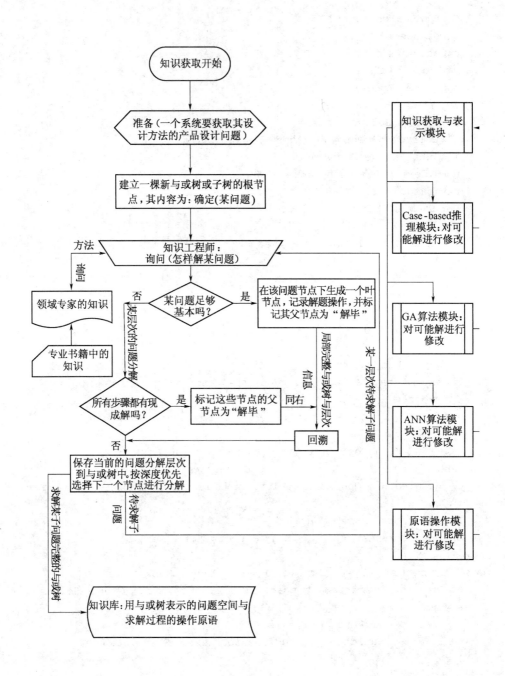

图6－12 基于目标分解的问题求解

332

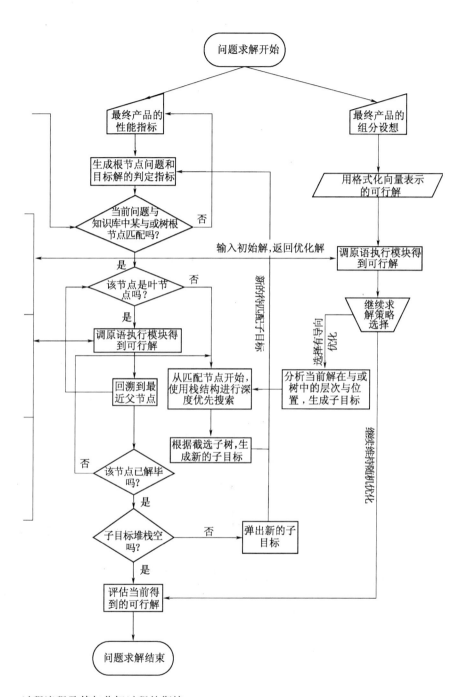

过程流程及其与分解过程的衔接

示和搜索求解一样。求解目标逐级分解表示是位于问题求解执行器外面的,而不是混合的,问题求解的执行器是一个使用堆栈和回溯技术,执行某种树搜索算法的代码,它只负责执行树型结构中某一级节点内的指令,并不涵盖整个树。状态空间问题表示和搜索求解被证明是一种非常有效的问题求解方法,是人工智能领域最著名两位泰斗 Simon 和 Newell 所创建的通用问题求解器(GPS)的核心思想,只要限定领域和具体问题,这一方法是有效的。

规则的正向推理为数据驱动,存于黑板(Blackboard)中的事实被传递到工作空间中,在那里有一个或多个规则与这些事实匹配,并由议程(Agenda)按顺序执行被激活的规则,传递事实,最后得到一个结论。其执行流程如图 6 – 13 所示,主要有:

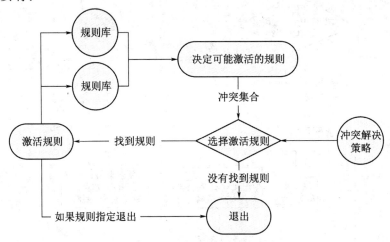

图 6 – 13 规则推理执行流程

(1) 将黑板中的事实(fact)引入工作内存。

(2) 使用模式匹配器(Pattern Matcher)比较规则(Rule)和事实(fact)。

(3) 如果执行规则存在冲突(conflict),即同时激活了多个规则,将冲突的规则放入冲突集合。

(4) 解决冲突,将激活的规则按顺序放入议程(Agenda)。其中,冲突的解决策略有以下两种:

① 优先级策略:每一条规则赋予一个优先级,默认值为 0。优先级大的规则先执行。

② 后进先出策略:根据规则的读入顺序,决定规则的执行顺序。即后读入的规则先执行。

2. 规则的解析

知识库中知识是以知识树的形式存储的,在树的每个节点上,知识又以产生式规则的形式表示。每条产生式规则定义为如下形式:

```
rule  " < name > "
        < attribute >   < value >
      when
            < LHS >
      then
            < RHS >
end
```

其中,属性项 < attribute > 有 no - loop 和 salience。它们分别表示规则是否可以重复执行和规则的优先级。no - loop 的取值(< value >) 可以为 True 或 False;salience 的取值为整形数据,值越大表示规则优先级越高。 < LHS > 和 < RHS > 分别表示规则的前件和后件。规则的前件由事先定义的常量、变量、函数以及逻辑运算符组成。

在对规则进行解析时,先获取规则各个属性项的值。再将常量表、变量表和函数表映射到需要解析的规则上,解析出规则的各个子件。依次解析出规则的各个子件,再把子件组合成一条完整的规则。在进行上述前件解析的同时,还需要参照黑板中的常量和变量信息,当发现黑板已有常量或变量值不能满足前件时,对该条规则的解析就终止退出,这样就保证了解析出的规则都是在当前状态下可以使用的规则,提高了下步推理的效率。规则解析流程图如图 6 - 14 所示。

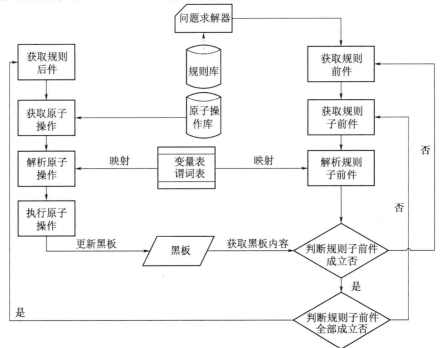

图 6 - 14　规则解析流程

335

6.2.6 基于数据的知识发现方法设计

6.2.6.1 知识发现的重要意义

在高能固体推进剂知识获取的过程中,采用多种基于数据挖掘思想的知识发现技术,系统中引入这些知识发现具有以下优点:

(1) 缓解知识获取的困难。因为领域专家表述知识可能不充分、不准确,有些知识还缺乏总结和领悟以至于无法用言语来表达。若仅仅需要领域专家给出实例或填写一些数据,那么可以大大减轻他们的负担,提高客观程度。

(2) 实现专门领域知识模型的进化。对于既有一些先验知识,又有大量试验数据,而且领域知识尚处于探索阶段的专门领域,可以用先验知识来构造若干主要的知识应用模型,然后通过试验数据来验证知识模型、挖掘新知识、修改知识模型。

(3) 能够适应多种类型知识挖掘的需求。

(4) 提高知识挖掘的指向性。先验知识可以大幅度提高知识挖掘的效率和避免挖掘出很不合常理的知识。

(5) 领域知识模型直接体现知识使用过程,还原性好,与真实的业务流程近似度高、贴近程度好。

(6) 有助于知识资源的保密。这一知识获取过程更多依赖于程序和方法,可以减少知识工程师的介入程度。

(7) 方法容易掌握和移植。这一方法的门槛比较低,不需要涉及复杂的知识工程方法,用户容易掌握。

图 6-15 所示为高能固体推进剂配方设计系统知识发现过程示意图。

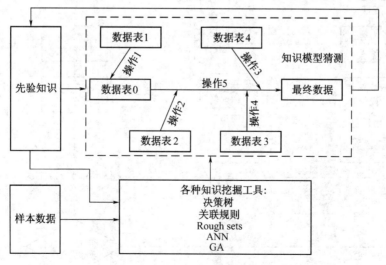

图 6-15 高能固体推进剂配方设计系统知识发现过程示意图

6.2.6.2 基于粗糙集(Rough Sets)的知识发现

Rough Sets 理论是波兰学者 Z. Pawlak 在 20 世纪 80 年代提出的用于分析和处理各种不完备信息,从中发现规则,揭示潜在规律的数学工具。它最显著的特点是,仅利用数据本身提供的信息,而不需要其他任何的先验知识,为处理模糊的和不精确的知识提供了一条全新的途径。

粗糙集理论的主要思想是利用已知的知识库,将不精确或不确定的知识用已知的知识库中的知识来(近似)刻画,将知识理解为对数据的划分,每一被划分的集合称为概念,它将分类理解为在特定空间上的等价关系,而等价关系构成了对该空间的划分。该理论与其他处理不确定和不精确问题理论的最显著的区别是它无需提供问题所需处理的数据集合之外的任何先验信息,所以对问题的不确定性的描述或处理可以说是比较客观的。

对于高能固体推进剂配方问题,把原料属性作为一些条件属性,如它们可以分别对应氧化剂、金属燃料添加剂、有机粘合剂等,而能量性能、工艺性能、燃烧性能、力学性能等指标对应决策属性。首先,通过对已有的配方数据以及一些试验数据进行 Rough Set 的约简,从而得到从原料到性能指标之间的一些对应规则,这些规则可能是以下形式:

r1:氧化剂选 A、B∧金属燃料添加剂选 C∧有机粘合剂选 D→能量性能(e,f);

r2:氧化剂选 A′、B′∧金属燃料添加剂选 C′∧有机粘合剂选 D′→燃烧性能(e′,f′);

……

此时,当提出一组指标要求时,便可以从那些简约规则中得知,对于某一特定的决策属性,有哪些条件可以满足,通过对几个决策属性的综合考虑,可以得到一些条件属性,它们是最有希望能达到要求的条件,从它们中间选择组分就可以得到一些初始配方,通过使用粗糙集的方法,可以大大缩小初始配方的候选项,剔除诸多的无关组合,为下一步的搜索推理打下一个良好的基础。

当然,使用粗糙集的效果如何,也与数据的数量及质量相关,当有足够多且准确的试验数据时,挖掘的效果就会更好。下面是对 186 个配方燃烧性能样本、15 个属性进行分析的结果。

1. 属性离散化

由于粗糙集理论只支持离散型数据的分析,而除了压强等部分属性是离散的,绝大多数属性都是连续的,所以有必要对数据进行离散化。本试验中决策属性如燃速等采用手工离散化,其他需要离散化的条件属性用 Rose 中自带的 Global 离散化方法。该方法主要思想是:对所有待离散化的属性进行综合考虑,使得离散化后的结果不会丢失原始属性的可辨别性。以下是关于燃烧的部分离散化结果:

14 个条件属性(配方参数)：基于熵的划分。

1 个决策属性(燃速)：等频划分，[3.5,4.5)，(4.5,5.5]，…。

离散化结果：

A1($-CH_2$)：($-inf,0.5381$)，(0.5381,0.54)，(0.54,0.5446)，(0.5446,2.5172)，(2.5172,$+inf$)

A2($-CH-$)：($-inf$, 0.08965)，(0.08965,$+inf$)

A3($N-NO_2$)：($-inf$, 0.2537)，(0.2537,$+inf$)

A4(ClO_4^-)：($-inf$, 0.2986)，(0.2986,$+inf$)

A6(N)：($-inf$, 0.1778)，(0.1778,$+inf$)

A11：($-inf$, 126.915)，(126.915,146.82)，(146.82,$+inf$)

A12：($-inf$, 12.355)，(12.355,$+inf$)

2. 属性约减

对离散化后的决策表进行属性约减，使得约减后的属性具有与原来所有属性相同的知识表达能力。在本试验中，属性约减后的结果为：A1，A2，A3，A4，A6，第一种氧化剂粒度，第二种氧化剂粒度，压强。

3. 规则发现

在上述数据离散化的基础上，对数据集利用粗糙集方法进行知识发现，得到如下几条规律：

R1：(A2=1) & (A3=1) & (A6=0) & (A14=2.94) => (A15=2.265~3.5)；

R2：(A3=1) & (A11=0) & (A12=0) & (A14=20) => (A15=26.5~27.5)；

R3：(A4=0) & (A11=1) & (A12=1) & (A14=25) => (A15=31.5~32.5)；

R4：(A1=0) & (A6=1) & (A14=8.83) => (A15=34.5~35.5)；

R5：(A3=0) & (A6=1) & (A11=0) & (A14=25) => (A15=36.5~38)。

6.2.6.3 基于决策树的知识发现

决策树是一种分类算法，输入是训练记录集(在本系统中是配方属性值的集合)，通过递归地选择最优的属性来划分数据，用于划分数据集的最优属性的选择依赖于使用哪种不纯性度量来评估划分(本系统中采用熵作为不纯性度量)，并扩展树的叶节点，直到满足结束条件。决策树是一种由结点和有向边组成的层次结构。树中包含三种节点：

根节点(root node)，它没有入边，但有零条或多条出边。

内部节点(internal node)，恰有一条入边和两条或多条出边。

叶节点(leaf node)或终节点(terminal node)，恰有一条入边，但没有出边。

在决策树中,每个叶节点都赋予一个类标号。非终节点(non-terminal node)(包括根节点和内部节点)包含属性测试条件,用以分开具有不同特性的记录,进而体现出数据集中各属性间的关联关系,如图 6-16 所示。

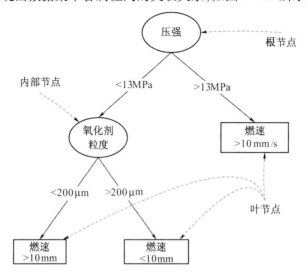

图 6-16 基于决策树的知识发现示意图

下面是对 38 个配方的燃烧性能进行决策树分析的结果,如图 6-17 所示。

从分析结果可以知道,对于样本数据集,压强、氧化剂 2 粒度、氧化剂 1 粒度、—CH₂ 是影响燃速的主要因素,其中压强的影响最明显。对于同一压强点下的属性和燃速的分析得到两条规律:

规率 1:配方中—CH₂ 基团数量增大,则燃速降低;反之,则燃速升高。

规率 2:燃速随 Al 粒度变化存在极大值。

6.2.7　数据库与知识库的设计

6.2.7.1　数据库

为了便于描述,定义数据库由基础数据库和试验数据库两部分构成。基础数据库存储原材料的理化性能数据;试验数据库中存储配方组成和性能数据。

由于在配方设计专家系统中所使用的能量性能试验、燃烧性能试验、力学性能试验和工艺性能试验数据都是结构化很好的数据,所使用的各类填料、催化剂、粘合剂、增塑剂等的属性数据也是结构化很好的规范结构数据,所以本系统使用关系型数据库 SQL Server 2000。数据分类存放,形成各种表格,可以方便地使用 ODBC 与专家系统进行数据交换。需要建立的数据表如下:

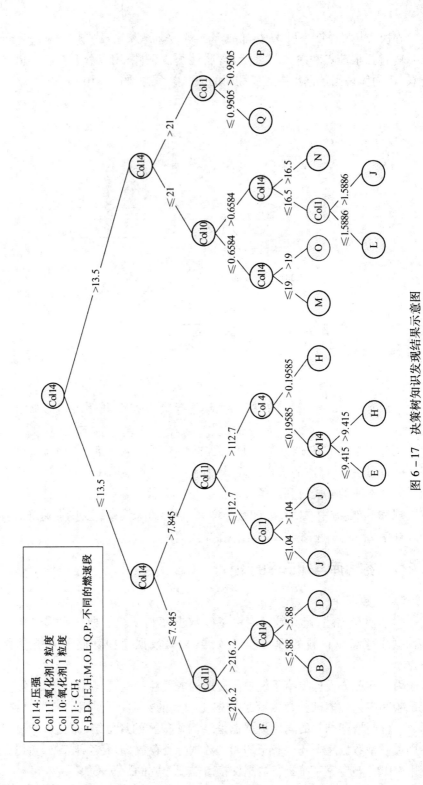

图 6 − 17　决策树知识发现结果示意图

Col 14: 压强
Col 11: 氧化剂 2 粒度
Col 10: 氧化剂 1 粒度
Col 1: − CH₂
F,B,D,J,E,H,M,O,L,Q,P: 不同的燃速段

1. 配方表

配方表存储如下数据：配方编号、日期、配方组分代号、规格、批号、含量(相对百分含量)。在系统运行过程中，数据库中还会存在若干临时性配方表，分别为初始配方表、满足能量性能配方表、满足燃烧性能配方表、满足力学性能配方表、满足工艺性能配方表等。满足能量性能的配方表结构设计如表6-1所列。

表6-1 满足能量性能的配方表结构设计

属　性	数据格式	属　性	数据格式
粘合剂名称(代号)	文本	氧化剂 B 比例	数字
粘合剂比例	数字	金属燃料 A 名称(代号)	文本
增塑剂 A 名称(代号)	文本	金属燃料 A 比例	数字
增塑剂 A 比例	数字	金属燃料 B 名称(代号)	文本
增塑剂 B 名称(代号)	文本	金属燃料 B 比例	数字
增塑剂 B 比例	数字	固化剂名称(代号)	文本
氧化剂 A 名称(代号)	文本	氧系数	数字
氧化剂 A 比例	数字	密度	数字
氧化剂 B 名称(代号)	文本	比冲	数字

2. 缓存表

在专家系统的推理进程，一般简单的数据结构会写入黑板中，对于比较复杂的则以表格的形式存储在数据库中。例如所形成的初始配方，其设计结构如表6-2所列。

表6-2 初始配方表设计结构

属　性	数据格式	属　性	数据格式
粘合剂	文本	氧化剂 B	文本
粘合剂比例	数字	氧化剂 B 比例	数字
增塑剂 A	文本	金属燃料 A	文本
增塑剂 A 比例	数字	金属燃料 A 比例	数字
增塑剂 B	文本	金属燃料 B	文本
增塑剂 B 比例	数字	金属燃料 B 比例	数字
氧化剂 A	文本	固化剂	文本
氧化剂 A 比例	数字	氧系数	数字

3. 原材料表

原材料表中存储如下数据: 材料名称、代号、规格、批号、结构式、化学式、官能度、相对分子质量、密度、生成焓、状态(液、固)、固体组分的粒度、液体组分的黏度。为了减小系统设计和运行复杂度,增加系统的可靠性,在数据库中根据物质在配方中的作用,将各种原材料分为粘合剂、增塑剂、氧化剂、金属燃料添加剂、固化剂、键合剂等几类分别存储。例如,物质粘合剂表的设计结构如表6-3所列。

表6-3 粘合剂表的设计结构

属 性	数据格式	属 性	数据格式
名称	文本	黏度	数字
分子式	文本	羟值	数字
相对分子质量	数字	氧系数	数字
密度	数字	含能基团种类	文本
生成焓	数字	含能基团数量	数字

6.2.7.2 知识库

为明确起见,本系统中定义的知识库由模型库、规则库、配方库、参数库组成,下面将分别详细介绍。

1. 知识和知识组织

知识在专家系统中的重要作用是不言而喻的,但要实现知识能够被有效地利用,需要对知识进行清晰的分析和组织。

知识最典型的特征就是领域依赖性,每个领域的知识各成一体。同时,获取的领域知识内容纷杂,缺乏逻辑性和结构性,特别是当获取的本领域知识量很多的时候,知识就更显得混乱和无组织。但构建一个实用性强、便于管理的知识库需要系统化和结构化的知识。因此,如何将知识系统化和结构化并建立起逻辑联系,这个过程称之为知识组织,是建立知识库所面临的首要问题。

对本系统而言,知识组织主要是按照基础知识、配方知识(规则性知识和过程性知识)分类来进行整理。对于规则性知识,用表6-4来进行组织。

表6-4 规则性知识结构表

项 目	内 容	备 注
父节点		
前提条件		

项　目	内　容	备　注
作用目标参数		
目标参数范围		
作用谓词		
返回参数		
返回参数值		
初始化参数		

例如,对知识条目"比冲 >267s& 有烟则为高能推进剂"则解析为

项　目	内　容	备注
父节点	推进剂类型判断1	
前提条件	"目标比冲"> 267s& "信号特征" = ="有烟"	
作用目标参数	"推进剂类型"	
目标参数范围	"高能"、"中能"	
作用谓词	=	
返回参数	"推进剂类型"	
返回参数值	"高能"	
初始化参数	"目标比冲"、"信号特征"	

对于过程性的知识,主要是分层次按照树结构组织起来,图 6 – 18 表示某类型固体推进剂力学性能调节过程中各个参数的调节过程。

2. 知识获取和知识表示

1）知识获取

对本系统而言,知识的获取主要有以下几个方面:

（1）经验知识获取。对于经验知识的获取主要是通过知识工程师与领域专

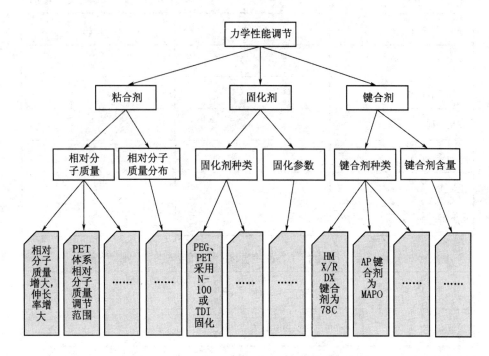

图 6-18　某类型固体推进剂力学性能调节知识树

家通过面谈或书面交流,以及从相关文献资料中得到。本系统知识管理模块创建了经验知识输入功能,知识工程师、领域专家可以根据系统要求的规范形式将经验知识输入数据库。在知识管理界面上,知识工程师或领域专家可以形象地将过程性知识以中间节点的形式加入到知识树中合适的节点位置,可以将操作性的规则知识,加入到知识树上合适的叶节点中。

（2）基于数据的知识发现。通过需求分析得知,高能固体推进剂在多年的研究过程中积累了大量的试验数据,本系统将这些试验数据作为重要的知识来源,通过合适的数据挖掘方法,从中发现有价值的知识信息。这样做有两个优点：一是可以发现以往未被发现的新的知识,可以丰富知识库内容,提高系统性能水平;二是不需要经过知识工程师等再一次整理等中间环节,基于数据挖掘的知识发现和获取有利于实现保密要求。

本系统的知识发现采用的数据挖掘方法是基于粗糙集和决策树的分类方法,图 6-19 是利用粗糙集算法获取规则知识的流程。

（3）从相关专业文献中提取和学习知识。从文献中可以获得更多专家的经验知识,经过知识分析并融合到推理过程中,有助于配方设计更加智能化。但文献数量众多,涉及配方知识较为繁杂,对知识分析的要求也很高,需要花费大量时间和精力详细分析和梳理。

344

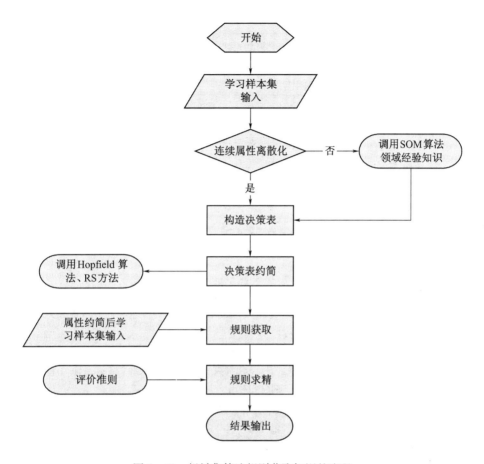

图 6-19　粗糙集算法规则获取知识的流程

2）知识表示

知识是专家系统进行推理的依据,是整个专家系统的核心部分,知识主要有两种类型:基础知识和专家知识,其中专家知识又分规则性知识和过程性知识。本系统知识表示主要有三种方式:数据库表格、知识树及产生式规则。

(1）数据库表格。配方组分的各种属性可以用数据库表格的形式来表示,详见 6.2.7.1 节。

(2）知识树。配方设计是一个复杂繁琐的过程,其中涉及到配方组分选择、比例分配、参数调节等很多过程性知识,用知识树结构能将这些过程清晰明确地表示出来,并有利于子问题的求解。本系统的推理机会根据当前的配方状态(性能满足状况等)在知识树中搜索推理入口节点,根据该节点下子树的内容来进行相应的调节过程,并调用知识来进行推理。例如,对"生成初始配方"可以构造如下过程性知识树:

```
0_生成初始配方
    1_推进剂类型确定
        2_判断推进剂类型
    1_固含量确定
        2_确定固体含量
    1_胶确定
        2_粘合剂选择
            3_粘合剂类型确定
                4_确定粘合剂类型
            3_粘合剂含量确定
                4_确定粘合剂含量
        2_增塑剂确定
            3_增塑剂类型确定
                4_确定增塑剂类型
            3_增塑剂含量确定
                4_确定增塑剂含量
    1_填料确定
        2_氧化剂选择
            3_氧化剂类型选择
                4_选择氧化剂类型
            3_氧化剂含量确定
                4_确定氧化剂含量
        2_金属燃料选择
            3_金属燃料类型选择
                4_确定金属燃料类型
            3_金属燃料含量确定
                4_确定金属燃料含量
    1_性能调节剂选择
        2_性能助剂类型选择
            3_选择性能助剂类型
        2_性能助剂含量确定
            3_确定性能助剂类型含量
        ……
```

（3）产生式规则。将过程性知识用树的形式表示出来之后，如果要求解一个问题，相当于已经知道要解决该问题需要求解哪些不可分割的原子问题，那么还需要知道怎样去求解这些不可分割的原子问题。本系统将求解这些原子问题的知识以产生式规则的形式存储在 rules 文件中。例如确定配方类型（高能或中能）的部分知识，可表示如下：

346

```
rele "Rule1"
    no - loop true
    when
      #conditions
      b: BlackBoard (muBiaoBiChong > = 267, smoke = = true)
    then
      #actions
      b. setType("高能");
end
rule "Rule2"
    no - loop true
    when
      #conditions
      b: BlackBoard (muBiaoBiChong < 267, smoke = = true)
    then
      #actions
      b. setType("中能");
end
rele "Rule3"
    no - loop true
    when
      #conditions
      b: BlackBoard (muBiaoBiChong > = 255, smoke = = false)
    then
      #actions
      b. setType("高能");
end
.....
```

3. 知识库的构建

1）知识库的逻辑结构

按照基础知识、配方知识（规则性知识和过程性知识）的分类，知识的存储结构是不一样的。基础知识以数据库表的形式存储，如粘合剂、增塑剂、氧化剂和金属燃料的属性等。过程性知识则以.txt 文件所形成的树结构存储。规则性知识则仍以表结构存储，如"本原问题表"，结构如下：

本原问题名称	文本
本原问题解释	文本

在每个本原问题下,则有对应求解该本原问题的规则,形成"本原问题规则表",结构如下:

规则表达式	文本
规则解释	文本
所属本原问题	文本

很明显,"本原问题规则表"中的列"所属本原问题"必须在"本原问题表"中有对应的记录。

在系统进行配方设计过程中,有一些不可再分割的原子操作,如为粘合剂相对分子质量设置一个可调整的上限或者根据已有知识选择一种合适的增塑剂,这样的原子操作也存储于知识库中,结构如下:

原子操作名称	文本
原子操作解释	文本

此外,变量表、常量表、函数表也是以表格的形式存在数据库中。

过程性知识和规则性知识这两种类型知识都是以 txt 文件及 rules 文件的形式存储于知识库中。

2) 知识库的构建流程

在知识库构建中,首先由知识工程师选择所要构建的子知识库,然后可以对其进行手工和自动两种方式建库,并且可以不断加入新的规则、知识。

当选择手动方式时,知识工程师通过设计好的图形化用户界面,把其掌握的领域知识输入计算机,系统此时首先对其进行形式化,把人熟悉的语言转化为机器容易理解的表达方式,然后进入知识表示模块,把这些知识总结为事实、规则并连同对应的解释一起提交给知识库。

当选择自动构建时,系统把数据库中的数据输入到预先建好的模型中,进行学习、总结知识。主要考虑两种自动构建方式:一是神经网络,输入样例数据后,模型不断进行参数学习,最终形成可用的参数模型,并提交给知识库。二是数据挖掘方式,主要考虑 Rough Set 等方式,形成对应的规则并交给知识库。此外,一部分知识可以直接从数据库中抽取得到,如一些事实、案例及现成配方等。

对于由各个不同渠道总结出来的知识,在入库之前,要进行公共知识的提取,同时对规则进行冲突消解、环路测试、冗余消解等。

4. 知识的检查算法

知识检查分为静态检测和动态检测。静态检测是指在知识输入之前由领域专家及知识工程师所做的检查工作。动态检测是指在知识输入过程中以及对知识库进行增加、删除、修改时由系统所进行的检查。对知识冗余、矛盾等的检测

348

是需要通过对知识的相应部分进行比较来实现。

1）逻辑表达式等价性的检测

产生式规则的条件部分和结论部分分别表示为一个合取式,通过两个合取式的等价性的检测逐一比较其合取项是否一致。

2）冗余检测

（1）冗余规则链的检测。冗余规则链检测分为三步进行：

第一步：建立两个二维表,一个表称为 IF – IF 表,用以存放不同规则条件部分的等价比较结果;另一个表称为 THEN – THEN 表,用以存放不同规则结论部分的等价比较结果。

第二步：根据 IF – IF 表,取出条件部分等价的两条规则,并分别建立它们的推理链。由这两条推理链的最后一条规则的结论部分查找 THEN – THEN 表,若两个结论部分是不等价的,则这两条推理链不是冗余的;若两个结论部分是等价的,则这两条推理链可能是冗余推理链,由第三步进一步确定。

第三步：把一条推理链中的所有规则的结论部分与其他所有规则的条件部分进行等价比较,若都不等价,则这条推理链是一条多余的推理链,可将这条推理链的所有规则舍弃。若两条推理链都是多余的推理链,则可将这两条推理链的所有规则舍弃,但应补充一条新的规则,是推理链第一条规则的条件部分,新规则的结论部分是推理链最后一条规则的结论部分。

（2）冗余条件检测。首先检查两条规则的结论是否等价,可从 THEN – THEN 表得到。当两条规则的结论等价而条件部分不等价,可把其中一条规则条件部分的各个合取项逐一变为否定,并逐次检测这两条规则条件部分的等价性。若等价,则刚才被否定的子条件及在另一条规则条件部分中与之对应的那个子条件都是冗余条件。

3）矛盾规则及矛盾规则链检测

首先根据 IF – IF 表找出两个条件部分等价的规则,然后将其中一条规则的结论部分变为否定后再与另一条规则的结论部分进行等价比较,若等价,则这两条规则是矛盾的。

对于由规则强度不同引起的矛盾,先检查两条规则是否等价,若等价,再检查它们的规则强度是否相同,若不同,则这两条规则是矛盾的。

矛盾规则链检测：首先根据 IF – IF 表找出两个条件部分等价的规则,并分别建立它们的推理链,然后遍历这两条推理链,若发现这两条推理链有一个规则的结论部分是矛盾的,则从这一对规则分别沿各自推理链回溯至第一条规则的两条推理链是矛盾的。

4）从属规则检测

首先检查这两条规则的结论是否等价,可从 THEN – THEN 表得到。若两条规则的结论等价,再检查一条规则的条件部分是否是另一条规则的条件部分的一部分,若是,则表明后者比前者要求更多的约束条件,因此后者是前者的从属规则。

5）环路的检测

建立 IF – THEN 的二维表,表中存放每条规则的条件部分与其他规则的结论部分等价比较的结果。检测时,首先根据 IF – THEN 表找出一条结论与其他规则的条件等价的规则,然后从这条规则开始,根据 IF – THEN 表沿着规则链进行查找,找出下一条结论与其他规则条件等价的规则,直到出现如下两种情况之一为止:

① 在规则链中找到了一条规则,它的结论与规则链中已有的某条规则的条件等价,这说明这个规则链有一个环路。

② 沿规则链找不到一条结论与规则链中已有规则的条件等价的规则,且规则链结束,这说明这个规则链没有形成环路。

③ 知识求精（解决知识不完整性问题）

为了找出导致错误的原因,需要找出产生这些错误的知识,予以改正,以提高知识库的可靠性,称为知识求精。

知识求精的方法:用一批有已知结论的实例考核知识库,看有多少实例被系统错判和漏判,然后对知识进行适当的修正。

5. 规则库

1）规则的表示

规则库存放产生式规则。产生式规则是一个以"如果满足这个条件,就应该得到这个结论"的形式表示的语句,产生式规则的最初形式为:

IF　规则条件部分(条件1,条件2,$\cdots$,条件 n)

THEN　结论

推理过程中,一条规则被触发,加入推理链,则此规则的结论部分又成为新的事实,去匹配其他规则的条件部分。

2）规则库的存储结构

存储结构是一个分层结构的表。若知识库有 N 条规则,则规则库表就有 N 个顶层元素,每个顶层元素是一个规则子表,每个规则子表有 3 个元素,分别是规则名、包含 if 在内的规则前件和包含 then 在内的规则后件。一条规则的前件和后件是规则库表的第 3 层子表,前件子表和后件子表的第 1 个元素分别是 if 和 then,其余元素分别是规则前件中的多个条件和规则后件中的多个结论。一个规则库各条规则的条件和结论之间关系可以用一个与/或图来描述。一条规则储存形式为:

(规则名

　(if(条件1)(条件2)$\cdots$(条件 n))

　　(then(结论1)(结论2)$\cdots$(结论 m)))

6. 模型库

模型库原来存放系统推理要用到各种数学模型。本专家系统包括以下模型：

（1）燃烧性能设计模块的价电子—分形模型，自由基裂解模型。

（2）工艺性能设计模块的药浆流变模型。

（3）力学性能设计模块的三相网络模型、广义交联点模型、交联—缠结—非高斯链模型等。

（4）能量性能设计模块的比冲计算模型和密度计算模型等。

本系统为每个模型编号，放在系统的模型库中。在问题求解过程中，根据推理情况，调用相应的数学模型进行运算。

7. 参数库

参数库主要用于存放性能优化时所用神经网络的结构参数。

用 $C = \{ C_1, C_2, \cdots, C_n \}$ 表示参数库，其中 $C_i = C(B_1, B_2, \cdots, B_n)$ 表示参数库中的第 i 个参数组；需要使用的时候就从参数库中调出对应的参数组。

8. 解释库

解释库主要的作用是向配方设计人员提供专家系统推理过程和推理结果的直观解释说明。这些解释说明将以用户能够理解的恰当方式传递给用户。表达方式为追踪解释法。

知识库中存放着大量的规则，它们是系统推理的依据。每一条规则都附带存储解释语句，因而在推理的过程中将每条规则的解释语句按照推理的过程顺序呈现出来，就随着推理链形成了解释链，以此作为推理过程的解释。

6.3　高能固体推进剂配方设计专家系统实现及验证

6.3.1　系统设计的软件开发工具

6.3.1.1　专家系统采用的开发方法和工具

专家系统开发工具是一种比较通用的工具，它能提供设计和开发具体专家系统的计算机辅助手段和环境，以提高专家系统开发的产量、质量和自动化水平。专家系统创始人 Feigenbaum 认为，使用合适的专家系统开发工具，可使建立专家系统的时间和造价降低 90%。专家系统开发工具具有可重用性和通用性等特点。现有的专家系统工具，主要分为骨架型开发工具、语言型开发工具、辅助型开发工具、集成型开发工具。现分别简介如下：

1. 骨架型开发工具

这种类型是将已有的某个专家系统中描述领域知识的具体内容抽去，留下原专家系统的"骨架"或"外壳"，如 EMYCIN、KAS 等。这类工具因其控制策略是预先给定的,使用起来方便,用户只需要将具体领域的知识明确地表示成为一些规则就可以了。但新建造的专家系统,其系统灵活性较差,往往会出现原有骨架可能不适合于新系统求解的领域问题,原有控制结构可能不完全是求解系统目标的方法,原有的语言规则不一定能表示新系统的领域知识。另外,在原有系统中可能隐含有求解新系统的特殊领域不可识别的知识。

2. 语言型开发工具

语言型开发工具提供给用户的是建立专家系统所需要的基本机制,用语言建立控制策略。因此,语言型开发工具的结构变化范围广泛,表示灵活,适用的范围比较广。但是这类开发工具使用起来比较困难,用户不易掌握,对于具体领域知识的表示也较困难。像 CLIPS,JESS,OPS5 都属于这一类工具。

3. 辅助型开发工具

这种开发工具在建造新的专家系统时利用一些程序模块作为辅助工具。

6.3.1.2 本系统采用的开发方法和工具说明

专家系统方法是人工智能领域相对工程化程度较好的一个分支,但现成设计方法只是停留在理论层次的抽象模型,要实现它还需要在知识获取、表示和使用三环节上做大量详细设计工作。虽然现在存在一些专家系统的 shell 工具,但由于是领域通用性的和在推理机、知识表示形式上封闭的,这样的工具并不能满足相对复杂的知识处理要求。另外,专家系统开发工具多以领域知识的表达和求解领域问题的逻辑推理为主,然而实践中常常要进行数据处理,甚至要解决图形数据与普通数据结合的问题,这样不可避免地要求专家系统开发工具具有能开展传统的程序设计功能,将领域知识表达、领域问题推理、数据计算和图像生成处理等结合在一起,期望产生式规则的前提条件和结论行为不仅可以是变量也可以是数据库的数据。集成型专家系统开发工具的出现满足了这些期望和要求。

基于以上考虑,本系统采用了 JAVA 语言自主开发,主要功能模块有: 单个配方性能计算、全新配方设计、配方性能优化、知识库管理、基础数据库管理。

6.3.2 系统功能介绍

本系统是一个辅助领域专家进行高能固体推进剂配方设计的专家系统。该专家系统一方面可以对领域专家几十年来积累下的各种宝贵数据、知识和经验进行知识化保存;另一方面可以帮助专家设计新配方,提高设计效率;此外还可以用于培训新的设计人员,使他们能在尽可能短的时间里学习和掌握前辈的经验,是新设计人员进行创新设计的仿真平台。它的主要功能包括配方设计和知识管理,如图 6-20 所示。

配方设计包括设计全新配方、计算配方性能、优化配方三部分,而知识管理

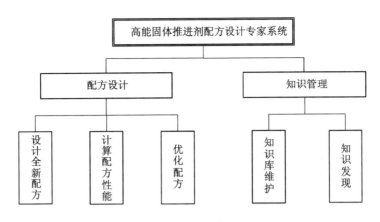

图 6 – 20　高能固体推进剂配方设计和知识管理专家系统功能示意图

包括知识库维护及知识发现两部分。

6.3.2.1　配方性能计算

配方性能计算功能模块根据用户输入的配方组成信息,调用系统知识库中的计算模型部分,根据配方的特点自动选择合适的计算模型,计算并输入配方能量、燃烧、力学和工艺四个方面的性能参数。用户输入的关于配方的信息包括配方组成成分及配方的试验条件,如表6-5所列。

表 6 – 5　高能固体推进剂配方设计系统用户输入表

输　入　项		数　据　类　型
配方组成	氧化剂	String
	氧化剂含量	Real
	氧化剂粒度	Real
	粘合剂	String
	粘合剂含量	Real
	增塑剂	String
	增塑剂含量	Real
	金属燃料	String
	金属燃料含量	Real
	金属燃料粒度	Real
	燃速调节剂	String
	燃速调节剂含量	Real
	固化剂	String
	固化剂含量	Real
	工艺助剂	String
	工艺助剂含量	Real

	输入项	数据类型
实验条件	压强	Real
	固化时间	Real
	伸长率	Real
	固化参数	Real

根据以上输入，系统将计算出输入配方四个方面的性能，如表6-6所列。

表6-6　高能固体推进剂配方设计系统设计输出表

	输出项	数据类型
能量性能	比冲	Real
	密度	Real
燃速性能	燃速	Real
	压强指数	Real
力学性能	抗拉强度	Real
工艺性能	黏度	Real
	屈服值	Real

该过程的输入界面如图6-21所示。

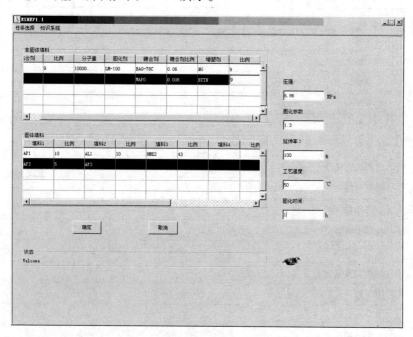

图6-21　计算固体推进剂配方性能输入界面

用户可以在右边的文本框中输入配方的试验条件(压强、固化参数、伸长率、工艺温度、固化时间)。在"**非固体填料**"表格中,按照界面提示分别选择或通过键盘输入粘合剂种类、粘合剂比例、粘合剂相对分子质量、固化剂种类、键合剂种类、键合剂比例、增塑剂种类、增塑剂比例等参数。在"**固体填料**"表格中,选择或通过键盘输入各种固体填料的名称和比例。最后点击"**确定**"按钮,系统在对输入的配方完成性能计算过程后会将计算结果输出显示到界面上。

配方性能的计算示例。分别对不同的高能固体推进剂配方计算其能量性能、燃烧性能、力学性能和工艺性能,并与试验结果进行了对照。

1. 配方组成及能量性能计算配方组成如表6-7所列。

表6-7 配方组成

编号	配 方 组 成					
1	NG 含量/%	BTTN 含量/%	PEG 含量/%	AP 含量/%	Al 含量/%	HMX 含量/%
	9	9	7	15	18	42
2	NG 含量/%	TEGDN 含量/%	PET 含量/%	AP 含量/%	Al 含量/%	RDX 含量/%
	9	9	7	15	18	42
3	NG 含量/%	BTTN 含量/%	GAP 含量/%	AP 含量/%	Al 含量/%	HMX 含量/%
	9	9	9	14	17	42
4	KZ 含量/%	HTPB 含量/%	AP 含量/%	Al 含量/%	HMX 含量/%	
	8	10	20	22	40	

计算结果及相对误差如表6-8所列。

表6-8 计算结果及相对误差

编号	比冲(6.86MPa)/(N·s/kg)			密度/(g/cm³)		
	计算值	实测值	相对误差/%	计算值	实测值	相对误差/%
1	2659.469	2638.6	-0.79	1.853	1.846	-0.38
2	2657.057	2636.5	-0.78	1.769	1.755	-0.80
3	2678.446	2660.3	-0.68	1.849	1.838	-0.60
4	2424.385	2400.7	-0.99	1.664	1.655	-0.54

2. 配方组成及燃烧性能计算
配方组成如表6-9所列。

355

表6-9 配方组成

编号	配方组成					
	NG 含量/%	BTTN 含量/%	PEG 含量/%	AP(Ⅲ) 含量/%	Al(Q1) 含量/%	HMX(7) 含量/%
1	9	9	7	0	18	57
2	9	9	7	10	18	47
3	9	9	7	20	18	37
4	9	9	7	25	18	32
5	9	9	7	Ⅲ/Ⅳ=10/15	18	42

计算结果及相对误差如表6-10所列。

表6-10 计算结果及相对误差

编号	燃速(6.86MPa)/(mm/s)			压强指数		
	计算值	实测值	相对误差/%	计算值	实测值	相对误差/%
1	8.42	8.74	3.66	0.82	0.81	-1.23
2	7.92	7.84	-1.02	0.77	0.79	2.53
3	9.56	10.22	6.46	0.60	0.67	10.45
4	11.8	12.30	4.07	0.58	0.61	4.92
5	10	9.15	-9.29	0.70	0.68	-2.94
6	9.22	9.83	6.21	0.72	0.68	-5.88
7	10.35	9.35	-10.70	0.63	0.66	4.55

3. 配方组成及力学性能计算

配方组成如表6-11所列。

表6-11 配方组成

编号	配方组成										
	AP (Ⅲ/Ⅳ) 含量/%	Al (Q1) 含量/%	HMX (8) 含量/%	键合剂 A含量 /%	键合剂 B含量 /%	PEG 相对分 子质量	固化剂 相对分 子质量	PEG 含量/%	NG 含量/%	BTTN 含量/%	固化 参数
1	12/3	18	41	0.2	0.06	10000	700	7.00	8.50	8.50	0.92
2	12/3	18	41	0.2	0.06	16720	700	6.33	8.86	8.86	0.67
3	12/3	18	41	0.3	0.06	10000	700	6.33	8.86	8.86	1.12
4	12/3	18	41	0.2	0.06	10000	700	6.33	8.86	8.86	0.98

计算结果及相对误差如表 6-12 所列。

表 6-12　计算结果及相对误差

编号	最大伸长率(25℃)/%			最大抗拉强度(25℃)/MPa		
	计算值	实测值	相对误差/%	计算值	实测值	相对误差/%
1	98.7	86.1	-14.63	0.84	0.92	8.70
2	100.5	109.3	8.05	0.61	0.67	8.96
3	95.8	85.2	-12.44	1.2	1.12	-7.14
4	97.4	85.5	-13.92	1	0.98	-2.04

4. 配方组成及工艺性能计算

配方组成如表 6-13 所列。

表 6-13　配方组成

编号	配方组成										
	AP(Ⅲ)含量/%	Al(Q1)含量/%	HMX(8)含量/%	键合剂A含量/%	PEG相对分子质量	固化剂含量/%	PEG含量/%	NG含量/%	BTTN含量/%	工艺温度/K	固化时间/h
1	15	18	41	0.2	10000	0.623	6.33	8.86	8.86	323	1
2	15(Ⅳ)	18	41	0.2	10000	0.623	6.33	8.86	8.86	323	1
3	0	18	56	0.2	10000	0.623	6.33	8.86	8.86	323	1
4	0	18	56	0.2	10000	0.623	6.33	8.86	8.86	323	5
5	15	18	41	0.3	10000	0.623	6.33	8.86	8.86	323	1
6	15	18	41	0.2	10000	0.623	6.33	8.86	8.86	328	1

计算结果及相对误差如表 6-14 所列。

表 6-14　计算结果及相对误差

编号	黏度(25℃)/Pa·s		
	计算值	实测值	相对误差/%
1	350.6	300.3	-16.75
2	1006.7	1143	11.94
3	1653.8	1838	10.05
4	1874.4	2175	13.83
5	298.7	312.8	4.49
6	300.5	285.5	-5.24

以上结果显示,系统能够方便地对用户给出的高能固体推进剂配方的能量、燃烧、力学和工艺性能参数进行预估计算,在配方的应用范围内,计算精度基本能够满足应用要求。

6.3.2.2　设计一个全新配方

该功能模块根据用户输入的性能指标及试验条件要求,利用知识库中的知识,推理生成若干个能够满足用户输入性能要求的配方。

该模块根据输入的指标要求,在知识库配方设计经验规则启发下,先逐步推理生成一个(批)初始配方,然后以串行的方式,依次进行满足能量性能的配方调节设计、满足燃烧性能的配方调节设计、满足力学性能的配方调节设计和满足工艺性能的配方调节设计。即首先进入能量性能设计模块,在满足能量性能指标的前提下得到一个(批)较大范围的配方;然后进入燃烧性能设计,通过调整填料的粒度及级配等参数对以上配方进行优化,得到满足燃烧性能指标的更小范围的配方;再进入力学性能设计模块,进一步调整粘合剂相对分子质量、键合剂种类和含量等参数,以满足力学性能指标;最后进入工艺性能设计,继续确定各组分的相对含量。将四个性能所有指标都得到满足的配方作为最终结果输出。

设计全新配方需要经过以下几个步骤:

(1)输入目标性能及试验条件。包括能量,燃烧,力学,工艺四个方面,其中能量性能输入有比冲、密度;燃烧性能输入有压强、燃速范围、压强指数;力学性能输入有温度、抗拉强度、伸长率;工艺性能输入有温度、固化时间、黏度。其用户输入界面如图6-22所示。

输入结束后,点击"下一步"按钮,进入步骤(2)。

(2)选择配方组分。利用已有的配方知识推理得出配方的基本组成物质,包括粘合剂、增塑剂、氧化剂、金属粉、固化剂等,并根据经验规则在一定的范围

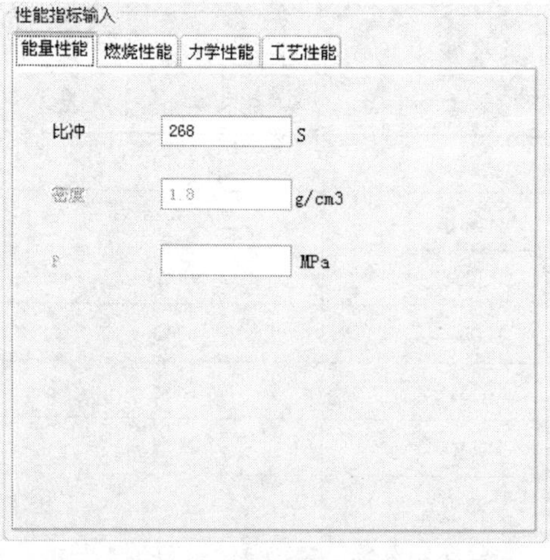

图6-22　新配方设计指标参数输入界面

358

内为各个组分分配合适的比例数值。在此步骤中,用户点击"推理选择"按钮,系统在推理后会列出符合要求的候选配方,此时可以进行人工干预,选择用户偏好的配方(只需在配方前打勾即可)。"全选","全部取消"两个按钮是为了满足用户这种需求而设计的。在选择某一种设计方案或全选后点击"下一步"按钮,系统将进入下一个页面,如图6-23~图6-26所示。

图 6-23 确定粘合剂推理界面

图 6-24 确定增塑剂推理界面

(3)能量计算。在配方各种组分的比例都确定后,调用能量计算程序,计算配方的能量性能,并根据用户输入的能量指标要求筛选出满足能量性能的配方。

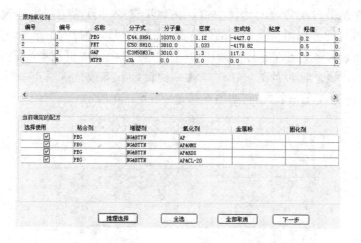

图 6-25 确定氧化剂推理界面

图 6-26 确定金属粉推理界面

　　进入此页面后,点击"能量计算"按钮,系统会自动调用能量计算程序,并筛选出合理的结果,如图 6-27 所示。此后点击"下一步",系统则进入燃烧性能调节和计算筛选步骤。

　　(4) 燃烧性能计算。在能量计算结束后,对筛选出的配方调整其填料粒度和级配参数以生成能够满足燃烧性能的配方。

　　点击"燃烧计算"系统会调用燃烧性能计算程序对调整得到的配方燃烧性能进行计算,并根据输入的燃烧性能指标要求筛选出满足要求的结果,如图 6-28 所示。点击"下一步",进入力学性能调节和计算筛选模块。

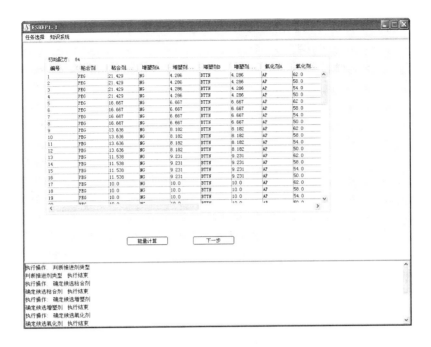

图 6 - 27　能量性能计算和筛选界面

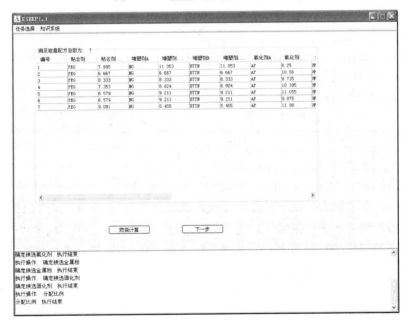

图 6 - 28　燃烧性能调节和计算筛选界面

（5）力学性能计算。在上一步配方参数调整的基础上，进一步调整配方中粘合剂相对分子质量、固化参数、键合剂种类和含量等参数，继续生成配方，计算生成配方的力学性能并根据输入的力学性能指标筛选出满足要求的配方,如图 6-29 所示。操作与(4)类似。

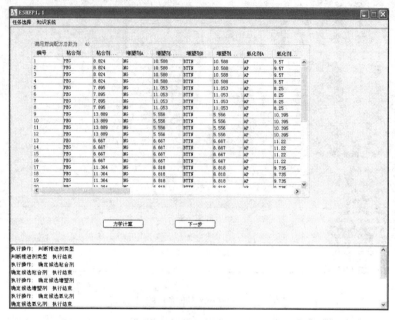

图6-29　力学性能调节和计算筛选界面

（6）工艺性能计算。对满足力学性能的配方计算其工艺性能,并根据输入的工艺性能指标进行筛选,如图 6-30 所示。具体操作与(4)类似。

表 6-15 是一指定的配方性能参数。

表6-15　配方的性能指标及条件要求

性能	能量性能	燃烧性能	力学性能	工艺性能
条件及指标	$p = 6.86\text{MPa}$ $I_{sp} = 268 \text{ s}$ $\rho = 1.8\text{g/cm}^3$	$p = 6.86 \sim 10\text{MPa}$ $R = 7 \sim 11\text{mm/s}$ $n \leqslant 1.3$	$T = 298\text{k}$ $\sigma_{max} \geqslant 0.7\text{MPa}$ $\varepsilon_{max} \geqslant 130\%$	$T_{固化} = 323\text{K}$ $t_{固化} = 2\text{h}$ $\eta \leqslant 500\text{Pa} \cdot \text{s}$

将以上指标和条件值输入系统后,在设计前期,通过人工干预在系统设计给出的若干种可行的粘合剂体系中选择了 PEG 作为粘合剂,经过系统自动推理设计得到的配方组成设计结果如表 6-16 所列,从表 6-16 中可以看出,共计得到了 12 个可行的 PEG 体系配方,其性能计算结果如表 6-17 所示,配方性能均满足指标要求。

6.3.2.3　优化配方

配方性能优化主要是根据用户对配方的性能优化要求,对用户输入的某一个特定配方的组成参数进行调整,使配方达到或接近用户对配方的性能指标要求。用户输入配方各组分以及目标期望值,模块根据推理来调节性能相关参数,

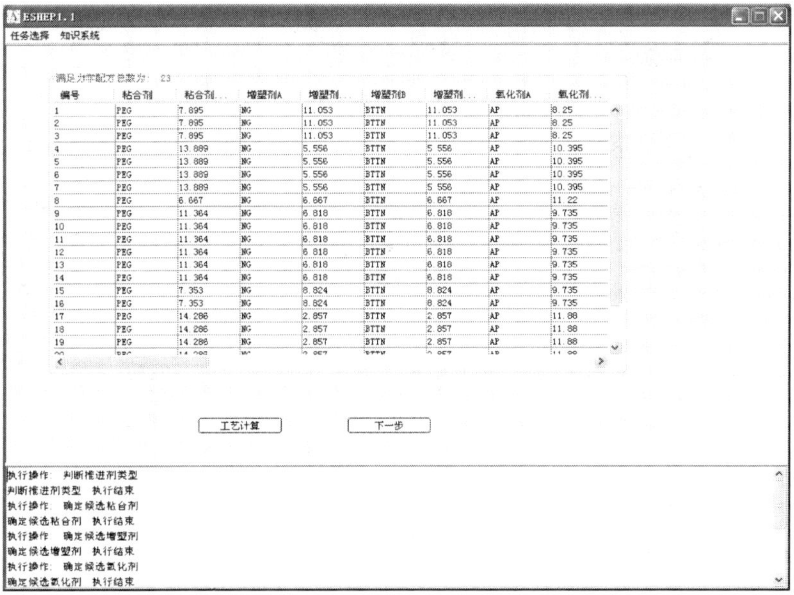

图 6 - 30　工艺性能计算和筛选界面

并输出满足配方新性能目标的配方。该功能主要用户界面如图 6 - 31 所示。

由用户输入需优化配方,系统自动对配方组成进行优化,然后根据用户需求进行针对性筛选出最优配方。

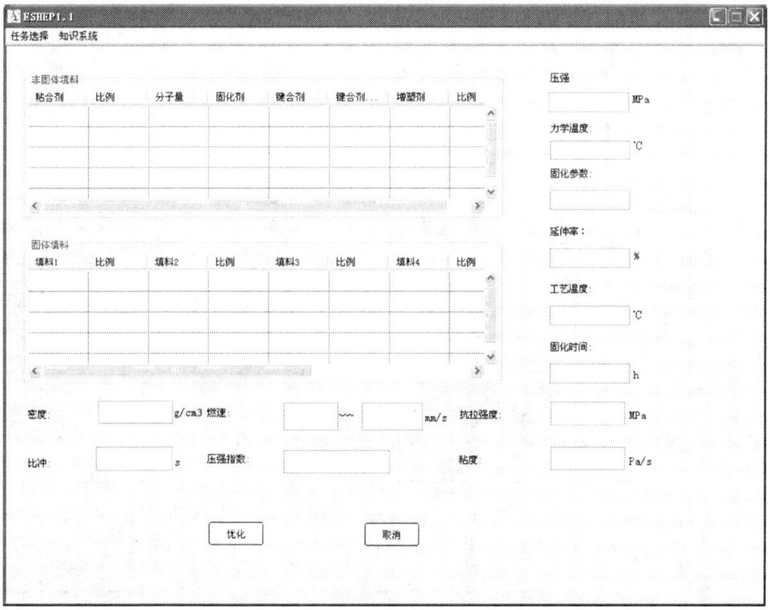

图 6 - 31　配方性能优化界面

表 6-16 系统设计新配方组成表

编号	PEG含量/%	NG含量/%	BTTN含量/%	AP含量/%	AP平均粒度/μm	HMX含量/%	HMX平均粒度/μm	Al含量/%	Al平均粒度/μm	键合剂A含量/%	键合剂B含量/%	PEG相对分子质量	固化参数
1	6.67	6.67	6.67	11.22	17.5	56.78	5.0	12.0	5.0	0.1	0.0060	10000.0	1.2
2	11.36	6.82	6.82	9.74	17.5	49.27	5.0	16.0	5.0	0.1	0.0060	10000.0	1.1
3	11.36	6.82	6.82	9.74	17.5	49.27	5.0	16.0	5.0	0.08	0.0060	10000.0	1.2
4	11.36	6.82	6.82	9.74	17.5	49.27	5.0	16.0	5.0	0.1	0.0060	10000.0	1.2
5	11.36	6.82	6.82	9.74	17.5	49.27	5.0	16.0	5.0	0.1	0.0060	12000.0	1.2
6	11.36	6.82	6.82	9.74	17.5	49.27	25.0	16.0	5.0	0.1	0.0060	10000.0	1.1
7	11.36	6.82	6.82	9.74	17.5	49.27	25.0	16.0	5.0	0.1	0.0060	10000.0	1.2
8	7.35	8.82	8.82	9.74	17.5	49.27	5.0	16.0	5.0	0.1	0.0060	10000.0	1.2
9	7.35	8.82	8.82	9.74	17.5	49.27	25.0	16.0	5.0	0.1	0.0060	10000.0	1.2
10	9.09	5.46	5.46	11.22	17.5	56.78	5.0	12.0	5.0	0.1	0.0060	10000.0	1.1
11	9.09	5.46	5.46	11.22	17.5	56.78	5.0	12.0	5.0	0.1	0.0060	10000.0	1.2
12	9.09	5.46	5.46	11.22	17.5	56.78	25.0	12.0	5.0	0.1	0.0060	10000.0	1.2

表 6 - 17　系统设计新配方性能表

编号	氧系数	密度/(g/cm³)	比冲/s	燃速/(mm/s)	压强指数	强度/MPa	模量	黏度/Pa·s
1	1.3	1.84	271.3	9.25	0.70	0.72	0.23	355.1
2	1.1	1.81	271.6	7.70	0.74	0.79	0.26	223.3
3	1.1	1.81	271.6	7.70	0.74	0.72	0.23	214.0
4	1.1	1.81	271.6	7.70	0.74	0.86	0.28	223.3
5	1.1	1.81	271.6	7.70	0.74	0.73	0.24	262.2
6	1.1	1.81	271.6	7.70	0.74	0.76	0.24	245.0
7	1.1	1.81	271.6	7.70	0.74	0.82	0.27	245.0
8	1.2	1.84	272.4	8.09	0.72	0.74	0.24	451.8
9	1.2	1.84	272.4	8.09	0.72	0.71	0.23	482.7
10	1.3	1.82	269.0	8.95	0.71	0.73	0.24	207.5
11	1.3	1.82	269.0	8.95	0.71	0.80	0.26	207.5
12	1.3	1.82	269.0	8.95	0.71	0.76	0.24	206.8

示例：基础配方如表 6-18 所列。

表 6-18　基础配方

粘合剂	粘合剂含量/%	增塑剂 A	增塑剂 A含量/%	增塑剂 B	增塑剂 B含量/%	氧化剂 A	氧化剂 A含量/%
PEG	6	NG	9	BTTN	9	AP	15
氧化剂 A平均粒度/μm	氧化剂 B	氧化剂 B比例	氧化剂 B平均粒度/μm	金属燃料 A	金属燃料 A比例	金属燃料 A平均粒度/μm	固化剂
430	HMX	42	15	Al	18	30	LM-100
氧系数	键合剂 A	键合剂 A含量	键合剂 B	键合剂 B含量	粘合剂相对分子质量	固化参数	
1.1	—	—	—	—	10000	1.0	

配方性能如表 6-19 所列。

表 6-19　配方性能

密度/(g/cm³)	比冲/s	燃速/(mm/s)	压强指数	最大抗拉强度/MPa	模量/MPa	黏度/Pa·s
1.86	271.78	8.7412	0.808	0.2770	0.0054	85.66

能量最大优化结果如表 6-20 所列。

表 6-20　能量最大优化结果

粘合剂	粘合剂比例/%	增塑剂 A	增塑剂 A比例/%	增塑剂 B	增塑剂 B比例/%	氧化剂 A	氧化剂 A比例/%
PEG	5.263	NG	7.368	BTTN	7.368	AP	9.9
氧化剂 A平均粒度/μm	氧化剂 B	氧化剂 B比例/%	氧化剂 B平均粒度/μm	金属燃料 A	金属燃料 A比例/%	金属燃料 A平均粒度/μm	固化剂
205	HMX	50.1	30	Al	20	5	LM-100
氧系数	键合剂 A	键合剂 A含量/%	键合剂 B	键合剂 B含量/%	粘合剂相对分子质量	固化参数	
1.057	BAG-78C	0.1	MAPO	0.0060	10000	1.2	

配方性能如表 6-21 所列。

表 6-21 配方性能

密度 /g/cm³	比冲 /s	燃速 /(mm/s)	压强指数	最大抗拉强度 /MPa	模量 /MPa	黏度 /Pa·s
1.89	273.27	8.31	0.70	1.23	0.40	311.68

在比冲大于 272s 的条件下,降低燃速配方优化结果(表 6-22)。

表 6-22 燃速配方优化结果

粘合剂	粘合剂比例 /%	增塑剂 A	增塑剂 A 比例/%	增塑剂 B	增塑剂 B 比例/%	氧化剂 A	氧化剂 A 比例/%
PEG	7.353	NG	8.824	BTTN	8.824	AP	9.075
氧化剂 A 平均粒度 /μm	氧化剂 B	氧化剂 B 比例/%	氧化剂 B 平均粒度 /μm	金属燃料 A	金属燃料 A 比例/%	金属燃料 A 平均粒度 /μm	固化剂
205	HMX	45.925	10	Al	20	5	LM-100
氧系数	键合剂 A	键合剂 A 含量/%	键合剂 B	键合剂 B 含量/%	粘合剂相对分子质量	固化参数	
1.027	NPBA	0.1	MAPO	0.0060	10000	1.2	

配方性能如表 6-23 所列。

表 6-23 配方性能

密度 /(g/cm³)	比冲 /s	燃速 /(mm/s)	压强指数	最大抗拉强度 /MPa	模量 /MPa	黏度 /Pa·s
1.86	272.05	7.52	0.73	1.24	0.40	286.09

以上结果显示,系统能够根据用户不同的性能优化需求优化出满足要求的配方。

6.3.2.4 知识库管理

高能固体推进剂配方设计专家系统知识库管理管理具有严格的权限限制,知识库中各种知识条目的改变都会对系统功能和运行结果产生很大影响。本系统知识库管理主要包括本原问题操作和规则管理、基本数据管理和知识树管理。鉴于知识库管理一般仅限专门人员职责,本节只做简要介绍。

1. 本原问题操作和规则管理

在主界面点击菜单:知识系统→知识管理→基础知识之后,进入基础知识管理主界面,点击根目录,即展开知识系统结构树,点击"本原问题表",可看到本系统所使用的本原问题及其解释,如图 6-32 所示。

可以看出在每一个界面都有三个按钮:添加、删除和修改,可点击进行相应的操作。

规则的添加、删除、修改过程和本原问题相似。同样,谓词表、常量表、变量表、原子操作表的操作过程也与此相似,这里都不再赘述。

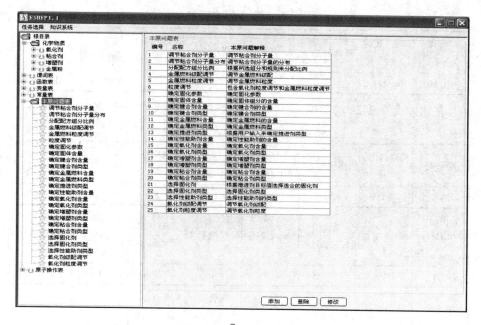

图 6 - 32　本原问题表

2. 基本数据管理

　　基本数据主要是指一些化学物质表,包括粘合剂、增塑剂、氧化剂和金属燃料等,点击这些节点下的某一子节点,都可以将该物质表中的所有内容显示出来,以点击"氧化剂"为例,则对应组分表显示为图 6 - 33。

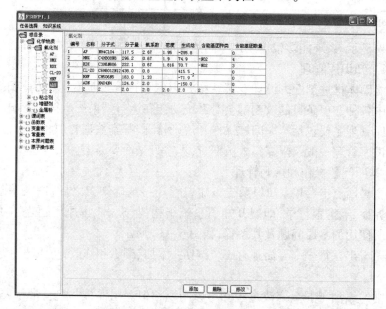

图 6 - 33　物质表—氧化剂基本数据

此后的添加、删除、修改操作都与规则的相关操作类似,这里不再赘述。

3. 知识树管理

知识树的作用是对配方设计过程中的过程性知识进行修改,从而改变配方设计中的推理过程,对配方设计结果产生影响。可进行的操作包括过程性节点的添加,子节点(本原问题)的添加,以及节点的删除。

6.3.2.5 知识发现

配方专家经过多年试验,积累了许多宝贵的数据。知识发现就是从这些数据中挖掘出隐藏其中的知识。挖掘出来的知识以决策树和规则的方式表现。知识发现包括数据预处理、数据挖掘、数据可视化三部分。

1. 数据预处理

首先点击“打开文件”窗口,在窗口中选择进行知识挖掘的数据文件并打开,得到如图 6-34 所示的数据内容。为了便于描述,在此仍然以 6.3 节中的从配方的燃烧性能数据中发现知识的过程为例,对系统的知识发现功能进行具体介绍。

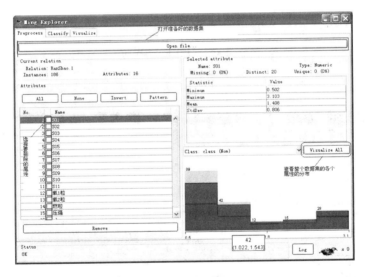

图 6-34　数据预处理

2. 数据挖掘

从数据文件中获取数据之后,选择工具条 classify,如图 6-35 所示,并在 classifier 下的按钮 choose 中选择数据挖掘的方法,适合本数据集的规则挖掘算法是 zeroR,然后点击 start 按钮,可得到如图 6-36 所示的分析结果。

3. 数据可视化

本系统提供对配方数据的初步可视化功能,可以方便地展示各个属性之间的关联性。

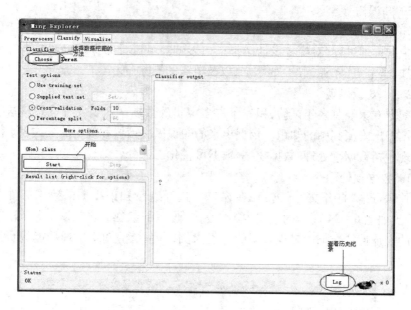

图 6-35 规则挖掘界面

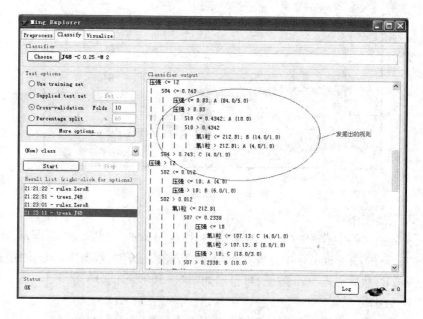

图 6-36 数据分析结果

参 考 文 献

[1] Shaw F J. et al. A preliminary report on developing an expert system for computer aided formulation of Pro-
       pellants [R]. BNL - TR - 2895, AD - A198088, 1 - 26.

[2] Sakovich G V. Design principle of advanced solid propellant[J]. Propul. Power, II(4). 1995,830 -
       837.

[3] Bohn M A. Modellierung und simulation der leistungskenndaten,des abbrand produktspektruns, der opri-
       malen formulierung. der chemischen stabilitat und kompatibilitat der thermochemischen reaktionen und des
       alterungsverhaltens in der productentwichlung von energetischen materialien [C]. Proceeding of the 30th
       ICT International annual meeting.

[4] Kerzers HLJ Modeling of composite propellant properties [R]. AIAA 2000 - 3323,1 - 9.

[5] 张钹,张铃. 问题求解理论及应用[M].北京:清华大学出版社,1990.

[6] 石纯一,黄昌宁,王家钦.人工智能原理[M].北京:清华大学出版社,1993.

[7] 林尧瑞,马少平. 人工智能导论[M].北京:清华大学出版社,1989.

[8] 杨炳儒. 知识工程与知识发现[M].北京:冶金工业出版社,2000.

[9] 张龙祥. UML 与系统分析设计[M].北京:人民邮电出版社.

内 容 简 介

本书系统总结了高能固体推进剂主要性能包括能量性能、燃烧性能、力学性能和工艺性能研究及其设计方法的最新进展,在深入研究各单项性能影响因素及性能设计方法的基础上,结合工程设计需求,运用人工智能技术构建了高能固体推进剂配方设计专家系统。

全书共分六章:第1章引论,简述复合固体推进剂性能与设计方法,构建高能固体推进剂性能设计方法及专家系统必须解决的问题、整体研究思路与方案;第2章讨论了如何解决固体推进剂能量性能优化设计及少量金属元素催化剂不能精确计算的问题;第3章~第5章依次论述了高能固体推进剂燃烧性能、力学性能、工艺性能的影响因素、变化规律、内在机理和单项性能的数理模型及其设计方法;第6章论述了高能固体推进剂配方设计专家系统必须解决的关键技术,介绍了专家系统的设计方法及应用效果。

本书可供含能材料、固体推进剂、高分子材料、高分子物理与化学等专业的高校师生和科技工作者参考。

This monograph systematically summarized the latest research progress of major properties, such as energy property, combustion property, mechanical property and, processing property, as well as design methods of High Energy Solid Propellants (HESP). Based on the thorough investigation of influence factors on each specific property and property design methods, the formulation design expert system of HESP was built up by use of artificial intelligence technology in the demand of engineering design.

There are six chapters in the monograph. Chapter one is the introduction, which described generally the properties and design methods, as well as the problems to be solved in construction of formulation design expert system of HESP. And the overall research scheme was provided. In Chapter two the optimization methods of energy performance calculation were discussed and the problems of energy performance prediction of HESP with some metal elements-contained catalysts were solved. In Chapter three to Chapter five the influence factors, internal mechanism, physical-mathematic models and design methods for combustion, mechanical and processing properties were respectively presented in detail. In Chapter six the key technologies of the formulation design expert system, design method and application results of the expert system were described.

The monograph could be helpful for the researchers, engineers and graduates in the field of energetic materials, solid propellants, polymer materials, and polymer physics and chemistry.